西岭雪 著

原来你是这样的孔子

中国致公出版社·北京

目录

001 序 一  孔子是个人
003 序 二  为什么"学而时习之"放在《论语》第一篇？

## 第一部分：孔子这个人

### 一、少年（出生至十七岁）

002 孝是不可及的痛
012 天下无不是的父母
019 与阳虎的三次纠葛

### 二、三十而立（二十至三十岁）

028 孔子与老子的会面
035 圣人无常师
041 丧祭之礼

### 三、办学（三十至五十岁）

052 管仲之为人何如？
063 孔子学堂教什么
070 我想做大官
074 孔子的教学理念
083 孔子的画像

### 四、宰执天下（五十至五十五岁）

086 威风的大司寇
095 诛杀少正卯之谜
103 如何做个好领导
111 燕居的快乐哲学
114 孔子去鲁

## 五、流亡（五十五至六十八岁）

123 子见南子
133 丧家犬的漫漫求真路
138 孔子困于陈蔡
145 叶公好龙
149 让孔子吃瘪的隐士们
159 伯夷与叔齐
168 归去来兮

## 六、自卫返鲁（六十八至七十三岁）

173 述而不作，信而好古
175 孔子晚年的政治情结
180 是可忍孰不可忍
188 秋夜读易
197 孔子的音乐造诣
206 孔子的人生规划
214 谁把孔子推上了神坛

## 第二部分：孔门那些人

222 孔鲤这条可怜鱼
227 最听话的职业学生颜回
236 泣颜回
243 子路的衣裳
253 子路之死
259 君子不器
267 子贡，你怎么来得这样晚
271 "变态"的曾子
278 曾子杀猪
285 有若哪里像孔子
289 冉家一门三贤
298 宰予真的不可雕吗
305 子张：言忠信，行笃敬
312 子夏：素以为绚兮
321 一本正经的"南方夫子"言偃
325 孔子选婿

## 第三部分：孔子这样说

330 君子是这样炼成的

336 被误读的中庸之道

343 孔圣人的学习方法

348 和学霸交朋友

354 巧言令色，说话之道

360 理想就是照镜子

371 有一种病叫固执

374 七弟子问"仁"

381 孔曰成仁

385 孔子不许人做的那些好事

389 富贵于我如浮云

394 忠恕之道：己所不欲，勿施于人

398 知者乐水，仁者乐山

401 跋：我们为什么读论语

## 序一 孔子是个人

孔子、释迦牟尼、耶稣，这三位大佬的身世是有着相似之处的。

他们本来都是普通人，出生的时间也相差不远，出生地与成长经历也都有明确的记载，但是通过先天的慧根与后天的修为，一个成了圣人，一个成了佛祖，一个成了基督。

而儒教、佛教、基督教也由此而生。

孔子和释迦牟尼都出生于公元前六世纪，年龄只相差了十几岁。耶稣因为是上帝之子，属于神二代，所以他的出生要晚上五百多年。

在《圣经》的讲述中，宇宙万物是由上帝一手缔造的；而在印度教中，则是大梵天创造了世界；中国的古代传说就要复杂得多，盘古开天辟地，分了日月山河，然后女娲抟土造人，捏造鸿蒙情种。

耶稣是上帝的儿子，所以只是在改革宗教；释迦牟尼所创佛教则是脱胎于印度教。只有儒教，甚至都不能称之为教，而只是一门学问，是孔子批阅周朝古籍编纂的一套教科书，故被称为"周孔之教"。教，指的是教学，所以孔夫子从来都不是神仙，而只是受人尊重的好好先生。

孔子从来都只是一个人，一个明明白白普普通通实实在在堂堂正正的人。

他不需要天花乱坠地为自己赋予太多神迹光环、华丽出身，就只是一身儒服，老老实实地坐在杏坛之上，抚琴、吟诗、慢声细语地讲道理，教出了一批又一批的学生。

就是这样。

他公正、慈爱、博学、执着。所有的学生都敬重他，爱戴他，在他生前追随他，在他死后怀念他。

为了这深切的怀念，他们在孔子的墓旁结庐而居，守心丧三年；尤其子贡，觉得三年不足以表达对老师的哀思，独自守了六年。

他们还聚在一起开会，你一言我一语地回忆着老师的生平言行，汇成语录，编了本小册子叫作《论语》。其过程正相当于佛祖涅槃后，群僧聚集到一起口述佛祖生前语录，汇成"三藏"，也就是后世流传的佛经戒律。

所以，儒家也是有"经"的，就是孔子亲自编审的"六经"以及弟子汇总的《论语》。

事实上，在我反反复复地深读《论语》的过程中，总是忍不住将其与佛经相印证，时刻感受到这两者间有着太多的相似点：

释迦牟尼与孔子是同时代人，他们同样带着弟子周游天下，推广自己的大道；

同样不立文字，而只在自己寂灭后由弟子整理生前言行，传为经典；

佛经是佛陀的语录，《论语》是孔子的语录；

佛经每章开篇都是"如是我闻"，因为这是弟子们记录佛祖的话：我曾听师父这样说过；而《论语》每句开头则多是"子曰"，因为这是弟子们记录孔老师的话：老师是这样对我们说的；

佛家讲慈悲，儒家讲爱人；

佛家讲自度、度他直至普度众生，儒家讲修身、齐家、治国、平天下……

至圣神佛，无非师者。

佛祖是僧伽们的老师，孔子是儒生们的老师。

我今天所做的，也只是拈一瓣心香，弹一曲《读易》，读两页《论语》，再做两篇功课，和有缘的朋友们一起研读切磋下儒家典籍，希望能"学而时习之"，将课堂知识消化得更深入些罢了。

所以，我这本书与众多解《论语》者最大的不同就在于，努力将孔子先还原成一个"人"，然后再展示他是如何一步步成圣的，并通过孔子这一生和孔门那些人的故事，来解读经典警句，以使那些语句不只是一句无情无绪放之四海而皆准的典语，而更具有真切诚挚的生活气息。

就好像，我们一起坐在孔夫子座前，听讲，讨论，记录，揣摩，一起进步。

# 序二

## 为什么『学而时习之』放在《论语》第一篇？

（一）

《学而1.1》

子曰："学而时习之，不亦说乎？有朋自远方来，不亦乐乎？人不知而不愠，不亦君子乎？"

这是《论语》的开篇，即使对儒学再不熟悉的人，也大多能背诵这三句话。

我们这本书不是按照《论语》的顺序来逐字讲解的，但是这开篇第一段必须详细说明一下，才能让我们对《论语》有个整体的了解。

《论语》是在孔子去世后，他的弟子们回忆老师生前言语，记录整理而成，其中还包括了很多孔子重要弟子的言论。

"子曰"，就是孔子说。"子"是古代贵族子弟的统称，就连王者亦在神明前自称"小子"；后来成为卿大夫、夫子、老师的尊称。《论语》中无特指的"子"都指孔子，其余如孟献子、孟僖子等，是为卿大夫，而曾子、有子、冉子等，则是他的学生，因为这些学生后来也成了受人尊敬的贤者，故而在姓氏后加"子"作为敬称。

《论语》全书分二十章，每章往往取开头两个字作为章目，没有太大的意义。比如这章题为《学而》，但是关于论学的内容不过五六则，关于孝道的格言反而更多。

所以这些语录并非按照某个命题而有组织地联系在一起，也不是按照孔子说这些话的顺序进行编年记录，更像学生们聚在一起，想起一条记一条，因此有些杂乱无章。而且往往没有前言后语，只是孤单单的一段话甚至一句话，这就使我们对《论语》的理解有了很多歧义，也才会有后来的诸家注解，争论不休。

而我们这本书，重在通过孔子的生平故事和时代背景，穿插讲解相关《论语》条文，希望以此略窥圣人本意。比如开篇这三句话，字面很简单，但究竟说的是什么意思呢，各位大儒及现代教材中的解释各不相同。这里，我只想说说自己的看法。

首先是第一句"学而时习之"，"学"就是现在通常所说的学习，觉悟未知的学问；"习"则在大多书中被解释成"温习、复习"，沿袭汉末的王肃、何晏之说，"既学而又时时习之"；"说"读作"悦"，表示高兴、快乐。学习新知识，复习旧功课，温故而知新，这是多么快乐的事啊。

而我坚决不同意"习"当"复习、温习"讲，而应该是"实习"，也就是实践，学有所成，学以致用，学而得获。

"习"的本意是小鸟学飞。飞是一种实际的操作，是将理论知识付诸行动，坐言起行，知行合一。这才是"学而时习之"。

孔子无疑是好学的，《论语》中有大量篇幅都在讨论好学这件事，比如"学之者不如好之者，好之者不如乐之者"，所以大家就觉得这不就是学之乐趣吗？但是比好学与乐学更重要的，是发挥所学，不负苦学之功，这才是快乐的事。"习"

不是"学"的重复，而是"学"的回报，就像劳有所得一样，这样才快乐，不是吗？

往大了说，学为政之道，得以当官做主实行仁政；学射御之术，能够上阵御敌战无不胜；学礼乐之能，可以身居高位教化民众，这都是利国利民的大事，也是真正学以致用快心悦意的生平乐事。

往小了说，大学毕业找到了心仪的工作，努力工作拿到了奖金和加班费，所有的功夫都没有白费，这才是"学而时习之"，这才是"不亦说乎"嘛！

更何况，如果把"学而时习之"解释成治学的态度，那和后面两句"有朋自远方来""人不知而不愠"就成了风马牛不相及的事。

所以我认为，孔子一生说过那么多话，孔子门人凑在一起开了好几个月甚至整年的会，苦苦回忆整理，选取其中最有价值的片段编辑成《论语》，并把最能表现孔子人生观、价值观的三句话放在卷首，是因为这段话代表了孔子理想的最高境界，也是孔子学说的核心。

孔子的一生，都在推行仁义，振兴礼乐。他的最高理想，就是能将平生学问付诸现实，"学而时习之，不亦说乎"？

## （二）

接着说第二句："有朋自远方来，不亦乐乎？"

这个"朋"，到底是什么人？

比较常见的解释是朋友，甚至有将"有朋"解作"友朋"的。远方有朋友来访，见面很开心啊。这也是被现代人引用最频繁的一句，每有朋友远来，大家必会说起这句话。

也有人解释成同学、弟子，东汉大儒郑玄批注："同门曰朋，同志曰友。"有同学来看你，多高兴的事啊。说得跟小朋友放寒假互相串门相约去游山一样。

无论是朋友还是同学，聚会肯定是快乐的事。就字面理解，这样很说得过去。又有引申为朋党、同类，也都不算错。

可是孔门弟子为什么把这句话放在卷首，为什么放在"学而时习之"之后，"人不知而不愠"之前。这就要让我们好好想想，到底这个"朋"为什么要自远方来了。

说回到孔子一生的理想和事业，不妨联系第十三章"叶公问政"。

《子路13.16》
叶公问政。子曰："近者说，远者来。"

孔子周游列国，前往河南叶县时，叶邑封主沈诸梁曾向其问政。孔子回答了六个字："近者说，远者来。"

这句话的意思是说，仁善的政策会使身边的国人觉得欢喜，远方的民众归顺投效，这就是成功的管理。

"说"就是"不亦说乎"的"悦"，而"远者来"，便是"有朋自远方来"。能够做到知行合一，政治理想得到实践，便会达到"近者说，远者来"的盛况，四海宾服，天下来投，这样的现象，当然令人欢喜，自是"不亦乐乎"。

第十六章《季氏》开篇，孔子再次向冉有和季路讲述了这个道理，认为治国之道"不患贫而患不均，不患寡而患不安"。如果让国家贫富均匀，政治安定，就会让远方的人信服，"远人不服，则修文德以来之。既来之，则安之"。

如此可见，修文德以使"远者来"便是从政的最大成功。

教化的目标又何尝不如是？

孔子学究天际，闻名遐迩，三千弟子都愿意追随他，并在日有进益中真心喜悦；远方的人听说并仰慕他的名望，纷纷前来向学，这是多么快乐的事。

《史记·孔子世家》说:"故孔子不仕,退而脩诗书礼乐,弟子弥众,至自远方,莫不受业焉。"

这便是"有朋自远方来,不亦乐乎"。

(三)

学以致用,远近宾服,说完这两件最成功最喜悦的大事后,孔子话题一转,说起了"人不知而不愠"。

愠(yùn),愤怒的意思。这句话的意思是:别人不知道不理解你,却不会因此发怒,就是有德君子了。

人知,有那么重要吗?不愠,有那么难做到吗?

有。

因为孔子大半生都纠结于"人不知"的烦恼中。

《宪问14.36》
子曰:"莫我知也夫!"
子贡曰:"何为其知子也?"
子曰:"不怨天,不尤人,下学而上达。知我者其天乎?"

我们不知道孔子是什么时候说到这句话的,孔子周游列国,其政治主张始终无法推广,个人抱负终究无法达成,未免生出"莫我知也"的感慨。

这其实是个倒装句,就是"莫知我也"。意思是说没有人知道我啊,没有人理解我,谁都不懂我。

有专家认为这句话说于孔子晚年,因为知道去日无多,时不我与,故发此千古一叹。

不过孔子半生流离,漂泊无依,不知经历了多少挫磨困顿,在任何一次挫败前发出这种感慨都是有可能的,倒不必拘泥于是不是最后阶段。

这只是英雄无用武之地时的一句自叹自艾,子贡如果会读心术,就该默默地待在一旁,不要打扰老师抒情才是。

但是子贡偏要做好奇宝宝,打破砂锅问到底:"怎么样才算是知道您呢?"

子贡的这句话详细分析下,可以包含三层疑问:第一,老师为什么这样悲观,以无人理解为叹呢?懂得自己有那么重要吗?第二,老师远近闻名,怎么能说没人知道您呢？老师还不算知名，谁才是名人？第三，我们这么多学生围在您身边，您还觉得无人理解，当我们是透明的，那怎样才算理解懂得自己呢？

孔子很难对弟子解释这件事，因为理解不只是跟随，不只是信从。但如果说他的孤独无奈仅仅是因为才能无法施展，则又显得功利浅薄了些，真相也并不是那么简单。

内心的孤独有时是无法用言语解释的，而且孔子也不想简单粗暴地说一句"我想静静"而伤了弟子的心，于是淡淡说："我这一生，出身微芥而谋生艰难，不抱怨上苍薄待我，不怨恨别人辜负我，从低起步，好学向上，终于达到博知的境界，按说也应该满足了。至于我内心真正的诉求，唯有上天知晓了。"

孔子说得很达观，但是心里还是有怨怼的，这种怨怼甚至在乐声里表达了出来，还曾被一个过路人听到并且听明白了。

《宪问14.40》
子击磬于卫，有荷蒉而过孔氏之门者，曰："有心哉，击磬乎！"既而曰："鄙哉！硁硁乎！莫己知也，斯己而已矣。'深则厉，浅则揭。'"
子曰："果哉！末之难矣。"

孔子的音乐造诣极高，不但会弹琴鼓瑟，还会击磬，几乎是拿起什么就弹奏什么。说这话的时候他正在卫国做客，处于"莫我知也"、进退两难之际，于是击磬抒愤。恰好有个担着草鞋去卖的人经过孔子门前，听到这优美的乐声，便站住了，赞叹说："这击磬者是个有心人啊！"

为什么说是有心人呢？因为孔子的音乐里有真感情，过路者匆匆听见就能感知得到。于是这个荷蒉者就站着一直听，从乐声中明明白白听出了孤独与呐喊，可见孔子是有多么的孤寂无助啊！

伯牙鼓琴，子期闻之，高山流水，莫不相契。荷蒉者也算是个知音人，却不赞成孔子，觉得他未免太褊狭固执了些。

他一语中的说出孔子磬乐要表达的情绪，乃是"莫己知也"，没有知己者。

"鄙哉"带有不赞成的意思，却未必真是轻鄙蔑视。能听懂孔子音乐的荷蒉者显然是位市中隐士，其思想更近于道家，所以不赞成孔子的执着，却不会因此就轻视了孔子。与其像大多注本那般解释作"可鄙呀"，不如解释作"可惜呀，何必呀，这样子钻牛角尖，太固执了"。

硁（kēng）是形声字，指通过敲击而发出声音的石器，这里是说把磬敲得这么响，这么凄厉，不过就是在抱怨"知音难遇"四个字罢了。

对于孔子来说，"莫我知也"和"莫己知也"，都不能简单地释作明白与知晓，还包括了支持与信任，赏识与重用。

孔子感慨的不只是知音难遇，因为这荷蒉者就听懂了他的音乐；也不是感慨没人明白自己，他的学生们就一直在跟随和支持；更不仅仅是感叹怀才不遇，无人赏识，他在鲁国和卫国都是做过官的。

他的痛苦，包含了上述所有的原因，却又不仅仅是这些原因，更重要的是对礼崩乐坏的社会现状的无能为力，更是对大道推行千难万阻的茫然无助。他并不欣赏暴虎冯河式的勇猛盲进，却又明知其不可为而为之，他既是纯粹的，又是矛盾的；既是坚定的，又是迷茫的。

这复杂的情绪，只怕连自己都无法解释清楚吧，更何求别人理解？于是才说："知我者，其天乎？"

但是荷蒉者却觉得自己理解了，并且觉得孔子的苦闷根本没必要："不就是没人理解你吗？已经这样了，那就顺其自然呗，何必纠结于能不能做官，可不可以布道，完不得成理想。"在道家眼中，一切随遇而安才是道。

"深则厉，浅则揭"是引用《诗经》的话，大意是说一个人要过河，水浅了自己可以揭起袍襟渡过，免得湿了衣裳；但是水太深了，无从揭起，那就穿着衣服过吧，湿了也只好这样。形势如此，何必抱怨？

孔子听了这番话，苦笑说："是这样吗？果然如此，世上就没有什么为难的事了。"

这段对话，颇像后来屈原与渔父的对话。屈原流放之时，徘徊于汨罗江畔，渔父问他何以憔悴沦落至此，屈原说了一句非常凛然而著名的话："举世混浊而我独清，众人皆醉而我独醒，是以见放。"渔父不以为然，说明白人应当与世推移，随波逐流，何故自命清高，怀瑾握瑜，导致自己如此狼狈，并且唱了一首歌来嘲笑他："沧浪之水清兮，可以濯吾缨；沧浪之水浊兮，可以濯吾足。"

世界如何，与汝何干？水清就洗洗帽缨，水脏也可以刷下鞋子，得过且过，不也挺好吗，何必烦恼固执？

渔父的话，与荷蒉者如出一辙，都是在阐发"深则厉，浅则揭"的处世道理。

道理说得好像很明白，但是孔子不能接受，所谓"道不同不相为谋"，他的目标从来都不仅仅是活着而已，他希望"学而时习之"，希望"有朋自远方来"，更希望复礼归仁，他虽然在处处碰壁后最终归返鲁国，却仍未停止传道讲学，直至星陨；屈原也同样不能接受，他的选择更加干脆，直接绑了块石头跳进汨罗江自沉了。

屈原比孔子决绝，而孔子比屈原坚强，他一生都在坚持，一直都没能成功，却也一直都在努力包容。

到了晚年，他已经不再执着于"莫我知"的烦恼，而达观地意识到，执着也是一种过错，其根本是太在意功名而忽略了自省，倘若持身以正，德被诸人，只做自己该做的，不求自己该得的，又何必介意别人不了解自己呢？

《学而 1.16》

子曰："不患人之不己知，患不知人也。"

这段话放在了第一章《学而》的最后一条，与开篇"人不知而不愠"遥遥呼应。人间最可怕的事，不是没有人了解自己，而是自己没有识人之明。

与此相近的，还有数句语录散见于各章，可见孔子时常以此自省也提醒弟子：

《里仁 4.14》

子曰："不患无位，患所以立；不患莫己知，求为可知也。"

《宪问 14.30》

子曰："不患人之不己知，患其不能也。"

《卫灵公 15.19》

子曰："君子病无能焉，不病人之不己知也。"

这几段话都是差不多的意思，说君子最该担心的是自己没有才能，德不配位，而不应该是别人不知道自己，或是耿耿斤斤于没有好职位。

孔子一生怀才不遇，奔波流徙而不得志，他曾经最抑郁的事情莫过于"无位"，"人不知"，但是如今已经不在乎了，甚至还想得更长远，想到了身后之事。

儒家是入世的，不能像道家那样虚无。但孔子确实是一个战胜了低级趣味的圣人，不好色，不求利，漠视金钱。曾经，孔子最在意的有两件事，一是做官，二是成名。

而做官的目的，也是为了给后世留个好名声，"君子去仁，恶乎成名？"始终是儒士的人设束缚。

但到了晚年，连这一点他也看破了。

《卫灵公 15.20》

子曰："君子疾没世而名不称焉。"

这句翻译作"君子担心终身的名节不被称赞"。疾，还是担心；没世，离开世界，消失于这个世界;名不称,名声不能得到称扬。

帝王也罢,圣人也罢,最在意的莫过于"留取丹心照汗青"。但能名垂青史的毕竟是少数,营营碌碌一生,有几个能做到身后留名?

君主们都很想当个明君被后人记住,最怕的就是死后很快地被人忘记,所以祭祀之礼才会那般烦琐。但是孔子明明白白地指出:一个达观的君子应当不以物喜,不以己悲,如此在意身后名,害怕别人不知道自己,这也是一种病啊。

这大概已是孔子人生的最后阶段,他放弃从政,致力教化,深深意识到"人不知""莫我知""不己知"是不值得也不应该太在意的。无论自己付出了怎样的努力,拥有了怎样的德业,却没有多少人知道自己,理解自己,懂得自己,那又怎样呢?若是面对此境仍能平静无波,保持自我,无尤无怨,这才是君子应有的态度。

孔子一生说得最多的就是礼,是仁。

那么守仁尊礼的方式是什么呢?做官并普及诗礼教化,传承后世。

所以做官是当世的选择,成名是身后的愿望。

孔子生前,虽然也做过官,但始终不如意;但孔子死后,他的名望远远超过了自己的预期。


"人不知而不愠",是一种太让人高山仰止的境界。

别人不了解我,不生气;别人不明白我,不生气;别人出语愚昧,行事鲁莽,无智无慧,不生气。

能做到的,岂止是君子,简直成佛了。

可这就是孔子追求的君子之道。

自从韩愈说"博爱谓之仁",后世儒学都以孔子思想的核心为仁爱。而我却觉得,《论语》通篇,讲的是"君子之道"。

什么是君子呢?

古代的君子本来指的是"君之子",是血统身份上的贵族;但在后来的引申中更多了一重道德上的界定,指精神上的高尚者。

而孔子所说的君子之道,则同时包括了这两种人,是通过修炼文化德行而取得高贵身份的上等人。

在《论语》第一章,孔子为君子明确了三重定义或者说守则:在行为实践上要做到"学而时习之",在人生成就上追求"有朋自远方来",在道德思想上完成"人不知而不愠"的最高境界。

所以，把一生所学用于实践，是件大乐之事；能做到远近闻名，德被四海，人们从四面八方前来从学受教，更是人生至乐；但明明已经做得尽善尽美，却还是有人不理解自己，不赞同自己，那也不必心生怨恨，而应保持风度，依然温厚，心态平和，这才是真正的君子之风。

"学而时习之""有朋自远方来""人不知而不愠"，这是孔子一生足迹的总结，一生理想的提炼，所以被放在了《论语》的开篇。

君子之道，便是孔子教学的核心宗旨，整部《论语》接下来所讨论所揭示的，都是君子之道的各项具体准则罢了。

人生漫漫，无论为政还是为学，为君还是为民，这三句话都是适用的。所有人的一生都该有着这样的追求与努力，先做到"学而时习之"，接着追求"有朋自远方来"，纵不如意，亦要努力修炼"人不知而不愠"的最高法门，倘能如此，"立地成佛"。

接下来，我们便从头来读一下孔子的故事，看看他究竟是怎样从"学而时习之"，达到"有朋自远方来"，直至修炼成"人不知而不愠"的至圣先师的。

# 第一部分 孔子这个人

# 一、少年（出生至十七岁）

## 孝是不可及的痛

### （一）

有句俗语叫作"百善孝为先"，大家都知道，孔子将孝道看得很重，相传他还出了一部《孝经》专著。整部《论语》中谈"孝"的理论甚多，甚至有人说"圣人以孝治天下"。

然而他自己又做得怎么样呢？

我们都相信，对于仁义忠信来说，孔子自是彬彬君子；但是对于孝，夫子却只是纸上谈兵。

这并不是说孔夫子虚伪，而是他根本没有机会尽孝。因为在十七岁之前，孔子压根不知道自己的父亲是谁。

根据《史记·孔子世家》可知，孔子出生于鲁国昌平乡陬邑。父亲叔梁纥，是鲁国武士，曾经立过战功，有妻有妾，生了九个女儿，却只有一个儿子，还是庶子，叫作孟皮。

古人兄弟排行，是伯仲叔季。但是如果老大是庶出，则叫作"孟"，意谓庶长子；皮，通跛，因为这个庶子腿脚有毛病，所以孟皮，就是那个瘸子老大。

老二，便是孔子了，所以字仲尼。

《史记》上说，叔梁纥于鲁襄公二十二年也就是公元前551年"与颜氏女野合而生孔子"。

"野合"这个词生生地刺痛了很多人的眼睛，也引起了很多争论。综合起来，大约有以下四种说法：

一是指当时叔梁纥已经年近七十，而颜徵在（亦作颜征在）年方及笄，也就是只有十五岁，两人的结合是不合乎礼法的，故曰"野合"。《礼记》中则称"不备礼为妻"，也就是没有正式结婚，相当于是两人没领结婚证，所以称为"野合"。

二是说圣人皆感天动地而生，就好像汉高祖之母在大泽之陂休息，梦与神遇，生下了刘邦。孔子的出生，也大约如此。

三是说从上古遗留下来的一种风俗，比如汉代出土的很多画像砖上就有桑林野合的镂画。《周礼·地官》中甚至有条法令:"仲春之月,令合男女,于是时也,奔者不禁。"

古代仲春时节,未婚男女可往郊外欢会,看对眼了就可以幕天席地成就鸳鸯。这是一种"春祭"的礼仪,因为男女媾和象征阴阳谐调,以此感动天地生机,祈祷来年风调雨顺。

通过《诗经》,我们可以了解到这种情况在周时并不罕见。《野有死麕》《野有蔓草》等,写的都是这种山野风情。

只是,孔子出生的准确日期,据学者推算为公元前551年9月28日。那么往前推九个月,是前一年的腊月,未免太冷了,实在不适于"野合"。

相传叔梁纥七十岁,颜徵在十五岁。

《左传》记载,叔梁纥身高十尺,孔武有力,屡立战功,曾于攻城时手托落下的闸门,让自己的同袍进入,遂"以勇力闻于诸侯"。

这样的一位英雄,或者是舞了一回剑技惊四座,或者是他的名头太响不语自威,或者是长者风范在一众毛头小伙子中间反而更加鹤立鸡群,总之赢得了少女的青睐,勉强也算合理。

当然,在男尊女卑的时代,也许这场姻缘单纯来自男人的原始欲望与力量。更何况,叔梁纥还是位武士,而颜徵在只是个民女。少女如果被武士老爷看上了,也没有反抗的资本。

《诗经·豳风·七月》中说:"春日迟迟,采蘩祁祁。女心伤悲,殆及公子同归。"说的便是民女采桑时,担心自己抛头露面被哪位公子看上而强行带走的心情,可见这种情形之常规化。我们完全不必因为此事发生在孔圣人的爹娘身上就大惊小怪,并且想方设法为圣人遮掩。尤其是叔梁纥曾为鄹邑宰,这个地方大约离颜徵在家不远。如果一个民女被邑宰大人看上了,那就只能任他予取予求,连个名分都没有。

颜徵在是不是自愿的不知道,但是发现自己未婚先孕多少是惊慌的,于是她跑去尼山小丘祈祷,后来生下一子,便取名丘,字仲尼。

也有说法是孔子生下来头顶中间有凹陷,故名孔丘。

在后世千年中,孔子成了圣人,地位越抬越高,关于他出生的附会故事也就越来越多,什么"麒麟玉书"呀,"钧天降圣"呀,说得神乎其神。

说颜氏怀孕十一个月生孔子,诞生当夜,听到天乐鸣空,有两条龙从天而降,还有五位神仙守护庭院,跟耶稣生在马槽时的情形差不多。

但这都是汉代以后的说法,真实情形,想也想得出,私生子孔仲尼虽然在叔梁纥的期待中出生，却并没有得到整个家族足够的重视。所以在叔梁纥死后，他便随母亲离开了孔家。

《史记·孔子世家》
丘生而叔梁纥死，葬于防山。

这句话语焉不详，似乎说孔子刚出生不久，父亲就死了。亦有典籍说孔子三岁丧父，总之孔子并没有与父亲一起长久生活的经历，其身份亦不被族人承认。

而颜徵在不但带着孔子迁居曲阜，还对儿子隐瞒了叔梁纥的墓地所在。也不知道是因为说不清具体位置呢，还是压根不知道丈夫葬在哪里。总之孔子少年时从没给父亲上过坟。

《礼记·檀弓》
孔子少孤，不知其墓，殡于五父之衢。

但是偏偏孔子打很小的时候起，最喜欢的游戏就是模仿郊祭之礼，"陈俎豆，设礼容"。当别的孩子迷恋泥丸竹马之时，他却对于祭礼这件事特别痴迷。因为他自己是从来没有机会祭祖宗拜祠堂上香磕头的。

后来，孔子的母亲也死了，没有确切的时间，但肯定是在孔子十七岁之前。也就是说，颜徵在死的时候才三十三岁，不知是积劳成疾还是意外猝死，但肯定算不上寿终正寝。

孔子并没有直接将母亲安葬，而是用心良苦地将灵柩停在"五父衢"（今山东曲阜东南），那里是最热闹的集市街头，当然就有很多人围观。于是孔子陈述心愿：你知道我父亲葬在哪里吗？我要将母亲与他合葬。

很快孔子就打听到了叔梁纥的墓地所在，于是将母亲的灵柩送往防山与其合葬，为母亲确定了一个名分，也为自己寻回了出身。

一个打小就重视"礼"的人，一生都在强调着"必也正名乎"，对于自己的出身自然格外在意。

其实古人只知其母不知其父的现象很常见，《诗》中记载商周的祖先，也只是提到女祖怎样怀孕，而不提父亲是谁，比如商人老祖简狄拾玄鸟蛋吞而受孕，而周人的女祖更省事了，竟是姜嫄踩到了一个巨人的大脚印便无端受孕，因而生下了后稷。这就是典型母系氏族的传统记忆。

"野合"所生的孩子一般是不被男家承认的，很少能够认祖归宗。但是孔子做到了，一则是他的心智过人，二则也可见孔子对于身份这件事特别看重，近乎执念。这大概也是圣人生而与凡人不同的特征之一吧。

(二)

自幼丧父的孔子，可以说没有一天为父亲尽过孝。

至于对母亲，他用尽心思让她与父亲合葬，或可称为孝。但这用心，有多少是为了母亲，有多少是为了自己呢？

估计这时候叔梁纥的原配正室及老辈族人也都死得差不多了，无人阻挠孔子将父母合葬，而且孔子的行为虽然有点桀骜不驯，举止想必温文有礼，说话更是铿锵有力，再加上一张与父亲酷肖的脸，又长得两米多高，健壮有力，孔家不认也不行。

于是，经历了十多年孤儿寡母无名无份的漂泊生涯，孔子终于为自己正名了，成了一个"士"的后代。

后来，当孔子开始收徒立名、授业传道时，高高举起了"孝"的旗帜，力畅孝行之重。

这很符合心理学的"补偿心理"。因为小时候对于父爱的缺失，成年后对于尽孝的无能，让孔子产生了一种"移位"心理，即因为生理或心理的缺陷而产生的自卑感，并为了克服这自卑而努力发展其他方面的长处，力求超越。

孔子自称"我非生而知之者"，促使他成功的，不只是好学向上，更有来自先天与后天的打压，形成了令他超越自我的"涡轮增压"。

而他成为令人尊重的夫子之后，他首先想到的心底最不可碰触之痛，便是"孝"，于是他大力呼吁的，自然也首先是"孝"。

用一句老掉牙的俗话说：得不到的才是最好的。

早在《论语》开篇第一章那接连三个"不亦乐乎"之后，第二条便是有子关于"孝"的语录：

《学而1.2》

有子曰："其为人也孝弟，而好犯上者，鲜矣；不好犯上而好作乱者，未之有也。君子务本，本立而道生。孝弟也者，其为仁之本与。"

有子，姓有，名若，字子有，一说子若。比孔子小三十三岁，生于公元前518年，亦有记录说是前508年，是孔子中后期的学生，但是长相酷肖孔子。所以在孔子过世后，众弟子因为思念老师，便将有子推上了太师椅，师之如夫子，每天对着他行礼如仪，假装老师还在的样子。

而有子，往往也就会拿捏着老师生前的语调，说几句非常"孔子风"的格言，与师兄弟们一起参详。

这大概便是《论语》第一句是"子曰"，第二句便是"有子曰"的缘故吧。因为众弟子集撰《论语》之机，正是有若坐在夫子椅上主持工作的时候。

孝弟，又作孝悌（tì）。孝是孝敬父母，悌是敬爱兄弟。

有子说："一个孝敬父母、敬爱兄弟的人，通常不会喜欢冒犯上级；而一个人如果很少犯上，自然也不大可能作乱造反。所以君子之德要在根本下功夫，根基打好了，正道也就生发出来。而仁义的根本，便是孝悌二字。"

也有说法"为仁"即"为人"，意即孝悌便是为人的根本。所以"其为人也孝弟"与"孝弟也者，其为仁之本也"是首尾呼应。

这段话，其实是孔子"孝弟"论的生发，后文中记录了很多孔子论孝的话：

《学而 1.6》

子曰："弟子，入则孝，出则弟，谨而信，泛爱众而亲仁。行有馀力，则以学文。"

孔子说："年轻人应当在家孝顺父母，在外敬爱兄弟，谨慎、诚信、博爱众人，亲近仁者，在做完这些之后还有余力，再来学习文化。"

这里的"亲仁"，究竟是亲近"仁义"，还是亲近"人类"，很难定论。但是大意不变，都说的是修德比博知更重要。

《学而 1.11》

子曰："父在，观其志；父没，观其行，三年无改于父之道，可谓孝矣。"

这条守则被诸家解释为执政者言。意思是说父亲活着的时候，要遵从他的意愿；父亲过世后，要依循他生前的言行。三年之间不改变父亲的行事方向，就是孝了。

所以周文王殁不足三年，武王举兵伐纣，伯夷、叔齐会以为是不忠不孝之行，弄得要绝食明志。但这一点都不妨碍武王建立西周大业，成为千古圣人。所以这句话即使是在古代也是颇受争议的。

《里仁 4.20》

子曰："三年无改于父之道，可谓孝矣。"

《子张 19.18》

曾子曰:"吾闻诸夫子:孟庄子之孝也,其他可能也,其不改父之臣与父之政,是难能也。"

孟庄子是鲁国的大夫,名仲孙速,其父为孟献子,素有贤名。

相传孔子著《孝经》传于曾参。然而孔子是自称"述而不作"的,所以有人怀疑这是后人附会孔子之言。

但可以肯定的是,曾参确实是位大孝子,而且经常和老师谈论孝的话题,他说:"我曾听先生说过:孟庄子之孝,其他行为还是一般人能做到的;只是他不改用父亲的臣子,不改变父王的政策,这是最难得的。"

俗话说:一朝天子一朝臣。新官上任尚且要三把火呢,何况公侯即位?

然而孟庄子在接替父亲后,却仍然任用父亲的旧臣,沿袭父亲的政略,不做任何修改,这是安民之政,更是孝子之道。

也因此,"萧规曹随"才会成为宰相模范。

汉惠帝时期,宰相萧何过世,由曹参补位。他继任之后,对任何事务规定都不做改变,完全依循从前的法度行事。于是有人参奏他无所作为,惠帝召他前来诘问。曹参遂反问说:"陛下觉得自己和先帝谁更圣明呢?"

先帝就是汉惠帝的爹汉高祖刘邦,历史上著名的贤君之一,惠帝哪敢妄议?赶紧诚惶诚恐地说:"我岂敢与先帝相比?"曹参遂慢条斯理地说:"对呀,先帝对萧何倚若肱股,一统天下,法令明确,四海咸服。如今陛下不如先帝英明,我也比不上萧何睿智,又瞎折腾什么改革呢?陛下只需垂衣而治,我也只要恪守本分,遵循前代法则使之不要走样,不就很好了吗?"

这便是儒家的三年不改父之道,也是道家的无为而治。

再举个相反的例子:北宋时期,宋神宗起用王安石变法,以司马光为首的保守党极力反对。神宗崩后,年幼的哲宗即位,太皇太后垂帘听政。

司马光重新上位,倡议废除新法。但是反对党提出"三年无改于父之道",哲宗刚登基就要推翻先皇施行了十五年的新法,这算不算不孝呢?

但是司马光可是饱学大儒,北宋"道学六先生"之一,掉书袋哪里难得住他?闻言淡定地说:"儿子不能更改父道,但是宣仁太后有权以母改子啊。"

于是,一个老太后,一个老宰相,一拍即合,一呼一应,将宋神宗在位期间积攒的那点微薄家底迅速挥霍一空,新法被彻底地废除了,倡议变法的王安石也被活活气死——敢情《论语》和礼法都是当权者编的,想怎么解释就怎么解释。

事实上,北宋的道学先生们莫不是以己之需要来解释儒家理论,将"我注六经"生生地拧成了"六经注我",从而产生了诸多的理学派系。这也是朱熹理学的根本实质。

且说有了这条"以母改子"的尚方宝剑,大宋朝廷接下来的几年真是热闹得很:先是宣仁太后重用司马光废除新法,接着哲宗亲政后又推翻旧法实行新法,理由当然是遵循父道;可是哲宗短命,不久崩逝,太后垂帘听政,再次废除新法起用旧党;直到宋徽宗亲政后,才又重新推行新法;可是徽宗昏庸在史上是有名的,所以在大敌当前时匆匆让位,而钦宗登基后认定国家动乱是新法的错,遂忙不迭地尽废新法,再次易政——短短四十年间,朝廷六易法度,朝令夕改,覆雨翻云,时局安能不乱,国家安能不亡?

于是,天地泣血的"靖康之耻"发生了……

如此想来,倘若为政者真能秉承三年不改父之道,不急功近利,即使政策不合己意也徐徐图之,用旧臣,行旧政,仔细观察,适当节制,以三年为缓冲让自己做出正确判断,或许北宋的疆土就不会割裂了。

不过,世袭制早已湮没在历史的尘埃中,这些守则也都早已陈旧。三年不改父道的做法,放在今天这个日新月异的时代,就是个笑话。

而且,早在孔子授礼之时,弟子宰予便对"三年"的时限提出了质疑。

(三)

《阳货17.21》

宰我问:"三年之丧,期已久矣。君子三年不为礼,礼必坏;三年不为乐,乐必崩。旧谷既没,新谷既升,钻燧改火,期可已矣。"

子曰:"食夫稻,衣夫锦,于女安乎?"

曰:"安!"

"女安,则为之!夫君子之居丧,食旨不甘,闻乐不乐,居处不安,故不为也。今女安,则为之!"

宰我出,子曰:"予之不仁也!子生三年,然后免于父母之怀。夫三年之丧,天下之通丧也,予也有三年之爱于其父母乎!"

孔子极度推崇孝,且把孝的标准定得极高,甚至高到弟子宰予觉得无法照做因而质疑的地步。而从容宽和的孔夫子在无法说服宰予时,竟然失去了一贯的从容,怫然不悦,痛斥其"予之不仁也"!

宰予,字子我,所以文中的"宰我"和"予"是一个人。

古时礼节,父母过世,子女须守丧三年。说是三年,其实只是二十七个月,亦有二十五个月之说。守丧期间，子女不可衣锦、宴乐、美食、饮酒、嫁娶，否则就是不孝。

不知道古人是否真的能做到，现代人肯定做不到。就连贤人宰予也做不到，而且振振有词地说出了理由："三年的时间太长了。依礼君子当守丧三年，可是三年不为礼乐，对于君子的德行是损害不是增益。三年不习礼，礼一定会败坏；三年不奏乐，音乐一定会荒废。而且庄稼一年一收，旧谷已经吃完，新谷已经登场，取火用的木头和燧石已经换了一遍，就连自然界的规律也是四季轮回，一年为期，守丧又何须三年？依我看，一年已经足够了。"

宰予是语言系的高才生，他这番话说得很有技巧，直接上升到君子礼乐的价值观和自然世界的规律性，论证一年之期足矣。

可是孔子不赞成地说："丧期不到三年，你已经吃稻米，穿锦缎了，你会心安吗？"

孔子当然更了解说话之道，他主张礼乐文明，可是荒废三年礼乐必疏几乎是肯定的。别说三年了，单以琴技论，三个月不练习手指就会僵硬起来。孔子费了很大的功夫学琴，倘若真的三年不弹琴，所有的曲子都会忘记，都要从头练习才行。至于"四时行焉万物生焉"的自然规律，自然更不用说，当然是一年一期，何足道哉？于是孔子就打感情牌：父母过世不到三年，你就吃好穿好的，你的良心不会痛吗？

他以为宰予必会羞愧地承认自己错了。谁想到宰予竟然理直气壮地说："不会啊，我守完一年丧再食稻衣锦，心安得很。"

孔子被噎得竟然无言以对，气了半晌，只得说："你心安，你就那样做好了。但是一位真正的有德君子，在服丧三年中，是食不甘味寝不安席的，听到音乐也不会觉得快乐，所以他们不会那样做。你个没心没肺的既然觉得心安，你就那么做好了。"

宰予一看老师的语气不善，便麻溜儿地出来了，孔子还不解气，继续隔着门骂道："宰予不仁啊。孩子生下来三年后，才能脱离父母的怀抱，之后还要在父母的照顾下成长，受恩良多；而父母过世，孩子连三年都不能回报吗？三年丧期是天下通行的丧礼，宰予竟然不接受，难道他没有从父母那里得到过三年怀抱之爱吗？"

孔子的这番话，或者说古时守丧之礼，是很难说服一个现代人的。

别说三年不为礼乐，礼崩乐坏；就是三年不事耕耘，衣食难继也让人受不了。三年无所作为地守着间草庐哭泣，这得有多强大的物质前提啊。当孝子也是要讲资格的，对于手停口停的穷人来说，三年不事劳作，还不如直接殉葬省事呢。

在"罢黜百家，独尊儒术"的汉代，守丧三年已经成了一种律法，凡官员居丧，须报请解官，谓之"丁忧守制"，匿丧不报者革职。

守制期间不得行婚嫁之事，不预吉庆之典。武将丁忧不解官职，给假数月不等，特殊忌日另外给假。

但若皇上很重视这位臣子，就会"夺服"，又称"夺情"，不许他告假。

听上去似乎不近情理，实则是一种难得的恩宠。因为丁忧回了家，不但三年没有俸禄，而且不能参与政事，朝局瞬息万变，谁知道三年后再复职时官场上会是什么局面呢？

所以做臣子的都害怕"丁忧"，都盼着"夺服"。比如宋仁宗时期的大臣晏殊就得到了两次这样的殊荣：第一次父亲去世，皇帝不许他还乡，"诏修宝训，同判太常礼院"；第二次，因为母亲去世，晏殊再次乞假还乡，皇帝又不许，且升他为太常寺丞，不久擢为左正言、直史馆，成为升王府记室参军。又没多久，再升尚书户部员外郎，为太子舍人，寻知制诰，判集贤院。

晏殊这官升得真有点莫名其妙，但也看得出皇上有多么离不开他。若是依照孔子的理论，晏殊应当极度不安，因为他既然还在做官，就不可能远离礼乐，更何况还在这期间升官了，简直十恶不赦。

相反的例子则是大才子苏东坡。他在二十岁一举中第，考中进士，然而正在摩拳擦掌地等待封官的时候，家乡传来母亲大人病逝的噩耗，于是苏轼只得匆匆赶回蜀地治丧，守制三年，不得入仕。

这三年里，苏东坡也没闲着，继续苦读，服满后向最高难度的制举试发起进攻，并且取得了"百年第一"的好成绩。这次苏东坡顺理成章得了官，两年一磨勘，成绩也都良好。只等再挨个几年，就够资格升迁做京官了。可就在这时，又传来了父亲苏洵病逝的消息。得，又是三年守制。

等到三年孝满，苏轼重新还朝，距离他高中榜眼已经整整十年过去了。当年的同科，已经各展拳脚，光芒四射，而曾经最耀眼的他，如今不过是个从头来过的职场新人。最关键的是，今上已不再是殿试时对他青睐有加的那个大宋三百年最好的皇帝宋仁宗，而换作了年轻气盛的宋神宗，正在轰轰烈烈地发起"熙宁变法"，朝中新旧两党斗得不可开交，乌烟瘴气。苏东坡就这样失去了最好的年华和时机，穷尽一生也未能问鼎宰执之位。

所以从历史的发展来看，三年通丧的做法实在坑人，而宰予的想法并没有错。只不过，孔老夫子站着说话不腰疼，反正父母过世时他还未曾得官，守制三年还可以得到族中父老接济呢，何乐不为？

孔子十七岁丧母，十九岁在族人的帮助下娶亓官氏为妻。

按照三年守制的算法，应该是他刚满十七岁就死了母亲，在十九岁尾上娶妻，中间已经过了二十五个月，符合"三年"的最低时限。

但我觉得更可能的就是《史记》写错了，孔子应该是在二十岁结的婚，因为"二十及冠"，刚好符合春秋时"婚姻法"的规定年龄。

不管怎么说，孔子都够早婚的，并且结婚第二年便得了儿子孔鲤，一点都没被孝道耽误什么，这也使他教训起弟子来非常有底气。

但让人郁闷的是，孔子之妻逝后一年，伯鱼有一天为想念母亲而哭泣。孔子听到了，问："谁在那里哭？"

门人回答："是大少爷在哭祭。"孔子竟然哂笑说："太过了。都死了一年了，用得着这么悲伤吗？"

伯鱼听到，便不敢再为母亲哭祭了。

*《礼记·檀弓》*

伯鱼之母死，期而犹哭。夫子闻之曰："谁与哭者？"门人曰："鲤也。"夫子曰："嘻！其甚也！"伯鱼闻之，遂除之。

我忍不住想问：说好的三年守制呢？怎么到你儿子这里就变成过分了？

真不知道，宰予听到孔子这句"其甚也"后，回想当初冤枉地被骂"不仁"该有什么样的反应？

# 天下无不是的父母

## （一）

羊羔跪乳，乌鸦反哺，这类故事我们从小就已耳熟能详，并被不断教育为人子女者必须孝顺。这正是儒家文化最重要的精神传承。

《论语》中有着大量谈论孝道的对话，早在第一章第二条就借有若的话说出："孝弟也者，其为仁之本与。"

三岁丧父、十七岁丧母的孔子，一生并没有真正为父母尽过孝，在他心目中，能尽孝是一件多么幸福的事，所以把孝抬得很高很高。

每当有人问孝时，孔子都回答得斩钉截铁、激情满满，那怎么才算是孝呢？

第二章《为政》中，孔子接连几次给了回答，并制定了一系列规则：

《为政2.5》
孟懿子问孝，子曰："无违。"
樊迟御，子告之曰："孟孙问孝于我，我对曰'无违'。"
樊迟曰："何谓也？"
子曰："生，事之以礼；死，葬之以礼，祭之以礼。"

孟懿子，鲁大夫仲孙何忌，遵从父命拜了孔子为师。

这天他跑来向老师请教什么是孝，孔子惜字如金，只给了两个字："无违。"

孔子对弟子的教育是随时随地的，所以这天在路上时，就告诉为他驾车的樊迟说："刚才孟孙问我什么是孝道，我对他说，'无违'。"

虽然孟懿子是孔子的学生，但是作为卿大夫，他的身份比孔子高，所以重视礼仪身份的孔子称呼他的宗姓"孟孙"以示尊重。

或许正因为这份尊重，使孔子回答孟懿子的话时有所保留，过于言简意赅了。不知道孟懿子听懂了没有，反正老实巴交的庄稼人樊迟没听懂，因此忍不住问："这是什么意思啊？"

孔子这才详细回答说："做到三件事就好了：活着，以礼事奉；死了，以礼安葬；之后，以礼祭祀。"

"无违"就是顺，人们常将"孝"与"顺"并称，便在于此。

那怎么才算是孝顺呢？这就要说到"礼"了。

周公制定的礼的制度中，对于子女侍奉父母是有严格规定的，后世的人只要照足"礼"之所规，在父母生前好好侍奉，死后好好安葬并且以礼祭祀就算是孝了。

这个礼，包含的内容很多，什么守制三年，食旨不甘，闻乐不乐，都在其中。若想做到孝，就要先去学"礼"。

孟懿子问孝的时候《礼记》还没有诞生，不过《周礼》已经有了。儒家的礼制规矩特别多，墨子和晏子都说过，那些烦琐复杂的礼制，哪怕几辈子都学不完。

所以孔子的回答等于没答，只不过是给弟子列了个阅读书目。

可是"礼"有那么多条，孟懿子哪里做得过来呢？

而且周礼是古礼，也未必适合鲁国现状与他的具体情况。所以他想请教的，是个基本原则，实用方法。

于是隔了不久，孟懿子的儿子孟武伯又来请教，究竟什么是孝道。孔子这回稍微具体了点，换了个回答方式：

《为政2.6》
孟武伯问孝。子曰："父母，唯其疾之忧。"

武伯，名为仲孙彘。武，是他的谥号。这段话是孔子死后，他的弟子们回忆老师生前言行的记录，这时候孟懿子和孟武伯也都早已作古，所以用的是谥号。

"父母唯其疾之忧。"古今注释中有很多个版本，有说对待父母，要特别为他们的健康担忧，别让他们生病的；而当父母生病时，子女应当忧心忡忡，视为头等大事。所以崇尚儒礼的宋朝文士特别注重"侍疾"这件事。

不过也有做相反解释的，说这句话指的是子女要多关心父母，对于父母所担心的事要特别上心，别让父母操心的；也有的说除生病不能避免外，不要让父母担忧子女的任何事情；还有说身体发肤受之父母，所以为子女者当爱惜己身，不要生病，免得让父母担心的。

究竟是子女担心父母的病，还是父母担心子女的病，我们就不去硬做界定了。总之父母也罢，子女也罢，大家都好好保重，不要生病就对了。

且看接下来的两条"问孝"：

《为政2.7》
子游问孝，子曰："今之孝者，是谓能养。至于犬马，皆能有养。不敬，何以别乎？"

《为政2.8》

子夏问孝，子曰："色难。有事，弟子服其劳；有酒食，先生馔，曾是以为孝乎？"

子游，名言偃；子夏，名卜商，都是孔子较晚期的学生，比孔子小三四十岁，可知这几段对话都应发生在孔子晚年。

有可能是孔子因材施教，在不同时期回答不同学生的孝理，被学生们整理记录在一起了；也有可能是子游问完了，子夏觉得还有进一步探讨的必要，又进来追问了一回，所以才有"色难"的感悟。

子游问孝的时候，孔子没有直接回答"什么是孝"，却先说了"什么不是孝"。

通常，人们认为赡养父母就是孝，可是养狗养马也是养，那能叫孝吗？如果只是赡养便算是孝，则视父母如牛马何异？所以，孝的前提是敬。对父母发自内心地敬爱，让子女心甘情愿地赡养侍奉，这才是孝。

这个理论，对于今天也是实用的。法律规定了子女对父母的赡养义务。但是法律制定的是底线，道德则是有高度的。

法律底线让很多自私凉薄的子女认为只要给父母一点钱，让他们有饭吃，有房住，饿不死，就算是尽孝了。但是孔子告诉我们：这只是猪狗的见识。对父母的孝，首先要是敬，"不敬，何以别乎"。

所以《坊记》有云："小人皆能养其亲，君子不敬何以辨？"

"养"是下限，人皆有之；敬与不敬，才是君子与小人的区别。

李炳南说得更为劲爆："敬与不敬，是人兽之别。"

大概子夏又进去问了这个"敬"如何体现？所以孔子进一步回答："色难"。

孝道之中，最难的不是侍疾喂饭，而是和颜悦色，且是发自内心的欢喜愉悦。因为能够侍奉父母，是一件可幸的事啊！

所以，什么衣不解带更衣侍药都算不得至孝，能够自始至终给予父母笑脸，才是最艰难也最可贵的事，做到这一点才叫作"敬"，才算是孝。

有句话叫作"久病床前无孝子"。父母病得久了，儿女不会置之不理，由着他们去死，这样的人毕竟是少数。但是年深日久，儿女还能殷勤问候和颜悦色的，就很难得了。

接着孔子又反问了："有事情，为人弟子晚辈的代为效劳；有好吃好喝的，请长辈先享用；这样就算是孝了吗？"

显然，孔子的意思是，只是赡养固然不能算孝，但只是表面敬重长辈，任劳任怨好吃好喝，仍然不算是尽孝，最高境界乃是"色"，是"一见你就笑"。

什么是色？

《礼记·祭礼》
孝子之有深爱者，必有和气；有和气者，必有愉色；有愉色者，必有婉容。
这个"和气""愉色""婉容"，就是"色"，真的是太难太难了。
孔夫子所说的这些行为守则，他自己是一条都没做到的。
当然，也许他真的很想做。
在他的想象中，如果可以做，有机会做，他一定会抢着做得好好的。倘若他可以多陪伴父亲几年，有机会做个孝子在父亲病榻前侍奉，那定是求之不得的梦，所以他怎么可能不强调奉养与侍疾的重要性呢？
可惜，那终归是想象。

## （二）

《论语》中有好几个篇章都曾密集地讨论孝道，为了"什么是孝"而制定一系列规则，除了上述《为政第二》中诸人问孝得出的几则理论外，《里仁第四》中关于孝道也有过多次议论：

《里仁4.18》
子曰："事父母几谏。见志不从，又敬不违，劳而不怨。"
这段话用一句中国俗话来总结就是："天下无不是的父母。"
这句话的意思并不是父母不会犯错，而是因为他们既然是生我养我的父母，那么再多的错我们也不该心怀怨恨。
孔子与好龙的叶公论政时，曾认为"父为子隐，子为父隐，直在其中矣"。
就连父亲偷羊，孔子都认定做儿子的理所当然要为其隐瞒呢，何况一些小非小过，自然就更不能指责父母错了。
《礼记·檀弓》载："事亲有隐而无犯。"下有注："隐，谓不称扬其过失也。无犯，不犯颜而谏。"不称扬其过失，即隐瞒攘羊事；不犯颜而谏，就是"几谏，见志不从，又敬不违"。
也就是说，侍奉父母时如果觉得父母哪些地方做得实在不够完善妥当，也是可以讲究方法和颜悦色地委婉劝说的，但是如果父母不听，那就还是顺从父母意愿，恭敬地执行父母的一切命令，毫无违背地做到便好了；而且，光是顺从做到还不行，还要在执行时毫无埋怨，是打心眼里敬爱无怨哟，就是难过也不可以呀，心底里有一丝一毫的不高兴也是不孝顺的哟。

请问，谁能做到？

《礼记·檀弓》又说了："事亲有隐无犯，事君有犯无隐。"这是把父母放在君王的前面。侍奉父母时，有意见也要忍着，不能冒犯天颜；但是侍奉君主，有意见就应该大声说出来，不要怕君主发怒，这才是忠君之道。所以，忠孝的标准是不同的。

只是，人们做的好像恰恰相反，对父母因为亲近而可以畅所欲言毫不隐忍，对上司却是敢怒不敢言，更不要说"犯颜而谏"了。

《礼记·曲礼下》且对"几谏"进一步说明："为人臣之礼，不显谏。三谏而不听，则逃之。子之事亲也，三谏而不听，则号泣而随之。"

这次把人臣之礼放在事亲之礼前面了，说的却是劝谏君主，劝了三次还不听，那就离开他吧；不过父母是没办法离弃的，所以侍奉双亲，劝了三次还不听，就哭一场然后随他去吧。

《里仁 4.19》

子曰："父母在，不远游，游必有方。"

父母健在时，子女的义务便是在家陪伴父母，最好不要出远门。如果一定要远行，也一定有绝对充分的理由，有绝对明确的方向，免得父母担心。

有人写文章说，这段话的重点在于"游必有方"，孔子一生两次周游列国，事出有因，志向远大，但这是符合孝道的。其实这作者多余替孔子找理由，因为孔子根本就不需要。他在青少年时已经父母双亡，三十岁以后才开始去国远游寻找诗和远方，想去哪儿就去哪儿，根本不需要考虑孝与不孝的问题。

不过这条"不远游"之孝，却给后世儒生限定了很多框框。

崇尚理学的宋朝便有很多忠臣孝子以孔子理论为准绳，拒官奉亲。

比如包拯，就秉持这一原则，于二十八岁进士及第后没有接受官职，却回到乡里侍奉双亲，十年不仕，直到双亲过世，又服满三年孝才肯出仕。

无独有偶，范仲淹的儿子范纯仁也是在考中进士后回到父母身边侍奉，直到范仲淹过世才出来做官，并且一直做到宰相之位。

所以才会有"求忠臣必出于孝子之门"的说法。

但这都是古代的贤人典范。对于今天的城市打工者而言，有几个人能守在父母身边不远行呢？那不叫孝顺，叫"啃老"。

如果无老可啃，就必得远游，因为要挣钱养家，哪怕只是犬马之养，也得先有能力养了再说。养之余，能够多打打电话，常回家看看，已是孝子。

孔子带领众弟子周游列国时，曾在途中听到一个人哭声甚哀，下车询问，得知此人叫丘吾子，自称"吾有三失，晚而自觉，悔之何及"（《孔子家语》）。

孔子自然要问是哪三失。丘吾子遂侃侃而谈："我少时好学，周游天下，回来的时候父母已经过世，我未能守在身边尽孝，这是第一个大过失；我成年后侍奉君主，但是国君骄奢淫逸，失国败行，我为人臣而不能尽本分，这是第二个大过失；我生平好交朋友，如今朋友离散的离散，过世的过世，留下我孤身一人，这是第三个大过失；所谓'树欲静而风不停，子欲养而亲不待'，试问我活着还有什么意义？"说完，就投水死了。

这行为艺术可把周围人都吓坏了，偏偏孔夫子还感动得很，击节赞叹说："你们好好看看这个人，想想他的话，要引以为戒啊。"

这下麻烦了，诸弟子想到家中父母无人奉养，如今自己跟着老师游学问道，倘若父母离世而自己不在身边，将来"子欲养而亲不待"，岂非悔之晚矣？于是纷纷请辞，告别老师，回乡尽孝，转眼间十去其三。孔夫子身边瞬间冷落下来，不知道有没有后悔选中了这位苦情榜样。

想想看，要是每个人都坚守"父母在，不远游"的孝行仁道，那么能够追随孔子远行的人就太有限了，那样，孔子周游列国的壮举，又如何进行？

再看下一条：

《里仁 4.21》
子曰："父母之年，不可不知也。一则以喜，一则以惧。"

这仍是一句孔子不能自证的高调。意思说，父母的年纪，做子女的不可以不知道，不在意，因为他们活一天少一天，所以每天都要把父母的健康喜乐放在心上。喜其寿，忧其衰，每过一天，都为他们仍然健在，自己又陪了父母一天而开心，同时也为他们的年纪越老越接近死亡而担忧。

可是对于三岁丧父的孔子来说，喜从何来，惧自何生？所以这仍是一种补偿心理，一种想象。

这个道理很通俗，也很高尚，可就是不实在。除非父母临危，谁又能天天想着父母的生死大事，一会儿哭一会儿乐呢？这样的高调，真也就是说说而已，做不到，也没法做。而且，谁知道做到什么程度才是孔子斥责伯鱼的"甚也"呢？

但是，讨论了这么多，是说孔子的孝道搁在今天早已过时，都只是毫无意义的空话吗？

不是的，倘若那样，我们就没有了讨论的必要。之所以讨论，就是因为这理论对于今天的人们仍然很有指导意义。因为孔门中还有一项重要的修行科目是"中庸",也就是恰当、适宜、刚刚好,与身份相符,与时代俱进。

比如说孔子非常亲近的弟子仲由(字子路)。双亲在世时,子路常常要为了父母到百里之外去背米,累了随处歇息,饿了便吃些粗食野菜,不择地而休,不择禄而仕,只要能养活父母,找工作也不敢使性子挑剔俸禄,为了父母万事忍让。

双亲过世后,子路渐渐发达,做了邑宰,南游楚国时从车百乘,积粟万钟,累茵而坐,列鼎而食,当真富贵悠闲。但是父母已经不能再跟随他享福了,这让他吃再甘美的食物,饮再醇甜的好酒,也觉得遗憾。不禁感叹说:"愿欲食藜藿,为亲负米,不可得也。"这时候,即使再想自己吃着粗劣的饭菜,却往百里外为父母背米,也是不可能的了。

这话大约也说中了孔子的心事,因此他赞叹说:"由也事亲,可谓生事尽力,死事尽思也。"(《孔子家语·致思第八》)

子路事亲,可以说是在父母活着时竭尽孝心,双亲过世后又极尽哀思,依礼完成一切丧仪,这就是孝了。孔子对子路的孝行评价,正符合了他之前的话:"生,事之以礼;死,葬之以礼,祭之以礼。"

所以,今天的人虽然已经无法尽到孔子所说的各种礼仪,但是"生事尽力,死事尽思"仍是非常重要的守则。

上述所有关于孝道的讨论,大概可以分为三个层次:首先是"以礼事之""以礼祭之"的"礼",放在今天,最低层次也就是法律规定的义务,生养死葬;义务之上,则是"敬",对父母发自内心的敬重,这需要我们对自己的言行时时自省,努力去做;而最高境界,自然也是最难做到的,就是"色"。

和颜悦色的色,察言观色的色,眉飞色舞的色,春色宜人的色。

简单说,就是要多对父母笑,笑,就是孝。

# 与阳虎的三次纠葛

## （一）

《礼记·檀弓》云："丘也，殷人也。"

也就是说，孔子虽然穷其一生都在克复周礼，但他其实是被周所灭的殷商的后代。

《左传·昭公》中，借鲁国卿大夫孟孙氏第九代宗主孟僖子的临终遗言佐证了这种说法，并进一步说明孔丘是圣人商汤的后代，且说："吾闻将有达者曰孔丘，圣人之后也，而灭于宋。其祖弗父何，以有宋而授厉公……圣人有明德者，若不当世，其后必有达人。今其将在孔丘乎？"

孟僖子是第一个预言孔子将来会成为圣人的人，并让自己的两个儿子孟懿子和南宫敬叔都跟随孔子学习。

后来，不但两兄弟拜孔子为师，孟孙氏的后代孟轲也做了孔子的隔世弟子，并成为孔子之后最有影响力的儒家思想代表人，后世并称"孔孟"。

孔子为什么那样在意他的出身呢？这得先从周朝的社会构成说起。

我们今天经常说"反封建"。那什么是"封建"呢？

夏商周时期的政治格局都是"天下共主"的，这个主就是"天子"；天子把天下分给自己的兄弟子侄心腹肱股，叫作"封"，封地的主人叫诸侯；诸侯们在自己的封地上建立国家，就叫作"建"。各国诸侯再把"国"分封给各位"大夫"，这就是"家"，跟我们今天的小家可是截然不同的。一国之主也就是诸侯，又称"国君"，而一家之主则被称为"家君"。

有国主，便有国臣；有家君，亦有家臣。这就是"国有国法，家有家规"。

一家之主，可不是小家的男主人，而是整个大家族的主上。

天子为君，诸侯与大夫都是君之子，而每个家族根据嫡庶长幼又分成很多房，嫡系正统的称为"君子"，而越分越偏的庶支偏房则为"小人"。小人便是没有分封职位的平民。

换言之，封建社会的阶级划分是天子、诸侯、大夫、士、平民。

天子拥有天下，"普天之下，莫非王土；率土之滨，莫非王臣"。诸侯拥有国土，而大夫拥有家族领地。

春秋时并没有"贵族"这个词，只有"士大夫"或"卿大夫"，大夫是高级贵族，士为低级贵族，统称为"君子"。

孔仲尼如今为自己争取的，就是一个最基本的君子身份。后来他一直做到了大夫，但是没有领地。

孔仲尼很可能是历史上有记载的第一个没有封地的大夫，这种情形在秦汉以后成为常态。也就是说，先秦的大夫是领主，之后的大夫则只是官衔，有俸禄而无封地。

话说武王灭商后，封商纣后裔于宋，孔子的祖先可以一直上溯到宋的第二位国君宋微仲，但是四代之后，弗父何本可以继承君位的，却让位给了弟弟厉公，这简直就是宋国版的伯夷、叔齐。

于是，弗父何一支从诸侯降为卿大夫，又过了七代，到了孔子的曾祖孔防叔的时候，孔家因为战乱而自宋奔鲁，渐渐没落，下降到了士的阶层。

孔子的父亲叔梁纥，也是一位士，而且是位身材魁伟体魄强悍的士，还做过郰的邑宰。但是武士再威风，也仅止于"士"而已。

当真是"梦已成真梦已残"。贵族的光环早已成了遥远的回忆，说起祖先，便如孔乙己的论调：我祖上也曾阔过的。真是不提也罢。

好在孔子的勤奋好学是骨子里的精髓，并不因其出身低微家境困窘而止步，他早在十五岁时已经志向明确，学礼好道，温良恭俭，奋发向上。若非如此，便不会有后来儒学的创建。

儒学的根本，就是怎样成为一个合格的君子，也就是"君子之道"，其最高理想是克复周礼。

《季氏16.2》
孔子曰："天下有道，则礼乐征伐自天子出；天下无道，则礼乐征伐自诸侯出。自诸侯出，盖十世希不失矣；自大夫出，五世希不失矣；陪臣执国命，三世希不失矣。天下有道，则政不在大夫。天下有道，则庶人不议。"

孔子的理想国是文武礼乐的西周盛世，周天子一统天下，分封诸侯，诸侯国分居四方，唯天子马首是瞻。制礼定乐，决议战争，这些命令都由天子发布。

但是经过周平王东迁，到了东周时期，天子的权位已经只是个空架子，诸侯兄弟阋墙，各自为政，霸权纷起，小国依附大国，天下四分五裂，这便是不太平的无道之世。

这个"道",是一种秩序,贵族的秩序。封建社会的根本是贵族制度,阶级秩序,当这种秩序被打破时,就称之为"礼崩乐坏"。

春秋时期的政治乱成什么样儿了呢?用墨子的话来形容就是"国相攻,家相篡,人相贼"。诸侯与诸侯互相攻击侵略,弱肉强食,形成了"春秋五霸";大夫与大夫相互掠夺,以臣弑君,僭越礼法的现象层出不穷,从"晋国六卿"到"三家分晋"就是内部争斗的结果。

而随着卿大夫的地位越来越高,常常盖过了诸侯,便开始自行任命家臣,分封大夫。这些大夫的势力越来越大,到了战国时期甚至出现了"世卿",也就是世代垄断卿大夫之位的家族,再发展到汉魏时期,便成了"世家门阀"。

孔子认为,若是破坏了天子大一统的政治秩序,而由诸侯做主,国运最多传位十代;若是诸侯式微,而由家族卿大夫做主,那么传至五代就不行了;若是权力继续下放,任由大夫的家臣把持朝政,那么最多三代而亡,这就是"陪臣执国命"。

有道之世,则天下太平,礼乐文明,政治权力不会掌握在大夫的手里,百姓也不会议论纷纷;相反的,天下无道,则政令飘摇,人心动荡。

简单说,统一才是王道,中央集权才能长治久安;权力划分越琐碎,掌权人的层次越低,时局就越乱,历史也越短。所以天下之势,合久必分,分久必合,而书同文车同轨的天下大合,始终是大势所趋。

以鲁国为例。在很早以前的鲁桓公时代,他共有四个儿子:子同、庆父、叔牙、季友。子同是嫡长子,后来即位鲁国国君,就是鲁庄公;其余三子则各自封官为卿,并按照"伯仲叔季"的排序,庆父后代被称为仲孙氏,叔牙后代为叔孙氏,季友后代为季孙氏,又称季氏。

但是实际上,庆父才是长子,只因为庶出,不能抢了嫡子的风头,硬被派了老二,所以内心极为不满。虽然没有资格继承君位,却先后害死了两位国君,把持朝政,制造了鲁国的动乱。"庆父不死,鲁难未已"就是这么来的。

庶长子称为"孟",因此庆父后代又称孟孙氏。发表遗言的孟僖子,便属这一脉。

因为这三家皆出自鲁桓公之后,所以被称为"三桓"。

到了孔子生活的时代,鲁公式微,三桓鼎立,季氏更是一家独大,甚至做出"八佾舞于庭"的僭越之举,令孔子发出了"是可忍孰不可忍"的叹息;而季氏的实权,在后来又渐渐旁落在家臣阳货手中,这便是孔子深恶痛绝的"陪臣执国命",阶级颠倒,秩序混乱,这是真正的衰世、乱世。

阳货,又称阳虎,姬姓,是根红苗正的周室贵族,有能力,也有野心,为人强势，性情果敢，堪称一代枭雄。他与孔子的第一次冲突，便发生在孔子十七岁刚刚认祖归宗的时期。

## （二）

经历了十多年孤儿寡母无名无分的漂泊生涯，孔子终于为自己正名了，得回"士"的身份，不再是身份未明的私生子。

孔子对自己的新身份很满意，因此听说鲁大夫季氏宴请士人时，不顾自己还在守孝，腰间系着麻绳就兴冲冲地去赴宴了。

《史记·孔子世家》
孔子要绖，季氏飨士，孔子与往。
"要绖（dié）"，就是缚在腰间的麻带，古代孝服礼制。

身服热孝而赴宴吃酒，这在今天也是不合宜的行为，打小热衷"陈俎豆，设礼容"游戏的孔子，又怎么可能不懂得这举动不合礼仪呢？

明知故犯，是因为在他心中，"名"比"礼"更重要。所以还在丧期里就忙不迭地要绖赴宴。毕竟，十七岁时的孔子距离成圣的历程还远着呢，这时候他只是一个普通人，拥有强烈的名利欲望，对好不容易才得回的名位看得极重，迫不及待地要以"士"的身份参与到上流社会中。

但是还在门口，他就被拦住了。拦住他的正是季氏的家臣阳虎，毫不客气地呵斥说："季氏宴请的是士人，没人请你啊。"孔子羞愤而去。

这件事对孔子的打击极大。小时候无名无分地做个野孩子吃尽苦头，在"贫且贱"的成长过程中，心底最大的期待就是有一天可以认祖归宗。

和许许多多单亲家庭长大的孩子一样，早逝的父亲永远是孤儿心中最遥远而亲切的悲剧英雄。在少年孔子的心里，父亲叔梁纥是个了不起的武士，顶天立地的大人物。只要他的族人肯承认自己，给自己一个名分，让自己名正言顺地做父亲的儿子，自己就会成为和父亲一样体面而高贵的君子。

他怎么也没想到，千辛万苦地寻了根，将父母合葬，为自己正名，可是除了自己，根本没人在乎这个结果。他仍然是个不受尊重的平民，连参加士族宴饮的资格都没有。

这是孔子人生中的第二次"丧父"。

（三）

有了身份的孔子也就有了投奔的山头，虽然没能参加季氏的飨士之宴，却在季氏那里找到了工作。

因为封建家族式管理的主要模式，就是要让自己族下的君子和小人各安其职。

君子们可以出仕为官，成为国臣或家臣，文士或武士；小人则负责做些农活苦力，也就是农奴或短工，以及战争中拉马扛物的贱役。

孔子既然是位"士"，自然不会成为农奴，但也没有那么大面子直接做官，所以只是得到一份"委吏"的工作，相当于仓库保管员，负责出纳钱粮。

《史记》称其"尝为季氏史，料量平"。意思是管理统计准确无误，每笔出入都清清楚楚。

孔子是个认真谨慎的人，会计这种工作对他来说轻而易举，并由衷地说出了一句劳动心得：算账计数必须准确啊！

《孟子·万章下》
孔子尝为委吏矣，曰："会计当而已矣。"

每月零星盘算为"计"，一年总盘算为"会"，会计是个很古老的词汇，从周代起就已经有了专人负责赋税账务，进行月计、岁会。"当"，是孔子为会计工作提出的一字准则，就是适当，公正，计算准确，账目清楚。

孔子的第二份工作是"乘田"，管理牲畜的小吏，他仍然勤勤恳恳，把牲口养得又肥又壮。因此不久又升了职，做到司空之位，主管营建，算是个小官了。

所以说，后世的仓库保管员、饲养员，还有会计、出纳们，请别忘了你们有一位伟大的祖师爷——孔子！

这两份工作，固然远不能体现出孔子的优秀，但是做得好，却也会赢得周边的尊重，给自己制造更多的机会。

而在单亲家庭长大的孔子，一上手就能成为出色的公务员，除了天资聪颖，便要得益于他的自立了。

后来，孔子回忆起自己的少年时光，也是充满了悲哀，有种淡淡的自嘲。

《子罕9.6》
太宰问于子贡曰："夫子圣者与？何其多能也？"
子贡曰："固天纵之将圣，又多能也。"

子闻之，曰："太宰知我乎？吾少也贱，故多能鄙事。君子多乎哉，不多也。"
《子罕9.7》

牢曰："子云：'吾不试，故艺。'"

拜孔乙己所赐，对于很多中学生来说，最熟悉的一句孔子语录就是这句断章取义的"多乎哉，不多也"了。可这早已成了一句带有调侃意味的俗语了，却很少人会细究出处。

该原文常常被分成两则，太宰、子贡与孔子的话做一段，而将弟子琴牢复述的孔子的话另起一段。

但是考虑语境，很可能这是弟子们在一起整理《论语》时，发起的一次关于孔子回忆自己青年打工生涯的主题讨论。

太宰是官职。子贡，名端木赐，是孔子学生中最有钱的人。琴牢，字子张，卫国人，也是孔子的学生。

不知道孔子在太宰面前显露了什么样的技能，让太宰啧啧称赞说："孔老师真是了不起啊，简直是圣人啊，无所不知，多才多艺，什么都会，凡人哪能做到这样呢？"

子贡从不放过吹嘘老师的机会，听到别人夸奖老师，当然更加添油加醋地颂扬："是啊是啊，我们老师就是上天指定的圣人啊，所以才会天赋异禀，博闻强知，多才多艺。"

孔子听到这件事后，叹息说："我哪里是天生多才，太宰那是不了解我啊。其实，是因为我少年时穷苦卑微，什么事都要亲自动手，所以才被迫学会了许多卑贱的技艺。君子需要有这么多的技艺吗？没有，也不需要。"

这是学生们回忆的故事经过，而琴牢进一步补充说："老师还说过：'我是因为没有机会做官，才不得不去工作，学会那许多技能的。'"

这里的"君子"，指的是贵族子弟；"试"指被任用，也就是做官；"艺"指打工，各种实用的动手技能。

孔子年少时跟着寡母在阙里谋生，穷人的孩子早当家，事事都要亲力亲为，学会了不少粗鄙工作。君子自小养尊处优，只管待在官学里好好读书，等着毕业后顺顺当当地做官就好了，怎么可能会做这些事呢，他们也不需要学这些啊。

夫子说这句话时，相当辛酸，其感慨与孔乙己数茴香豆也没什么区别。

（四）

仲尼的工作稳定，有了收入，就在族人帮助下，于十九岁那年成了亲，娶妻亓官氏，第二年生了儿子。鲁昭公听说后，特地送了他一条鲤鱼道贺。

这对于职微才盛、重视身份的孔子来说，无疑精神一振，觉得是无上的尊荣。所以特地给儿子取名鲤，字伯鱼，以示纪念。由此，足可窥见孔子彼时在地位与心态上的双重局促。

从这一点来说，儒家在心态的修行上的确不如道家。

《道德经》说："宠为下，得之若惊，失之若惊，是谓宠辱若惊。"

在乎宠爱这种心态本身就是卑下的，得到宠爱感到惊喜，失去宠爱觉得惊慌。这就是"宠辱若惊"。反之，则为"宠辱不惊"。

孔子得到鲁公的一条鱼做礼物便沾沾自喜，甚至以此取名为儿子烙印终身，诚可谓"得之若惊"；三月无君则皇皇如也，则是"失之若惊"。如此宠也惊，辱也惊，又岂得从容？

但这便是年轻的孔子，正如他自己所说："我非生而知之者。"

从"若惊"到"不惑"是有过程的。

他并不是生来的圣人。

（五）

虽然弱冠之年的孔子仍不免年少轻狂，但从十七岁赴宴被阳虎拒之门外，到二十岁生子受到鲁君赠鲤祝贺，显然在仅仅三年间，孔子的身份与名声已经有了极大的提升，这实在是件值得骄傲的事，孔子的优秀也可见一斑。

这之后，孔子开门办学，出国游历，先去洛邑，后赴齐国，读万卷书，行万里路，虽然一直没有大的起色，但是声名日隆，弟子众多，在鲁国也是提得起的一号人物了。

于是，连阳虎都慕名来招揽他了。

这事大约发生于孔子四十七岁至五十岁之间。彼时季平子和叔孙成相继去世，三桓族长中唯一成年的就是二十六岁的孟懿子，势力又不如另外两家。于是季氏的家臣阳虎趁机崛起，囚禁了年幼的季桓子逼其盟誓，承认阳虎执政家臣的地位，成了实权在握的季氏宰。

成为鲁国实际执政者的阳虎，迫切需要广征人才，组织自己的新领导班子。这个班底当然不能从老牌贵族的君子中寻找，谁知道他们真心效忠的人是谁呢？于是，阳虎将眼光放在了没有背景的寒门士子身上，想拉孔子入伙，委以重任。

以他的跋扈，一生中不知粗暴地伤害过多少人，估计早已忘了当年那个腰系麻绳的少年，而只看到如今这个才华横溢的夫子。

他忘了，孔子可没忘。而且孔子最重名分，推崇西周君子国，主张礼乐征伐自天子出，次者自诸侯出，再次自大夫出，这才是"天道"。阳虎身为大夫家臣而篡取国政，开创了"陪臣执国命"的先河，自是僭离正道，乱臣贼子。

因此，无论从私心还是从公道，阳虎都站在了孔子的对立面。这样的人召见，孔子怎么会甘心臣服呢？但是当年的阳虎已经令他惧怕，如今权势熏天，更不是他能对付的，于是他们就有了人生的第二次交锋：

《阳货17.1》

阳货欲见孔子，孔子不见，归孔子豚。孔子时其亡也，而往拜之。遇诸涂。谓孔子曰："来！予与尔言。"

曰："怀其宝而迷其邦，可谓仁乎？"曰："不可。"

"好从事而亟失时，可谓知乎？"曰："不可。"

"日月逝矣，岁不我与。"

孔子曰："诺，吾将仕矣。"

阳虎召见孔子，孔子却想方设法找尽各种托词避而不见。阳虎就想了个办法，直接派人给孔子送了一头烤乳猪。

孔子可是最知礼的人，收礼总要回访拜谢的吧？这是阳虎逼孔子主动上门。

但是孔子很聪明，特地让人打听着，寻了个阳虎不在家的时候登门回访。这样，既周全了礼节，又不用会面。

可是这两个人实在太有缘，竟然在半路遇见了，于是就有了这场精彩对话。

阳虎一贯的强势，摆出一副辩论家的派头对孔子说："来，我有话跟你说。请问对方辩友，一个人明明很有本领，却藏起来不肯报效国家，听任国家混乱，这能叫作仁吗？"

孔子硬着头皮说："不能。"

阳虎便再问："一个人明明喜欢参与政治，却屡屡不被重用，有机会也不肯好好把握，这能叫作智吗？"

孔子只得再次答："不能。"

得，仅仅两个问题，阳虎已经把孔子陷于不仁不智之地，这口才着实了得。

而阳虎仍不罢休，乘胜追击发出第三问："时间一天天过去，岁月不饶人，你甘心就这样一天天老去吗？"

扎心啊！阳虎不愧是一时霸主，不但有勇，也很会说话，这句"日月逝矣，岁不我与"直接击中了孔子的心。

要知道，孔子一生自律，坚持理想，可是日月飞逝，理想却离自己总是那么遥远，怎么可能不焦虑呢？每每登上高山大川，看到大河奔腾，时光飞逝，都忍不住望洋兴叹："逝者如斯夫，不舍昼夜。"

孔子在这场辩论中毫无还手之力地败下阵来。

这段话中接连几个"曰"，前面没有主语，所以问话的肯定是阳虎，但是曰"不可"的究竟是谁，就有了歧义。有说是孔子喏喏而答的，也有说是孔子一直默不作声，于是阳虎只好自问自答："你这能算仁吗？不能。能叫作智吧？不能。时不我待，你还不知着急吗？"

但是不论怎样，最后的总结性发言是属于孔子的。孔子似乎被说服了，答道："好，我将要去做官了。"

如果说二十岁的孔子是年轻俊杰，七十岁的孔子是超凡入圣，那么四五十岁正值壮年的孔子，则是风华正茂，人中翘楚，不做官的确是有点浪费。但是从各种典籍来看，孔子一直蹉跎到五十岁方才做官，这机会究竟是不是阳虎给的，就很难说清了。

（六）

在孔子的漫漫人生中，与阳虎的交集肯定不止这么两次，但也不会太多，因为十七岁的阴影太重了，孔子的内心非常惧怕阳虎，见到他会紧张到冒汗，远远看见了就绕道躲开。《论衡·物势》载："孔子畏阳虎，却行流汗。"

后来，阳虎兵败逃亡，孔子大约是长舒了一口气的，以为这辈子都不用再和这个命中煞星相遇了，谁知道，两人即便不见面，也还是有了一次哭笑不得的交集。

《庄子·外篇·秋水》中在重新演绎"孔子畏匡"的故事时，记录了孔子与阳虎不照面的第三次交集。

这事发生在公元前 496 年，孔子带弟子周游列国之时，经过匡城（今河南长垣县西南），被人当成了与匡有仇的阳虎，被围五天，绝粮少药，差点丧命。后来好容易误会解除，匡人撤兵时，辞曰："以为阳虎也，故围之；今非也，请辞而退。"

孔子心里苦：别说你们跟他有仇，我跟他也有仇啊，咋能把我当成他呢？

这么不对眼的两个人，竟然诡异的面目肖似，都是身材魁梧，相貌奇特，以至于到差点害了性命的地步，这大概就是传说中的宿世冤家，纠缠不休吧。

## 二、三十而立（二十至三十岁）

# 孔子与老子的会面

（一）

孔子归乡时，不过是个受人接济的私生子，短短三年，在二十岁得子时已经受到鲁国君的青睐，还特地赠送鲤鱼贺他得子，他的名气是怎样得来的呢？难道仅仅是因为会计做得好，牛马养得壮吗？

我猜测，很可能得益于他对"礼"的专业与实践。

古时的婚丧嫁娶迎宾郊祭都有严格的礼仪步骤，但是熟悉这些所有礼仪的人却很少。孔子自幼就对祭礼感兴趣，后天通过学习揣摩，广征博引，对于"相礼"这件事情不但知其然，且能说出其所以然，便渐渐成了这方面的专家。

在《论语》中有过大量的关于丧葬礼仪的讨论，以及孔子在这种场合的言行记录，这让我们猜测，孔子之所以会这样频繁地出现在葬礼上，就是因其早年间的主要"外快"来自葬礼司仪。

孔子去洛阳拜访老子，首先问的也是关于丧葬的礼仪。孔门弟子甚至将祭礼的意义说得无比崇高，与治国相提并论。《礼记》中关于丧礼的讨论更是篇幅惊人，明确指出："夫礼，必本于天，淆于地，列于鬼神，达于丧、祭、射、御、冠、昏、朝聘。故圣人以礼示之，故天下国家可得而正也。"

关于婚丧朝聘的各种礼仪中，丧祭居于首位。礼正而后天下正。可以说，整部《礼记》，就是孔门司仪的员工守则。

正因为孔子精于礼仪，所以出席的宴会便越来越多，司仪的层次也越来越高，遂被鲁昭公所知。

"子入大庙"之事，便被认为发生于这个时期。

《八佾3.14》
子入大庙，每事问。或曰："孰谓鄹人之子知礼乎？入大庙，每事问。"
子闻之，曰："是礼也。"

大庙，或作"太庙"。孔子进入太庙，看到什么都要发问，于是有人私下议论："谁说仲尼懂得礼仪？进来太庙，什么都不懂，什么都要问。"

孔子听说了这种传言,说:"这就是礼呀。"

这是孔子第一次进入太庙,理当敬重有经验的前辈,谦逊发问。而且自己从书本及民间得到的知识,也要在太庙里得到验证,万一有不同的说法和规矩呢?

好问,会问,也是一种礼。

而人们议论时会将孔子称为"鄹人之子",是因为叔梁纥曾经做过鄹邑宰。被人提及还要特别说明是谁的儿子,可见这件事发生的时间较早,孔子已经有了一点名气,但是名声还不够响亮,个人地位尚未得到确认。

后来,孔子经过十几年的努力,渐渐有了名声,得到的人脉和支持越来越多,就连孟僖子都让两个儿子跟随他学习礼仪,孔子去洛邑拜访老子时,就是孟僖子之子南宫敬叔陪着的。

孔子去周室京都,是为了学习更加正宗的周礼。这就相当于在中国学习法国文学的学生去巴黎深造,和没有学位的驴友旅游是完全不同的。所以鲁昭公亲自批条,给了他们一辆车子,两匹马,还配备了童仆,出门的阵仗不同以往。

从此,孔子成了有车族,虽然只是一辆两匹马的低配车子,还没够上"驷"或者"乘"的标准(古代大夫座驾,一车四马谓之"乘"),但是有车和没车,却是身份地位的重要象征。

孔子坐在车上,扬辔而行,还写了很多关于驾车的体验,可见重视。

在他晚年时,最心爱的弟子颜回过世,颜回的父亲因为买不起棺椁,请孔子卖了车子借钱给自己。孔子明确地拒绝了,理由便是:我是个有身份的人,出门怎么能没有车呢?如果以步当车,那太没面子啦!

由此可见,孔子有多么在意车子的象征性。

(二)

孔子问礼于老子,被誉为中国古代文化史上最伟大的一次见面。

至今,河南洛阳老城东关还立着一块石碑:"孔子至周问礼乐至此",下书:"雍正五年立"。

《史记·孔子世家》里记录了公元前518年,孔子在鲁昭公的赞助下,由南宫敬叔陪同,自曲阜西行至洛邑,求礼问乐,拜访老子的过程。

《孔子家语·观周十一》记录了孔子出行的理由:"吾闻老聃博古知今,通礼乐之原,明道德之归,则吾师也,今将往矣。"

而《史记·老子、韩非子列传》中则记录了两人见面的始末以及许多重要对话,句句经典,字字珠玑:

孔子适周，将问礼于老子。老子曰："子所言者，其人与骨皆已朽矣，独其言在耳。且君子得其时则驾，不得其时则蓬累而行。吾闻之，良贾深藏若虚，君子盛德容貌若愚。去子之骄气与多欲，态色与淫志，是皆无益于子之身。吾所以告子，若是而已。"

孔子博闻强记，口才辨给，听说老聃博古通今，精通仪礼，特地前往请教。为了给老子留下好印象，一见面便滔滔不绝，引经据典，不免有卖弄学问之嫌。

老聃静静地听了一会儿，淡淡说："你刚才提到的人和事，都已经化为朽骨槁灰了，只有他的言论还在。君子不必在意一时的兴衰得失，太把出人头地当作大事。如果世道昌隆，生逢其时，那就驾上车子到处逛逛，做官辅政，兼济天下；如果时运不佳，那就像蓬草般随风流转，安步当车吧。我听说，善于经商的人不会露富，他们会把货物先藏起来，好像很贫窘的样子；真正有德行的君子不会张扬，他们举止谦逊，看上去愚钝的样子。年轻人啊，你须去掉骄气和过盛的欲望，改正傲慢的态度和自大的语气，这都是会伤害到自己的习性。这些，便是我能告诉你的最重要的'礼'。"

一番话，不啻给年轻气盛正在兴头上的孔子降了一次温，如被霜雪，如闻惊雷，不禁低头回味，沉思良久。

这一年，孔子三十四岁，正是志得意满、前途无量的青壮时期。从老子的话中，我们可以反过来想象此时的孔仲尼如何的年轻好胜，而老子这番话，则正是针对他的聪明外露而说的，提醒他要学会"藏拙"，被褐怀玉，方能持久。

《红楼梦》中的薛宝钗就深谙此道："罕言寡语，人谓藏愚；安分随时，自云守拙。"

这个"藏愚"和"守拙"便是儒家的学问，所以才会有一副对子说："世事洞明皆学问，人情练达即文章。"

中庸既是儒家之道，自然可谓之学问文章了。而这篇文章的起笔，却在老子。

这下马威的一番警言教训，让孔子顿时收敛了轻慢的态度，虚心受教。

最重要的是，老子当时的工作是周王室的图书管理员。那时候的书籍是多么珍贵呀，孔子的口号是"吾从周"，能够进入周朝皇家图书馆是生平理想，老子不但向他开放了国家图书馆，还给了他很多人生忠告，送了好几罐子鸡汤。这对三十多岁的孔子来说，是极为珍贵的回忆。

大周朝虽然已经式微，但仍不愧为天子之都，文武之风尚存，周公遗泽犹在，令孔子俯仰徘徊，敬叹不已。当他随老子来到周太祖后稷的庙，看到周朝铭文后，更是肃然起敬，赞叹说："诗曰：战战兢兢，如临深渊，如履薄冰。我现在就是这样的感觉啊。"

从后稷庙出来，孔子小心翼翼地请教说："周之道诚为大道，然而如今道义难行，我想在鲁国推行此道，可是国君不听从，实在是难啊。"

老子说："游说的人如果言辞过于华丽，听的人就会受到扰乱。要注意这两点，就会一步一个脚印地推行道义了。"

老子大概对孔子的口才辨给既欣赏又担忧，在送别孔子时，又再次对"祸从口出"这件事郑重其事地叮嘱了一番：

老子送之，曰："吾闻富贵者送人以财，仁者送人以言。吾虽不能富贵，而窃仁者之号，请送子以言乎！凡当今之士，聪明深察而近于死者，好议人者也；博辩闳达而危其身，好发人之恶者也。无以有己为人子者，无以恶己为人臣者。"

孔子曰："敬奉教。"自周反鲁，道弥尊矣。远方弟子之进，盖三千焉。

老子说："送钱送礼，不如送一句好话。我不是有钱人，但是担着一个仁者的名号，就送你几句金玉良言吧：当今士人，聪明伶俐却仍难免危及生命，往往是喜欢讥讽议论别人的人；知识广博能言善辩却给自己带来灾祸的，都是喜好揭穿别人隐私的人。身为人子不能只想着自己，作为臣子不能忘了自己是谁。"

这段记载中，最大的争议就在于"无以有己为人子者，无以恶己为人臣者"的翻译。多个版本都译作"人子不应使父母时刻挂念自己，臣子要尽职尽责"，或是"做子女的应该忘掉自己而心想父母，做臣下的要忘掉自己而心存君主"。

但是这句话先称"有己"后称"恶己"，显然彼此相对，而不应该是并列等同的关系。所以如果前一句翻译成人子不应该太自私，只顾着自己活得痛快任性，要多为父母着想，从父母的角度出发来选择人生，不让父母惦念，所谓"父母在，不远游"便为其理；而后一句"恶己"既然是相反的意思，那就应该解释作臣子在尽责之时，不能忘乎所以，要时刻记着自己是谁，劝诫君主时注意态度委婉，刑罚立律时想着谨言慎行，不要聪明反被聪明误，因为能言善辩而惹来灾祸。

很显然这个"聪明深察，博辩闳达"是针对孔子说的，老子如此一而再再而三地提醒，可想而知当时的孔子，与我们所熟悉的孔老夫子大相径庭。

无法想象，倘若孔子从未遇到老子，后来会变成什么样子。

好在，孔子是有大智慧的人，"朝闻道，夕死可矣"，当下诚心诚意地说："我一定遵循您的教诲。"

自周回鲁之后，孔子为人变得谦逊，求知益发谨慎，他所推行的道也更加受人尊崇了，于是远近来投，弟子三千。

后来，每每说起老子时，孔子都往往称其"吾师老聃"，对于老子给予的教诲极为感恩：

鸟，吾知其能飞；鱼，吾知其能游；兽，吾知其能走。走者可以为罔，游者可以为纶，飞者可以为矰。至于龙，吾不能知其乘风云而上天。吾今日见老子，其犹龙邪！

罔，就是网；纶，是鱼线；矰，是弓箭。孔子赞美老子如龙飞天，乘风云而上，大象无形，所以不能像对鸟那样网之，对鱼那样钓之，对兽那样射之，除了表达尊敬别无可为。

如果说，确立身份的十七岁是孔子人生的第一个拐点，那么与老子的见面，则是孔子坚定心志的第二个拐点。

十七岁时，阳虎的阻门宛如兜头一瓢冷水，让仲尼的自尊受到了极大的刺伤；三十四岁时，老子的告诫，则无异于当头棒喝，令孔子的人生观发生了彻底的转变。

十七，似乎是孔子的命数，每过十七年便有一次大的改变，因为又过了十七年的五十一岁，正是孔子登上人生巅峰的高光时刻，成为大司寇的年月；而最后一个十七年，也就是孔子六十八岁时，他结束了周游列国，返鲁定居，开始删诗订乐，正式开启六经的编纂，从此才有了我们两千多年的儒学正统。

值得记载的是，公元前518年，还发生了一件天文志上的大事，就是日食，日月相遇，或许正象征了孔子与老子的会面。

## （三）

与老子的这次会面，影响了孔子一生。尤其是"得其时则驾，不得其时则蓬累而行"这两句话，浪漫而精辟，令孔子醍醐灌顶，终身受益。

后来，他经常以这两句话提醒自己，开解自己。《论语》中的很多理论都是孔子对老子这两句话的另类译注："天下有道则见，无道则隐。""用之则行，舍之则藏。""邦有道，危言危行；邦无道，危行言孙。"……

《宪问14.3》

子曰："邦有道，危言危行；邦无道，危行言孙。"

这里的"危"，指的是正，比如"正襟危坐"。

意思是说国家上了轨道，要正言正行；遇到乱世无道，则除了保持正行之外，还要做到言语小心谨慎，做事谦逊含蓄。"孙"，就是"逊"。

这是典型的"无可无不可"的中庸之道——环境条件允许时，不妨正当做事，正直发言，直抒己见，以求赏识；环境条件不允许时，仍要端正为人，但是说话处事就不要锋芒毕露了,最低限度做到不得罪人。

孔子的这通理论,三好学生颜渊是领会得最深的。所以孔子夸奖他说:"有人赏识为世所用时,就要努力地去实行,做到物尽其用,人尽其才;没人赏识就收敛锋芒,退而隐居,只有你和我才能安然做到啊。"

《述而 7.11》
子谓颜渊曰:"用之则行,舍之则藏,惟我与尔有是夫!"

孔子认为,乱世之中,直面惨淡的人生或是避世归隐,两种选择都令人敬重:

《卫灵公 15.7》
子曰:"直哉史鱼!邦有道如矢,邦无道如矢。君子哉蘧伯玉!邦有道则仕,邦无道则可卷而怀之。"

史鱼和蘧伯玉都是卫国人。史鱼就像一支箭一般正直,蘧伯玉却能屈能伸,国家有道就出来做官,国家无道就收敛锋芒,把主张藏在心里,做个老好人。

孔子是一直修行君子之道的,他虽然对史鱼和伯玉都很敬重,却明显更认同蘧伯玉的做法。所以只称赞史鱼正直,却将君子的名号给了伯玉。

乍看上去,这好像违背了孔子"杀身成仁"的理念。但其实并不矛盾,因为若难"成仁",又何必"杀身"呢?

孔子最反对死得没名声,桓公杀公子纠,纠的两位近臣——召忽杀身殉主,管仲却降了公子小白成为首相。孔子盛赞"如其仁",且在弟子们质疑管仲何不殉义时,反驳说:"岂若匹夫匹妇之为谅也,自经于沟渎而莫之知也?"管仲是做大事成大业的人,怎能为了得到无知男女的理解,就无声无息地死在阴沟里?

所以孔子是主张避祸的,避不过了才要殉道。

薛宝钗式的"装愚"和"藏拙",是非常高深的儒家学问。

当然,孔子不知道薛宝钗是谁,他为弟子们树立的典型是宁武子:

《公冶长 5.21》
子曰:"宁武子,邦有道,则知;邦无道,则愚。其知可及也,其愚不可及也。"

宁武子,也是卫国大夫,处世有方,国家形势大好时,他是位能臣,为国尽忠;形势不利时,却也懂得韬光养晦退居幕后。

所以孔子赞叹说:"宁武子这个人精啊,政治清明时,他充分发挥自己的聪明才智;政治昏庸时,他也很会装糊涂。他的智慧我或许学得来,他的装傻我却是学不来啊。"

或许就是因为自己学不来,当孔子发现弟子中南容独具这种超能力,可以做到"邦有道不废,邦无道免于刑戮"时,赞赏不已,竟然把侄女都嫁给了他。

而孔子自己呢,他也想过,倘若世道实在太乱了,那还有一条路可选,就是无奈地归隐。

《泰伯8.13》

子曰:"笃信好学,守死善道,危邦不入,乱邦不居。天下有道则见,无道则隐。邦有道,贫且贱焉,耻也;邦无道,富且贵焉,耻也。"

这是又一次面对"天下有道"和"无道"做出的抉择。

"笃信好学,守死善道。"非笃信不能好学,非固执不能卫道。坚定地相信,饥渴地学习,守持正道,誓死不渝,谓之"成仁"。

想做到这一点是很难的,如果总是在乱世里顶风上,就死得太容易了。所以为了守道,就要学会避祸,要做到"危邦不入,乱邦不居":不要去危险的国家,不要居住在动乱的地方。

全身方能善道,像子路那个不听话的,明知卫国发生动乱,不说赶紧回家,还冲上去找死。虽然结缨正冠,死得很有气节,确实做到了"守死善道",可是明明可以不死的,为什么不听老师的话,做到"乱邦不居"呢?

接下来孔子还说了:"天下有道则见,无道则隐。"

见,就是"现",意思是表现,展现,让人发现,也就是高调地展示。

隐,就是低调地隐藏。

天下有道,就要努力表现自己,发挥所学,不负天生我材必有用;天下无道,则不如退隐草泽,独善其身。

此时,孔子再次提到了"耻"的道理:"邦有道,贫且贱焉,耻也;邦无道,富且贵焉,耻也。"

太平盛世,人人安居乐业,而你却穷鬼一个,衣食不周,无所作为,这可不能怨社会,只能是你没本事又不努力,活该受穷,所以贫穷是可耻的。

反之,乱世之中,人人自危,你却峨冠华袍,发国难财,注定不是什么好人,这同样是一种罪恶。

所以富贵或贫贱不是根本,首先要视乎大环境是"有道"还是"无道",之后才是个人的选择:有道则拼搏向上,发光发热;无道则克己隐居,韬光养晦。

综上可见,孔子虽然是儒家创始人,时时希望着能出仕为官,治国平天下;但是对于道家的归隐也并不排斥,认为出仕无望时,隐居也是人生的一种选择,一种出路,或者说,一种态度。

# 圣人无常师

## （一）

孔子从小跟着母亲颜徵在颠沛流离，十七岁才找回自己的身份，十九岁结婚，二十岁做爹。他是从哪里学到的本领呢？

当时的教育现象是"学在官府"，诸侯派出官员到周天子办的官学去受训，回来后再传授给年轻的"君子"们。换言之，只有贵族子弟才能进入府院学习，民间虽然已经有了私塾教育，但未成气候，尚无名师。那孔子的博学多识从何而来呢？难道真是圣人多智，天生多才？

这个问题，很多后世的研究专家问过，还有很多与孔子同时代的人也问过。比如卫国的公孙朝就曾问过子贡，你的本事是从孔夫子那儿学到的，那孔夫子的本事又是从谁那里学到的呢？

子贡认真地说："我老师是上天指定的非遗传承人，担负着传承商周礼乐文明的大使命。他哪里不能学习呢，根本不需要固定的老师和学校啊。"

《子张 19.22》

卫公孙朝问于子贡曰："仲尼焉学？"

子贡曰："文武之道，未坠于地，在人。贤者识其大者，不贤者识其小者，莫不有文武之道焉。夫子焉不学？而亦何常师之有？"

"仲尼焉学？"意思是孔子从哪里学得知识？

这知识是什么，子贡总结为四个字：文武之道。这可不是文学和武功，而是指周文王和周武王的礼乐文章。

孔子一生致力于恢复商周礼乐，但这些礼乐并未完整地保留在典籍文献中，而是散落在民间，依靠口口相传而保留下来。所以说，文武之道并没有消失，仍存在于贤者的身上。贤人认识并记住了那些大道，不贤的人也会记住一些小道，各有所存，各有所知，而孔子一一寻访得来，融会贯通，去其糟粕，取其精华，修订六经，成就大业。

所以说，孔子何处不学，何必有指定的老师传授独门秘籍呢？

还有一次，又有人问子贡，孔夫子何以如此多才多艺，难道是圣人吗？子贡理所应当地答："对呀，就是上天要让他成为圣人，才让他多才多艺的。"

但是对于这个回答，孔子亲自做出了否定："太宰不了解我呀。我只是因为少年贫贱，所以才不得不学会很多卑微谋生的本领，君子需要那么多技能吗？""多乎哉？不多也。"（《子罕 9.6》）

用一句励志口号来总结孔子的这句话，那就是：生活是最好的老师。

但是孔子一定是上过学的。《礼记·学记》中说："古之教者，家有塾，党有庠，术有序，国有学。"

这说的是古代学校的不同规制与名称。要注意，"家有塾"说的可不是明清时家族里办的私塾，比如《红楼梦》中贾府的族学家塾，而是指二十五家为一村所办的学校——"塾"。五百家的镇里有"庠"，两千五百家的郡里有"序"，只有一国的首都才有"学"，就是今天所说的学校。

不管是哪个级别的学堂，每年都会招新生入学，隔一年就要考试一次，这和今天的教育制度差不多。而且入学一年考经文句读，三年考读书能力，五年考是否博学敬师，七年考学术见解，是谓小成；九年通晓各科，谓之大成，然后便可"化民易俗"，"此大学之道也"。

这和如今的教育制度有相似之处，可见中国教育文明的源远流长。同时，"大学"这个词也由此而来，孔子之孙子思便曾撰写《大学》一文，与《论语》《中庸》《孟子》并称"四书"。

孔子少时随母亲生活在曲阜，应该就读的是"塾"或"庠"，他自称"吾十有五而志于学"，并不是说他十五岁才开始读书，而是在十五岁时已经建立自己的人生方向，有了致敬周礼的最高理想。

我们假设他七八岁入塾，那么十五岁那年刚好赶上"小成"之试，很可能在学术考试中得了个头名，从此知道自己是个不折不扣的学霸，必会成就一番大业。

而要完成这个理想，他首先必须有个贵族的身份，名正而后言顺，才能一步步朝着目标前行。这也是他在母亲过世后用尽方法认祖归宗，得回"士"的身份的重要心理支撑。

之后，他从丧葬礼仪着手，一点点建立自己的社会地位与名声，在学问和威望都累积到一定程度时，便开始办学授徒。所教授的核心，便是"君子之道"。

《论语》中的"君子"向来有两个意义，一是指"君之子"，也就是贵族，

"士"是最底层的贵族,可以算作君子的末流;二是指有德行的人,"文质彬彬,而后君子",因才德兼备而拥有高贵气度,是后天的贵族。

孔子的教育,便是让弟子们通过技能与道德的学习,成为君子之才,后得以出将入相,辅佐君主,从政为官,成就真正的君子之业。

很多孔门弟子在入学前只是毫无身份的平民甚至贱民,然而孔子有教无类,指导他们通过后天的学习鲤鱼跃龙门,成为栋梁之材。这种"以人为本"的超前教育思想,对于注重血统的春秋社会,简直是一种穿越。

即使从这一点来说,孔夫子也足以成为圣人!

## (二)

孔子并不是第一个开办私塾的人,从他后来与少正卯的"生源竞争"来看,当时已经有了很多新兴私学。但也都处于雏形探索阶段,产生的时间应该不长,所以孔子小时候读的应该是公学,没上过名校,也没有固定师承,所以公孙朝才会问"仲尼焉学"?

对于这个问题,一千多年后的韩愈给出了最佳答案:

《师说》

圣人无常师。孔子师郯子、苌弘、师襄、老聃。郯子之徒,其贤不及孔子。孔子曰:"三人行,则必有我师。"是故弟子不必不如师,师不必贤于弟子,闻道有先后,术业有专攻,如是而已。

这里面提到了孔子的四位老师:郯子、苌弘、师襄、老聃。

孔子拜访苌弘,和问礼于老子是同一时期的事。

《孔子家语》说,孔子来到周都,"问礼于老聃,访乐于苌弘,历郊社之所,考明堂之则,察庙朝之度。于是喟然曰:'吾乃今知周公之圣,与周之所以王也'"。

好不容易来到这礼乐之邦,自然要好好地拜访名师学习周公礼乐。于是孔子向老子问礼之后,又向苌弘问乐。

苌弘本是周朝方士,其特长是观测天象,推演历法,所以司马迁将他写进了《史记·天官书》,归为天文学家。又在《史记·封禅书》载:"苌弘以方事周灵王,诸侯莫朝周,周力少,苌弘乃明鬼神事,设射狸首。"也就是通过做法来使诸侯国服从周天子。

这么通天地驱鬼神的一位牛人,孔子巴巴儿地前来拜访,求教的却不是阴阳术数，而是"乐"。

但是想想也不奇怪，孔子到晚年才对《易》忽然感兴趣的，曾经说如果可以时光倒流，希望在五十岁时就学习《易经》。反过来说，在五十岁之前孔子都没真正在意过《易经》，也没打算好好读。

即使真的穿越回公元前518年，他也不会向苌弘请教律历，因为那时候他才三十三岁。对易理并不感兴趣，却对音乐有着惊人的天赋，曾向师襄学琴，其进步让老师也感到惊讶。

不过，孔子向师襄学的主要是操作，关于理论，却须追本溯源，向周京名师求问。时间那么短，学习乐经还来不及，哪有余闲去问易呢？

孔子是向来主张"敬鬼神而远之"的，所以对苌弘驱使鬼神作法的本事并不感兴趣。

又或许，正是因为受到苌弘惨死的刺激，孔子才会慎言鬼神的。

苌弘那么大的能耐，还被人陷害，一片忠心辅佐周王，却到底被周敬王当成替死鬼，下令斩杀。

因为死得冤屈，其血三年后化为碧玉，永志忠心，是谓"苌弘化碧"。

"碧血丹心"这个词儿，就是这么来的。庄子将他与同样忠烈冤死的比干、伍子胥、关龙逢并称"四贤"。

《庄子·外物篇》

外物不可必，故龙逢诛，比干戮，箕子狂，恶来死，桀纣亡。人主莫不欲其臣之忠，而忠未必信，故伍员流于江，苌弘死于蜀，藏其血三年而化为碧。

《史记·孔子世家》说，孔子困于陈蔡时，曾问诸弟子："我们的道不对吗？为什么会落到这个地步？（吾道非邪？吾何为于此？）"子路说："大概是我们还不够仁不够智吧。"

孔子生气地说："如果仁者就会让人相信，怎么会有伯夷、叔齐？如果智者的道一定会得到推行，怎么会有王子、比干？（譬使仁者而必信，安有伯夷、叔齐？使知者而必行，安有王子、比干？）"

这时节，不知孔子是否想到了曾经的老师苌弘。

能事鬼神却不能取信于君王，保住性命，还学那些方术做什么？这便是"未能事人，焉能事鬼？"

(三)

孔子"问官于郯"的故事记录于《左传》。

郯子（tán），春秋时期郯国（今山东临沂郯城）国君，二十四孝"鹿乳奉亲"故事的主人公。

时为公元前525年，郯子来鲁国做客，昭公盛宴款待，问起远古帝王少昊氏以鸟名来称各种官职的典故。

郯子为少昊后裔，遂侃侃而谈，从黄帝以云纪事、炎帝以火纪事、共工氏以水记事、太昊氏以龙记事，一直说到少昊挚即位遇凤来，便以鸟纪事，百官也以鸟命名。

三皇五帝，上溯远古，说得满座皆服，目瞪口呆。孔子当时二十七岁，为鲁国小吏，听到这样稀奇华美的知识，自是向往之至，后来有了名气，便又特地前往郯国向郯子请教学习。郯子见他如此谦逊，也很高兴，遂倾囊相授。

孔子受益匪浅，回来后对人说："吾闻之：'天子失官，学在四夷。'犹信。"

关于这句"天子失官，学在四夷"，有不同的解释，有的说天子推行的古代官制早已失传，却保留在四方蛮夷之间。也就是与子贡复述的"文武之道，未坠于地，在人"，是异曲同工之理。

"官"，指官制，"学"，指学问。而孔子向郯子讨教的，也就是关于古代官制的学问。

但也有人说，"官"与"学"相连，说的是春秋末期，官学已经失去了功能，四方乡壤却纷纷兴办私学，这也是孔子办私塾的先决条件。所以孔子的这句话，代表着他已经有了办学的想法。

孔子晚年修订礼乐时曾感慨地说："夏代的礼仪，我可以讲得出来，但我曾到夏朝后代的封地杞国，想亲眼看看夏朝礼仪，可惜因为年代久远，已经无法得到验证了；殷商的礼仪，我也可以讲得出，然而我去殷之后裔的宋国亲自观察，也同样得不到验证。因为他们的文献资料实在太不足了，如果充分，我就可以用来引证了。"

杞，夏之后；宋，殷之后；鲁，周之后。孔子是殷人，却生长于鲁国，热爱周礼。

但为什么杞国和宋国已经没有了夏商的资料，孔子却可以讲得出来呢？就是因为他曾拜访过多位像郯子这样的高人大师，就是因为"天子失官，学在四夷"，而孔子遍游列国，一一将它们搜简存遗，挖掘了出来。这真是一项伟大的工作！

《八佾3.9》

子曰:"夏礼,吾能言之,杞不足征也;殷礼,吾能言之,宋不足征也。文献不足故也。足,则吾能征之矣。"

彼时周室微而礼乐废,诗书缺。孔子追迹三代之礼,通过遍寻得来的夏朝历书《夏时》、殷商的阴阳之书《乾坤》等,得知最初的礼起于饮食。生养死葬,祭酒荐备,祝祷祈告,历书俱有所载。

于是孔子上自唐虞,下至秦缪,编次其事,撰成《书传》(即《尚书》)《礼记》,令后世帝相观殷夏之损益,"后虽百世可知也"。

除了上述这些老师外,《史记·仲尼弟子列传》中还记载了孔子走访列国,寻诗问礼的一大堆名录:"于周,则老子;于卫,蘧伯玉;于齐,晏平仲;于楚,老莱子;于郑,子产;于鲁,孟公绰。"

另外,孔子以史为师,以典为师,以古今贤人为师,在生活中也是时时刻刻地观察、记录、思考、感悟,"敏而好学,不耻下问",无处不可学,无时不在学。

他曾说过:有十户人家的小村镇中,总会有个把老实人跟我一样忠实可靠讲信用,但是很难找到一个比我更好学的人。

《公冶长5.28》

子曰:"十室之邑,必有忠信如丘者焉,不如丘之好学也。"

《泰伯8.17》

子曰:"学如不及,犹恐失之。"

"好学"可谓是孔子为自己的人生总结的第一个关键词。常有"学如不及,犹恐失之"之感,就好像后面有鞭子赶着那样迫切地求知,唯恐来不及了一样。

求学是随时随地日新月异的,所谓"逆水行舟,不进则退",学习也是一样,稍一松懈,就会落后。不能日有所进,就好像失去了最珍贵的财富一样。

所以孔子活到老学到老,自称"发愤忘食,乐以忘忧,不知老之将至""朝闻道,夕死可矣",当真是求知若渴。

"学之者不如好之者,好之者不如乐之者",学而不厌是孔子坚持了一生的动力,这不是纪律,是乐趣。孔子是真正得到了学习的乐趣的,唯有如此,方能始终。

这样的人,确实不需要固定的老师!

# 丧祭之礼

## （一）

《八佾3.14》
　　子曰："周监于二代，郁郁乎文哉！吾从周。"
　　周朝兼得夏商二朝文化传承，融会贯通而集大成，遂成繁荣昌盛之一代文明，所以孔子崇周而订《礼》，认为周礼不必添也不必减，更无须更改，只需要遵从就好了。
　　孔子都说"吾从周"了，自是认定西周文化乃是华夏文化之正统。
　　都说三岁看老，孔子对于礼乐的热爱几乎是发自天性的。在他很小的时候，别的孩子喜欢拿根树枝假装骑马打仗，他却独独对祭礼特别感兴趣，摆些泥巴豆子来模仿祭祀。
　　鲁国曲阜南门沂水边，每年冬至会举行盛大的"郊祭"，人们穿上庄重的礼服，进退有序，举止肃穆。童年孔仲尼总是看得目不转睛，回家来就学着祭祀官的样子再三练习，还拉着小伙伴们一起扮成祭司鞠躬如仪，"陈俎豆，设礼容"。
　　为什么要陈豆设礼呢？
　　孔子的孙子孔伋（字子思）在《中庸》中追叙孔子的一段话，可以作为最好的辅助资料：

　　子曰，武王、周公其达孝矣乎！夫孝者，善继人之志，善述人之事也。
　　春秋修其祖庙，陈其宗器，设其裳衣，荐其时食。
　　宗庙之礼，所以序昭穆也；序爵，所以辨贵贱也；序事，所以辨贤也；旅酬下为上，所以逮贱也；燕毛，所以序齿也。
　　践其位，行其礼，奏其乐；敬其所尊，爱其所亲；事死如事生，事亡如事存，孝之至也。
　　郊社之礼，所以事上帝也；宗庙之礼，所以祀乎其先也。明乎郊社之礼，禘尝之义，治国其如示诸掌乎！

子思刚出生就死了父亲，不久又失去了爷爷，母亲早早被休了，是个不折不扣的孤儿，由孔子的弟子曾参抚养教育长大，是曾子的弟子，孟子的老师。

子思著《中庸》，虽是阐述孔子之道，但是所有关于孔子的言语都是经过曾参转述的，必然有所偏倾。唯独这段关于祭礼与孝道的关系，令人玩味。

因为子思与爷爷孔子一样，都是没有什么机会为父母尽孝的人，却又都将孝道抬到了天上，甚至将其与治国治天下联系起来。

周武王是被伯夷、叔齐当面指责不忠不孝的人，但是孔子却说："武王、周公其达孝矣乎！"因为孝道不仅在于事亲尽心，更在于"继人之志，述人之事"。武王伐纣一统天下，完成了周朝的建立，并且以天子之名追尊先人王大、王季，这是真正继承了文王遗志，完成了先人事业，统一中原，功被后世，所以是至孝。

孝就是传承大道，所以武王继承先业，是"善继人之志"，周公制定礼仪，是"善述人之事"，故此二人为天下孝道表率，谓之"达孝"。

在周公制定的一套完整的礼仪系统中，讲究每年春秋两季，要修好先辈祖庙，陈列祖宗收藏的重要器物，摆设祖先穿过的衣裳，并供献应时的果品食物。这就是"陈俎豆，设礼容"。

宗庙祭祀的礼节，就是排列父子远近、长幼、亲疏的次序，排列爵位的次序以分尊卑，排列各职事的次序以别能力高下。还会根据他们所做的事业享受不同礼遇。

除此之外，还要"践其位，行其礼，奏其乐"，每个人按照自己的身份站在排定的位置上，行礼奏乐，敬奉他们该尊重的人，亲近他们所热爱的人，侍奉逝去的人如同他们还活着一样，兢兢业业，事死如生，这就是尽孝的极致，祭祀的意义。

不论古今，生死嫁娶的典礼上，都需要专门的司仪来负责操办。而在春秋时，葬礼的流程尤其复杂，懂得礼仪细节的人就显得格外重要。孔子在这方面很权威，名气也是由此而慢慢累积起来的。

他去洛阳拜访老子，首先问的也是关于丧葬的礼仪，细到日食发生时送葬队伍该停止还是该继续都要一一请教；后来设馆教学，教授六艺：礼、乐、射、御、书、数，基本功课就是礼仪。因为这是最实用的课程，学好了便可以在婚丧嫁娶的仪礼上担任司仪或者孔子的助手；再后来孔子终于做官，成为大司寇，主要负责的，还是关于各种盛典祭祀的礼仪。

孔子教训弟子时曾经立过几条规矩：出仕侍奉王公卿相，回家照顾父亲兄弟，主持丧葬不可以不慎重，勉力尽礼，不能贪杯嗜酒——做好以上四项基本原则很难吗？不难吧，那就记住了！

《子罕9.16》

子曰:"出则事公卿,入则事父兄,丧事不敢不勉,不为酒困,何有于我哉?"

有人认为这是孔子对自己人生的总结,因为文末说的是"何有于我哉"。

但孔子是孤儿,回到家也无法侍奉父兄,所以这话说了也是白说,可见只能是规诫弟子的。随口扯个"何有于我"只是语气习惯而已,意思是对任何人来说也不应该是很难做到的事吧?

而这四项原则中,之所以会把丧事和为官尽孝相提并论,就是因为丧礼主持是孔门弟子最常担任的工作。

种种迹象表明:祭祀主持乃是儒家的老本行,孔夫子乃是司仪行的祖师爷。

所以孔门弟子才会将祭礼的意义说得无比崇高,与治国相提并论。

《礼记》中关于丧礼的讨论更是篇幅惊人,且明确指出:"夫礼,必本于天,淆于地,列于鬼神,达于丧、祭、射、御、冠、昏、朝聘。故圣人以礼示之,故天下国家可得而正也。"

那时主持礼仪的人叫"祝",主持丧礼的叫"丧祝"。在周朝的各种婚丧朝聘的礼仪中,丧祭居于首位;而婚礼因为有官媒主持,别人不大能插得上手。因此孔门弟子主要学习的是丧礼与祭礼。

礼正而后天下正。整章《礼记·檀弓》,讲述的就是孔门司仪的员工守则。《曾子问》更是以孔子与曾子问答的方式,深入讨论丧制和丧服的仪礼。每场丧祭之礼,都像一场大型演出,要调配大量人手,规矩严谨,分工明确,非常考验主祭人的大局观和领导能力。孔子后来出任大司寇时驾轻就熟,便是在主持中锻炼出来的胆略。

只是春秋时礼崩乐坏,祭礼越来越不正统庄重,因此孔子说,鲁君举行的禘(dì)礼马马虎虎,从浇祭的"灌礼"往后浮皮潦草,简直看不下去。

《八佾3.10》

子曰:"禘自既灌而往者,吾不欲观之矣。"

《八佾3.11》

或问禘之说。子曰:"不知也。知其说者之于天下也,其如示诸斯乎!"指其掌。

这段话,正与《中庸》里所引用的"明乎郊社之礼,禘尝之义,治国其如示诸掌乎!"相同。

所谓"郊社之礼,所以事上帝也;宗庙之礼,所以祀乎其先也",郊是祭天,社是祭地。郊社之礼就是祭祀天地神灵的礼仪。

宗庙里供奉的是自己的祖宗先辈，所以祭祀祖庙的礼节就是为了祭祀祖先，天子在宗庙里举行的隆重祭礼则被称为"禘尝之礼"。

孔子熟谙礼仪，自然不会不知禘礼，但是联系鲁君早废告朔之礼，陪臣执国，家臣竟以天子之礼行祭祀等乌糟事，孔子说这话的意思就有了两种可能：一是说当时的礼仪举办得乱七八糟，孔子就算说了也没人听，所以有人来问他禘礼办得怎么样时，孔子有些负气地回答不知道；二是说此礼僭越，不合正统，孔子实在没眼看了，于是干脆拒绝观礼。

同时，孔子又感慨地说，如果真能弄明白祭祀天地和祖庙礼仪的意义，治理国家便如同把东西放在手掌中审视一样明晰容易了。重视的不是礼仪的具体程式，而是礼仪背后所代表的规矩与道德秩序。

种种纠结造作，归根结底只为了呼吁一件事：恢复周礼！

（二）

礼乐兴邦，是孔子自小浸润于骨子里的认识。当他得知鲁国是周朝的后裔，而周礼是上古文明的集大成者，祭礼则是沿自周朝的传统时，就狂热地爱上了这庄严肃穆的仪式。

尤其是看到如今"礼崩乐坏"的社会现实，就更让他感慨礼乐兴邦的重要性，遂为此振臂疾呼，奋斗终身。

孔子教化的宗旨，是宣传礼乐，渴望恢复西周文明，文武之治。

孔子一生的偶像是周公姬旦。他是周文王姬昌的儿子，周武王姬发的弟弟，辅佐武王成就霸业。武王死后，其子周成王继位，周公辅政，平定叛乱，定礼兴乐，将人类文明推上了历史上第一个巅峰。

杀人祭祀的传统，也是由周公首倡禁止，甚至规定宰杀牛羊也不能超过一定数目。因此，他同时是"仁"的代表人物，难怪孔子会视其为圭臬，执着地在一切礼仪上坚持"吾从周"。

甚至当他心爱的学生子贡想要废除每月初一用活羊祭祖这一规定时，孔子都感叹地说："尔爱其羊，我爱其礼！"

《八佾3.17》

子贡欲去告朔之饩羊。子曰："赐也，尔爱其羊，我爱其礼。"

每月初一为朔，十五为望，月暗为晦。朔望是法定假期。每月初一，执政者要开朝会，举行祭祀，向祖宗天地禀告自己的作为，并为自己的不足告罪，这就是"告朔"。

在告朔之礼上，通常要杀一只羊献祭。饩（xì），指活的牲口，生肉。饩羊就是活羊。

到东周时，诸侯越来越懒散，祭祀之礼早就有名无实，鲁君非但不肯亲临祖庙，连听政的时候都少了，却仍然每月杀一只羊做表面文章。所以子贡提出，干脆把杀羊的活儿也免了吧，这是出于慈悲，也是出于节俭。

然而孔子却哀伤地说："子贡啊，你不舍得那只羊，而我却不舍得这种礼啊。"

因为有饩羊之举，再虚应故事，也还留个形式在那里；若是连替罪羊都省了，大家只怕连告朔这件事都不会再提起了。

孔子的话再次告诉我们：仪式感很重要！

郑重规范的祭祀礼仪，会让人的心中产生虔敬之意，自有一种庄穆的美感。这不仅是仪式的模仿，也是一种传承的道统。

同时，因为殷商崇尚人殉活祭，周公废除此礼，因此孔子对于人殉尤其深恶痛绝，甚至对于人形的俑殉都是反对的，曾说："始作俑者，岂无后乎？"

这大概是孔子骂得最重的话了，说那个制造了俑的人，就不怕断子绝孙吗？并因此有了"始作俑者"这个成语。

也许有人认为，礼法应该讲求时宜，与时俱进才是正道。

历史上也确实有人这样做过。比如秦朝末年，楚汉相争之际，曾被秦二世封为博士的叔孙通，在秦之将亡时投奔楚王，侍奉项羽。后来刘邦攻取彭城，叔孙通又转投汉军，并在刘邦称帝后自荐为汉王制定朝仪。

由于刘邦不喜欢儒家，所以叔孙通所制定的宗庙仪法及其他多种仪法，都是在古礼中掺杂了秦礼而自创的，故被后世儒人所不齿。

宋朝大儒司马光去世，由程颐负责主办丧事。程颢、程颐兄弟就是程朱理学的创始人，曾留下"程门立雪"的典故，程颐为人最是古板不过。

那天正赶上太庙大典。典礼完毕，众大臣准备换上素服去吊祭司马光，程颐阻止说："《论语》有云：'子于是日哭，则不歌。'大家刚在太庙庆贺礼乐，怎么能在同一天吊丧哭泣呢？"

苏轼反驳说："夫子'哭则不歌'，没说'歌则不哭'。我们是先参加了太庙的国礼，再往丞相府行私唁，有何不可？"于是众人不顾程颐反对，还是坚持去吊祭司马光。可是到了丞相府，却不见司马光的儿子出来迎接。

原来，程颐因为不能阻止众人，就趁他们换素服时派人提前一步到了司马家，阻止孝子出迎宾客，且说按照古礼，真正的孝子就应当悲伤得无法见人。

众人被晾在门外，十分尴尬，不禁说这算是什么古礼？苏轼明知程颐是为了强争一时之胜，遂嘲笑说："伊川可谓糟糠鄙俚叔孙通。"

这就是把程颐与叔孙通相提并论，说他整天拿着古礼说话，其实不过是随心所欲的自创礼法，违背了孔子"吾从周"的儒礼根本。两人也就此结下了梁子。

《述而7.9》
子食于有丧者之侧，未尝饱也。

《述而7.10》
子于是日哭，则不歌。

朱熹注解：哭，谓吊哭。一日之内，余哀未忘，自不能歌也。

这让我们进一步猜测孔子早年做的是葬礼司仪的工作，不然不会经常参加吊仪，且当成一件重要的事来强调。

"哭则不歌"，是孔子对于丧葬的态度，也是对于治丧人家的体恤。

不仅如此，他还不肯让自己在葬礼上吃饱。因为一个心怀悲伤的人，怎么可能在丧属面前大吃大喝呢？所谓慈悲，便是感同身受，便是恻隐之心。

《礼记》所云"里有殡，不巷歌"也是同样的道理。

（三）

《子罕9.3》
子曰："麻冕，礼也；今也纯，俭。吾从众。拜下，礼也；今拜乎上，泰也。虽违众，吾从下。"

从这段话可知，孔子虽然崇尚古礼，但也并非一成不变地因循，也是有过很多从权和修改的。

丧葬礼仪在孔子时代，已经和西周有很大的区别了：古时候丧礼非常隆重，帽子都是麻布做的，现在简单了，只是穿上纯色的素服就好，虽然简化了些，但孔子也从善如流了。

不过，古时候孝子还礼，是要跪下来叩拜的，现在只是站着拱拱手，态度平淡，毫无哀戚。对于这一点孔子就不能苟同了，并说虽然大家都这样做，但我还是赞成古礼。

这是孔子对于"从众"与"从古"的两种选择。而他选择"从下"，其实质并不仅仅是因为"好古"，而是在意叩拜代表的那种庄严肃穆。拱手回礼是一种偷懒，不免带了马虎随意的态度，有时还少不了要对来宾说几句"谢谢光临"的寒暄话，就更缺少了哀戚诚恳的氛围，少了对死者的敬重。

因此孔子说，我可以接受简单的素服，但不能赞同偷懒的拱手礼。

如今很多地方的葬礼中，仍然保持着孝子孝女披麻戴孝跪于灵前，来宾鞠躬上香，孝子磕头还礼这些礼节，不知道是不是出自孔子的坚持。

但至少证明了，在以孝为先的中国传统理念中，对于丧葬这件事，还是认为"麻冕""从下"更见诚意。不然，也不会将此礼维持三千年了。

所以说，孔子在乎仪式感，但更看重态度。所谓"祭如在，祭神如神在"，意思是祭祀的时候，就好像受祭者真的在现场那样敬畏虔诚。

鬼神也罢，祖先也罢，亡友也罢，我们看不到，所以在举行仪式时就会流于表面；但是如果在内心里看到他们就在现场，态度就会认真很多，如此，所做的每一个动作每一个流程才是有意义的。

《礼记·檀弓上》记录了一则"孔子脱骖"的轶事，说孔子去卫国途中，遇上从前所住馆舍的主人去世，便进去吊丧，哭得很是伤心。出来后，便让子贡解下一匹驾车的马送给丧家做赙礼。

这礼金封得未免太厚了，就连富商子贡都肉疼起来，劝阻说："师兄弟们有丧事，也没见老师脱骖助祭，如今解下一匹马来送个旧馆主人，不是太过分了吗？"

孔子说："我刚才进去致悼，悲从中来，哭得涕泗横流的。如果只是流泪而没有助丧的表示，不是太虚伪了吗？你就照我说的去办吧。"

且不管子贡服气与否，孔夫子，始终是个忠于内心的人。

（四）

孔子见到三种人，会特别严肃慎重，一是办丧事的人家，二是峨冠博带的高官，三是盲人。

每次见到这三种人，哪怕对方很年轻，孔子也会立即端正颜色，站立致意；如果要经过他们，必定迅速经过，绝无喧哗懒散的态度。

这是为什么呢？

《子罕9.10》
子见齐衰者，冕衣裳者与瞽者，见之，虽少，必作；过之，必趋。

齐衰者，这里的齐，通斋；衰，指丧服。治丧之时需孝衣斋戒，所以这里指办丧事的人家或队伍。

亦有说法,"齐衰"仅次于斩衰,居"五服"中的第二位。穿上粗疏的麻布,边缘部分缝缉整齐,不似"斩衰"的毛边。

丧服制度是礼制中最为重要的部分,分为"斩衰""齐衰""大功""小功""缌麻"五种服仪。父母死后十三月而后祭曰"小祥",二十五月而后祭曰"大祥",除丧之际则在二十七个月。

不论哪种,指的都是丧事。孔子经过这样的人家,知道这里有不幸的事发生,理当以同情恻隐的态度对待。这一则是因为"死者为大",二则也是示以同情,这是一个君子应有的德行。

孔子见齐衰者虽少必作,与他是日哭则不歌一样,都是要诚敬发于内心,形于颜色,以示尊重。这是一个懂礼之人的修养与风度。

冕衣裳者,冕是帽子,衣是上衣,裳为下裙,这里指的是冠戴俨然的官员。当一个官员穿戴着严谨的官服出现时,代表的是国家行政,所以孔子会敬重对待,这是对国家形象的敬意,相当于我们看到国旗要行礼一样,并不是出于对高官的逢迎。

至于瞽者,也就是盲人。孔子也同样表现出足够的敬意。

大多注解中都说这代表了孔子的怜悯心,因为瞎子很不幸,孔子同情他们,故而不会露出好奇的神色和怠慢的态度,而要肃然对待。可是瘸子也很不幸,四肢不全或者五官不正的人都很不幸,孔子是不是每次都要立正疾行呢?

我有点怀疑孔子对盲人特别敬慕,是因为传说中的盲人是通灵者,尤其古代最高等的琴师,几乎都是盲人。比如以"师旷之聪"闻名于世的琴师旷子野,据说本来是耳聪目明的,但因为觉得目迷五色会使他无法专心,才故意用艾草熏瞎双眼(也有说用绣花针刺瞎双眼),以此求得耳力的无限开发。

耳闻为"聪",目见为"明",人人求聪明,师旷却毁明而益聪,终成"天下至聪"的一代大师。

还有曾为纣王作靡靡之乐,后投濮水而死的师延,随侍卫灵公赴晋途中闻此曲并记录下来的师涓,甚至包括孔子曾经向之学琴的师襄,都是盲人。

孔子敬重师襄,于是爱屋及乌对所有的盲人都特别敬重,也是合理的。

他对于盲师的礼遇,在第十五章节中还有更详细的情节描述:

《卫灵公15.42》
师冕见,及阶,子曰:"阶也。"
及席,子曰:"席也。"

皆坐，子告之曰："某在斯，某在斯。"
师冕出，子张问曰："与师言之道与？"
子曰："然，固相师之道也。"

这里的"师冕"有两种解释，一是说这位乐师的名字叫作冕，二是说乐师冕服盛装而来，指穿着官服前来拜访孔子。穿着官服的乐师，应该是朝中的太师，与太史一样地位崇高，担负着礼乐兴邦的大责任。

孔子对其十分恭敬体贴，扶他走到台阶前，会提醒说："这儿是台阶。"来到座席旁，提醒说："这是座席。"等大家都坐下来，孔子便一一介绍座中诸人，告诉他：你的左手坐着某某，右手坐着某某，对面是谁。

师冕走后，子张问孔子："这就是与乐师谈话的态度方式吗？"孔子回答说："这就是帮助乐师的态度方式啊。"

这里的"师"也可以有两种看法，一是指乐师，二是泛指所有盲人。于是孔子的话就引申为"这就是帮助盲人应该的方式"。

"相"在这里是"帮助"的意思，"相师之道"便是"助人为乐"。所以孔子的言行不只是对于乐师的礼敬之意，更是对于弱者的体仁之心。

孔子对于"齐衰者，冕衣裳者，与瞽者"三种人都恭谨礼敬，"师冕"一人就兼了两样，孔子的态度自然更加恭敬了。

类似的记录在《乡党》一节里还有进一步描写：

《乡党10.25》

见齐衰者，虽狎，必变。见冕者与瞽者，虽亵，必以貌。凶服者，式之。式负版者。有盛馔，必变色而作。迅雷风烈必变。

孔子看到穿丧服的人，即使是关系很亲密的，也不会嬉皮笑脸，而立刻态度端正，神情严肃；看见高官和盲人，即使是很熟悉的人，也表现得非常礼貌。

"式"是通假字，即轼，古代车辆前部的横木。这里作动词用，具体描写孔子的态度行止：低下身子，俯伏在车前横木上以示敬意。这在当时是一种礼节。

典籍对于"负版者"有两种解释，一是说背负国家图籍的人。当时无纸，用木版来书写，故称"版"；二是指捧着先人牌位的人。

孔子如果坐在车子上，经过穿丧服的人，捧牌位的人，会低下身子伏在车梁上致礼。

另外，孔子在做客时，如遇上丰盛的筵席，会神色一变，站起来致谢。遇见迅雷大风，也会肃然变色，以示对上天的敬畏。

天人合一是古代文化的核心精神，所以见风雷而变色，是一种天人感应。

这在后世的帝王统治中贯彻得更为极致，比如皇家都会供奉钦天监夜观星宿，每逢旱涝天灾，皇帝便要下罪己诏祭天等等，各种祭祀礼仪更是慎之又慎。

（五）

孔子对于丧葬的态度是哀戚而诚恳，不欺人，不欺天的，是"丧礼，与其哀不足而礼有余也，不若礼不足而哀有余也"（《礼记·檀弓》）。

学生子游曾向孔子请教棺椁等丧具的标准，看来也是位丧礼主持。孔子回答说："这要根据家境贫富分别对待，讲究体面也不能越礼；如果是贫寒之家，能用衣被把身体裹严也就是了。"

又有个叫林放的鲁国人问孔子，礼的根本是什么，孔子明确表态："这个问题提得好！就礼节仪式来说，与其奢侈，不如节俭；就丧事来说，与其礼节完备，不如心里悲哀。"

《八佾3.4》
林放问礼之本。子曰："大哉问！礼，与其奢也，宁俭；丧，与其易也，宁戚。"

对于自己的身后事，孔子也是抱着这般诚恳的态度。

有一次他病得很重，子路侍疾，大概觉得老师这回真的要交代了，急得要请祷上下神祇，被孔子取笑说，"丘之祷久矣"，制止了他。

后来孔子病得愈发严重，子路便又早早担心起老师的身后事来，成立了丧葬委员会，并分派门人去做孔子的家臣。没承想孔子病好了，听说这件事后，把子路叫来骂了一顿，且质问："久矣哉，由之行诈也！"

意思是说，仲由你是不是趁我生病，干这种欺骗人的勾当很久了？没有家臣而装作有家臣，我这是骗谁呢？欺骗老天爷吗？况且家臣为我治理丧葬之事，还不如你们以学生之礼为我送葬呢。纵使我不能以大夫的排场风光大葬，难道就会死在路旁吗？何必贪求葬仪丰俭，自欺欺人？

这让我想起《红楼梦》中秦可卿出殡一回，贾珍一心要体面，现拿银子为贾蓉买了个"五品龙禁尉"，让秦可卿死后升级成了五品诰命夫人。照旧制，五品夫人应称"宜人"，但是照例可以在灵牌上升一格，于是五品的"宜人"又变成了四品的"恭人"，秦可卿送葬队伍的阵容排场遂立刻强大了起来，仪仗上大书"世袭宁国公冢孙妇·防护内廷御前侍卫龙禁尉贾门秦氏恭人之丧"，好不煊赫威风！其实可笑至极。

而且种种僭越之举落在有心人眼中，焉知不是败家的根本？

因此孔子再三强调，如果要在从奢和从俭中做出抉择的话，请从俭。

《述而 7.36》
子曰："奢则不孙，俭则固。与其不孙也，宁固。"

人求奢侈，难免傲慢浮夸，便会"不逊"，会僭越；而一味俭省，未免显得窘缩，失了气度。但是两害权其轻，器量小最多稍有失礼，却不会惹祸；太浮夸则很可能失了约束，害了根本。

这话很可能是源于"八佾舞于庭"的时事背景来说的，但也适用于一切的人生态度。

可惜生活中大多数人看重虚浮的面子，宁可选择奢华让人说是暴发户没文化，也不愿稍作收敛被人笑话小家子气。却往往忽视了被人笑话丢面子并不是什么了不得的过错，但是一味求奢说过头话做过头事却可能惹了大麻烦。

孔子坚决不做这种弄虚作假图排场的事，而永远忠于自己的内心。

在他眼中，有弟子怀抱崇仰之心扶灵相送，庄重而有尊严地离去，比什么仪仗都重要。

而正是这种真诚的态度，才赢得了弟子发自肺腑的尊重。在孔子死后，众弟子服心丧三年，恸哭而诀，唯子贡服丧六年，真正做到了"祭如在"，"事死如事生"，是谓至孝也。

## 三、办学（三十至五十岁）

## 管仲之为人何如？

（一）

孔子大约是从三十岁开始办学的，一边收徒弟学费，一边赚司仪外快，教学互长，学问和名声都越来越大，俨然成为礼仪方面的权威人士。

就连齐景公与晏婴来鲁国访问时，都邀请孔子同席饮宴，席间还讨论了秦国为什么可以称霸的问题。

从周京洛阳回来后，孔子有了车子，有了资历，名声就更响亮了。如果世界和平，事情朝着正常的方向顺利发展，孔子应该是有机会顺理成章地出来做官的。但就在洛邑归来的第二年，鲁国发生了动乱。

起因是斗鸡走狗类琐碎到不值一提的小事，但是争执愈演愈烈，竟成了国君与大夫的战争。

鲁昭公想杀掉季氏，一度逼得季平子答应只要留自己一条命，愿意只带五辆车马离开鲁国，再也不回来了。这就等于驱逐出境，在古代的权力斗争中经常出现这种情况，孔子的祖先也是这样从宋国逃到鲁国，日渐没落的。

但是鲁昭公铁了心要将季氏彻底拔除，一边继续围攻，一边命叔孙、孟孙两家发兵共讨。这就有点得理不饶人了。

古时的战争原则是做人留一线，灭国不绝祀，鲁昭公却下定决心斩草除根，反而惹怒了原本袖手旁观的叔孙氏和孟孙氏。

三桓本是利益共同体，一荣俱荣，一损俱损，此前他们嫉妒季孙氏一家独大，看到鲁昭公出兵正中下怀，巴不得灭掉季孙氏的威风；但是现在眼见已经不是灭威风的事，而是要灭族，这要是把季孙氏灭了，接下来是不是就该灭他们两家了。

于是那两位开了个碰头会后，竟然决定反过来联手攻打鲁昭公，吓得鲁昭公连夜逃出了鲁国。

这件事论起始末来，无论是起因还是过程，鲁昭公都是不占理的。但是三桓驱逐鲁昭公去国，这在孔子的理念中肯定是犯上作乱的不义之举。

而且，孔子是坚信"乱邦不居"的，既感恩昭公的赠鱼之情，又念着他曾经资助自己东行洛邑，所以在听说鲁昭公逃往齐国后，隔了不久便也驾着昭公赠送的马车跟着去了。

不过，这时候鲁昭公自身难保，孔子来投奔有点为难他，于是孔子便去做了齐大夫高昭子的家臣。"子在齐闻韶，三月不知肉味"的故事，就发生在这时期。

在齐国，景公再次向孔子问政，显然对他的学问和见解都很尊重。

《颜渊 12.11》
齐景公问政于孔子，孔子对曰："君君，臣臣，父父，子子。"
公曰："善哉！信如君不君，臣不臣，父不父，子不子，虽有粟，吾得而食诸？"

"君君，臣臣，父父，子子"这八字真言很是有名，后世两千多年的儒家政治口号一直以此为纲。

这八个字乍听上去仿如打哑谜，但是结合鲁昭公狼狈流亡寄人篱下的现状，也就不难理解了。

于是齐景公也听懂了，抚掌大笑说："说得好极了。如果国君不能遵守国君的规矩，大臣不能遵守大臣的本分，父亲不像父亲，儿子不像儿子，即使仓廪富足，稻粟丰收，我也吃不到嘴里啊。"

所以这次谈话，显然是拿昭公做了反面典型。齐景公虽然认可孔子的见解，却终究没有重用他。据说主要是出于齐卿晏婴的告诫。

## （二）

晏婴，字平仲，史称晏子，就是中学课本中《晏子使楚》里那位不肯钻狗洞的齐国使者，其名言为"橘生淮南则为橘，生于淮北则为枳"。

有人认为晏子阻断孔子的官路是因为嫉贤妒能，当然也可以是因为道不同不相为谋。

《史记·孔子世家》中说，齐景公赏识孔子，打算把尼谿的田地赏给他。但是晏婴劝阻说："儒者能说会道，不可重用。他们高傲任性自以为是，重视丧事竭尽哀情，为了葬礼隆重不惜倾家荡产，四处游说乞求官禄，整天钻研一些没用的学问。周王室已经衰微，礼崩乐坏有好长时间了，现在孔子却讲究仪容服饰，规定烦琐的上朝下朝礼节，刻意于快步行走的规矩，这些繁文缛节，就是几代人也学不完，毕生也搞不清楚。用这套东西来管理国家，恐非良计。"

这番话的确很有说服力，于是此后齐景公见孔子时就不再问起礼的问题了，开始还曾许诺说，我虽然不能给你季氏那样的高位，但愿视你如大夫，待遇在季孙氏与孟孙氏之间。那已经是卿大夫的礼遇了，所以孔子觉得也还行。

可是又过了些日子，齐景公变卦了，有一天更是明白地说："我已年老了，不想折腾了，也无法重用你。"于是孔子离开了齐国。

《微子18.3》
齐景公待孔子曰："若季氏，则吾不能；以季孟之间待之。"曰："吾老矣，不能用也。"孔子行。

《晏子春秋·外篇第八》也记载了一段孔子与晏子的交集，可为二人交恶之辅证。

孔子背地里曾对学生议论晏婴，说他连续在齐灵公、齐庄公、齐景公三朝为相，必定是个八面玲珑的不倒翁。

晏子听到这话，很不高兴，对人说："我忠心事君，为国效力，无论哪位诸侯继位，我都是一心无二，所以才会长居相位，齐国也才会有今天的发展。孔子怎么能这样怀疑我呢？我因为他是一位儒士而尊重他，但是现在我对于他的公正客观产生了怀疑。"

孔子听说后，也觉得自己说错了话，而且寄住齐国却得罪齐相十分不智，于是派弟子宰予登门谢罪，但是晏子拒见；于是孔子又亲自拜访道歉，这次晏子见了。孔子并没有文过饰非，很诚恳地承认错误说："丘闻君子过人以为友，不及人以为师。今丘失言于夫子，夫子讥之，是吾师也。"

在晏婴面前，孔子将自己的姿态放得很低，不但承认错误，且愿以晏子为师。两人的危机算是解除了，但是交情也好不到哪里去。

不过，晏子逝于公元前500年，孔子在齐大约是公元前517年至前512年的事。此时宰予还不到十岁，不太可能作为孔子代言人去见晏子。所以从细节便可见这段记载未必是真的。

而且孔子对晏子非常敬重，视之为师，《史记·仲尼弟子列传》中列举的一堆孔子师从的名录里，就有"于周，则老子；于卫，蘧伯玉；于齐，晏平仲……"将晏子与老子并列，可见看重。

另外，《论语·公冶长》中也有孔子评价晏子的话：

《公冶长5.17》
子曰："晏平仲善与人交，久而敬之。"

孔子说，晏婴很擅长与人交往，接触的时间越长，就越尊敬他。

"久而敬之"绝对是一个大优点，与孔子另一句名言"唯女子与小人难养也"

恰成反比。

人之难以相处，在于"近之则不逊，远之则怨"，关系亲切了难免失于狎昵，不够尊重，疏远了又招人嫉恨。

但是晏婴不是这样，他为人端方，尺度合宜，所以人们即使久相结交，依然敬重。因此孔子衷心赞叹其"善与人交"。

诚如程颐所说："人交久则敬衰，久而能敬，所以为善。"

但是不论孔子与晏子交善也好，交恶也罢，他在齐国待得确实不如意，非但未能打通仕途，还招来齐臣的嫉恨与反对，因担心有人加害而不得不带上弟子跑路，其情形相当狼狈。

《孟子·万章下》

孔子之去齐，接淅而行。

朱熹注："接，犹承也；淅，渍米也。渍米将炊，而欲去之速，故以手承米而行，不炊也。"

意思是说孔子离开齐国时，一行人在半路上停下来打算淘米做饭，听到齐国有追兵前来加害，于是捞起锅里的米就跑路了。

从此，"接淅而行"便成了行色仓促的代名词。

苏东坡有词赠友："此生长接淅，与君俱是江南客。"便引用此典。

齐国人不重用孔子也就罢了，为什么还要驱兵加害？有点说不过去。不知道是不是孔子言论得罪了地位更高脾气更坏的官。

（三）

西周是中国古代文明史上最繁盛的黄金时代，但从周幽王烽火戏诸侯荒淫误国，周平王迁都洛邑后，正式开始了东周时期。周天子的大一统地位摇摇欲坠，其势力尚不如一些强大的诸侯国。

诸侯国中最强大的五位分别是：秦穆公、楚庄王、齐桓公、晋文公、宋襄王。这五位合称为"春秋五霸"。

这便是礼崩乐坏的春秋时期，但毕竟还有礼乐的影子。

孔子一生的努力，就是追赶着这礼乐的影子努力抓住黄金的尾巴。

因此，他对推行礼制的齐国宰相管仲十分欣赏。

晏婴是与孔子同时期的齐国著名贤相，而管仲则是比孔子早了二百年的齐国史上"华夏第一相"，名夷吾，是春秋时期的法家代表人物。

　　齐僖公驾崩后，留下三个儿子：太子诸儿、公子纠、公子小白。

　　太子诸儿即位，为齐襄公。管仲和鲍叔牙两位好朋友则分别辅佐公子纠和公子小白，虽各事其主，却友情不改。

　　后来，齐国内乱，两位公子都想争夺国君之位。管仲还为了帮助自己的主子争位，设伏暗杀公子小白，亲自射了他一箭。然而小白命不该绝，箭头只射中了他的铜制衣带扣，小白咬破舌尖佯死才逃过一劫。

　　后来，公子小白即位，就是"五霸"之首的齐桓公。而公子纠呢，便和鲁昭公投奔齐国一样，败后逃去了紧邻的鲁国。

　　于是，齐桓公将战书下到了鲁国，要求他们处死公子纠，并交出其左右辅臣召忽与管仲，不然就要大兵压境。鲁国不敢得罪小白，只好照做了。

　　公子纠死后，召忽触柱身亡，殉主尽忠；管仲则披枷戴镣，坐着囚车回到了齐国，并在好友鲍叔牙的举荐下成为齐国宰相。

　　按说小白得势，鲍叔牙大功一件，本应是理所当然的相，但他坚持说自己才能不及管仲，要使齐国称霸，必得用管仲为相。高风亮节，古所罕见，这就是为人称道的"管鲍之交"。

　　难得齐桓公也信任鲍叔牙，不念管仲曾经射过自己一箭的旧恶，礼节周备地拜其为相，称为"仲父"，倚若长城。

　　管仲相齐之时，大兴改革，任人唯贤，富国强兵，协调物价，齐国由此大振。

　　《论语》中留下了很多孔子与弟子关于管仲的讨论，很可能就发生在他们寄住齐国期间。

《宪问 14.16》

　　子路曰："桓公杀公子纠，召忽死之，管仲不死。"曰："未仁乎？"

　　子曰："桓公九合诸侯，不以兵车，管仲之力也！如其仁！如其仁！"

《宪问 14.17》

　　子贡曰："管仲非仁者与？桓公杀公子纠，不能死，又相之。"

　　子曰："管仲相桓公，霸诸侯，一匡天下，民到于今受其赐。微管仲，吾其被发左衽矣。岂若匹夫匹妇之为谅也，自经于沟渎而莫之知也！"

　　最先发问的是勇字当先的子路："齐桓公杀了管仲的主子公子纠，召忽殉主而死，管仲却不舍得死，这算不得仁吧？"

　　孔子避而不谈忠不忠死不死的事，却说起管仲的成就来："齐桓公曾经九次召集诸侯议事,而不用兵力威胁,这都是管仲的功劳啊。能做到这样的成绩当然是大仁大义,他当然是仁人啊。"

孔子后来周游列国回答叶公问政时曾有六字真言:"近者说,远者来。"说的是一样的意思,桓公不是靠强兵而使远者来,那自然就是靠仁政,这个仁政,便是因为管仲之能。

孔仲尼一生都盼望着能够遇到一位像齐桓公这样的明主赏识自己,得与管仲一样,成为下一个"仲父"。因此当学生对管仲的背主另投表示质疑时,他坚决地为其辩护。这是以结果来论动机,典型的"成者为王"。

所以连委婉务实的子贡也有些怀疑了,隔不久又再次发问:"管仲算不得仁者吧?桓公杀了公子纠,管仲非但不死,还升官拜相,辅佐仇敌,这能算仁吗?"

孔子这回有点不高兴了,不但再次以业绩论英雄,且将反对意见贬到了泥土里去:"管仲拜相辅佐齐桓公,使其称霸于诸侯,一举匡扶天下,百姓至今都受到他的赐福。如果没有管仲,你我现在都还披散头发左衽着衣,如同野人一样呢。难道管仲因为在意无知男女的谅解,就应该无声无息自缢于小沟渠边无人知晓吗?"

左前襟掩向右腋系带,将右襟掩覆于内,称右衽;反之称左衽。自古汉人的服饰规矩是生右死左,就是汉人衣服交领的开口都是右衽,发式是束发,所谓"华夏衣冠"。相反的,"被发左衽"则是蛮夷的服饰穿法。

孔老师这番话说得很有辩论技巧,首先说了管仲匡扶天下的伟大功业,视野是宏观的;接着引申到自我,落实到发型服饰这样的细节上,又很是微观接地气;最后把反对管仲的人说成是匹夫愚妇,让辩手再不好意思说管仲的坏话,不然就混同于无知蚁民了。

但是从头到尾,孔子也没有正面回答管仲背主的事。

孔子重管仲而薄召忽,显然是出自实用主义,是以成败论英雄。

这到底是不是仁?

也许孔子已经回答了:仁与不仁,在意的是其人对于天下的给予。管仲不死,才有机会泽被天下,这自然是仁。

关于管仲之仁与不仁,在《孔子家语·致思第八》中讨论得更为详尽:

子路问于孔子曰:"管仲之为人何如?"

子曰:"仁也。"

子路曰:"昔管仲说襄公,公不受,是不辩也;欲立公子纠而不能,是不智也;

家残于齐，而无忧色，是不慈也；桎梏而居槛车，无惭心，是无丑也；事所射之君，是不贞也；召忽死之，管仲不死，是不忠也。仁人之道，固若是乎？"

孔子曰："管仲说襄公，襄公不受，公之暗也；欲立子纠而不能，不遇时也；家残于齐而无忧色，是知权命也；桎梏而无惭心，自裁审也；事所射之君，通于变也；不死子纠，量轻重也。夫子纠未成君，管仲未成臣，管仲才度义，管仲不死束缚，而立功名，未可非也。召忽虽死，过与取仁，未足多也。"

子路不以管仲之仁为然，接连提出了四条反对意见：

管仲游说齐襄公而不成功，证明没有口才；辅佐公子纠，却未能使其为君，说明没什么大智慧；他的家在齐国遭到残害却不以为意，说明心地不仁；披枷锁链坐在囚车上回到齐国却不知羞惭，可谓没有廉耻之心；先不能悦襄公，后不能佐公子纠，如今大势已去，却屈节侍奉自己曾经用箭射过的小白，说明心志不贞；召忽守义殉主，管仲惜命不死，可谓不忠。如此无才无德，不贞不忠之人，难道能说是仁人吗？

但是孔子一一辩解：管仲游说襄公不成，是因为襄公糊涂；立公子纠不成，是时运不佳；家破而不以为忧，是审时度势知天命；坐囚车而不以为羞，是懂得裁断知进退；侍奉小白是通权变，不肯殉主是重生死。总之，公子纠没能成为君主，不是管仲辅佐无能，而是纠没这个命，所以就不是管仲的好机会，管仲这样的大人物，是不可以被这些道德教条束缚而去死的，他活着才能建立更大的功业，这无可非议。倒是召忽殉主，为了成仁做得太过分了，不识时务，不值得过度称赞。

孔子对于管仲的推崇，很关键的一点在于管仲的大局观。他是最早提出"华夷之辨"与"尊王攘夷"民族口号的人，以礼治国。所以人们的惯常意识中虽然将管子定位为法家，但其推崇礼仪却是与儒家相通的，或者说，管仲骨子里其实应该是儒家的。

法家重在"术"，讲求实用性；儒家重在"道"，以礼仪打底子，更重内核。但是法家也讲"道"，儒家也讲"术"，所以管仲才有"尊王攘夷"的高度认识，而孔子也会在日常具体指导学生们如何从政，如何对敌。

在大一统的时代，只有天子可以称王，分封诸侯只能根据其封地与势力大小分别称为公、侯、伯、子、男。

东周时，虽然周室衰微，其精神领袖的地位还在，因此当外族来侵时，管仲振臂高呼，号召各诸侯国放下私怨，共同出兵勤王，一致对外。这就是道义先行。而此举也为齐桓公赢得了诸侯的尊重，奠定了他的霸主地位。

但是随着霸主们的势力越来越强，也就越来越不甘心尊天子为首，不断僭越，纷纷跟天子别苗头。孔子之后的战国时期，不断有诸侯国密谋会盟，互相承认对方的君主王位，标志着周天子的权威已经彻底消失。

不过，"五国相王"已经是孔子之后的事了；而管仲的"尊王攘夷"，则是孔子之前的事，几乎是春秋霸主对周天子最后的尊重。

更何况，管仲还要推广周礼，正衣冠，明君臣呢，孔子怎能不为他发声？

不过，孔子对管仲也不是一味推崇，也曾批评过其"器小"：

《八佾3.22》
子曰："管仲之器小哉！"
或曰："管仲俭乎？"
曰："管氏有三归，官事不摄，焉得俭？"
"然则管仲知礼乎？"
曰："邦君树塞门，管氏亦树塞门。邦君为两君之好，有反坫，管氏亦有反坫。管氏而知礼，孰不知礼？"

"器"，就是器量、心胸、境界。

扬雄对这段总结得最好："或曰：'齐得夷吾而霸。仲尼曰小器。请问大器。''其犹规矩准绳乎？先自治而治人之谓大器。'"

管仲助桓公称霸天下，孔子却说："管仲真是器量褊浅啊。"

有人问："管仲符合俭的美德吗？"

孔子举了两个反面例子来证明管仲不俭，一是管氏三归，二是官事不摄。

史上关于"三归"的解释有很多版本，有据《韩非子》而定三归指三家之产的："管仲相齐，曰：'臣贵矣，然而臣贫。'桓公曰：'使子有三归之家。'"有说是筑三归台以彰显威名的，还有说是同时娶三姓之女的，总之都是奢纵之举。

这句话或可联系《宪问14.9》中孔子分别评价子西、子产与管仲的话，管仲曾经剥夺伯氏在骈地的三百食邑，伯氏只好粗食冷水地过苦日子，却至死无怨。（"人也。夺伯氏骈邑三百，饭疏食，没齿无怨言。"）

管仲刑罚分明，公正有理，这是优点。但他是不是把夺来的那些封邑都归为己有了呢？或者至少把其中三家的财产归了自己，是谓"三归"。倘如是，就无怪乎孔子称其"泰侈逼上"了。

摄，是兼的意思。管仲家里有很多家臣仆从，花匠管种花，厨子管烧饭，婢女随从各司其职。古有规定"家臣不能具官，一人常兼数事"，但是管仲的家臣数量极大，所以各不兼职，这样的人怎么能说有俭德呢？

于是又有人问了:"那管仲知礼吗?"

孔子曾说:"微管仲,吾其被发左衽矣。"是管仲一统天下推行礼教的,那管仲能不知礼吗?

但是孔子却又说了:"国君才有资格在门前设屏,管仲竟也设置塞门;国君为召集诸侯修好结盟,才会修立反坫,管仲竟也在家里设个反坫。如此僭越,大失体统。若说管仲知礼,还有谁不知礼的?"

树塞门,这个树指的是一种屏障,竖在门口加以隔挡,使人不见其内,有点类似照壁;反坫,是指诸侯聚会饱酒后,把酒杯反过来放在一个土台子上,是谓"反爵于其上",故称反坫。这都是身份的象征。

管仲僭越,与季氏八佾舞于庭的行径堪称同理,"是可忍,孰不可忍?"故而孔子反问的句式都是一样的:"管氏而知礼,孰不知礼?"

管仲九合诸侯一匡天下,辅助桓公成就霸业,但是因为管仲终非周公,未有握发吐哺之德。成功之后,管仲三归反坫,桓公内嬖六人,本固既浅,未成王业。故而管仲死,桓公薨,天下不复宗齐。

说到底,还是不够器大。

也因此,宋儒才会围绕"霸道"和"王道"展开了无休无止的争辩,形成"六经注我"的局面。

(四)

关于孔子在齐的经历,有版本说是一年半,也有说是五年。总之孔子在齐国并未得到重用,遂又带众弟子返回了鲁国。

鲁昭公没有他幸运,流亡八年,最终死于异乡。

但是孔子对鲁昭公的感激一直没有停止。直到二十年后再次流亡列国,大约公元前491至前489年仕陈的时候,陈国大夫向孔子八卦鲁昭公的私隐,孔子仍三缄其口,态甚恭谨:

《述而7.31》
陈司败问:"昭公知礼乎?"
孔子曰:"知礼。"
孔子退,揖巫马期而进之曰:"吾闻君子不党,君子亦党乎?君取于吴,为同姓,谓之'吴孟子'。君而知礼,孰不知礼!"

巫马期以告。子曰："丘也幸，苟有过，人必知之。"

当时，周武王灭商后，共分封了七十一个诸侯国，其中姬姓子孙多达五十三个，所以制定了"同姓不通婚"的制度，姬姓宗室的子弟想结个门第相当的亲事，只能从十八个异姓国的公主王孙中寻找对象，首选对象就是势力强大的齐国，所以齐国姜姓贵女特别著名，个个都是当王后或夫人的命，这也是"美女姜"的来历。

但是鲁国是周公旦之后，吴国是泰伯之后，两国都是姬姓后代，不可通婚。鲁昭公却娶了吴姬，为避姬姓而称其"吴孟子"，是为遮羞。

所以陈司败（官称）先给孔子下了个套，问他："不是说鲁为周后，礼乐正宗吗？那么鲁昭公知道礼吗？"

孔子为尊者讳，自然回答是的。

等孔子离开，陈司败便召了巫马期进来，对他说："都说君子不党，不会为了拉关系而混淆是非。孔夫子天天讲君子之道，却也结党拉派互相遮羞。鲁昭公娶吴姬，是同姓通婚，不成体统。身为国君而不知礼，鲁国还有什么人是知礼的？"

巫马期转过身儿就把这话告诉孔子了，孔子自知理亏，倒也虚心受教，连说："是啊是啊，我只要有了错处，别人一定会知道并指出来，这是我的荣幸啊。"

这段话简单说就是"感谢赐教"。但是孔子感谢归感谢，自责归自责，最终也没改口附和说一声昭公无礼。这是孔子的从权，既从"礼"上承认陈司败的理论，又在"情"上不改变自己的情感倾向，且做到谦逊得体，闻过必谢，让人再没有半点把柄可拿。

因为臣为君讳，这就是礼啊！

可见，孔子尊重君主却不会愚忠，对万事有一个自己的度，既不过于偏激也不过于保守，时刻保持中庸态度，即使别人不理解也不会改变内心的准绳。

而且，从管仲与召忽的定评来看，孔子的仁，是一点都不务虚的，很讲究实用性。公子纠不足为君，管仲何必从之？召忽何必死之？

当然要留下大好头颅，将一身才华付诸实践，位极人臣，泽被百姓，这才是苦学的真正目的，士子的美好前途。

"学而时习之，不亦说乎？"

习，便是实践，实用。

老子的道家是讲究出世的，孔子的儒学是讲究入世的，儒与道的最大分歧，就是道讲无为，求归隐；而儒则讲出仕，求闻名。能造多大的名就求多大的名，能做多大的官就做多大的官，最好天下咸知，四海宾服。

"有朋自远方来，不亦乐乎？"

这便是学习的目的。

孔子并不喜欢归隐,而且很在意自己的身份地位,不但自己希望能够得官,也努力地教授弟子如何为官。然而同时,他也曾提出"邦有道则仕,邦无道则隐"(《泰伯》),"道不行,乘桴浮于海"(《公冶长》)。

如果当世不能为自己提供合适的职位,那还是愿意隐居的。这个隐,也不是泯然众生,而只是退出朝堂,授课传教,换一种方式追求德被四野,名垂千古。

如果达不到怎么办?如果别人不理解自己,不赞同自己,怎么办?

那也没关系,不成功,则成仁,发扬君子的大度与包容,不在意就好了。

"人不知而不愠,不亦君子乎?"

三句话,涵盖了孔子的一生理想与追求,真是颠扑不破的真理。

# 孔子学堂教什么

## （一）

孔子从齐国游历归来后，虽然没有辉煌的成绩，但是毕竟也是出过远门见过世面的人物，名声更响亮了。

于是，孔子正式将办学作为人生目标，开始有了一点名成业就的意味，一时"弟子弥众，至自远方，莫不受业焉"。自认为已经把世界看得很透彻了，因此自称"四十不惑"。

不惑的并非生活中不可避免的各种琐事，而是人生目标明确坚定不移的至高理想。

孔子当然是个理想远大的人。但是正因为太远大了，有时候就显得很不现实，所以在挫折中不得不降格以求。

如果把孔子的理想分为三个层次，那么他的至高理想应该是效仿周公之教，恢复礼乐文明，挽救礼崩乐坏的春秋衰世，重建一个文明昌盛的大西周。但这种天下为公的理想，首先得具有公执天下的权位才行，所以他注定失望。

于是孔子放低要求，想做一个管仲那样的能臣，辅佐君王，成就霸业，九合诸侯而不以兵车，以礼治国，造福一方，让万民爱戴。所以他在鲁国得不到重用的时候，就奔走诸侯，另觅贤主，却终究是落空了。

做不成周公，就无法实行天子教化；做不了管仲，便成就不了诸侯霸业。

《礼记·学记》说："玉不琢，不成器；人不学，不知道。是故古之王者建国君民，教学为先。"

孔子不能封王拜相，便退而教学以传道，不但创立儒派，而且泽被后世，绵延了两千五百年。

所以教学，可谓是他实现理想的最后退路。

孔子曾说过："微管仲，吾其被发左衽矣。"意思是说，如果不是管仲普及礼仪，你我现在都还披散头发左衽着衣，像个野人一样呢。

那让我们想象一下，如果没有孔子，我们现在会怎么样呢？

中国可能没有儒家的诞生，没有《论语》，没有六经与六艺，没有诗教与科举，可能也就没有了唐诗和宋词，没有了"与士大夫治天下"的盛世指南，那是多么可怕的事情。

从这一点来说，孔子的理想非但实现了，其成就还远远超过了管仲与周公，不愧"万世师表"！

姚淦铭在《读孔子》一书中将孔子的教育生涯分为四个阶段，而李零的《丧家狗》中则把孔门学生分为"黄埔三期"：

孔子三十岁左右办学的"开创阶段"，他在"多操贱役"和各种小吏的工作后初步找到自己的位置，自称"三十而立"，声名渐隆；

从三十七岁自齐返鲁到五十岁出仕前为"黄金阶段"，精力最旺盛，时间最集中，专心致力于教育，弟子弥众，奠定了名师的地位；

五十六岁辞去大司寇离开鲁国周游列国的"流浪阶段"为第三阶段，出发时他身边是带着一批学生的，游历过程中又不断有新的学生加入，这段教育经历让他一不小心就开创了游学的新方式；

六十八岁返鲁直至七十三岁过世是"最后的高潮阶段"，这时期他专心整理文献，并精心培养了又一批卓越的学生，最后定格为一位伟大的教育家。

（二）

那么，孔老师究竟教的是什么呢？《论语》不同章节中有不同的说法：

《述而7.25》

子以四教：文，行，忠，信。

关于"文、行、忠、信"的含义与排名，南朝皇侃《论语义疏》（俗称"皇疏"）早有争论，说《学而》篇中明明说孝悌为先，谨信为继，"行有余力，则以学文"，那么到底学文应该在先还是在后呢？

答曰："论语之体悉是应机适会，教体多方，随须而与，不可一例责之。"

也就是说，谁知道孔老夫子是在什么情境下说的哪句话呢，所以前后矛盾处，不必深究。他还将四教的作用分别阐述："以文发其蒙，行以积其德，忠以立其节，信以全其终。"同时，有人将四字分科与第十一章《先进》中孔门优秀学生榜一一对应：文，指文学；行，指德行；忠，指政事；信，指言语。

《先进11.2》

子曰："从我于陈蔡者，皆不及门也。"

《先进11.3》

德行：颜渊，闵子骞，冉伯牛，仲弓。言语：宰我，子贡。政事：冉有，季路。文学：子游，子夏。

在这里，四教得重新排名，变成了德行第一，文学最后。

这一天，大概是孔子对人说起了自己游学经历中最惊险的一段：受困于陈蔡，绝粮七日，外无所通，很多学生都生了病，而孔子仍然慷慨讲诵，弦歌不绝；当时子路都发毛了，问孔子："君子亦有穷乎？"孔子答："君子固穷，小人穷斯滥矣。"

说起这些往事，孔子感慨地叹息："那些曾经陪我一同在陈蔡间经历危难的人，现在都不在我门前了。"并且一一点名，说起孔学四门中最优秀的十位弟子。

所以这很可能是孔子晚年，颜渊、子路都已过世，而子贡又在外做官的时期所说的话，情绪非常感伤。

但也有一种说法，"不及门"指的是没有好门路，即出仕，是说困于陈蔡时，弟子们都没有做官。"君子之厄于陈蔡之间者，无上下之交也。"（《孟子·尽心下》）

不过，有史家质疑说陈蔡之困时，冉有已经回到鲁国为季氏家臣，子游和子夏尚且年少，所以这可能是两段不相干的话，应该断开。前一句为"子曰"，后一句是弟子们推选出来的"孔门十哲"。

且不论"皆不及门"究竟何意，可以肯定的是，十贤自是"德行、言语、政事、文学"不同领域中表现最优秀的。

颜渊第一个被点名，这很正常，因为儒家最重德行，颜渊是德行课代表，孔子但凡夸弟子，总是要举他为榜样的。

让人们好奇的是，"德行"也能成为一个学科吗？教什么？难道天天对学生进行德行教育，把他们教成一个个圣人吗？

所以我猜这四科其实无关学术，和今天的文理分科是两回事，只是以学生的最大优点来分组。最能以德服人的是箪食瓢饮的颜渊，因"鞭打芦花"而入榜二十四孝的闵子骞；最能巧言令色的是宰予和子贡，可见宰予并非"朽木不可雕也"；从政能力较强的是子路和冉有，先后做过季氏家宰；而文采最好的是子游和子夏，《后汉书》中甚至认为"诗书礼乐，定自孔子；发明章句，始于子夏"。

不论这些人各自以何为特长，最高目标都只有一个，就是出仕。

所以孔子教导的学问很接地气，"德行科"和今天校园里的"德育课"是两回事。事实上，德行教育本来就应该时刻体现于学校规章纪律的每个细节，教师身体力行的一举一动中，根本不是靠耳提面命讲道理立规矩教得出来的。

## （三）

《孔子家语·弟子行第十二》中，卫国的大将军文子问子贡："吾闻孔子之施教也，先之以诗书，而道之以孝悌，说之以仁义，观之以礼乐，然后成之以文德。盖入室升堂者，七十有余人，其孰为贤？"

子贡回答："夫子之门人，盖有三千就焉，赐有逮及焉，未逮及焉，故不得遍知以告也。"

这大概就是后来关于孔子"弟子三千，七十二贤人"传说的由来之始。

从这段话可知，"言、行、忠、信"也罢，"德行、政事、言语、文学"也罢，"诗书、孝悌、仁义、礼乐、文德"也罢，都只是一种分科名目或者学习次序，并不代表孔子教学的真正内容。

孔子学堂真正的教材，是"诗、书、礼、乐"。

"诗"是从西周初期到春秋中叶大约五百年间散落于各国的民歌雅乐，原有三千多首，经孔子删削择选后定为三百零五首，故而又称"诗三百"；

"书"是《尚书》，大部分来自西周档案，从传说中的尧舜禹到夏商周的历史，大部分是战争誓词或是周王诰谕；

"礼"是周公制定的各种礼仪规章，也是孔门的看家本领，由孔门后人整理成《礼记》；

"乐"是周公的音乐理论，孔子曾撰《乐经》，可惜后来失传了。

换言之，孔子学校教材的主要蓝本来自周公礼乐，故曰"吾从周"。

讲解典籍之余，孔子还要教导学生两门功能性课程：射箭和驾车。

孔子的箭射得怎么样不得而知，但是素有"钓而不纲，弋不射宿"（《论语·述而》）的美德，坚守不用大网捞鱼，不射还巢之鸟等原则。关于射箭的礼仪，也是很讲究的：

《八佾3.7》
子曰："君子无所争。必也射乎！揖让而升，下而饮。其争也君子。"

孔子一生温良恭俭让，"让"是很重要的美德，所以儒家是主张不争的。不争名，也不争利，一争就落了下乘，姿势难看，斯文扫地了。

所以君子无所争，一定要争什么的话，大概射箭算得上一项了。但是君子在射箭时也是讲究礼仪的。"升"是登台，"下"是下台，上上下下都有严格的礼仪，这样的竞争，也是很君子的。

首先，第一步是"备礼"，要布置场地，陈设好弓、箭、算筹等器具，指定司射、有司、射者及观礼者的位置，然后由司射大声讲解竞射及观礼规则。

之后，司射高呼："弓矢既具，有司请射。"于是两位竞技人彼此打躬作揖，谦让一番才先后登台。司射再呼："请射于宾，宾许。"有司高呼："射！"这才正式开始比试。

射完之后，两位射者还要举杯对饮，以示友好。且是由胜方向败方敬酒，以示交好。

同样的，对于驾车，孔夫子也有很多讲究，比如"升车，必正立，执绥。车中不内顾，不疾言，不亲指。"（《论语·乡党10.24》）这都是君子的谦谦风度。

而且，孔子是爱车一族，很喜欢也很擅长驾车。

《子罕9.2》

达巷党人曰："大哉孔子！博学而无所成名。"

子闻之，谓门弟子曰："吾何执？执御乎？执射乎？吾执御矣。"

古时候五百户人家居住的地方称为"党"，乡党的说法也就源于此。达巷乡的人说："孔子是挺伟大的，有那么大的学问，可是没有任何一项专长能使他成就大业啊，有什么用呢？"

孔子听说了，不禁苦笑着说："我应该专长于什么呢？驾车吗？射箭吗？要不还是驾车吧。"

达巷党人的疑问，就好比现代人每每说起某种能力的学习培养时，总是露出不屑的神情问："学那个有什么用呢？"

孔子，也同样面临这种非议。人们承认孔子的博学，可是这样无所不知的一个人，却只沦落乡里教二三子读书，那他的学问又有什么用呢？

所谓夏虫不可语冰，孔子对于这样的诘问也很无奈，只好说：一定要"有用"的话，那就在射箭和驾车中间选一项吧。

有人认为这是孔子鄙薄射御二事，并以驾车为贱役，是瞧不起劳动者。

然而实际上，射、御，也是君子六艺之二，同样是孔子学堂要教授的内容，为夫子所擅长。在孔子办学促成"学而优则仕"之前，国人建功立业最主要的方式就是立军功。春秋战事频仍，在战争中做出卓绝贡献，比如护主有功的，往往能得到提升，所以"射箭"与"驾车"，是非常重要的两项技能。

而且，马车是稀罕物。周礼的军制分为军、师、旅三级，军将由卿大夫担任，师帅由上大夫、中大夫担任，旅帅由下大夫担任。

一军之中，只有军师旅的主帅可以乘坐战车，每辆战车上除了主帅外，还有两个"士"级别的副手，一个是驾车的"御戎"，一个是清障的"车右"，随时准备在路况不好的情况下指挥兵卒推车甚至抬车。比如冉有充任季氏宰，领兵作战时，师弟樊迟就被提拔做了车右。季康子嫌弃樊迟长得弱，冉有还要为他据理力争呢。所以车夫，绝不是低等平民，而起码要是一位"士"，在战时充任"御戎"，日常则为"家臣"。

而孔子之所以拎出这两项来，不过是因为射猎与驾车看上去比"诗书礼乐"更有操作性，更容易建功立业，也就更符合达巷党人的实用标准而已。

说孔子拿车夫自比是一种自嘲，是瞧不起下层劳动人民的说法，纯粹是因为不了解春秋生活背景，用今天的眼光来解说古人典语，所谓一叶障目罢了。

## （四）

《述而7.6》

子曰："志于道，据于德，依于仁，游于艺。"

这段话与其说是孔子教学的内容方法，不如说是他办学的宗旨原则。

孔子十五志于学，这个志，就是道，是他一生致志的文武礼乐；据于德，依于仁，说的都是内心的操守，是我心安住的根本，是倚仗；游于艺，是说各种技艺只是表面能力，要踏实学习，从容掌握，不能废本逐末。

诚如《反身录》所说："志道则为道德之士，志艺则为技艺之人，故志不可不慎也，是以学莫先于辨志。"

所以，立志第一，有了明确的志向才可修德向仁，而学艺只是当行之事，不足据依，故称之为"游"。

诗、书、礼、乐，加上射、御，合称君子"六艺"；而这四部典籍加上孔子晚年修订的《易经》与《春秋》，合称儒家"六经"。

但是也有版本说，"六艺"为书、数、礼、乐、射、御。书指书写，数指算术，加上礼仪、乐舞、射箭、驾车，指六种更有实操性的技艺。

这种说法在课本中更加普及，但是孔子向来反对专于小道。"致远恐泥，是以君子不为也。"（《子张19.4》）所以虽然他会教授这些技法，却不会过分强调。而且学诗不只是充实知识，也是实用技术，是语言的根本，外交的关键，"不学诗，无以言"，如果学生不能吟诗明志，那简直就没法出门见人，更别说做官。所以将诗剔除六艺，我是无论如何不能赞同的。

《泰伯8.8》

子曰："兴于《诗》，立于礼，成于乐。"

《述而7.18》

子所雅言，《诗》、《书》、执礼，皆雅言也。

学诗是启蒙，之后学礼，知礼方知进退，算是有了立身之本，再之后要讲究音乐才能，知书达礼之余还有艺术品位，这才算是出师了。春秋时期的君子是要有审美品位，善于琴瑟的。

孔子在教学中，无论吟诗，行礼，讲论典籍，都要摒弃方言而使用普通话。这叫"雅言"，就是"正声"，也就是周天子使用的官方语言。

这就好比今天各省方言不同，自家关起门来说话时可以使用方言，但是到了正式场合，就必须统一讲普通话，这就是"雅言"。可见即使在交通闭塞的春秋战国时期，也是有通用的官方语言流行的，这也解释了当时那些辩士们如何纵横捭阖，游说六国。

孔子志怀天下，所以教学时就不可能只讲山东话，这样教出来的学生是没有办法周游天下去发挥所学的。所以无论教诗还是教礼，都讲的是"周"的官话。

西周的国都在镐京和丰京，并称"丰镐"，位于今天西安的长安区，是史上最早称为"京"的城市，作为西周首都沿用了三百年，其后迁都洛阳，史称"东周"。

所以最早的"雅言"，指的应该是长安官话；后来秦始皇统一六国，实行车同轨，书同文，语言自然也是要统一的。而秦的都城在陕西咸阳，倒不知那时候推广的普通话是咸阳话还是长安话，不过也都区别不大，至少外地人分不出来。

学好普通话，走遍全天下。孔子教学的出路在于参政，所有关于礼仪与辞辩的训练，都是为了做个好官。

《论语》全书中，孔子回答得最多的问题，就是政治，包括如何做官、事君、为政，多达十九次。其次是问仁，九次；问礼，五次；问孝，三次；问君子，三次；问士，二次。

卫灵公向其问军事，孔子回答说"军旅之事，未之学也"；子路问事鬼神，孔子说"未能事人，焉能事鬼"；樊迟问稼穑，孔子说"吾不如老农""吾不如老圃"……

当然，孔子未必不懂，而是不愿意回答这些问题。孔子感兴趣的，只有政治和伦理学，也就是如何做人，如何做官。

做人要做仁人，做官要做好官，一个好人做了官，就叫君子。

所以孔门思想的中心，是君子之道。

# 我想做大官

（一）

从三十七岁自齐返鲁到五十岁，是孔子教学生涯的"黄金阶段"，却也是他无比郁闷的蛰伏阶段。

这期间，先是季平子从鲁昭公逃亡后就一直把持朝政，扶持了昭公之弟公子宋为国君，即鲁定公；后来季平子过世，其子季桓子继位，权柄交替之际，季氏家臣阳虎发动叛乱，逼迫少主季桓子订立盟誓，从此专擅朝政，一手遮天，正是孔子所说的"陪臣执国命"。

乱世之中，孔子只能按捺理想，闭门教学。但他的内心，从来都没有停止悸动。

鲁定公九年（公元前501年），孔子五十岁。这年阳虎落势，逃往齐国，被阳虎罩着的小弟公山不狃接手成为季氏费邑宰，并占据费城发动叛乱，权倾一时。

公山不狃，又名公山弗扰，公山不扰，曾经和阳虎一起操办过季平子的丧事，深得季桓子信任。他不仅在权力和野心上接了阳虎的班，就连想召孔子为臣的心思都和阳虎如出一辙。

这使我怀疑，很可能孔子也参与了季平子的丧事操办，并且就在这次合作中展示了自己的能力与抱负，让阳虎和公山同时看中了，所以都想拉他入伙。

此时孔子已经闲居很久了，他有定力拒绝素有心病的阳虎，面对并无旧怨的公山不狃的邀请时却心动了。

或许，早在阳虎邀请他时，他已经开始摇摆，那句"日月逝矣，岁不我与"太有煽动性了，像一根针那样扎在他的心上，一直都拔不出来。

如今公山再次触动了那针尖，孔子抚着心口准备出发，但是子路阻止了他。

《阳货17.5》
公山弗扰以费畔，召，子欲往。子路不说，曰："末之也已，何必公山氏之之也？"

子曰："夫召我者，而岂徒哉？如有用我者，吾其为东周乎？"

公山不狃作为季氏家臣，曾经与阳虎一同反对季氏，还曾经抓过季桓子。阳虎出逃后，公山不狃便据费以叛。

这样一个人，当然算不得明君贤主，和阳虎完全是一丘之貉。因此子路不以公山为然，觉得老师能拒绝阳虎，为什么又要答应公山不狃呢？遂说："没有地方去就算了，好好教书不好吗，何必要去蹚公山氏的浑水呢？"

孔子说："他让我去，当然不会让我闲着，总要委以用处。只要有人用我，我就会发挥所能，将使东周德政于此复兴，这不也挺好吗？"

这当然是一种砌词。

所以孔子虽然这么说了，到底还是没有去。

（二）

从《论语》记载可知，子路曾经多次阻止老师的做官之路，道理说得不错，但是孔子很恼火，曾反驳说你这是要把我当中看不中吃的匏（páo）瓜挂起来吗？

这么恼火，也是因为急。

《阳货17.7》

佛肸召，子欲往。子路曰："昔者由也闻诸夫子曰：'亲于其身为不善者，君子不入也。'佛肸以中牟畔，子之往也，如之何？"

子曰："然，有是言也。不曰坚乎，磨而不磷？不曰白乎，涅而不缁？吾岂匏瓜也哉？焉能系而不食？"

这是在后期周游列国的时候。有个叫佛肸（bì xī）的中牟邑宰据城反叛，想召孔子相助，孔子欲往。子路又站出来阻止了，说：老师您以前不是说过吗，亲自干坏事的人，君子是不到那里去的。现在佛肸以中牟为据点造反，你却要去为他服务，这合适吗？

孔子不能否认自己说过的话，但是又很想做官，就辩解说："没错，我是说过这话。不过你要知道，真正坚固的东西是磨也磨不损的，真正纯洁的东西是染也染不黑的。我又不是苦瓜葫芦，不能老是挂在那里不给人吃呀。"

很明显，孔子在狡辩。固然君子有德，出淤泥而不染，但这同主动往泥潭里跳是两回事。

孔子这是把"守道"和"从权"当作了双刃剑，大道理是说给别人的，轮到自己做选择时，却一切从权，急功近利还要强词夺理。可是说好的"守死善道"呢？说好的"君子有所为有所不为"呢？

只能说，这时候的孔子还未成圣，仍然有着人类砌词狡辩的劣根性。长年的投闲置散冷落仓皇让他在机会面前无法淡定，不愿意再坐失良机而忍不住想自食其言了。

孔子的内心，终究是"有感"，是急于出仕的。

但令人欣慰的是，孔子虽然不肯在学生面前堕了面子，说得冠冕堂皇，却到底没有去佛肸那里做官。

这个小细节，让我们看到孔子非常真实接地气的一面。让我们知道，他也和我们所有人一样，有过软弱和动摇的时候，也会强辩和自欺。

但是他和我们不一样的地方在于，最终，他总是懂得做出正确的选择。

（三）

《为政2.21》

或谓孔子曰："子奚不为政？"

子曰："《书》云：'孝乎惟孝，友于兄弟。施于有政。'是亦为政，奚其为为政？"

有人问，孔子懂得这么多，为什么不出来做官呢？孔子引经据典地回答，说我推行孝悌，也是为政，何必非要当官呢？

书指《尚书》。"孝乎惟孝"，是说人生最大的美德是孝顺父母，友爱兄弟，这些同样也可以放在政治上。

道理说得冠冕堂皇，面上镇定如斯，但是内心在咆哮：是我不想做官吗？这不是没人请我吗？

孔子最著名的弟子端木赐也就是子贡，也曾和老师讨论过做官的事情，不过他是言语课代表，不会像子路那么爽直，说话很讲究技巧，总是以比喻手法或者引经据典来探查老师的真实心意：

《子罕9.13》

子贡曰："有美玉于斯，韫椟而藏诸？求善贾而沽诸？"

子曰："沽之哉，沽之哉！我待贾者也。"

子贡说，有块美玉，是应该把它收藏在柜子里呢？还是找个识货的商人把它卖了？

孔子毫不犹豫地回答："卖了吧，卖了吧，我一辈子都在等待识货的买家呢。"

《红楼梦》中贾雨村满腹牢骚望月抒情吟了一副对子，上联"玉在椟中求善价"用的就是这个典故。

贾雨村自负才情，做官心切，却久困于葫芦庙中，遂引经据典表达眼下的不得志，宛如椟中之玉，暂无买家，但是时时等待机会，总有飞黄腾达的一日。所以下联是"钗于奁内待时飞"。

孔子也等了很久很久，终于在鲁定公九年时飞起来了。

这一年，他五十岁，终于看到了恢复周礼的希望。他认定这是天欲降大任于斯人，遂称"五十而知天命"。

# 孔子的教学理念

（一）

孔子的理想抱负在政治上虽然未能完成，却通过教育得到了实现。

之所以称之为"万世师表"，不仅是因其见多识广，博大精深，更是因为他循循善诱，在教育方面至少有三大成就，第一就是"有教无类"。

《卫灵公15.39》
子曰："有教无类。"

春秋以前，受教育是贵族的专利，君子的特权。图书是珍贵的，只能收藏于国家图书馆，被特定的人群看到。学校也是设在宫廷和官府之中，所谓"学在官府"，学宦不分，出身决定教育资格。

所以君子越发彬彬有礼，而小人素来野蛮无知。但是孔子打破了门第之念，礼及平民，不分贵贱，成为普及教育的先驱者。

在他的学生中，有南宫敬叔这样的诸侯之子，也有颜回这样的陋巷平民，曾参这样下地种田的农人之子，子路这样的"卞之野人"，甚至颜涿聚这样的"梁父大盗"，只要他们有向学之心，拜师之意，孔子就都愿意教，并且通过教育使"小人"达到"君子"的德行，从而出仕为官。

《述而7.7》
子曰："自行束脩以上，吾未尝无诲焉。"

"脩"，同"修"，就是干肉、腊肉，古人初次拜见别人时常用的礼物，每束有十条。

比如《礼记·少仪》："其以乘壶酒、束脩、一犬赐人。"便指的是赐人四壶酒，十条干肉，还有一只狗。

如此，关于这句话的第一种解释就是：只要学生送上十条干肉做礼物，就可以拜我为师了，我都可以收为门生，给予教诲，不分贵贱。

后来，"束脩"就成了老师酬金的代名词。

《朱子语类》解："古人空手硬不相见，束脩是至不直钱底，羔雁是较直钱底。真宗时，讲筵说至此，云：'圣人教人也要钱'。"

但也有人觉得这把孔圣人说得太务实了，他咋就那么喜欢干肉呢？

所以便引经据典对"束脩"一词做出新的解释，认为古时男子十五"束带脩节"，且孔子也说过"吾十有五而志于学"，所以他收徒的标准是十五岁以上。

西汉孔安国、东汉郑玄，也都做此解："束脩，谓年十五以上也。"

还有人从解诂断字的角度出发，认为古人从无"自行"的说法，所以"自行束脩以上"的"自"是"自从"的意思，"行束脩"才是重点，说的是束发之礼，就和女孩子十五岁行及笄礼一样，有着成长分水岭的意义，是受教立志的临界点。所以孔子这句话的意思是：十五岁以上就可以从我入学了，接受我"诲人不倦"的指导。

但是，即便是"行束脩之礼"吧，也是既可以解释作举行束发的礼节，也可以理解为举行送肉干的拜师礼，一束肉干是底线，越多越好。所以这断句并不能成为辅证。

这也是《论语》译释的最大难点。佛家说："依文解义，三世佛冤。"如果只依靠字面的意思来逐字解释，理解佛经，那么过去未来的佛都要喊冤枉的。

更何况，即便是逐字解《论语》，也还争论不清呢。

所以很多时候，我只能学陶渊明："好读书，不求甚解，每有会意，便欣然忘食。"我们只为自己能读懂的部分而欣然得意便好了，何必苛求字字精通？

且不论孔子学生年龄的下限是否十五岁，但肯定是不设上限的，因为他最得意的学生颜渊比他小三十岁，颜渊的父亲颜路也一起学习，只比孔子小六岁。

颜路是孔子比较早期的学生，也是他的娘家远亲。孔子起步做司仪时，只有这些跟他一样穷得苦哈哈的人跟着他干，与其说是学生，不如说是徒弟。

还有曾皙和曾参也是父子同窗，都跟随了孔子一生。

所以孔门弟子的年龄差是相当大的。

孔子"有教无类"的教育方式不仅打破年龄和阶级的界限，同时也使得平民做官成为可能，"学而优则仕"，鲁哀公和季康子都曾请孔子推荐官员，在他的弟子中物色人才，这就使得平民子弟有了明确的学习方向，从而直接影响了后世科举制的诞生。

《论语》第十一章《先进》集中编辑了孔子对各学生的点评，多是短章，只有最后一段"各言其志"的叙述最长，浪漫闪烁，独立成文。

然而该章第一句话本该提纲挈领的,却争议最多:

《先进11.1》
子曰:"先进于礼乐,野人也;后进于礼乐,君子也。如用之,则吾从先进。"
这段话的第一疑点在于什么是先进与后进,第二疑点则为什么是野人与君子。
综合数千年不同释本,先进大约有三种解释:

一是指历史时期,五帝为先进,三王为后进;或说殷商为先进,周为后进;又或武王、周公时期为先进,春秋为后进。意思是说古时的礼乐文明还未成规制,发乎本心,野人指的是质朴之人;后代的礼乐则是经过斩削斧正的,是君王制乐,失于僵化。所以孔子宁愿选择远古质朴之乐。

我们知道,夏朝以前实行的是禅让制,所以不存在贵族与平民的概念;直到君主世袭,封建制度兴起,才会有君子与小人的区别。

武王灭商,一统天下,分封诸侯。而诸侯到了封地后,首先要做的,就是选块风水宝地,在周边建起高高的城垣,城之内,称为"国";城周边,称作"郊";郊之外,叫作"野"。

所以平民也就分了两种:住在国与郊的,多为追随诸侯而来的周人或其随从,叫作"国人";住在城郊之外的,叫作"野人",多为被征服的当地土著或是失去土地的殷商遗民。比如子路,就是野人。

由于"野人"往往是殷商后裔,虽然地位低下,却不代表文明程度低,所以反而可能是"先进于礼乐"之人;而周之"君子",则指封建社会的后进礼乐。

但是孔子是声明"吾从周"的,怎么可能将周礼称之为"后进"而弃选呢?所以,这种以朝代来划分先进与后进的译释我是反对的,而且整个第十一章都是在评论学生,开篇放上这么一段历史评价也不合适。

第二种解释仍是指时期,但是以孔子收徒的时间划分,先进指孔子早年的学生,后进自然便是晚期的学生。这个"进",指的是进师门。所以这段话是孔子晚年回顾平生教育生涯的一个简单总结。

从情感上来说,孔子肯定更喜欢早进门的子路、颜渊等人的,子游、子夏、曾子虽也优秀称贤,但是在《论语》中的形象总是显得僵化模糊,远不如师兄们可爱。所以每有差遣,孔子宁愿指使那些老学生。而这批学生多半家境贫寒,率性质朴,住于郊野之中,尤其子路,就是被称为"卞之野人"的;后期学生则往往出身贵族,彬彬有礼,一本正经,故称君子,比如司马牛就出身宋国大贵族。

这段话翻译过来就是:先进师门学习礼乐的,往往是些野人;后进师门的则多半是君子。如果要差遣他们做事,我还是更愿意用那些跟我一起苦出来的野人学生们。

第三种解释则是将"进"释为仕进，也就是做官的先后。

有些弟子是先学好礼乐再做官的，还有一些则是世袭为官，入仕后才向孔子学习礼乐的。这两种人之间，孔子愿意选择那个"学而优则仕"的。

不管怎么着都好，反正他们肯交上十条干肉，对孔子磕个头，孔子是都愿意收为门徒，壮大儒林的。

（二）

孔子教学的第二个法宝是"因材施教"。这个词不是《论语》中的话，而出自程朱学派的注释。

学生的年龄不同，阶级不同，层次不同，悟性不同，孔子的教育方法也不同。

即使是不同学生提出的同样问题，孔子给出的回答也往往因人而异。比如同是"问仁"，孔子每次的答案都不同，对颜渊答的是"克己复礼为仁"，对仲弓说的是"己所不欲，勿施于人"，对樊迟说"爱人"，对子贡则说是"工欲善其事，必先利其器"。

《论语》中，孔子甚至对同一个弟子在不同时间提出的同一问题也有不同的回答，且不可胶柱鼓瑟，偏执一词，更不能视为孔夫子的自相矛盾。

比如有一次因为听说了某事，学生们纷纷准备行动，子路来询问"闻斯行诸"的时候，大意是听说了这样的事，是不是该马上行动？

孔子说"有父兄在，如之何闻斯行之？"意思是应该考虑到父兄的意见，哪能说走就走，轻率行动呢？

过了一会儿，冉有来问同一件事："既已听说了，是否该做呢？"孔子痛快地回答："当然应该马上行动呀。坐言起行，立即出发。"

同一个问题，截然相反的两种答案，难怪第三个学生公西华彻底蒙圈了，他旁观了全过程，满心疑惑，心想老师这不是朝三暮四出尔反尔么？便直言相问："子路问您该不该去做，您说有父兄在上，不能做；冉有问您该不该做，您又说听到了就应该马上去做。老师，您都把我弄糊涂了，所以想大胆问个明白，到底是该做呢，还是不该做。"

《先进 11.21》
子路问："闻斯行诸？"子曰："有父兄在，如之何其闻斯行之？"
冉有问："闻斯行诸？"子曰："闻斯行之。"

公西华曰:"由也问'闻斯行诸',子曰'有父兄在';求也问'闻斯行诸',子曰'闻斯行之'。赤也惑,敢问。"

子曰:"求也退,故进之;由也兼人,故退之。"

"求也退"的退,指退缩;而"故退之"的退,是退而思索。

孔子说,冉有年轻胆怯,缺乏锻炼,踟蹰不前,所以我要鼓励他多多主动,坐言起行;而子路这个人啊,恨不得一个人干两件事,太草率冒进了,所以我要抑制他有所取舍,三思而后行,适当的时候应该退一步。

孔子非常了解自己的学生,曾给不同的优秀生各下了一字断语:颜回是一"信"字,子贡得一"敏"字,子路是"勇"字,子张是"庄"字,并且认为他们各自在这方面是超越自己的。

于是有人问孔子:"他们既然比先生都强,为什么还要追随你呢?"

孔子说:"颜回诚信但不灵活,子贡聪敏但不知收敛,子路有勇气而不知进退,子张正直但不随和。如果把他们四个人的优点加起来,我肯定是比不上的,但是他们各有利弊,有待磨练成长,所以才会继续跟随我学习啊。"

《孔子家语》中提到孔门三千弟子中,有七十余人可登堂入室,贤名在外。卫将军文子问子贡其中谁为最贤?

子贡并未正面回答,却一一列举了颜回、冉雍、子路、冉有、公西赤、曾参、颛孙师、卜商、澹台灭明、言偃、南宫适、高柴等优秀生的不同特点,这些弟子各有过人之处,而孔子对他们也各有劝诫提醒。

可见孔子知人之明,教导之智,而子贡以旁观者竟能记住老师对每位师兄弟的告诫,可想而知这些劝诫多么准确深刻。

能够这样了解学生习性,又能根据学生的性格对症下药,给予良好建议,这样的老师,怎不令学生终生怀想?

(三)

孔子教学的第三个原则是启发式教学。

孔子认为学习和思考缺一不可,如果只知死记硬背而不懂得思考探索,那会越学越糊涂的;但若闭门思考却不进学,也会陷于枯竭,走入死巷。孔老师致力于引导学生的学习乐趣,让他们主动发问,先要有求知欲,而后才有求知的行为。

同时,还要有自行学习因此及彼的能力,如果老师指出桌子的一个角,学生便只知道这一个角,而不能同理了解桌子另外的三个角,这学生也就没法教了。

《为政 2.15》

子曰:"学而不思则罔,思而不学则殆。"

《述而 7.8》

子曰:"不愤不启,不悱不发,举一隅不以三隅反,则不复也。"

"愤"是憋在心里;"悱"是话到嘴边没说出来。这两者都是心里有了求知和表达的欲望却没有足够能力表现,这样的学生略加点拨就会学有所成了。

孔子教学非常注重启发学生的思考能力,认为不刺激便不能被启发,没有疑虑便没有奋发的动力,还顺便发明了一个"举一反三"的成语。

启发式教学和因材施教,直到今天也是教育工作者的最高准绳。

但是孔子虽然主张"有教无类",并自称"诲人不倦",也是对那些好学好问的学生而言的。像颜回举一闻十,子贡举一闻二,多才多能,这都是孔子最亲近的学生,至于那些榆木脑袋死读书的学生,夫子就没那么客气了。甚至就连最听话的颜回,都因为绝少发问而曾经被孔子怀疑"不违如愚",直到私下观察到他在生活实践中是切实掌握了所学知识才放心地肯定,"回也不愚"。

所以孔子教学的最终目的,就是要"学而时习之",也就是实践性教学。

《子路 13.5》

子曰:"诵《诗》三百,授之以政,不达;使于四方,不能专对,虽多,亦奚以为?"

孔子在游学中授课,教会了学生各种诗礼言行的知识和规矩,带着他们行走各国,这样还不能让学生懂得办理政务,应答自如,书读得再多又有什么用呢?

孔子很喜欢与学生互动,曾道"不曰'如之何,如之何'者,吾未如之何而已矣",对于那些不懂得发问,说不出为什么想怎样的学生,那些"举一隅不以三隅反"只知死记硬背的学生,还有那些高分低能不能学以致用的学生,孔子就不想教了。

(四)

《庄子·渔父》中这样描写孔子授课的情形:"孔子游乎缁帏之林,休坐乎杏坛之上。弟子读书,孔子弦歌鼓琴。"

"缁(zī)帏"就是黑色的帷帐,意思是密帷一般的树林,孔子坐在杏树下的高坛上,弦歌鼓琴,而众弟子环侍读书。这是多么浪漫唯美的情景啊。

从此,"杏坛"便成了孔子兴教的象征,进而成为教育界的形象代言。

虽然专家们煞风景地考据出,"杏坛"并无其地,不过是《庄子》的寓言,但是这情形仍然令人向往而愿意相信实有其处。

孔子去宋时,不就是在城外大树下教授弟子礼仪吗?司马桓魋想威胁他们,才砍了大树做恫吓,遂令孔子发出"天生德于予,桓魋其如予何"之叹。

而且《史记·孔子世家》说"三百五篇,孔子皆弦歌之",《论语》十一章中,孔子问众弟子志向时,曾点表达"浴乎沂,风乎舞雩,咏而归"的理想前,也是特地先放下了正在鼓奏的瑟,然后才坐正回答的,可见孔子弦歌授课确实是常见情景。

孔子教学并不是大多人想象中的无限宽容耐心,一味笑嘻嘻。他对待学生的态度是亦师亦父亦友的,经常骂学生,有时候甚至骂得很重,子路就不用说了,几乎是耳提面命骂不绝口;宰予更惨,连"粪土之墙不可污也"这种狠话都摊上了;这还只是动口,至于冉有,孔子甚至都鼓励动手了,让众弟子"鸣鼓而攻之",上门打群架去。

宰予问三年之丧是不是有点长,被骂;樊须不过是问农事,居然也会被骂……说好的温良恭俭,诲人不倦呢?

但是同时,孔夫子鼓励学生发表不同意见,毫不以学生怼自己为忤,很能接受批评,且虚心认错。

比如有一次孔子对子游管理武城这样小的地方居然还弦歌礼乐,就调侃说:"杀鸡焉用牛刀?"

子游立即反驳说:"学习礼乐会让人懂得宽容仁爱,安居乐业。难道小地方的官民就不用学习礼乐了吗?"

孔子听了,立刻向学生道歉说:"我说错了,你说得对。"

孔子认错,并不会让我们因此看低了圣人,反而见到一个非常人性化的孔子:第一,圣人也有轻言的时候,也会思虑不周;第二,但是圣人知错能改啊,在学生指出自己的错误时,会立刻端正态度,纳谏如流;第三,孔门弟子很尊重自己的老师,但并不会愚听愚信,对于老师的错误也是会毫不客气地反驳的,像子路那样动辄怼老师的例子并非个案。

也许,这就是孔门弟子无所隐讳,将孔子嬉笑怒骂甚至失言的情形也都如实记录的初衷,孔子的言行不但值得弟子们回味终生,更当永传后世,让大家看到一个活生生的真实孔子!

这样宽松和谐的学习氛围,谁不喜欢?这样公正博学而又谦逊随和的老师,谁能不爱?这样德才兼备的先生,的确值得学生追随终生!

（五）

不论是对学生，还是对自己，孔子都有着清醒的认识，曾道："学然后知不足，教然后知困。知不足，然后能自反也；知困，然后能自强也。故曰：教学相长也。"（《礼记·学记》）

研究学问后才知自己不足，教导别人才能了解困境所在，知道不足才会自我反省，知道窘迫才能努力进修。"教学相长"既是孔子的教学理念也是他的学习方式，因此才能活到老，学到老，同时也教到老。

孔子好学且善教，人们对他博大精深的知识和深入浅出的讲述敬佩之至，但孔子并不认为自己有什么了不起，一再谦逊地说："我能做到这些，只是因为善于观察，努力学习，然后在别人问起的时候，把自己记下的学到的知识毫无保留地说给别人听，其实不过是取自海里输送到河里，有什么是我自己的呢？"

《述而7.2》
子曰："默而识之，学而不厌，诲人不倦，何有于我哉？"
孔子真是太过谦虚了。
这话说起来容易，做起来难，而且连着三个要求，一个比一个难：
首先是"默而识之"，"识（zhì）"是记下来的意思。随时随地留意良善知识，默默学习，博闻强记。这一条真不是什么人都可以做到的。
其次是"学而不厌"。孔老夫子敏而好学，大概是没见过懒学生吧。"学之者不如好之者，好之者不如乐之者"，只有如此，才能学而不厌，并且是"学而时习之，不亦乐乎"。
第三是"诲人不倦"。孔子对学生有问必答，循循善诱，毫无保留，且自称"何有于我哉"。
之后，孔子又说过："若圣与仁，则吾岂敢？抑为之不厌，诲人不倦，则可谓云尔已矣。"
两段并看，则"何有于我哉"的另一种翻译是"这对我来说有什么难的呢"。
但是真的很难。孟子曾说过"得天下英才而教之，一乐也"，可是私塾收徒是可以选择的，学校老师教学生却是没得选择的。要是没有英才，尽是些蠢材，而且还是愈懒耍滑的蠢材，可让做先生的乐从何来呢？再想做到"诲人不倦"，可真不是说说那么容易的。
因此弟子公西华说："这正是弟子们做不到的地方啊。"

《述而 7.34》

子曰："若圣与仁,则吾岂敢!抑为之不厌,诲人不倦,则可谓云尔已矣。"

公西华曰："正唯弟子不能学也。"

类似的话,《孟子·公孙丑》中也讲过,只是唱赞歌的人换成了子贡。

孔子说："圣则吾不能,我学不厌而教不倦也。"子贡却强调说:"学不厌,智也;教不倦,仁也。仁且智,夫子既圣矣。"

子贡认定了孔夫子就是圣人,不管你信不信,反正我信了。

好学一两天不难,难的是一辈子好学;教导一两句不难,难的是毫无保留地教导。

好学得智,善教为仁,持之以恒,功德无量。

孔子是可以让学生追随终身而依然学之不尽的,所以对学生予取予求,无所隐瞒。

《述而 7.24》

子曰:"二三子以我为隐乎?吾无隐乎尔。吾无行而不与二三子者,是丘也。"

这段话翻译过来就是:小子们以为我对你们隐瞒了什么吗?我没有任何事隐瞒你们。我做任何事,都会对你们袒露无遮。这就是我孔丘的为人啊。

"吾无行而不与二三子者",直译是我没有什么行为不能告诉学生们的。

北宋诗人黄庭坚师从晦堂禅师学佛,曾向师父询问有无修行捷径。

晦堂不答反问:"你读过《论语》吗?夫子曾说:'二三子以我为隐乎?吾无隐乎尔。'"便是说自己所有的法门都已经传授给他了,并无隐瞒。

黄庭坚闷闷不乐,未知对答。

一日,黄庭坚随侍晦堂禅师游山,时逢桂花盛开,满径飘香。晦堂问:"闻木樨华香么?"

黄庭坚答:"闻见了。"

晦堂再次说:"吾无隐乎尔。"

黄庭坚豁然开朗,顿悟而拜。

这就是著名的"闻香悟道"的故事。桂花金黄,飘落山谷,黄庭坚闻木樨香而悟道。

那花香,同时也是孔门学识的精髓。

孔子,无愧万世师表!

## 孔子的画像

（一）

很多专家列举例证说孔子长得丑，比如《史记》中说他"生而首上圩顶，故因名曰丘云""孔子长九尺有六寸，人皆谓'长人'而异之"。

《荀子》中甚至说"仲尼之状，面如蒙倛"。

蒙倛是古时腊月驱逐疫鬼或出丧时所用神像，脸方而丑，发多而乱，形凶恶，看着很吓人。

参照各家记载，孔子身高两米，面带凶相，头顶还凹进去像个碗，人人见了都觉得他长得怪异又可怕。那谁家的小孩子还敢拜他为师呢？画了夫子像挂家里，都可以避邪了。

《史记·孔子世家》中郑人描述得貌似详细些："东门有人，其颡（sǎng）似尧，其项类皋陶，其肩类子产，然自要以下，不及禹三寸，累累若丧家之狗。"

但是谁又知道尧的额头长啥样，皋陶的脖子有什么特征，子产是什么样的肩？唯有这句腰以下不及禹三寸，显然是说孔子腿短，可是一个九尺六寸的"长人"要是长着一双小短腿，那还是人吗？不科学嘛。

后世的《累累圣迹图》，便是根据这段叙述而作，但也只是描绘出一个孑孑独立的儒者形象，不会真把孔仲尼画成武大郎。

关键是，《史记》中还记过一句孔子的话："吾以言取人，失之宰予；以貌取人，失之子羽。"

长得这么丑怪的孔子，居然还要"以貌取人"，这就让人无法接受了。

一个被丑成神像的人嫌弃长得丑的人，又该丑成啥样儿呢？

宰予我们已经很熟悉了，是孔门弟子中言语科的学生，口才辩给，能说会道，但是孔子曾经对他很生气，怒斥他"朽木不可雕"，认为宰予说得比唱得好，但是做得不好，自己信错了他，所以认为"以言取人，失之宰予"。

而"以貌取人，失之子羽"呢，则是孔子另一次看错了人。

澹台灭明，字子羽，比孔子小三十九岁，山东武城人。

他是由孔门重要弟子言偃（字子游）推荐给孔子的。

彼时言偃任武城宰，孔子前往视察，闻弦乐之声，笑称"杀鸡焉用牛刀"，被弟子不客气地驳了回去，弄得有点下不来台，只得尬笑着道歉，随口问：你在武城这小地方寻到出色的人才了吗？

于是言游趁机大力推荐了澹台灭明：此人正直端庄，说实话，办实事，除非公事，从不到我家里来闲谈套近乎，是个君子。

但是孔子似乎并没往心里去，虽然给子游面子收了子羽做弟子，却因为嫌他长得丑，对他很冷淡，甚至没有给他登堂入室的机会。所以子羽算不上孔子很亲近的学生，没多久就离开了孔门。其后发愤图强，自成一派，名望颇高。

这使孔子十分后悔，想想自己曾经感慨世人轻德，"吾未见好德如好色者"，然而事情到了自己头上，却也会以貌取人，因色轻德，实为不智，于是评价说："宰予让我知道，不能凭一个人的说话来轻信他；子羽让我知道，不能以一个人的外貌来轻怠他。"

说话与长相，都不足以衡量一个人，判断一个人，还得看他的内涵呀。

（二）

在《述而》这章的结尾，弟子们对孔子有一个总结：

《述而7.38》
子温而厉，威而不猛，恭而安。

这里一连对孔子下了五个定义：温，厉，威，恭，安。

孔子自己是主张要温良恭俭让的，而弟子对老师的形容，则只有温恭二字重合，却少了个"让"字，而多了个"厉"字，少了"良"字，而多了"威"字，少了"俭"字，而多了"安"字。

温是温和，恭是有礼，这是孔子一贯的形象，雷打不动；

但在学生眼中，孔子同时也很严肃，在温和中让人不敢随便，这便是"厉"；

老师是有威严的，君子不怒自威的威，不可轻犯，但这种威严依靠的是内心的涵养，而非外在的凶狠，故曰"威而不猛"；

尽管如此，老师的学识德行还是让人看了会有心安之感，故而最终下一个"安"字。

这段话，不知是孔子哪位弟子对老师形象的总结。

可以知道的是，子夏是有着更形象的解释的：

《子张 19.9》

子夏曰："君子有三变：望之俨然，即之也温，听其言也厉。"

这段话的意思是说，君子给人的感觉，应该是远看时庄严谨慎，及至交往又觉得和蔼可亲，但是听他说话又觉得理性严厉。

这便是孔子温而厉，恭而安的次第写照。

宋代大词人柳永，原名柳三变，字景庄，便取意于这段语录。

这是孔子在学生心目中的形象：温和中透着严厉，威严但不刚猛，谦恭而安详。

这是一位典型的儒士长者的形象，气度雍容，令人望而生敬意。

在这样的敬意下，谁还会在意孔子到底长得帅不帅呢？

正如美国总统林肯所说："一个人过了三十岁，就该对自己的长相负责。"

孔子很负责地用自己来证明了一个审美真理：美的是气质！

而关于儒者形象，最完整的描写还要属《孔子家语·儒行解第五》中孔夫子对鲁哀公的描述。

文中，孔子从儒者的博学进取一直讲到容貌谨慎，人格独立，给儒者作了一幅清晰的图绘："言必诚信，行必忠正"，"内荐不避亲，外举不避怨"，不宝金玉，不祈土地，而讲求仁义忠信，一直讲到儒者的交友之道，事君之则，"上不臣天子，下不事诸侯"，"强毅以与人，博学以知服"，直说得鲁哀公肃然起敬，叹道："这辈子我都不敢拿儒者开玩笑了。"

显然，孔子以儒论道，说的正是自己，或者是理想中的自己。对于后世来说，孔子，就是儒，儒的代表形象，就是孔圣人！

## 四、宰执天下（五十至五十五岁）

## 威风的大司寇

（一）

孔子终于做官，是在五十岁那年，由鲁国的国君亲自任命他为中都宰。

中都位于今天山东汶上县西，是一个小邑，但这是国君授职，是名正言顺的好机会。

这多多少少是沾了阳虎和公山不狃的光，孔子先后拒绝二人的邀请，同时显示了他的政治才能与立场。因此阳虎跑路后，鲁国公和三桓便同时关注起了这个此前被忽略的寒门士人——敌人不能拉拢的干将，却能为自己所用，这是多光荣的事啊。

于是孔子高高兴兴地上任了。

他把中都当成自己乌托邦理想的试验田，使用"礼"的方式实行治理，很快便取得了成效，史称"一年，四方皆则之"，以孔子制定的标准为标准。

据《孔子家语》和《史记·孔子世家》记载，这期间他的政绩主要表现在四个方面：

商业贸易上，"鬻年马者不储价，卖羔豚者不加饰"，就是商人不敢哄抬物价，稳定经济；

民风理念上，"男尚忠信，女尚贞顺"，"男女行者别其涂（途）"，男女有别，各行其路，也不知道是不是男左女右；

社会秩序上，做到"道不拾遗"，这就很了不起了，说明鲁人的道德和法治观念同时达到了高点；

最后是外交上，"四方客至于邑，不求有司，皆如归焉"，四方客商来到鲁国，不用请求主管商旅部门的帮助，就像回家一样安全方便。

这正是孔子曾向叶公陈述过的德政："近者说，远者来。"孔子在鲁国执政时是做到了的。

所以孔子在周游列国时曾放言，如果有国君对自己委以重用，一个月就可以初见成效，三年后会达到文明富强。

《子路 13.10》

子曰:"苟有用我者,期月而已可也,三年有成。"

孔子敢这样说,便是在鲁国执政时带来的底气。他是有着管理政事的真本事真体验的,不但让中都成为模范城市,让天下诸侯效仿,还让鲁国在三年内一度富强了起来。

中都的成绩让鲁定公心生欢喜,便召见孔子,问他:"用你管理中都的方法来管理鲁国可以吗?"

孔子笑道:"别说管理鲁国了,就是管理天下也行啊。"

孔子有这样的自信,是因为礼乐文明并非虚无缥缈的空想,而是在西周史上曾经实践过的。孔子不过是用革新的方法来完成一次政治复兴,有西周文明为他站台,当然是底气十足的。

于是,鲁定公不久将孔子升任为小司空,也就是下大夫,负责掌管水土城建。于是孔子对鲁国土地详细规划,根据山林、川泽、丘陵、高原、平地的不同土地属性,来指导百姓发展农林牧渔,使鲁国经济迅速发展。

(二)

从五十岁到五十六岁这段时间,孔子在鲁国的官运不错。从中都宰到司空,再到司寇,五六年间升了不止三级,风生水起,荣耀一时。

鲁定公对其十分信任,经常向其请教为政之道:

《子路 13.15》

定公问:"一言而可以兴邦,有诸?"

孔子对曰:"言不可以若是,其几也,人之言曰:'为君难,为臣不易。'如知为君之难也,不几乎一言而兴邦乎?"

曰:"一言而丧邦,有诸?"

孔子对曰:"言不可以若是,其几也,人之言曰:'予无乐乎为君,唯其言而莫予违也。'如其善而莫之违也,不亦善乎?如不善而莫之违也,不几乎一言而丧邦乎?"

弟子们向孔子问仁问知,孔子常常一言以蔽之,回答得十分干脆简练。大概这名声传得久了,人们都把孔子当预言师了,觉得天地事理,莫不可一言而论。

于是鲁定公问他:"用一句话来说明兴国之道,有吗?"

孔子一改常态,郑重回答:"可不敢这么说。如果非说不可,那就是有句俗话说得好：'为君难，为臣不易。'如果所有做臣子的都能体谅君上的难处，治国有何难哉？那么这句话便可谓一言兴邦了。"

鲁定公越发来劲了："那有没有什么话可以一语亡国的呢？"

孔子不以为忤，仍然一本正经地回答："恐怕不能这么讲吧。非要回答的话，那就是有些君王喜欢说的：'我当国君没有别的乐趣，最大好处就是我说的话没人敢违抗。'如果他说的话是对的，无令不行自然是好事；如果他说的话是错的，臣子也都不敢谏言不加阻止，那还了得？这不就是一句话足以丧国吗？"

这句"予无乐乎为君"是晋平公说过的话。他与群臣饮酒，一时得意忘形，大言不惭："使我言而无见违，不亦乐哉？"师旷鼓琴于前，听到后拿起琴来就向他砸去，且说："哑，是非君人者之言也！"这哪里是明君说的话呀。

孔子以典故警示定公，不可固执己见，一意孤行，要多听臣子的意见。说来说去，讲的是君臣之道，是"君使臣以礼，臣事君以忠"。

孔子仕鲁定公大约是在公元前501年至前498年，在执政初期，鲁定公是很信任他的，遂一路升为大司寇，参与国政，摄行相事，成为上大夫，这对于在意名分的孔夫子来说不啻天大福音，不禁喜形于色。

善谏的子路又看不惯了，质疑说："闻君子祸至不惧，福至不喜。今夫子得位而喜，何也？"（《史记·孔子世家》）

孔子不好意思，当然不肯承认是自己轻狂了，于是巧言善辩说："有是言也，不曰'乐其以贵下人'乎？"意思是，不是有句话说过，人生至乐在于身居高位而礼贤下士吗？我是为了自己能礼贤下士而高兴啊。

这仍然是一种砌词。

孔子自称"四十不惑，五十而知天命"，但其实五十岁的他仍是一个喜怒形于色的凡人，甚至是一个得意忘形的凡人。

因为他就在升任大司寇手握权柄的第七天，便下令诛杀了宿敌少正卯。

不过，这件事一直是学者们争执的焦点，史料存疑。

（三）

孔子做了大司寇，从外交到内政，主管刑法、诉讼、治安、祭祀等许多事务，权力非常大。可以说是除了国君与三桓之外的最高阶层。

不过他不是世袭的贵族，并没有得到封地，而只有高薪六万斗。有专家换算，说相当于一年三十万斤，能养活七八百口人了。所以说，孔子虽然身居高位，但仍然算不得传统意义上的卿大夫。

但不论怎么说，如今孔子是真正厉害起来了，有了权，又有了粮，跟随自己的学生也都水涨船高，有了"学而时习之"的出仕机会。

《四书剩言》中说："夫子为司寇，门人多使仕者，原思、子羔、冉有、季路、樊迟、子贡、公西华是也。若子游仕武城，子夏仕莒父，子贱仕单父，仲弓仕季氏宰，未知为夫子所使否。至于漆雕开之使仕而不仕，与闵子骞之使仕而不仕，则皆在此时。"

而且不但是子路做了季氏宰，也就是从前阳虎的位置，连子路的小弟高柴都跟着做了费城宰，可见孔门师徒的势力强大。

按说胜者为王，重用亲信没什么不对，子路的理想向来都是锦衣酒肉与朋友共的，如今大权在握，自然想着大哥吃肉，让小弟也跟着喝汤。毁三桓首战告捷，堕了费城，便举荐高柴（字子羔）做费邑宰。

但是孔子非但没有夸奖他照顾同门，反而骂他害人："子羔还是小孩子呢，还没有毕业，有待学习。你这样着急替他找工作，让他中断学业，是害了他。"

子路争辩说："边干边学呗。我们学习就是为了做官，现在子羔做了费邑宰，有了治下民众，有了社稷政务，实践出真知，自然就有做官经验了，少奋斗十年不好吗？何必一定要等着学成再实践呢？难道只有读书才叫学习吗？"

所谓"纸上得来终觉浅，绝知此事要躬行"，子路这番话说得好有道理哦。孔子竟也有些无言以对，只得仗着老师的威严叹骂说："少来这一套，我最讨厌你这种牙尖嘴利的强辩之人了。"

《先进11.24》

子路使子羔为费宰。子曰："贼夫人之子。"

子路曰："有民人焉，有社稷焉，何必读书然后为学。"

子曰："是故恶夫佞者。"

"贼夫人之子"的"贼"，这里作动词用，是害的意思。

子羔，名高柴，字子羔，又作子高，或子皋。年纪还小，不宜远离父母家乡去远处为官，故谓"人之子"，学未成熟，不宜为官，使其从政，反而是害了他。

急于求成是孔子一向反对的，但是子路就是这样一个急性子，孔子也拿他没办法，总不好真的断了人家的饭辙儿，所以也听之任之了。

也正因为这种心理，当他自己派遣漆雕开为官却被拒时，便显得很高兴：

《公冶长 5.6》
　　子使漆雕开仕，对曰："吾斯之未能信。"子说。
　　漆雕开，字子开，又作漆雕启。
　　史说漆雕开精于尚书，故不愿为仕。他回答老师的理由是没有自信。
　　这句话包含的意思很广，是说自己学问还不扎实，也是说自己能力尚不足够，总是自谦无欲之辞。因此孔子很高兴，觉得子开有自知之明，而无仕途之欲。
　　后来，韩非子将儒分为八系，漆雕氏之儒为其中一脉，可见专精学问，确有所成，只可惜其书佚失，未能传世。
　　由此可见，虽然孔子希望学生们都能学成出仕，但是对于没有权位、淡泊名利的学生仍有一份特有的宠爱，对漆雕开、闵子骞如是，对颜渊和曾参亦如是。
　　他说过："三年学，不至于谷，不易得也。"（《泰伯8.12》）
　　学习是为了出仕，然而学成之后，经过了三年大比，仍然不惦记俸禄之事，也是非常难得的品行。

　　孔门众弟子不但分配到各地做县官，公西赤（字子华）还混上了外交官资格，出使齐国。这应该是出自孔子的派遣，看来在孔子执政初期，首先考虑的是和睦齐鲁关系。
　　冉有掌管财务，便拿着公家钱粮做人情，替公西赤的母亲请求赡养费。其实这是不合规制的，因为公西赤出差，自然会有差旅津贴，没道理重复补贴。但是孔子如今手上有权，财大气粗，便也答应了，批条说，那就给六斗米吧。
　　但是冉有觉得少，请再加一点。孔子又说，那给十六斗吧。没想到冉有这个败家孩子仍然觉得少，干脆自作主张，添斤加两，足足给了八十斗小米。
　　孔子知道了，叹息说："公西赤出使齐国，坐着肥马驾的车子，穿着贵重的皮裘，他的母亲何至于陷入饥馁？君子救急，但何需济富？"
　　粟是小米，釜、庾、秉，都是盛器。关于三者到底有多少斤，专家考证多多，未能准确计量。但很显然是一个比一个多。
　　孔子在这里要表达的思想是君子周济施恩，应当雪中送炭，不必锦上添花。

《雍也6.4》
　　子华使于齐，冉子为其母请粟。
　　子曰："与之釜。"
　　请益。曰："与之庾。"
　　冉子与之粟五秉。

子曰："赤之适齐也，乘肥马，衣轻裘。吾闻之也，君子周急不继富。"

冉家三兄弟都是孔子的学生，关于这段对话中的"冉子"究竟是指大哥冉耕（字伯牛）还是小弟冉有（又名冉求），专家素有争议。

而我认为，这既然是孔子做大司寇时候的事情，那么以年龄论，孔子这年约五十多岁，冉耕比孔子小七岁，也有四十好几了，又为人稳重，与闵子骞、颜回并称"仁德三杰"，是德行科的高才生，想来不会提出过分要求，且在老师已经明确发话的前提下还要自行其是，不太可能；而冉有比孔子小二十九岁，这时候刚二十出头，做人有点冒失是可以理解的。

春秋时期数十邦国并存，各国姻亲关系牵扯不清，免不了有很多交流。君主亲自去别国拜访曰"朝"，派使前往则曰"聘"。

通常来说，诸侯之于天子，比年一小聘，三年一大聘，五年一朝。诸侯之间，亦是如此，每年都要有些走动，外交大使从年初忙到年尾，去往四方诸国，官道之上，聘问之人不绝。

专门负责外交朝聘的部门，称为"行人署"，长吏官衔"大行人"，身份为上大夫，主要掌管接待顶级贵宾也就是各国诸侯的礼仪；部门官员为"小行人"，"掌邦国宾客之礼籍，以待四方之使者"。

孔子身为大司寇，主管外交，所以会派遣弟子使齐，也就是任职"小行人"，其阵仗不小，外汇不少，所以对于冉子的多此一举不以为然，以为"君子周急不继富"。

而就在这段记载后，孔子对待另一个弟子原思的态度却是截然相反的：他给原思发薪九百粟，原思不肯要。孔子说："给你就拿着，自己用不着，也可以拿来分给邻里乡党嘛！"

《雍也6.5》
原思为之宰，与之粟九百，辞。子曰："毋！以与尔邻里乡党乎！"
原思做的是什么"宰"？又为什么会有钱不拿？

我怀疑他不是任何某地小官，而是做孔子的家臣，觉得给老师做事还收钱，未免不好意思。但是孔子觉得劳有所得是理所当然之事，所以劝他收下，并且委婉地开解说，自己不需要，也可以拿去周济有需要的人。

这便是"穷则独善其身，达则兼济天下"。

## （四）

孔子的地位高了，讲究也多了，关于如何吃饭、起坐，如何穿衣、佩玉的细节，都有很多规章，在《论语·乡党第十》中有很多记载，充分显示出儒士的彬彬有礼。

第十章是《论语》中难得的主题比较集中的一章，几乎没有对话也没有人物，全是围绕着"礼"罗列君子在各种场合的起坐举止，因为过于琐碎，而且现代人实在做不到，就不一一细讲了，只略择两条突出孔司寇在朝堂上的形象：

《乡党10.1》
孔子于乡党，恂恂如也，似不能言者。其在宗庙朝庭，便便言，唯谨尔。

《乡党10.2》
朝，与下大夫言，侃侃如也；与上大夫言，訚訚如也。君在，踧踖如也，与与如也。

这段说的是孔子在不同场合讲话的态度。

在乡党邻里面前，他很温和恭顺，好像不太会说话的样子。恂恂（xún），恭顺貌。这是为了表现儒者的温和，也是一种矜持。贵人语迟，话多有失，越是沉默温和，越让人敬重。

但在朝堂上，就是表现孔子风度的时候了，自是明白流畅，能说会道，但是非常注意分寸。便便，同"辩辩"。

面对职位较低的下大夫时，孔子表现得很随和，侃侃而谈，理直气壮；与比自己职位高的上大夫讲话时，则和悦端庄，语气中肯；等到与国君对话，那必须小心翼翼，所以孔子会适当表现出恭敬不安甚至战战兢兢的样子，但是威仪合度。

訚訚（yín yín），中正的样子，辩论时态度很好。

踧踖（cù jí），恭敬而不安的样子。

与与，威仪合度的样子。

总之，孔子说话态度的核心是谨，无论面对君主的恭敬还是面对乡党的庄重，言语都非常谨慎合度，分寸得宜。

《乡党10.4》
执圭，鞠躬如也，如不胜。上如揖，下如授。勃如战色，足蹜蹜，如有循。享礼，有容色。私觌，愉愉如也。

圭（guī），一种上圆下方的玉器，上朝时君臣都会执圭表示身份。

孔子上朝时，执圭鞠躬，谨慎恭敬，好像拿不动似的。向上举圭时仿佛作揖，放下玉圭时又像是要交给别人那样郑重其事。

这说的是上朝的姿势，下面两句是走路的样子。

勃，是精神一振的样子；踖踖（sù），脚步细碎紧凑。如有循，就像沿着一条轨迹那样碎步前行，好比戏剧舞蹈上的跑圆场。

孔子在朝堂行走，神色庄重，战战兢兢，脚步紧凑，一路碎步前行。

享礼，指外国使臣向所访问的国家献礼物的仪式。

私觌（dí），私下会见。

接受外宾献礼时，孔子总是会适当摆出惊喜的样子，给足客人面子；而在私下会面时，则显得轻松愉快，使人如沐春风。

联合同一章节第二条中"君召使摈"可知，孔司寇的职责中有一项重要内容就是接待外宾，而且每次在宾客离去后都要立即向鲁君复命。

也正是因为有了这两年接待各国使臣的契机，才让孔子交游遍天下，在离开鲁国游走诸侯时，每到一处都有个投奔的中介。

而且不仅是外国使节来到鲁国由孔子接待，鲁国使节派出各国时也由孔子负责，"问人于他邦，再拜而送之"（《乡党10.13》），每次有使者远行，孔子都会再三拜别。可想而知，此人回来时，必然也要回拜，对孔子详说各国见闻。

陈子禽曾经不理解为什么孔老师周游列国，好像对每个小国的风俗都很了解，遂向子贡询问老师是查的资料，还是别人告诉他的。子贡以不变应万变地回答："夫子温良恭俭让以得之"。

这话说了等于没说，很可能子贡也不是很清楚。但是通过孔子做司寇的表现，让我们不妨猜测，早在接待各国使臣时，孔老师已经对各国民风有了充分了解。

总之，"温良恭俭让"的孔子做了大司寇后，一举一动都相当讲究，礼仪周到，鞠躬如也。作揖时，"左右手，衣前后，襜如也"；走路时，"立不中门，行不履阈，过位，色勃如也，足躩如也"；穿衣，寒暑起卧、颜色材料皆有所规；吃饭就更加讲究了，"食不厌精，脍不厌细"这句吃货格言，就是这时期的生活实录。

《乡党10.6》

食不厌精，脍不厌细。食饐而餲，鱼馁而肉败，不食。色恶，不食。臭恶，不食。失饪，不食。不时，不食。割不正，不食。不得其酱，不食。肉虽多，不使胜食气。唯酒无量，不及乱。沽酒市脯，不食。不撤姜食，不多食。

地位高了，连吃饭也讲究起来。食米越精越好，鱼肉越细越好。

食，是稻粱类的谷物，特别是小米；脍，是生肉片或生鱼片。

日本人吃鱼生，以为是自己的独家发明，其实早在春秋时，这便是国人席间很平常的食物了。唐宋时，斫脍已经成了非常炫的一种刀法，就跟全聚德的师傅当堂片烤鸭一样，常常用于席间表演，展示鱼生的新鲜和厨子的刀技。李白有诗"呼儿拂几霜刃挥，红肥花落白雪霏"，杜甫有"无声细下飞碎雪，有骨已剁觜春葱"，苏轼有"吴儿脍缕薄欲飞，未去先说馋涎垂"，都说的是食脍体验。

食饐而餲（hēng），饐与餲同义，都指食物腐败变味，餲的程度更重。

馁（něi），鱼肉腐烂。

饪（rèn），煮熟食物，失饪就是没煮熟。

这段话里"食不厌精，脍不厌细"总起，接下来连着写了九条精食禁忌：

食物变质馊臭，鱼肉腐烂，不吃。

颜色难看，不吃。

气味难闻，不吃。

火候不当，不吃。

节令不对，不吃。

切得不合刀法，不吃。

没有合适的调味酱，不吃。

吃肉不能贪多，不要超过主食的量。喝酒可以不限量，但是不能喝醉。

街市上买来的酒肉，不吃。

姜食作为小食可以一直放在桌上不撤下去，但也不能多吃。

太精细太挑剔太矫情了有没有？

如果我们人人都照着这个规矩吃饭，不饿死也累死。何况后面还有"食不语，寝不言"，"席不正，不坐"等一系列要求，真真把人磨死。

有人根据紧接着的第七条："祭于公，不宿肉。祭肉不出三日。出三日，不食之矣。"认为这些条例都说的是孔子对祭祀食品的要求，而非日常膳食。

但是《墨子·非儒下》中记载，孔子困于陈蔡之时，子路想方设法弄来酒肉，"孔丘不问肉之所由来而食"，"不问酒之所由来而饮"，之后见到鲁哀公时，又讲究起"席不端弗坐，割不正弗食"来，子路就说老师在陈蔡时咋不强调这些？孔子答："曩与女为苟生，今与女为苟义。"意思是彼时求生，此时求义。

可见，"割不正，不食"与"沽酒市脯，不食"等等讲究，是孔子师徒平时便奉行的准则。当然，前提是位高权重，钱多架子大。到了穷困潦倒时，有口吃的就很不错了，哪里还顾得上那不食九戒？

墨子以自苦为纪律，对儒家的烦琐礼仪深恶痛绝，指为虚伪，但是孔子向来就是讲究仪式感的，却也无可厚非。

# 诛杀少正卯之谜

## （一）

从内心深处，我一直不愿意相信孔子诛少正卯这件事。

尽管我并不认为圣人就应该一尘不染，完美得像块毫无瑕疵的玉，我也完全可以接受老夫子偶尔的轻狂与冒失、虚夸与激进，甚至很喜欢看到他对弟子的过激言语，也能够理解他的狼狈落魄与急功近利。因为这样，才让我更相信这是一个活生生的有血有肉的人，并因为亲切而更加敬爱。

但是杀人，而且是杀一个声名威望与自己相当的"闻人"，这让我怎么都不能接受，找不到任何谅解的理由。

生命是唯一不可重来的事。所以有权夺走一个人的生命时，就要慎之又慎。

上天有好生之德。天未亡人，人何以轻易诛之？

孔子，有何权力判决少正卯之死？

关于这段故事的最早记载见于《荀子·宥坐》：

孔子为鲁摄相，朝七日而诛少正卯。门人进问曰："夫少正卯鲁之闻人也，夫子为政而始诛之，得无失乎？"

孔子曰："居，吾语女其故。人有恶者五，而盗窃不与焉：一曰心达而险，二曰行辟而坚，三曰言伪而辩，四曰记丑而博，五曰顺非而泽。此五者有一于人，则不得免于君子之诛，而少正卯兼有之。故居处足以聚徒成群，言谈足饰邪营众，强足以反是独立，此小人之桀雄也，不可不诛也。是以汤诛尹谐，文王诛潘正，周公诛管叔，太公诛华仕，管仲诛付里乙，子产诛邓析、史何。此七子者，皆异世同心，不可不诛也。《诗》曰：'忧心悄悄，愠于群小。'小人成群，斯足忧矣！"

孔子做了大司寇后，不禁意气风发，喜形于色，以至于性情秉直的子路都看不惯了，觉得老师违背了"祸至不惧，福至不喜"的君行操守。

但是最让学生们不能接受的，还在于孔子诛少正卯这件事。

少正卯，是鲁国的名人，博学广知，能言善道，和孔子一样设塾收徒，而且比孔子更早做过大夫，所以地位和名声可能更为显赫，遂令孔子之门"三盈三虚"，只有颜渊孤零零地守着老师绝不改道。

也就是说，少正卯的学识——至少在表面上经过包装后的学识和言谈是足与孔子抗衡的，甚至胜过孔子，而且至少胜过三次，是孔子办学最强有力的竞争对手。

这已经不是坐而论道的门派之争，而是赤裸裸的挖墙脚之恨。是可忍，孰不可忍！于是，孔子一朝得势，上任第七天，就急慌慌地利用职权判了少正卯的罪，不但"戮之于两观之下"，且"尸于朝三日"。杀了人还要暴尸示众，这得是有多大的仇恨？（《孔子家语·始诛第二》）

难怪成天记诵着"温良恭俭让"的儒门士子们觉得凌乱，明确地发出诘问："夫少正卯，鲁之闻人也，夫子为政而始诛之，得无失乎？"

这句话是说：少正卯是鲁国的名人，老师初掌权柄便急着杀人，这对吗？

《荀子》中并未记录问话者谁，只说"门人"，但是《论衡》与《孔子家语》中则写明该弟子身份为子贡。

所以《孔子家语》中子贡问的是："或者为失乎？"

意思婉转了许多，有商量的意味："老师这么做，是不是不大合适，招人话柄，得不偿失？"

这样子，就似乎站在了孔子的立场上，替老师的名声考虑而发问，而并非为了少正卯申诉。

不过，有资料表明，子贡是孔子周游列国时在卫国收的弟子，也就是孔子任大司寇时，子贡尚未拜师。而且从凡事愿意较个真的语气来看，这事更像是子路干的。

不过，既然孔门三虚都是因为少正卯，那么孔子的门人也就同时是少正卯的学生，如今看到昔日的老师被诛，焉得不惊？有疑问的又岂止是子路或子贡呢？但是大家又怕触怒了现任老师孔子，而且是正得势的孔子，于是都颇为委婉。

诸书中孔子的回答大同小异，先是接连列举了少正卯的五项罪名：心达而险——不通事理却心存险恶；行辟而坚——行为邪僻而意志坚定；言伪而辩——谈吐虚伪却能言善辩；记丑而博——见闻丑恶且十分博杂；顺非而泽——言论错误还要极力辩解。

孔子说，这五大罪恶，比盗窃还可恨。犯其中一项过错，已经够让正人君子诛之而后快了，何况少正卯五毒俱全。而且他仗着自己的势力结党营私，妖言惑众，浪得虚名，他积蓄的势力强大到足以叛逆礼制成为异端，这就是人中奸雄啊，不得不诛！

名目当然堂皇，道理说了一箩筐，还列举了一堆史上圣贤诛大恶的典故，并引用《诗经》加强语气："忧心悄悄，愠于群小。"这是说君子忧心忡忡，就是小人们结党成群，是为大患。

辞彩丰富，可是说来说去都是空话，并没有一条实罪。究其根本，无非三点：少正卯名气太大，却又能言善辩，孔夫子说不过他，就干脆杀了，一了百了。

换言之，以言害命。

同样的罪名，若在孔子不得势时而加诸其身，其实也是一样适用的。

想想看，孔子弟子三千，周游列国，贩卖自己的一套理论学说，势必与列国士大夫形成不可调和的矛盾。因为诸侯若重用孔子，就会从大夫手中削权相赠，倘若那大夫忌恨孔子"聚徒成群，言谈足饰邪营众"，也认为"此小人之桀雄也，不可不诛也"，孔子死十遍都有可能。

这也就是孔子"惶惶如丧家之犬"，经常在流亡的真实原因了。

说到底，都只是为了争座次，争地盘，争取话语权。

这就是"党争"的开始！

言论自由是鉴定一个王朝是否繁盛文明，或者一个皇帝是否贤德大度的重要指标。造反起家的宋太祖赵匡胤都知道"士大夫不以言获罪"，孔圣人因为言辞锋锐便要诛杀大夫算哪样？说好的"人不知而不愠"呢？

苏轼身陷乌台诗案，御史弹劾的罪名之一，便是"言伪而辩，行伪而坚"。后世昏君杀重臣，每次用的也都是这些大题目，还不如秦桧杀岳飞来得老实呢，"莫须有"。

究竟是少正卯罪极当诛，还是孔子下定决心铲除异己？

《泰伯 8.10》

子曰："好勇疾贫，乱也。人而不仁，疾之已甚，乱也。"

孔子说，对待一个不仁义的人，恨得太过分，也是一种祸乱。

那他恨少正卯至死，甚至还要把这种恨彰之天下，曝于庭除，不是太过了吗？

《论语·颜渊》中说："爱之欲其生，恶之欲其死，既欲其生，又欲其死，是惑也。"

孔子是否为与宿敌的怨恨而惑？

可以想象，倘若身份对换，少正卯得了这个位子，会不会也在一旦拿到实权时也立刻下令诛了孔子？

毕竟，两个人是争地盘的死对头。孔子如此急形于色，不能不让人持疑，此行究竟是伸张正义还是泄私愤？

既然是学问之辩，那么无论是正念还是伪学，大家可以公开辩论，辩个三天三夜见真章。为何要行以杀戮下策？

若说是因为少正卯意志坚定不听劝就该杀，那么孔子门下那些背叛老师投向少正卯的弟子，除了颜回之外，岂非也都该杀？

而且孔子天降圣人，竟不足以大道教化弟子，而让弟子三叛其门投向宿敌，是不是也太无能了？那七十二贤人又从何而来？

即使孔子取得了最后的胜利，也不是靠学问重新将弟子吸引回来，而是直接杀了宿敌斩草除根，这下子可没人跟他较量了，这岂不成了黑社会老大抢码头？

少正卯能令孔门弟子集体叛师，学问和风度可想而知，必定博闻广记，谈吐有致，不是一句"记丑而博"就能够推翻的。孔子遇到少正卯，不能惺惺相惜也就罢了，仗势杀人公器私用岂非过哉？

《论衡》中说："少正卯在鲁国与孔子并，孔子之门三盈三虚。"那么这些学生中应该也包含了子贡与子路吧？

如此，孔子至少也犯了五项重罪：

一是嫉贤妒能，排斥异己；

二是公器私用，滥用法度；

三是以言治罪，钳制思想；

四是诛杀闻人，曝尸暴政；

五是纵徒杀师，泯灭人伦。

如此五宗，别说圣人了，连清官仁人也谈不上吧？

## （二）

《子路 13.11》

子曰："'善人为邦百年，亦可以胜残去杀矣。'诚哉是言也！"

《子路 13.12》

子曰："如有王者，必世而后仁。"

孔子说过，实行王道仁政，必须靠一代又一代的传承和努力。以善治国，须历经百年的教化，方可以胜残去杀，达到仁治。

古代以三十年为一世。如果三十年中战乱频仍，则为"衰世"；一世无战，由衰转安，谓之"升平之世"；九十年礼乐兴邦，富足安康，则是"太平盛世"，相当于理想国，其实很难实现。

所以孔子说，经过百年善政，可以消亡战争，实现盛世了；而第二句则说，如果有王者出现，一定要经过三十年的治理才能推行仁政，实现礼乐治国。

显然，孔子是深知浸润之理的，如今却急吼吼地一上位就大开杀戒，岂不言行相悖？莫不是他知道百年大业无人肯等，所以想杀鸡儆猴立竿见影？或者觉得仁政是将来的事，重刑才是眼下的事，有权不用，过期作废，所以有得用就赶紧用，杀了再说？这算不算说一套做一套，表里不一？

孔子诛少正卯，无论怎样引经据典，说得多么冠冕堂皇，都是他一生中最大的败笔，破坏甚至颠覆了圣人的形象。

所以，不仅是我不愿意相信，自古以来很多儒士文人都表示质疑。

南宋朱熹首先提出"《荀子》唯一来源论"的观点，说《论语》中并无诛卯的半字记录，这典故始见于一百七十多年后的《荀子》笔记。孔子死于公元前479年，荀子生于公元前313年，中间近两百年中，不但儒家四书中不见记载，连《左传》《国语》《国策》以及与儒家相争不让的墨子都无记述，荀子从哪里得来的史料？

荀子虽然也是儒家，却和孟子唱反调，讲的是帝王之术，编撰出这段诛卯是为自己的学说立论，说白了就是打压异端邪说。这种论调在其门徒李斯、韩非的引证下，终于发展成"严刑峻法"的法家律条，更成为后世统治者禁锢思想，进行文化专制的武器标备。

这种为了论点而找论据的做法，其实不足信。

后来的《尹文子》《说苑》《孔子家语》《史记·孔子世家》，都是引用《荀子》说，认为孔子杀了少正卯。但是源头既然可疑，后面的生发自然也不可信。

且有人提出，少正卯既然能令孔门弟子三盈三虚，想来著书立说必然不少，何以未传下只言片语？

而且史上并无少正卯学生投奔孔子门下的记录，那么子路等人忙着为老师著《论语》的时候，少正卯的学生就没想过为先生留下哪怕几则轶闻野史吗？就没一个为老师鸣冤叫屈的吗？

孔子做鲁大夫不过四年，就算他诛杀了少正卯，也不至于殃及门人，更不会下狠手焚书坑儒，那么少正卯所授何学，为什么完全没有传下来？

一个可以与孔子比肩的闻人，一种可以与孔门争徒的学说，一经传播，想要完全销毁几乎是不可能的。而且孔子上位七天，便以一个大夫的身份去杀另一个大夫，他有这么大权力吗？

就算孔子权力再大，也管不到史官头上。鲁太史何不秉笔直书："某年月日，孔丘诛卯曝尸。"

如此，哪里还会有后世的史实之争？

就这样，关于孔子有没有杀少正卯，支持者与反对者各执一词，争了上千年，至今也无定论。而我自然随心所向地选择"孔夫子没杀过人"这一派系了，如此，方能心安理得地继续读圣贤书，听大道理。

《孔子家语·好生第十》中记载孔子担任鲁司寇，每次审案断狱，都要召集众人畅所欲言，挨个问人家："子以为奚若？某以为何若？"直到所有人都发表完意见后，孔子才会综合判断，从中选择最正确的看法做出判决。

这样一个人，怎么会在连自己弟子都不赞成的情况下就妄杀少正卯呢？

更何况，即使从孔子所说的道理来看，他也确实不该杀人。

《颜渊12.19》

季康子问政于孔子曰："如杀无道，以就有道，何如？"

孔子对曰："子为政，焉用杀？子欲善而民善矣。君子之德风，小人之德草。草上之风，必偃。"

这是孔子劝诫季康子善政的话，非常符合他老人家仁爱德行的一贯形象。

季康子说："杀掉坏人来完成正道德治，怎么样？"

孔子答："您是搞政治的，何必用杀人的下策呢？只要你一心向善做个明主，百姓自然也会跟着良善起来。君子的德行像是风，百姓的德行像是草，风过处，草必伏。"所以，请正人先正己！

孔子既然看得这样通透，自己却偏要以杀为政，这合理吗？

尤其在《为政》一章中，孔子对于"仁政"更是旗帜鲜明：

《为政2.1》

子曰："为政以德，譬如北辰，居其所而众星共之。"

《为政2.3》

子曰："道之以政，齐之以刑，民免而无耻；道之以德，齐之以礼，有耻且格。"

孔子推崇德治，反对法治。他说，以德治国，就好像天上的北斗星。明君在其位谋其政，而臣民如同群星，自然会围绕追随着他。

如果为政者以政治手段来治理百姓，用刑罚来整顿他们，百姓只会想方设法钻法律漏洞，免于犯罪，而不会有廉耻之心；为政者用道德来治理臣民，用礼教来整顿他们，不但百姓会有廉耻之心，还会人心归顺。

看，孔老夫子说得多明白？他老人家是不屑于使用政治手段的嘛。他追求的是"为政以德"，讲究的是"道之以政"，诛而曝尸算什么英雄所为？

尤其是《论语·尧曰》一章中，孔子还曾总结"四恶"，第一大恶就是"不教而杀谓之虐，不戒视成谓之暴"。

不加教育就去杀戮，这是一种暴虐的行为。

而他升任司寇七天就刑杀大夫，事前有给过足够的警告和教育，给人家时间改过了吗？哪怕先拘押，判个劳改徒刑什么的也好啊，怎么能说杀就杀呢？

孔子是讲究中庸之道的，对于任何过激的行为都表示反对，而杀人，无疑是最极端的刑罚。

（三）

上述都是孔子的理论，下面再看一下孔子的行为。

孔子任大司寇时，学生们也都跟着飞黄腾达，先驱弟子仲由最先得到重用，成为季氏宰。但是随着孔子与国君的"蜜月期"结束，逸言也跟着多起来，首当其冲的还是子路。

当时有个叫公伯寮的人，在季氏面前说子路坏话，估计话说得很严重，不仅让子路丢了官，而且可能危及孔子，因此子服景伯想弄死他，且要"肆诸市朝"。

《宪问14.36》
公伯寮愬子路于季孙。子服景伯以告，曰："夫子固有惑志于公伯寮，吾力犹能肆诸市朝。"

子曰："道之将行也与，命也；道之将废也与，命也。公伯寮其如命何！"
愬，同诉，意即毁谤；肆，陈尸。肆诸市朝，就是诛杀后曝之于朝堂街市。
子服景伯是世袭的贵族，曾向孔子学习，虽不是正经弟子，但交情颇好。
公伯寮，据说也是孔子的学生，那可真是个欺师灭祖的学渣。
子服景伯对孔子说："虽然季孙氏已经被公伯寮的言语所迷惑，但是只要您愿意，我还是有办法杀了他，让他暴尸大街。"

周时有杀人陈尸三日的惯例，人夫以上陈于朝，士陈于市，子服景伯既然要将其陈于市朝，自是要罗织罪名，公开杀了他。

要说这做法套路，和传说中的孔子杀卯是一样的，但是孔子却阻止了他，说："我的道如果能行得通，那是天命；如果行不通，那也是命。公伯寮又能拿天命怎么样呢？"

孔子是相信天厌之的，又怎么会轻易地以自己的好恶来替天行道呢？他对于这样直接损害了自己利益的人都要采取无为的态度，又怎么会主动杀害少正卯呢？

这故事发生于孔子去鲁前不久。也就是说，公伯寮对子路的伤害是巨大的，直接动摇了孔子师徒在朝堂的地位。所以当孔子有"乘桴浮于海"之念要离开鲁国时，子路是第一个赞成的，并积极提议去卫国。

师徒两人宁可去国远行，也不要杀了公伯寮来保住位子。这样的孔子，岂会上位七日而杀卯？

不过，也有人认为，君子成大事不拘小节，权力的争夺势必会涉及流血杀头。对于政见不同者，孔子是个有态度的人。

《为政 2.16》
子曰："攻乎异端，斯害也已。"
异端，朱熹注释为："非圣人之道，而别为一端。"这有点强势，意思是与我不同的学说就是异端，我是对的，你是错的。赞成我的就是对的，反对我的就该杀掉。所以朱熹的解释本身就是偏执的，另类的，够得上异端的标准了。
异端，相对温和的解释是异常的征兆，不同寻常的思想、理论。
孔子的这句话，通常解释为清者自清，浊者自浊，攻击不同于自己的异端邪说，反而是有危害的。所以，干吗要攻击呢？道不同不相为谋就好了。
这很符合孔老夫子端正从容的老好人形象。
宋儒说到异端，往往指杨墨佛老，然而杨墨和释迦牟尼虽然出现于孔子之后，但老子是被孔子视之如师的人，他断不会称其为异端。所以这异端指的便应该是少正卯之类不同学派的理论了。
但是也有完全不同的解释，说"攻"不当解作"攻击"，而是"攻读"，"专治"就是致力、学习的意思，是说学习异端邪说，是有害的。
如果这样解释，那倒反而是为孔子诛卯提供理论根据了——学生们学习小道，危害无穷，所以干脆杀了那个放毒之人。
苏轼《东坡志林》更是戏谑道：

孔子为鲁司寇七日而诛少正卯，或以为太速。此叟盖自知头方命薄，必不久在相位，故汲汲及其未去发之。使更迟疑三两日，已为少正卯所图矣。

苏东坡说，孔子刚刚做了大司寇七天，就迫不及待下令诛杀少正卯，是因为他长了个方头，这是薄命之相，不可能久居相位。所以有风驶尽帆，在得势时要赶紧把对头杀了，不然再拖上几日，保不准就会被少正卯杀掉了。
真相，飘忽在岁月的烟尘之后，只能成为一个永远的悬案了。

# 如何做个好领导

（一）

《为政 2.1》

子曰："为政以德，譬如北辰，居其所而众星共之。"

孔子不是诗人，胜似诗人，这句话说得又精辟又有文采。一语道出了当政者最重要的支点是德行。只有用德行教化来治理政事，才能让百姓追随，如同北极星居于北方，而群星自会围绕。

北辰，就是北极星。古人以为北极星是固定地待在天正中不动的，所以才会以北辰来辨位。共，就是"拱"，围，环绕的意思。

德，是孔子提出的为政核心，是指导思想；同样的理论，在这一章还有更进一步的讨论，将"德"与"刑"比较来论：

《为政 2.3》

子曰："道之以政，齐之以刑，民免而无耻；道之以德，齐之以礼，有耻且格。"

孔子推崇礼治甚于法治。他说，如果为政者以政治手段来治理百姓，用刑罚来整顿他们，人民只会想方设法钻法律漏洞，免于犯罪，而不会有廉耻之心；为政者用道德来治理臣民，用礼教来整顿他们，人民就会不但有廉耻之心，还会人心归顺。

"为政以德""道之以政"，这说的都是德政。

那么怎样才能做到德政呢？或者说，德政的次序该是怎样的呢？

在卫国时，孔子曾对子路有过一段完整的论述。

《子路 13.3》

子路曰："卫君待子而为政，子将奚先？"

子曰："必也正名乎！"

子路曰："有是哉，子之迂也，奚其正？"

子曰："野哉，由也！君子于其所不知，盖阙如也。名不正则言不顺，言不顺则事不成，事不成则礼乐不兴，礼乐不兴则刑罚不中，刑罚不中则民无所错手足。故君子名之必可言也，言之必可行也。君子于其言，无所苟而已矣。"

子路问孔子："如果卫君真的把管理权交给您，先生第一件事做什么？"

问这话的时候，估计子路满心以为老师会有大举措，所谓新官上任三把火。他当然知道孔子这样的圣人得了权，肯定不会先顾着大吃大喝一顿或是敛财夺势，但怎么也得是改革律政或是整治军纪之类的大动作吧。谁知孔子答："正名。"

子路大惊过望，脱口而出："老师太迂了吧？名不名的，有这么重要吗？啥叫正名啊？"

气得孔子直接开骂："仲由啊你个野人！不明白就闭嘴，没人把你当哑巴，不藏拙还敢批评，哪有半点君子之风？"

野，指鲁莽、冒进，与"质胜文则野，文胜质则史"的"野"是同一个用法。

"君子于其所不知，盖阙如也。"意思是有修养的人对于自己不了解的事，应该采取存疑的态度，不知道就不要随便发表意见。

孔子对子路讲话经常很不客气，反之，子路对老师说话也是直来直去的。

从《论语》中的对答可知，大多弟子跟孔子说话都是小心翼翼、恭恭敬敬的。只有子路会时不时地怼先生一句，每每要被孔子骂一通才作罢。

但是孔子当然不只是单纯地臭骂，而是会耐心地给他讲道理。所以骂完"野哉由也"之后，便细心地讲解了为什么要"必也正名乎"的缘故，所以说，孔子真是一个循循善诱诲人不倦的好老师。

而子路，也在老师的悉心教诲下卓有进益，登堂入室，逐步成为政事科的学生代表，并在鲁卫两国都曾担任要职。

在这段对话中，孔子强调为政者一旦大权在握，首先是"正名"，就是要有明确的名位，也要有明确的名头，也就是章程。

古人的道德指数远高于今人，行事为人非常在乎名声，哪怕是出兵打仗，也要找个好听的名目为自己张目，这叫"师出有名"。当官，当然更要有"名"。

孔子说，如果名目不正，那你说的话就不容易入耳，发布政令就难以让民众顺从；政令不顺，做事怎么能成呢？做什么事都难成功，礼乐就不可能兴盛，刑罚就不可能起到作用，民众就会茫然无措，不知所从，那又怎么能治理一方呢？所以，君子所行号令一定要清楚明白可昭之于众，说出来的话一定要切实可行。

所以，当政者，首先要做到名正言顺，只有名目正确有说服力，政令才可以顺畅颁布。而君子对于自己颁布的所有政令，必须谨慎执行，言出必行。

因为《论语》中的片段都没有记录时间背景，不能确定这次对话发生的具体时间，可能是在卫灵公执政时期，也可能是在卫出公即位之初，还有可能是在公元前 485 年孔子再次来到卫国时。但是孔子终究没有留在卫国出任大夫，而是于次年结束长年游历，回到了鲁国。

而因为这段"必也正名乎"的发言，儒教在后世又被称为"名教"或"礼教"。魏晋时期竹林名士反礼教，奉老庄，便提出了"越名教而任自然"的口号。不过，他们真正反对的其实不是儒家礼法，而是打着仁义道德的旗号行杀戮夺政之实的司马政权。

（二）

《为政 2.18》

子张学干禄。子曰："多闻阙疑，慎言其馀，则寡尤；多见阙殆，慎行其馀，则寡悔。言寡尤，行寡悔，禄在其中矣。"

子张，就是颛孙师，字子张；干，求；禄，禄位。

学干禄，也有版本作"问干禄"。意思都是说子张请教老师怎么样做个好官，才可以每月按时支薪，既不发愁，也不发慌。

老师给了他一个锦囊：多闻多见，慎言慎行。

多闻多见是孔老夫子的一贯主张，很容易理解，重点在于慎言慎行的"其馀"是什么内容。

"阙"是，是空缺、欠缺的意思，这里指放置一旁；"尤"，是过错；"殆"，是不妥当。

多听听别人说的，有疑惑的暂时放置一旁，即使有需要补充的意见也要谨慎地说出来，就会少犯过错了；多看别人做的，有不当的也要先放一旁，需要补足的要谨慎地做出来，就不会后悔。说话少错误，行动不后悔，官职也就坐稳了，俸禄也拿得心安理得了。

这话听上去有些过于保守。不免有人问：孔子一生的学问都是在谋求做官，可是教给学生的做官之道就是这么平淡如水，岂不令人失望？

但是这要看孔子这番话是对谁说的。

之前子贡曾经问过师父："师与商也孰贤？"

孔子答："师过也，商也不及。"

意思是颛孙师做事激进，往往超过。所以当子张问政时，孔子就要因材施教，对症下药，叮嘱他做决定慢半拍，多听，多看，少说，慎行。

这也就是孔子斥责子路的"君子于其所不知，盖阙如也"。所以会给两个人同样的提醒，就是因为子路比子张更加莽撞。

后来,"多闻阙疑"也常被作为一种做学问的方法,钻研考据中遇到疑难不解的问题,且放置一边,好过强作解释,将错就错。

比如我们读《论语》也是这样,可以解释的就做明确的译释,有不同版本的也可以罗列出来,无法确证的则放置一边。所谓"知之为知之,不知为不知",最要不得的态度就是强不知以为知,胡乱解释,误人子弟。

这里要特别强调的是,"多闻阙疑"不代表犹疑不决,正相反,患得患失是孔子非常反对的行为:

《阳货 17.15》
子曰:"鄙夫可与事君也与哉?其未得之也,患得之。既得之,患失之。苟患失之,无所不至矣。"

鄙夫,指粗鄙无文之人。这样的人能够与其共事国君吗?他们没有得到理想的回报之时,会一心渴望得到;而一旦得到了,又唯恐失去。如果特别怕失去,就什么事情都做得出来了。

所以患得患失,为祸之本,这也是小人不可共事的根本原因:"君子坦荡荡,小人长戚戚。"

综上所述,名正言顺,此为职场第一要诀。而在此之前,多闻阙疑,则是好领导的必备素质和行为准则。

(三)

执政之道,"名正"第一,而后"言顺"。

"言顺",就是"信"。

百姓只有信了,才会服从,才会"北辰居其所而众星共之"。

为政者之所以要"多闻阙疑",就是为了不妄言,免得说多错多,渐渐让民众失了信心。

《颜渊 12.7》
子贡问政。子曰:"足食,足兵,民信之矣。"
子贡曰:"必不得已而去,于斯三者何先?"
曰:"去兵。"
子贡曰:"必不得已而去,于斯二者何先?"
曰:"去食。自古皆有死,民无信不立。"

子贡问怎样治理国家。孔子列了三件事，第一是粮食充足；第二是军备充足；第三是百姓信任。

子贡说："如果不得不去掉一项，那么在三项中先去掉哪一项呢？"

孔子回答军备，这是很容易理解的，因为"民以食为天"，若是百姓连吃的都没有，又哪有能力充实军备呢？

子贡又问："如果不得不再去掉一项，那么这两项中又去掉哪一项呢？"

大多数人在这时候应该选择的是保留粮食吧，毕竟活着才是第一位的，没有粮食，何来生命，没有生命，何言国家？

然而孔子却惊世骇俗地选择了信仰，并且很坚定地说："人总是要死的，百姓前仆后继，生命源源不断，只要信仰坚定，死几个人不算什么；但是百姓对统治者的信任失去了，国家就不存在了。"

所以，令民众信任官府，引导民众有信仰，有信心，才是在位者的至高准则。然而怎样才能让民众有信心呢？

孔子再三强调：为上者必须以身作则，身先行之，劳而无怨，行之以忠。

《子路 13.1》

子路问政。子曰："先之，劳之。"

请益。曰："无倦。"

子路屡仕鲁卫，大概是在做官的过程中遇到了点小麻烦，向老师请教。孔子言简意赅地给了四个字："先之劳之。"

当官的要先为百姓做出榜样，然后才能让百姓信服，为之效力。

子路大概觉得老师说得太简单，便又请老师再说详细点，不料孔子更加简练了，这回只给了两个字："无倦。"

身先士卒，不是只做一次两次，一天两天，而是要持之以恒地做下去。能够一直这样做，就是位好官了。

同样的道理，孔子重复过很多次：

《为政 2.13》

子贡问君子，子曰："先行其言而后从之。"

《子张 19.10》

子夏曰："君子信而后劳其民；未信，则以为厉己也。信而后谏；未信，则以为谤己也。"

子贡问君子之道，孔子说："要说的话，自己先做到，然后再说出来。"

因为只说不做，是为大忌，最易失去百姓的信心。

君子为官，要先取得百姓的信任，然后才去差使他们；如果不能建立威信就去役使，百姓就会认为是种虐待，官逼民反揭竿而起的故事就要上演了。

同样的，忠臣要让君主信任自己然后才能上谏，如果国君不信任自己，就会把那些忠告当成侮上谤主了。

所以，身在官场，无论是上位者，还是做臣属，都需要言而有信，行动为上。

### （四）

《子路13.2》

仲弓为季氏宰，问政。子曰："先有司，赦小过，举贤才。"

曰："焉知贤才而举之？"

子曰："举尔所知；尔所不知，人其舍诸？"

仲弓就是冉雍，孔子是夸过"雍也可使南面"的，对其极为欣赏。所以冉雍做了季氏家臣，也来向老师请教时，孔子给的建议就非常详细有条理，要求远比对子张要高。

冉雍是德行课代表，本来就不爱说话，所以根本无需叮嘱他寡言慎行等事，而是直接上干货：第一要让手下各司其职，也就是"不在其位，不谋其政"，在其位，自然要名副其实，负起责任来；第二是不要太苛责细节，求全责备，要有容人之量，重乎本质；第三是选贤任能，重视人才。

冉雍担心用错人，问："我怎么能知道哪一个是真正的贤能呢？"

孔子干脆地说："选用你了解的人就好了！你不了解但是他又确有真才实学的，别人也会向你推举的。"

所谓锥在囊中，脱颖而出，真正的精英，又怎会一直敛藏光芒呢？

关于举用贤才，是孔子经常重复的话题，因为政治与管理，无非是用人的科学。无论是鲁君哀公问如何治民，还是弟子樊迟问如何知人，孔子都回答过一句共同的格言：举直错诸枉。

就是要让贤能之人领导无能之人，如此则会民众信服；如果反之，奸臣当道，外行领导内行，便会导致人心涣散，政令不行。

这都是在具体讨论"名正"之后如何使"言顺"。

《为政2.19》

哀公问曰："何为则民服？"

孔子对曰："举直错诸枉，则民服；举枉错诸直，则民不服。"

《颜渊12.22》

樊迟问仁。子曰："爱人。"

问知。子曰："知人。"

樊迟未达。子曰："举直错诸枉，能使枉者直。"

樊迟退，见子夏曰："乡也，吾见于夫子而问知，子曰'举直错诸枉，能使枉者直'，何谓也？"

子夏曰："富哉言乎！舜有天下，选于众，举皋陶，不仁者远矣。汤有天下，选于众，举伊尹，不仁者远矣。"

爱人为仁，知人为智。

这话说得一点不错，就是太空洞了，所以樊迟一时未能领会何为知人。孔子便又多说了两句："举直错诸枉，能使枉者直。"

这句话的字面解释，就是把直的摆在弯的上面，能把弯的给扳直了，可是这可能吗？

因此樊迟还是没听懂，但也不敢再问老师，怕又得出一句"小人哉"的怒骂。于是就悄悄去找师弟子夏，想着子夏好文采，应该是能听懂老师的话的。

面对子夏，樊迟问得很仔细："刚才我去见老师，问什么是智者，老师说：'举直错诸枉，能使枉者直。'师弟你给俺说说，这是啥意思啊？"

子夏闻言大喜，无限景仰地说："老师这话说得太伟大了，含义丰富深远啊。师兄，我给你打个比方吧：舜帝拥有天下，在芸芸众生中选择贤能，最后选出了皋陶这个臂膀；商汤拥有天下，从茫茫人海中找到了伊尹这位贤臣。他们能把真正的贤能选出来，自然就会让不仁者远离。这就是将直的置于弯的之上，那些弯的要么也有样学样让自己变直，要么就干脆远去吧，天下自然归仁，所以君子以知人为重。"

将一番寻常的谈话上升到了舜与汤的高度上，题目就显得太大了。

这是因为尧舜之贤，不仅在于自己能干，更重要的德行是谦恭地对待臣下，广招贤士，共治天下。《史记》中司马迁历数舜臣二十二人，各司其职，非常强大紧密的一个领导体系。尧舜有了这样得力的群臣助手，自然可以"垂衣裳而天下治"。

《卫灵公15.5》

子曰："无为而治者，其舜也与？夫何为哉？恭己正南面而已矣。"

孔子说，能够无为而治的领导者，便如同虞舜的明智啊。有什么可做的呢？

端正己身，恭敬地坐在面南背北的那个位子上就好了。

这就是"任力者故劳，任人者故逸""劳心者治人，劳力者治于人"。真正的好领导并不需要事必躬亲，呕心沥血，而是能够举荐贤德的人，让世事沿着轨道正常进行，才是长治久安的根本，才能使百姓归附，四海宾服。

这里同时也可以看出早期的儒道同源。

儒家讲究"无可无不可"，而道家讲究"无为而无不为"。

孔子将儒术分为"君子儒"与"小人儒"，达于仁者为君子，囿于器者为小人。老子却将道德分为"上德"与"下德"："上德无为而无以为，下德为之而有以为。"

说到底，这两家讲的是一回事，就是"君子不器"。君子不必强调具体的技能或是事务，而应洞悉全局圆融应对，则万事万物自然顺应。

儒学的根本自然是为了"学而优则仕"，治国齐天下。而黄老之学在汉代亦被称为"人君南面之术"，并将"无为而治"奉为最高准则。

但是无为，并不是真的什么都不做，而是任人唯贤，各司其职。如此，君子自可垂衣鸣琴，而民自安。

汉武帝刘邦曾说过，论谋算，他不如张良；论政事，他不如萧何；论军略，他不如韩信。但他能够任用他们，所以能拥有天下。

所以领导者不必什么都会，重要的是能够选择并信任那些擅长的能者。

身为上司不怕不能，只怕嫉贤妒能，不善用人。

孔子游历各国，他评价卫灵公无道，却在卫国待的时间最长，就因为虽对其有种种不满，却盛赞其识人之明。

《宪问 14.19》

子言卫灵公之无道也，康子曰："夫如是，奚而不丧？"

孔子曰："仲叔圉治宾客，祝鮀治宗庙，王孙贾治军旅。夫如是，奚其丧？"

显然这是孔子回到鲁国之后的事。大约季康子向其打听各国诸侯为人，说到卫灵公时，孔子谈论其种种倒行逆施与昏庸无道，季康子问："既然这样，卫国为什么还没有灭亡呢？"

孔子说："卫国有仲叔圉（yǔ）负责外交接待宾客，祝鮀（tuó）管理宗庙祭祀，王孙贾统率军队。各司其职，恰如其才。像这样，怎么会丧国呢？"

明政无大小，以得人为本。说到底，执政需要的是人才。知人善用，方为职场最高法则！

## 燕居的快乐哲学

《述而7.4》
子之燕居，申申如也，夭夭如也。

这说的是孔子的家居生活。

申申，就是舒展的样子。夭夭，活泼的样子。

不过用"夭夭"这个词形容夫子，还真让人有点不适应。因为听到这个词，本能想到的就是"桃之夭夭，灼灼其华"。孔圣人得乐成啥样儿，才会像一朵绽放的夭桃呢？

想象一下孔老夫子穿着宽大的衣裳在宅中夭夭起舞的样子，也是乐事。

孔子并不像我们想象的那样严肃，总是板起脸来皱着眉头对弟子训话。他待在家里的时候，很舒展自如，很活泼愉快。

《礼记·仲尼燕居》中说："仲尼燕居，子张、子贡、言游侍。"

对于"燕居"，郑玄的注解是"退朝而处曰燕居"。难道不做官不上朝的人回到家里，就不能叫作"燕居"了？要叫雀巢吗？

我更喜欢司马贞的索隐："燕谓闲燕之时。"说闲居生活就像燕子回到窝里那么自在欢乐，至于那燕子做不做官，没人问。

不过若将燕居解释为退朝，倒是正与第十章《乡党》中孔子在朝堂上的种种表现对应了起来，孔子入朝则鞠躬如也，侃侃如也，踧踖如也，与与如也；回家则申申如也，夭夭如也，真让人长舒一口气。

想来，那些弟子们关于理想的议论与抒情，便是发生在这种时间。尤其是曾点那幅著名的"春游咏归图"："莫春者，春服既成，冠者五六人，童子六七人，浴乎沂，风乎舞雩，咏而归。"

孔子欣然点头："吾与点也。"因为上班打卡的生活太累了，此时的孔子非常喜欢假日，一心想要来个"国庆七天乐"什么的，好与弟子们一起跑去河边吹吹风。

《述而 7.16》

子曰:"饭蔬食,饮水,曲肱而枕之,乐亦在其中矣。不义而富且贵,于我如浮云。"

《学而 1.14》

子曰:"君子食无求饱,居无求安,敏于事而慎于言,就有道而正焉,可谓好学也已。"

《里仁 4.9》

子曰:"士志于道,而耻恶衣恶食者,未足与议也。"

《宪问 14.2》

子曰:"士而怀居,不足以为士矣。"

这几段话可以放在一起理解。

这是孔子描述的理想燕居生活,也可以看作是孔子对于物质生活和精神生活的评价标准:因为视富贵如浮云,燕居生活以蔬食饮水为自得,所以那些缺乏仁德,精神空虚,只能用衣食之好来填满欲望的人,孔子是不屑与谈的。

一个立志于追求真理的君子,饮食不求餍足,居住不求安逸,对工作勤劳敏捷,说话却小心谨慎,他们最在意的事情是到有道的人那里去匡正自己,这样的人才可以说是好学。

相反的,那些嘴上说要立志求道,却把衣食之欲看得过重,无法忍受粗陋的衣食的人是不值得信任,更无须多作交谈的,更不配作为一个士。

因为他缺的不是口头的道理,而是内心的德行。

真正的君子,对于物质享受不是不喜爱,而是不当视为最重要的事情,金钱够花就好,衣食饱暖已足,居处随遇而安,唯有对于知识的追求与德行的修养,却是永无止境的。

也正因为这样,子路的"衣敝缊袍与衣狐貉者立而不耻"才会得到孔子的大力称赞。

宋代王曾才华横溢,三元及第,殿试之时,有同仁相贺:"士子连登三元,一生吃着不尽。"

这本是惯常恭贺语,王曾却觉刺耳,正色道:"曾生平志不在温饱。"

寒窗十年,读书万卷,难道为的只是一生吃着?君子谋道不谋食,干禄又岂止仅仅是为了禄米?

所以王曾觉得这样的恭维恰是侮辱,必须严词以对。

而刘禹锡身处陋室,不畏简朴粗鄙,却独喜苔痕上阶绿,草色入帘青,犹诵圣人之教以励:"孔子曰:'何陋之有?'"

孔子有位学生叫申枨（chéng），人们都说这是个刚强的人，但孔子却说：申枨欲望太重，怎么算得上刚强呢？

这便是"无欲则刚"的反例。

《公冶长 5.11》

子曰："吾未见刚者。"

或对曰："申枨。"

子曰："枨也欲，焉得刚？"

所以说，一个人有了欲望，也就有了执念，有了软肋，再也刚强不起来。

我辈俗人，不可能学太上之忘情，真正做到无欲无求。但是适当节制，不以欲求成为自己的枷锁却是必须的品格。这就好比抽烟喝酒算不得多大的毛病，但是嗜烟酗酒却要不得。

同样的，喜欢美食华服不是错，甚至是人之常情；但是过于挑剔，对粗食淡饭不能忍受，却是衡量一个人真实道德水准的标志，也是择友的重要参照。

人不能成为欲望的奴隶，如果对欲求的渴望超越了理性，就会变得没有襟怀，没有格调。

林则徐写过一副对联，"海纳百川，有容乃大；壁立千仞，无欲则刚"，说的就是这种境界了。

富可敌国权倾天下并不能带来真正发自内心的愉悦，有容而无欲，既不要强加诸人，亦不必受累于人的，才是最好的生活。

只有食蔬食白水仍能枕肱而乐的人，才是真正懂得燕居生活美好真谛的人，和这样的人相遇，为师，为友，为伴侣，才是真正有价值的人生！

# 孔子去鲁

## （一）

"学而优则仕"并非隋唐科举制度建立以后才有的社会现象，早在春秋时，孔子授徒的目的就是笔直地冲着做官去的。

因为只有做官，才能够学以致用，辅佐君王，治理国家，实现礼乐文明的尧舜之治。

《孟子·滕文公下》中有一段关于"君子之仕"的讨论，并以"孔子三月无君则皇皇如也"为证，说明出仕的急迫与重要性。

但是孔子不仕多年，岂止三个月，前三十年都处于"无君"的状态。所以这句话说的并非出仕前的急迫，而是已经做了官，然而在其位不得其事有名无权的茫然。也就是孔子五十岁后任大司寇时的情形。

孔子登顶卿大夫之位的最初，与鲁公及三桓过从甚密，但是后来渐渐冷淡，不禁心下惶然，如果君主连续三个月没有理会他，他就会惴惴不安，带上礼物去拜见，察言观色判断到底发生了什么事。

这个形象，与我们心中那个从容不迫，"富贵于我如浮云"的圣人形象有点违和。所以书中人也有这个疑问："三月无君则吊，不以急乎？"

"吊"是拜访的意思。这人问：孔子三个月不见君主垂询便迫不及待地主动前往，这功利心是不是重了点，都不讲点矜持么？

孟子回答："士之失位也，犹诸侯之失国家也。"一个士没有了工作，失去应有的身份位置，就像诸侯失去了自己的国土一样，这还不是迫在眉睫的大事么？当然要"皇皇如也"了。

如此惶惶，是因为没有安全感。

这从心理学上是可以理解的，孔子少时贫贱，孤儿寡母，生活没有保障。好不容易认祖归宗了，也仍然得不到人们的礼敬，没人真正把他当个"士"，人生的每一步路都走得无比艰难，战战兢兢，如履薄冰。

这就难怪他一直都有种惶惶不安的危机感，稍有风吹草动，就觉心惊肉跳，不得不想想下一步出路在哪里。

孔子会被鲁公和三桓冷落，主要有三方面的原因，其中第一个原因也是最大的因素在于"堕三都"，《孔子家语》中记为"隳三都"，也就是"毁三都"。其核心内容都一样，就是拆毁鲁三桓的城墙，削弱三桓势力，以加强鲁国君的中心位置，建立中央集权的理想国。

这是孔子执宰后提出的重要国策，不能不说有点太性急了，犯了冒进之过。在春秋后期，像鲁三桓这样的情形并不罕见，比如郑国的大夫有七家，晋国则有六卿，内讧更为激烈，所以才有"赵氏孤儿"的惨剧上演。

孔子向来主张中央集权，他推崇的理想秩序是诸侯服从天子，贵族服从诸侯，"礼乐征伐自天子出"，次则自诸侯出，再次自大夫出。以他如今的地位，尚不能影响整个天下，使诸侯服从周天子的大一统，而且去过洛邑之后，大约也认识到周天子已是扶不起的阿斗，不值辅佐；但是作为鲁国的大司寇，却幻想着可以凭一己之力，全力维护鲁君的至高地位，在鲁国建立一个"小西周"，周公礼治的乌托邦。

于是，孔子提出了"臣无藏甲，大夫毋百雉之城"的政见，意思是臣子家中不可私藏兵器，大夫的封邑不能筑起三百丈的城墙。

他提出的时机倒是很好，因为之前阳虎叛乱，"陪臣执国命"，使得家臣的地位高过大夫。三桓大夫平时都住在鲁国的国都，邑宰则居于不同的封邑城内，看上去城墙是在保护邑宰而非大夫，似乎拆毁的理由很充分。

所以，孔子最初提出堕毁城墙的行动计划时，三桓都答应了。叔孙氏的郈邑第一个被拆除了，进行得十分顺利；但是季孙氏打算拆毁费城时，曾经召募过孔子的费邑宰公山不狃不干了，非但率兵反攻，还袭击了鲁国的都城。

鲁定公与三桓吓得躲进了季氏的宅第，登上高台观战，费人攻打季氏宅第，飞箭射到了定公的身边，把他吓得不轻。孔子坐镇中军，调兵遣将，这一仗打得非常艰难，但到底是赢了。公山不狃逃往齐国，费城到底被拆了。

这时候三桓城墙只剩下孟孙氏的郕邑了。邑宰公敛处父对孟孙氏说："城墙是我们的门户，拆城之后，门户大开，齐人必将进逼。而且郕邑是孟氏的保障，没了城，也就没有了孟氏，所以我决定抗命不拆。"

公敛处父之于孟孙氏，与公山不狃之于季孙氏不同，他没有反叛之心，而是心平气和地向孟孙进言。因此孟孙氏犹豫起来，表面说拆城，其实并不热心此事，反而和公敛处父里应外合。

季孙和叔孙这时候也都回过味来，觉得这仗打下来劳民伤财的，只是为了维护鲁国君的主导地位，对自己似乎并没什么好处。而鲁定公也被这场战争耗得心惊肉跳，提不起劲来。

正所谓夜长梦多，孔子未能一鼓作气地拿下三都，而是"再而衰，三而竭"，未免后力不继。"毁三都"的计划就这么流产了，孔子与鲁君及三桓的蜜月期也就此完结，渐渐失去了诸侯的信任。

孟懿子本是孔子的学生，但是孔门列传中却没有他，有专家猜测，就是因为在毁三都一役中，孟孙氏不肯堕城，导致孔子的理想国计划失败，此为背叛师门矣。故而《仲尼弟子列传》不录其人。

（二）

孔子遭三桓尤其是季氏厌弃的第二个原因也是直接原因，据说是因为齐国使计，而且是离间计与美人计并用。

前面说过，孔子任中都邑时，已经成绩卓著，"一年，四方皆则之"，以孔子制定的标准为标准。

这样卓著的成绩，让四邻敬佩，纷纷效仿；同时也让邻国担忧，引为腹患。比如紧邻的齐国就害怕起来，说孔子行政令鲁国强大，彼强我弱，将来就会吞并我们，至少也不再拿我们当大哥敬重，所以为了抑制鲁国发展，就要先下手为强，想办法干掉孔子啊。

尤其"夹谷之会"上孔子的精彩亮相，更让齐国对其如鲠在喉，欲除之而后快。

这就要再介绍一下孔子生存的时代背景了。

孔子崇仰西周文明是有原因的。从公元前1046年到公元前771的西周时期，是各诸侯小国的黄金时代，无论丰俭强弱，一律有法可循，各国相安无事。虽然林子大了，兄弟多了，免不了时常有恃强凌弱的事情发生，可是有周天子做倚仗，万事总有个投诉打官司的地方，再乱也有个尺度。

但是褒姒千金一笑，动摇了周幽王的统治，西周灭亡，诸侯拥立太子宜臼为王，史称周平王。平王迁都洛邑，开始了东周春秋时期。此时天子之威渐失，管辖范围大减，诸侯互相征伐，分成一百四十多个小诸侯国。周天子不再是天下共主，周已经沦落成一个小国，与诸侯势力相当，甚至要向一些强大的诸侯国借力求助。

于是，诸侯国之间的强弱丰寡日渐明显起来，五位霸权老大日益浮出水面，乃是秦穆公、楚庄王、齐桓公、晋文公、宋襄王。

连周天子尚且不能自保，作为小国的鲁国自然更是活得胆战心惊，不得不依附于强势的老大而偷生。可是老大之间并不和睦，往往会迁怒小弟，鲁国小弟的窘境并不难想象。

覆巢之下，焉有完卵？孔子作为鲁人，对于这种小国寡民的处境深有感触，又怎能不怀念从前周朝大一统时期那个天下太平的繁华盛世？

鲁小弟原先依附的大哥是西墙紧邻晋文公，但是后来齐桓公的势力更强，声音更大，这就让小弟为难了：到底听谁的？

齐晋两位大哥争强，暂时谁也灭不掉谁，但是谁都可以一只手捻死小鲁弟。小鲁不敢背叛晋哥哥，可也不能得罪齐大哥，那怎么办？

在这种情况下，不知是谁的主意，总之齐鲁两国国君在鲁定公十年，相约于夹谷（今山东莱芜市南）吃讲茶。

陪同鲁国国君前往谈判的，正是刚刚当上大司寇的孔子。这安排很合理，因为孔大夫熟谙礼仪，陪国君出席国宴那是再合适不过了。

《孔子家语》与《孔子世家》中都记载了这次夹谷鸿门宴的详情。

早出发前，孔子因为防着齐国有奸计，便提醒鲁定公："臣闻有文事者，必有武备；有武事者，必有文备。古者诸侯并出疆，必具官以从，请具左右司马。"定公听从了他的意见，带着左右护军浩浩荡荡地前往。

会所设在夹谷一处空旷的地带，设立了有着三级台阶的高坛，齐景公与鲁定公以礼相见，揖让而登，各自入席坐定。齐国执事者便令莱人表演歌舞助兴。

莱人勇武，遂执剑戟兵器鼓噪而至，其实暗藏杀机，打算挟持了定公就走。

孔子窥破奸计，冲上台阶，却停在最高一级和第二级之间，举起袖子施礼说："两国君主友好相会，为的是世界和平，怎么能以蛮夷之武来扰乱会场，搅乱这祥和之气呢？"

齐景公面有愧色，只得挥退莱人。于是齐国有司又建议说："请奏宫中之乐。"这次上来的是些倡优侏儒，调笑表演着走上前来。

孔子又是一步跨上台阶，在最高阶前停下，施礼说："匹夫而营惑诸侯者，罪当诛！请命有司！"

这意思是说，平民百姓竟敢调笑戏谑，蛊惑诸侯，论罪当杀，请执行！

于是，艺人侏儒就被当场处以腰斩，血溅黄土。

史书上说齐景公为了这次屠杀而因恐惧生震动，自愧理义不如，向群臣叹道："鲁以君子之道辅其君，而子独以夷狄之道教寡人，使得罪于鲁君，为之奈何？"还因为理亏归还了此前侵占鲁国的郓、汶阳、龟阴之田以谢过。

但是随后齐国就挑选了八十位歌舞伎，一百二十匹高头骏马，一同送去了鲁国，实行离间之计，显然对这次夹谷谈判没那么大度，也加速了孔子与当权者的离心。

## （三）

季桓子接受了齐国的礼物，沉迷女色，渐渐怠于政事。善诚的子路便对老师说："夫子可以行矣。"劝老师辞官回乡。

其实，子路会说这种话，不仅仅是因为季桓子受贿后三日不听政，更是因为孔子"堕三都"计划失败后，已经失去了当权者的欢心，备受冷落。而在攻城时立下赫赫战功的子路，更是首当其冲，从季氏家臣变成心腹之患，屡被攻击。

之前子路担任季氏宰时，身居高位，得罪了不少人。毁三桓首战告捷，拆除费城墙、打跑公山不狃后，他趁乱安插自己的人手，任命小弟高柴（字子羔）做费邑宰，也肯定引起了众人的不满。连孔子都觉得看不惯，出言呵斥，骂他"贼夫人之子"。

但是子路一意孤行，孔子大概也觉得子路劳苦功高，不好太不给他面子吧。不过高柴名声不显，德不配位，子路这样做肯定遭人诟病，过后必然会成为众人攻击子路的把柄。

而且，窥一斑而知全豹，通过冉有大手大脚地随意派钱，子路自说自话任人唯亲等细节，可以想象在孔子当权时，其弟子有多么张扬。

这便是孔子去鲁的第三个原因，也是其内在原因，是核心班底出了问题。

而孔子未必没有看到这一点，因此当子服景伯想要使用手段反击公伯寮时，孔子表现出了一种厌倦心理，大概私心觉得这也都是一报还一报，莫非天意吧。

晚年孔子深读《易经》时，曾经感慨：如果往日重来，能够回到五十岁出仕之时，我必会小心避祸，再不会犯那些不应该的错误了。

这些错误，就包括了上面所说的种种。所谓水满则溢，月满则亏，高居大司寇短短几年，孔子终究是太急迫了，以至于功败垂成，有始无终。这种高空坠落的失重感，让他很难在鲁国再待下去，不得不考虑自己的下一步计划。

这时候他可以有三种选择：

第一种自然是想办法重新得到当权者的赏识，或逢迎或力争，委曲求全，尽到最后的努力。

但是孔子是君子，大约是不擅长看君主脸色的，又特别讲原则，讲面子。况且鲁国的主子可不止一个，既有国君又有三桓，他虽然"三月无君则吊"，可终究无法做到足够圆滑，唯有止步观望。

观望的结果，是在一次国家祭典后，孔子未能依礼分配到属于大夫的祭肉。这已经是明明白白的打脸了。

加上弟子们在一旁的怂恿，让孔子再也不能假装无事，只能硬起骨气辞官。

辞官后的第二种选择是后世文人最为推崇的归隐，也就是孔子说过的"邦有道则见，邦无道则隐"，收敛锋芒，安居村野，重新退而修经。

但此时孔子做官正在兴头上，肯定是不愿意韬光养晦的，而且动静做得这么大，致仕隐居也未必能得安稳，甚至还怕那些被他打击的政敌趁机报复呢。诛杀少正卯、毁三都等举措伤害了多少家族，那些人能放过他吗？曾经走在风口浪尖的人，不是想退就可以退得下来的，除非是彻底离开，说穿了，也就是政治避难。

因此，在多番尝试和观望之后，孔子不得已做出了第三种选择：带上弟子离开鲁国，远走他乡。

这一走，就是十四年。

（四）

孔子儒学被后世政臣断章取义，忠孝之说无限放大，终于走向"君要臣死，臣不死是为不忠；父叫子亡，子不亡则为不孝"的极致论调。

但是历史上的孔子从来不是这么偏执，孔子儒学的核心是中庸之道，从不走偏激路线。他讲忠孝，却反对愚忠愚孝，认为"父有争子，不行无礼；士有争友，不为不义。故子从父命，奚为孝？臣从君命，奚为贞？审其所以从之，之谓孝、之谓贞也。"

这段话在《孔子家语》和《荀子》等古籍中都有相似记载。"争"为"诤"，意思是好儿子肯坚持真理与父亲争辩，那么做爹的就不会行为失礼；做朋友的肯坚持真理同士人劝诫，士人就会避免不义之行。所以儿子服从父亲，怎么能叫孝呢？臣子服从君主，怎么能叫忠呢？得仔细分辨什么样的意见可以听从，什么样的意思需要抗争，这才是忠，这才是孝呢。

所以忠孝仁义都是要对等的，要君仁、臣忠、父慈、子孝。

他更没有推崇过什么"忠臣不事二君，烈女不事二夫"的理念。所以《诗经》中郑卫之声颇多男欢女爱之诗，桑间濮上之意，他虽谓之淫，却也未删去，"一言以蔽之，曰思无邪"。

他非常注重人们天性的纯真，也非常尊重知识分子人格的独立性，对于君臣的相处之道有着非常明确的认知：

《八佾 3.19》

定公问："君使臣，臣事君，如之何？"

孔子对曰："君使臣以礼，臣事君以忠。"

显然，孔子是反对愚忠的。如果他活着，绝对不会赞同后世宋儒对于"君臣父子"的解读。君臣固然是纲理，但是首先得君像君，臣才能像臣。

孔子视君臣如宾主，在他心目中，君臣的关系是相互的，国士待之，国士报之，你敬我一尺，我敬你一丈。若君主无礼，为臣不必盲目忠诚，可以另觅新主。

孔子是于鲁定公十三年任大司寇的，周游列国十四年后再回来，已经是哀公时期。所以上面这段对话，只能发生于他出国之前。

"君使臣以礼，臣事君以忠。"你要对我以礼相待，我才会对你忠诚相报。

好一个不卑不亢的回答。

虽然分了君臣，但是孔子的态度却只把对方视为平等的对手，大家只是分工合作，身份不同，贵贱是一样的。你小子别以为当君主有什么了不起，对我吹胡子瞪眼的，你老老实实地把我当先生，我才会客客气气地视你为君王，不然可就对不起了。正因为有这样的认知，才会有了去鲁游历的行为。

《卫灵公15.38》

子曰："事君，敬其事而后其食。"

《宪问14.22》

子路问事君。子曰："勿欺也，而犯之。"

孔子的忠君，是食君之禄，忠君之事，而且把恪尽职守做好事情放在俸禄前面，也就是无功不受禄。

但是忠君不代表言听计从，而是诚信以待，如果君上有了过错，要忠言直谏。

当然，如果君上实在不听劝，那就算了。"忠告而善道人，不可则止，毋自辱焉。"（《颜渊》）臣对君的态度就像对待朋友一样，能说明白就说，能劝得通则劝，如果君主蒙昧不明，则不必枉费口舌，自取其辱。

显然子路是把这话听进耳朵里了，所以当孔门师徒在鲁国渐渐失势时，子路第一个嚷着要去鲁适卫。

孔子出国，其根本目的并非为了游学，而是谋官，是"此处不留爷，自有留爷处"，另觅明主。

他带着弟子们周游列国，到处推广自己的主张，一直寻找能够真正懂得自己、重用自己的明君。十四年来，他走了无数国家，多次为卿，不管在哪个国家为臣或是做客，只要觉得对方招待不周，礼遇不佳，便拂拂袖子走人，从不觉得应该感恩戴德，尽忠至死。

这才是儒臣应有的态度！

（五）

孔子虽然一怒之下带着弟子们离开了鲁国，然而走在离乡路上，却故意磨磨蹭蹭，一步三回头，弄得学生们都不耐烦了。

孔子解释说："迟迟吾行也，去父母国之道也。"意思是离开父母之邦，是应该走得慢一点的，以示依恋之心，要是走得太快，好像巴不得离开似的，未免显得不在意祖国。

道理说得挺好，但有点违心：真是这样故土难离，又何必出走？已经决定要走了，那便痛快些，如此拖泥带水，其实不过是希望鲁定公回心转意，会派人来追赶自己。

事实上，还真有位叫作师己的乐师来追赶他了，但只说了句不痛不痒的"夫子则非罪"，意思是先生没有罪呀。

孔子叹气说："既然琴师相送，那就请您奏乐，让我唱首歌吧。"说罢唱了起来：

彼妇之口，可以出走；
彼妇之谒，可以死败。
盖优哉游哉，维以卒岁。

歌词大意是，听信妇人的话，过于亲近女色，就会失去亲信，导致败亡。既然这样，就让我离开，优游自在地安度岁月吧。

后来季桓子听说了，便说："看来孔夫子是为了八十名女乐的事责怪我啊。"

在很多很多年后，病重的季桓子有一次坐着轿子出门，看见鲁国的城墙，叹息说："曾经，鲁国差点就强大了，可是因为我得罪了孔夫子，失去栋梁之材，鲁国才没有兴旺起来。"

他说完这句话不久就去世了，彼时孔子仍漂流在外，没有回来。

孔子真是不大喜欢女人，因为女色和直臣好像自古以来都是势不两立的，便如同妲己与比干一样。因此，他后来才会发出"吾未见好德如好色者也"的感慨。

但说他是因为女乐怪罪季桓子而去国，又不确切。其严重性远不及他的"堕三都"行动伤害了三桓的利益，遭到抵制。

公伯寮在季孙面前说子路的坏话，导致子路丢官。虽然不知道具体说了什么，但很可能与堕三都有关，因为子路正是这次行动的主将，早已成了活靶子，再待下去，就要变成孔明借箭的草船了。

而齐国因忌惮孔子而献女乐于季桓子，有点相当于勾践献西施于夫差，其目的绝不仅仅是迷惑君主，必定还要离间君主与孔子的关系。想来那些女乐没少吹枕边风，季氏三日不朝只是表象，拒谏疏贤才是态度。孔子知道这些女乐已经动摇了君心，自己留下来只会更加惨淡，所以才会唱出那首"彼妇之口，可以出走"的哀歌。

当然导火索，还是因为那块祭肉。这是一个信号，意味着孔子已经彻底失势，非走不可。

从此，孔子与他的门徒开始了漫长的周游列国之旅，一不小心就开启了士人游学的新传统。

## 五、流亡（五十五至六十八岁）

# 子见南子

（一）

屈原在《离骚》中说："路漫漫其修远兮，吾将上下而求索。"

这句话形容孔子的周游生涯真是太恰当不过了。

在堕三都计划失败后，孔子已经有了"乘桴浮于海"的念头，子路是第一个站出来响应的，并且还性急地催促老师说走就快点走。

大约是因为子路打通天地线积极促成此行的缘故，孔子周游的第一站是卫国，寄住在子路的妻兄颜浊邹家里。

卫国是一个富庶的国家，孔子师徒一进城就欢喜了起来，忍不住赞叹说："人可真多呀。"

《子路13.9》

子适卫，冉有仆。子曰："庶矣哉！"

冉有曰："既庶矣，又何加焉？"

曰："富之。"

曰："既富矣，又何加焉？"

曰："教之。"

孔子入卫时，为他赶车的是冉有。"仆"，就是为仆效力的意思，这里为赶车。庶，众多。人口众多是一个大城市的象征。

因此，冉有看到车水马龙，人来人往，忍不住说："看来卫国治理得不错，那接下来为政者应该做些什么？"

孔子说："让他们富有。"

冉有说："如果已经够富有了呢，又该做些什么？"意思是鲁国政令不行，需要老师任司寇大力改革。但是卫国比鲁国富庶，我们还能做什么呢？

不料孔子淡然回答："那就可以教育他们了。"

于是师徒俩满意地笑了，因为来到一个富足之国，他们这些文化人才有用武之地啊。

孔子这段话最有趣的地方在于为我们指出了文明发展的三台步：庶之，富之，教之。

人口繁荣代表了城市的规模与兴盛，但它不能是一座穷城，人均生活水平必须得提高，商业文明要发达，必须成为一座富庶之城。

而当富庶之后，急需解决的问题才是教育，要提高居民素质，加强审美品位。

也就是说，得让人们先有钱，才能好好地受教育。

当物质贫乏的时候，精神也往往是拮据的。

《泰伯8.10》

子曰："好勇疾贫，乱也。人而不仁，疾之已甚，乱也。"

好勇，指盲目暴力，冲动的打架，好勇斗狠；疾贫，痛恨贫穷，受不了贫穷。这两句话连起来，就是说因为穷苦而引发的暴动是很可怕的，是暴乱之根源。

这说的是穷人。接下来的两句说的是富人，"人而不仁"同样是乱之根源，会引发更大的乱子。

贫富差距本来就会引发穷人对社会的不满，对富人的仇恨；如果这个富人好善知礼还好，倘若此人再为富不仁，欺压贫民，加剧仇恨，那真是要惹大乱子的。

历史上所有的揭竿而起，原因莫不如此。

这是穷人的错，还是富人的错？

教育的意义，是让贫穷者知仁懂礼，不会因为贫穷而盲目仇恨，冲动好勇；但这需要钱，教育是件很花钱的事，这个钱，最好来自富人的捐赠。

所以富贾们选择慈善捐款时往往先注重教育投资，因为这也是对自己的保护。否则，为富不仁，使民疾之已甚，岂非自取灭亡？

从孔子初入卫国的话语中，可以清楚地看到他去鲁周游的底气和信心——对于贫穷的国家，他可以通过政治手段使它富庶起来；对于已经很富有的国家，则可以宣教礼乐，打造真正的文明了。

这其实很好理解，大城市的腔调，不仅是腰缠万贯，十里灯影，还要有歌舞升平，典章胜迹。

如果由孔子来主持操办，不难想象，一定会做到极致。

只可惜，没有人给他机会。

（二）

《子路 13.7》

子曰："鲁卫之政，兄弟也。"

鲁、卫两国都是姬姓，鲁是周公旦之后，卫是卫康叔之后，周公旦和卫康叔是兄弟，所以孔子去鲁后，第一站就去了卫国。

卫灵公接见了孔子，并问他："你在鲁国的俸禄是多少？"听说是粟六万斗，便也照例支付。

这期间孔子与卫国的大臣们相处得大概不怎么样，因为十个月后，卫灵公忽然派了兵队没事儿就在孔子居处出出进进，显然是示威。孔子知道有人说他坏话，担心惹出祸事，便带着弟子离开了。

不过后来孔子又曾回来过，来来去去的前后在卫国住了十年，是除了鲁国外他居住时间最长的地方。

而孔子一生中，发生的唯一一次与桃色相关的事故，也是在卫国。

《雍也 6.26》

子见南子，子路不说。孔子矢之曰："予所否者，天厌之！天厌之！"

南子本是宋国的公主，嫁到卫国做了卫灵公的夫人，素行妖媚淫荡。她曾与宋国的公子朝私通，名声很不好，还被民众编成了歌谣四处传唱。卫国太子蒯聩（kuǎi kuì）听说后，觉得耻辱，就想派人刺杀南子，却因眼线不如南子多，走漏了风声，被南子先下手为强，向卫灵公告状。

蒯聩计划失败，不得不逃离了卫国四处流浪，最后投奔了晋国赵简子。

此为公元前 596 年。而孔子就是在这前后来到卫国的。

一个美女，一个名声不佳的美女，还是一位非常大胆的美女，当她听说孔子来到卫国，主动派使者召见，且说："四方之君子不辱，欲与寡君为兄弟者，必见寡小君。寡小君愿见。"（《史记·孔子世家》）

这话的意思是，诸侯屈尊降贵来和卫国结交，都会拜见国君夫人，如今夫人听闻孔子适卫，愿意一见，主动相请。

话说到这份儿上，于情于理，孔子都不当辞，于是应召前往。

两人其实并没有真正面见，而是隔着一道帷帘。孔子北面站定，稽首行礼，南子隔着帷帘下拜，"环佩玉声璆然"。

一道珠帘，这边是旷世圣人，那边是绝代佳人。

这画面是相当浪漫唯美的。

这是一次盛大而优雅的见面，其惊世骇俗不亚于孔子问礼老子。

但是子路还是对老师的这次会见表示不满，大概觉得近墨者黑，有辱斯文罢。出宫后，便一直嘀嘀咕咕。孔子只得耐下性子解释说："我既为卫国客人，夫人召见，没有不去的道理，而且我去的时候，中间隔着帷帐，她对我很尊重，问答应对都依足了礼仪，谈了不久我便退出来了，并没什么特别的事情。"

从载入《史记》中的这番话中可见，孔子对南夫人的印象不错，虽然她名声不佳，可是对孔子很敬重，礼节周到。

但是或许，就是因为孔子神色中的愉悦刺激了子路，令他再三质疑，气得孔子指天发誓说："予所否者，天厌之！天厌之！"

关于这句"天厌之"专家们争议颇多，一种解释说孔子立誓自辩，说我若欺心，天诛地灭；另一种则说孔子不至于对着学生这样气急败坏，应是坦荡而自若地说：如果南子真是这样神憎鬼厌一无可取的人，谁见一面都算是大恶的话，天自然会诛她，何须人之多言？

这自然是因为大儒们无法接受孔子这样一位圣人，竟要为了女色问题对学生指天画地发毒誓，所以对这句话的理解慎之又慎，认为孔子这话是表白自己乃是存着正念应召前往的，若非如此，天一定厌弃我。

我倒觉得，不论哪种解释，都谈不上夫子丢脸。因为对话的人是子路，孔老夫子对这个弟子最头疼也最亲密，跟他对话时往往出语爽利，聊天时既然能说这弟子"不得其死"，自然也可以自己发誓"天厌之"，用最简单的对话方法打消这个一根筋学生的胡思乱想。

当然，若是子贡或子张不悦，孔子必然不会这般气极。而换了颜渊，压根就不会对老师有任何质疑，更遑谈解释呢？

（三）

孔子虽然谈不上不近女色，但确实不大喜欢女人。他一生只结过一次婚，还把老婆休回娘家了，此后再也没有再娶，也没有纳妾，这在古代贵族中非常难得。

他的祖上去宋奔鲁，是为女祸所致；他自己辞相去鲁，也是因为齐国送来了八十名女乐。孔子认定鲁君与季氏因为迷恋女色才疏远了他，还在离开之际唱了一支伤心的歌儿，控诉妇口之毒。

孔子坚定地认定，美女是老虎，更是君主之刺。

果然，孔子在卫国待了一个多月后，有一天卫灵公与南子同车，由官员陪侍出了宫门，却让孔子坐第二部车子跟着。一行人招摇过市。

孔子觉得这很不成体统，是卫灵公对自己的不尊重，因此叹息说："君主们终不能爱慕美德像爱慕美色一般热切啊，这样的人我竟不得见。"于是离开卫国往曹国去了。

《卫灵公15.13》
子曰："已矣乎，吾未见好德如好色者也。"
人们读到这段故事，大约会觉得孔子气性太大，人家国君和夫人同乘一辆车怎么了，就因为让贵客孔子坐了"次乘"（第二辆车）就发脾气离开，是不是太小题大做了些。

这或者可以用数百年之后的汉代美人班婕妤的故事作个反证。

"罢黜百家，独尊儒术"的汉代，周孔之教被推上了礼法的祭坛，严格执行。

汉成帝因为太宠爱妃子班婕妤了，想送她一件华美不俗的礼物，便令匠人打造了一乘巨大的双座龙辇，邀婕妤同行。

然而班婕妤坚决地拒绝了，并且说："自古圣贤明君，身畔都有忠臣名将跟随。只有夏桀、商纣、周幽王这些亡国之君，才有宠幸的妃子在侧，我要是和你同车出入，那不就跟她们一样了吗？岂非祸事？"

班婕妤的这番话传出去，朝野上下，赞不绝口。这叫作"辞辇之德"。

而南夫人所做的，恰恰与班婕妤相反，同卫灵公共车出行，还让远道而来的贵宾孔夫子次乘相随，显然不敬。这就难免夫子会生气了。

此外，孔夫子还有另一句关于美色的牢骚，应当也与南子有关：

《雍也6.16》
子曰："不有祝鮀之佞，而有宋朝之美，难乎免于今之世矣。"
佞指巧辩，美指颜色，这句话是说当今之世盛行的是巧言令色，老实人简直没有出路啊。

祝鮀，卫大夫子鱼，巧言善辩，贵极一时；宋朝，宋国美男子，就是与南子私通的那个绯闻男友。孔夫子大约也是听到了民间的一些传闻，这句话说得多少有点揭人家老底了，显见已经萌了决绝之念。

无道之世，无德之君，孔子有才德而无美色，自是难以取悦话不投机半句多的卫灵公，卫国也实在待不下去了。

《卫灵公 15.1》

卫灵公问陈于孔子。孔子对曰:"俎豆之事,则尝闻之矣;军旅之事,未之学也。"明日遂行。

卫灵公向孔子讨教陈兵列阵之法。孔子冷淡地说:"礼仪的事情,我还知道一些;对于行军打仗,我实在是不了解。"第二天就离开了卫国。

孔子这样说,显然是推脱之词,他曾在堕三都一役中指挥若定,怎么可能不懂兵法?而且多年后冉求立下赫赫战功,也明确地向季康子表示,行兵之法学自孔子。

孔子这样说,是因为不赞成卫灵公无故兴兵。

《史记·孔子世家》说,卫灵公对孔子的回答很不满意,第二天再见到孔子时,交谈中仰头朝天,看着雁群飞过,完全不拿正眼看孔子。孔子这才下定决心离开卫国。

综上所述,孔子离开卫国的原因很多:有兵队在他面前示威;卫灵公与南子同车;卫灵公问陈军之事……究竟是多个原因促成孔子的离开,还是这本来就是孔子不止一次出入卫国的不同的原因呢?不得而知。

公元前493年夏,卫灵公去世,南子与众臣立了蒯聩的儿子辄即位,是为出公。

孔子再次离开了卫国。之后,再也没有见过南子。

那一俯身的琳琅玉声,从此成为绝响。

十年后,当他得知她被杀的消息时,不知道耳边,是否再响起那环佩玲珑的脆声;心头,可还记得那隔帘而拜的窈窕身影?

(三)

从不同史料的含糊记载来看,卫灵公刚过世时,孔子并没有即刻离开。相反,在南子推公子辄即位、自己插手朝政期间,孔子在卫国的权势还一度达到顶峰,甚至到了世人猜忌他要反客为主的地步,就连孔门弟子也都对老师的心意猜测起来,特地推举了最会说话的子贡投石问路。

《述而 7.15》

冉有曰:"夫子为卫君乎?"

子贡曰:"诺,吾将问之。"入,曰:"伯夷、叔齐何人也?"

曰:"古之贤人也。"

曰:"怨乎?"

曰："求仁而得仁，又何怨？"
出，曰："夫子不为也。"

"夫子为卫君乎"，为是帮助，意思是咱们老师是不是要继续留下来，帮助卫出公啊。

彼时卫国新君即位，政事动荡，朝局不稳，孔夫子要钱有钱，要人有人，要威望有威望，若是振臂一呼，率众弟子谋而求之，取而代之，也不是不可能的。所以大家含蓄地说是"为卫君"，表面意思是辅佐卫出公，其实暗指趁着主少国疑之机，挟诸侯以令国臣。

子贡身为卫国人，又是言语课代表，首当其冲当这个炮捻子，于是主动说："我去问问老师吧。"于是敲门进来，却也不好明着问老师"你是不是觊觎人家政权，有窃国之心"，就很迂回地跟他讲故事，聊起了伯夷、叔齐的典故，问老师："您怎么看待这两位贤人呢？他们的心中会有怨恨吗？"

孔子回答："伯夷、叔齐是古之贤人，坚持仁义之道，终得仁义之名，又何怨怼？"

子贡立刻就心里有谱了，出来对同学们说："放心吧。老师不会做出任何有伤大道的事的。"

为什么子贡只是问了这样一个迂回的问题就笃定老师不会夺权呢？

这就要从伯夷、叔齐的故事说起了：殷商末期，孤竹国的国君临死前打算传位给三儿子叔齐，但叔齐不肯，认为自己是三子，怎么能抢大哥的王位呢，坚持让位于伯夷。但是伯夷也不肯，觉得这是不遵父命，是不孝，索性逃走了。

叔齐一看，这不行啊，你走了我坐皇位，这不成我逼你让位还逼你去国了吗？太不够兄弟情义了。便也跟着逃走了。

于是白白便宜了老二，非长非贤，却天上掉馅饼砸了个君位下来。

且说伯夷、叔齐这哥俩在西岐相遇，正执手相看泪眼呢，听说了周文王之子姬发要起兵伐纣的消息，两兄弟觉得武王不忠不孝，不合礼义，于是交换了一个眼神，齐齐上前拦马力谏："父死不葬，爰及干戈，可谓孝乎？以臣弑君，可谓仁乎？"

意思说，你爹周文王刚死，你守孝不及三年便大动干戈，这是改父之道，谓之不孝；纣王无道，自有老天罚他，你以下犯上，以臣弑君，是谓不仁。

周王的护卫想揍他，被姜子牙劝下，说这两个人仁义啊，不可伤害，让人把他们扶下去了。

尊重归尊重，不听照样不听。武王大军浩浩荡荡地开拔了，不久灭纣平殷，一统天下，更在弟弟周公姬旦的帮助下制礼定乐，开创了泱泱西周文明。

这是公元前 1046 年的事情。

这对于历史来说绝对是件大好事，是华夏文明真正的起点，但对伯夷、叔齐兄弟来说，却是绝对不能认同的事，因此不肯承认周朝，甚至以吃周天下的粟米为耻，于是归隐首阳山，采食薇菜为生，最终饿死山中。

从此，伯夷、叔齐成了有气节的文士顶礼膜拜的精神象征。凡是诗文中提到"采薇"啊，"首阳"啊，都指的是"不食周粟"的典故，表达高洁归隐之意。

唐朝初年，李世民发动玄武门兵变，弑兄屠弟以夺皇位，诗人王绩辞官归隐，写下了文学史上迄今所见的最早一首律诗，尾联云："相顾无相识，长歌怀采薇。"便是以伯夷、叔齐哥俩儿争着让位的行为，来对比李唐王室父子兄弟同室操戈。后来，王绩也做了隐士，躬耕田野，任性自然，所以又写了首诗声称："礼乐囚姬旦，诗书缚孔丘。不如高枕枕，时取醉消愁。"

宋末文天祥被俘，狱中作诗："饿死真吾志，梦中行采薇。"慷慨就死以殉国，也是以采薇之典表达自己"义不食周粟"的赴死之志。

孔子既然赞美夷齐的避世首阳，而且许之"求仁得仁"。可见在他心目中，仁道是最重要的事，又怎么会贪恋权位存不义之心呢？

另则，也有说法"为卫君"指的是帮助卫国君迎战其父蒯聩。学生们都猜测孔子会不会参与其中。经过试探，得知孔子以夷齐让位为贤，自然不会赞成父子争位的不义之战。

倘如是，那可就更有意思了。

因为彼时，在晋国流亡的废太子蒯聩听说了儿子即位的消息后，便求助于赵简子，想要回国夺政。这在春秋时期是常有的事，比如齐国霸主齐桓公当年就是这样成功的。于是，赵简子派兵护送蒯聩回卫国夺政，但是因为受到卫兵的强烈阻击而未能入城，只得悻悻而归。

而受赵简子派遣前来护送蒯聩的人，正是逃亡在外的阳虎。

原来，阳虎在离开鲁国后，先是去了齐国，但是齐王对他不感兴趣，于是又逃到了赵国，竟然得到了赵简子的重用，拜为相邦。还真是够能干的。

如果真是因为孔子的插手才使得阳虎与蒯聩的这次夺权失败，那可就是孔子人生中与阳虎的又一次重要交锋了。

可惜，"夫子不为也"。

（四）

要说蒯聩和公子辄这父子俩，实在可说是上梁不正下梁歪，没一个好东西。虽然《论语》中没有过多评价历任卫国君，庄子在《人间世》中却接连以两则寓言故事描绘了其为人：

颜阖将傅卫灵公太子，而问于蘧伯玉曰："有人于此，其德天杀。与之为无方则危吾国，与之为有方则危吾身。其知适足以知人之过，而不知其所以过。若然者，吾奈之何？"

颜阖是鲁国的一位贤人，受聘前往卫国做卫灵公太子也就是蒯聩的老师，临行前特地向蘧伯玉求教："有这样一个人，他的德行非常的差。对他教导无方，就会危害国家；对他严格训导，又会伤害我自己。这个人呢，论心智，他的城府刚好让他能够准确判断别人的过失，然而论智慧，却不足以认识到错误的根由。像这样的人，我应该怎么对待呢？"

这里出现了一个很特别的词，"其德天杀"，不知道和我们后来说的"天杀的"是不是一回事。

这段话明确地评价蒯聩无德，残暴好杀。能看到别人的错，却看不到自己的错。这真是对蒯聩最好的形容。

但是卫出公呢，也绝不是什么好东西。

庄子用另一则故事说明了这一点：

颜回见仲尼，请行。曰："奚之？"

曰："将之卫。"

曰："奚为焉？"

曰："回闻卫君，其年壮，其行独，轻用其国，而不见其过。轻用民死，死者以国量乎泽若蕉，民其无如矣！回尝闻之夫子曰：'治国去之，乱国就之，医门多疾。'愿以所闻思其则，庶几其国有瘳乎！"

这说的是颜回拜见老师，请个长假，出趟远门。孔子问："要去哪儿呢？"

颜回说："去卫国。"

孔子当然要问："你去卫国做什么？"

颜回说："我听说卫出公年轻即位，独断专行；轻率地处理国事，看不到自己的过失；随意地处置百姓，视人命如草芥。卫国的百姓无所依归，惶惶不安。

老师曾说过，治理得好的国家可以离开，治理得不好的国家才需要我们去那里帮忙，就好像医生门前病人多一样，乱国之政才需要我们这些儒士。所以我要去帮助卫国！"

这段话乍听上去，确是妥妥的儒士之论。虽然"治国去之，乱国就之，医门多疾"这十二个字不见于儒家四书，但确实很像孔子说的话。

治邦安宁，不需要忠臣匡扶；乱国孤危，正应该忠言规谏；这就好比医者悬壶济世，拯难救疾，故而门前多病患。

人病了，需要医生；国家病了，需要明臣。

范仲淹有志："不为良相，便为良医。"正是儒家精神的集中体现。

如今颜回便打算做这个治世之良医，适卫教化，辅君济民。

这故事当然是杜撰的，因为颜回终身不仕，压根不可能请往卫国执政，庄子不过是借古言志。但是从这段话中，却可以清楚地看到卫出公的昏庸以及其在位时卫国的混乱。

同时，庄子之所以会编撰这样一个故事，也就是因为孔子一行在卫国待的时间实在太长了。他明明是主张"乱邦不居"的，却在卫国最动荡的时候久不离开，难怪连弟子都要怀疑孔子是不是想趁乱夺政，或是诚心与阳虎对着干了。

这之后又过去了十二年，孔子早已回到鲁国，蒯聩却还一直流浪在外。

公元前 480 年，蒯聩再次依靠晋国的力量重回卫国，武力夺权。最后的结局是，卫出公逃到了鲁国，蒯聩登基为卫庄公，南子被杀。

而孔子最亲近的弟子仲由，也死在了这次战乱中。

彼时，再想起孔子"天厌之"的赌咒，不由得让人脊背发凉。

也许，早在那时候，子路就已经预感到了自己早晚要死在由这个女人引起的动乱中，而孔子也早已朦胧地感受到了子路的悲惨结局吧？

## 丧家犬的漫漫求真路

（一）

孔子计划的第二站是宋国。

这很符合孔子一贯的寻根心理。因为宋是商人的发源地。夏朝末年，商汤正是在这里率领族人起兵灭夏，建立了商朝。

之后，商朝经过多次迁都，最后定都于殷地，也就是今天的殷墟遗址所在地。

商人重祭礼，推崇鬼神崇拜与人殉制度。商朝末年，纣王无道，因为不信任周族的首领西伯侯姬昌，不但将其囚于羑里，还杀了他的儿子做成肉汤逼姬昌喝下。

这是比卧薪尝胆更加惨烈的折辱，姬昌居然也咬牙忍下了，后被周人以重金赎回，自归国后便下定了伐纣的决心。这个愿望，终于在他的儿子姬发手上实现了。公元前1046年，姬发举兵伐纣，灭商建周，他就是周武王。

值得赞叹的是，古人崇尚"灭国不绝祀"，不涸泽而渔，不竭林而猎，杀人也不会让人家绝户。

因此武王灭殷后，占领了殷都朝歌一带，并三分其地。封商王后裔武庚于朝歌，"以续殷祀"，又将周边分封给自己的三个弟弟管叔鲜、蔡叔度、霍叔处，以监管武庚的行动，史称"三监"。

之后，武庚联同三监发起叛乱，周公旦亲自东征，历经三年平叛，诛杀武庚。其后，仍不曾覆灭商人，而是又找到纣王的庶兄微子，封之于宋（今河南商丘），继承殷祀，史称宋国。

宋国君来到京都朝见周天子时，天子会以平等礼节对待，所谓"于周为客"，视为贵宾。这是比其他诸侯国都要高的礼遇，表示周王室对商王朝的尊重。

《诗经》"三颂"中保留了《商颂》，便是宋国王室祭祀祖先的歌，可见直到孔子编诗时，商宋的传统仍有留存。

孔子的祖先弗父何，正是微子的后裔，原本可以继承宋国君的位子的，却让给了弟弟厉公，甘居大夫之位，这是孔子家族没落的第一步。

到了大约二百年前孔子先祖孔父嘉的那一代,仍然位居大司寇之职,娶了位极其貌美的夫人。一日孔夫人上街,偶遇太宰华督,那华督一眼就着迷了,慨叹"美而艳"。回家后寝食难安,一心谋划怎么能把这位美人弄到手。次年,终于精心策划,发起了一场政变,杀了孔父嘉,夺了孔夫人。

也就是在这次战乱中,侥幸逃生的孔氏家人流亡到了鲁国,从此一路式微,渐渐从卿大夫降到了士。

也就是说,如果没有弗父何让贤那一出,孔子说不定可以做宋君的,再不济也是宋国的卿大夫。如今孔子虽然凭借自身努力终于成为鲁国的大司寇,似乎追齐了先祖孔父嘉,但是没有封邑,没有背景,到底还是势单力孤,所以稍一受挫就又走上了流亡的道路。

成为大司寇而后流亡的命运,与孔父彻底重合了。而这一切的根源,是女色,不知道孔子是不是因为这种不快的联想而厌弃女人,引发离婚。

可以肯定的是,孔子是在出国游历前就已经"出妻"了。因为孔夫人过世时,孔子还不曾回国。说不定,孔子就是在出走的时候留下一纸休书,将"去国"和"离家"这两件事同时进行的。

如今且说孔子在游历中,忽然激起返祖之思,决定前往宋国去寻根。然而就在孔子经过匡城(今河南长垣县西南)时,被人当成了曾经欺负过匡人的阳虎,差点丧命。

此为公元前496年。

要说孔子和阳虎这渊源也真是纠结得可以,他十七岁回鲁国时第一次受打击就是因为阳虎,后来阳虎得势又曾向他伸出橄榄枝,如今阳虎早已败逃离国,却因为两人肖似,又牵累得孔子被困。

这么不对付的两个人,怎么竟然会长得像呢?虽然孔子门人一再强调说这是我们的老师,不是阳虎,但是匡人还是不分青红皂白地将他们围了。

孔子在此时表现得特别英勇正气,大义凛然,给弟子们打气说:"我们是承载着文化道统大业的人,天意不绝,匡人能奈我何?"

《子罕9.5》

子畏于匡,曰:"文王既没,文不在兹乎?天之将丧斯文也,后死者不得与于斯文也;天之未丧斯文也,匡人其如予何!"

这里的"后死者"是孔子自喻。他说:"周文王虽然已死,但是文明礼乐没有消失,就依靠我们来保存和传承了。难道上天要消灭斯文,让后世不得与闻吗?如果上天决意灭此文明,那就不该让我得闻大道;如果上天不想断绝礼乐文明,那就必会佑助我们平安,以便传承。天命如此,匡人又能把我怎么样呢?"

这就是文化自信!

在这次围困中,孔子差点失去了他最心爱的学生颜回。

当颜渊终于突围而出与老师会合时,孔子担心地说:"我还以为你已经死了呢。"

颜回坚定地说:"老师尚在,学生如何敢死?"

由此可见,这次遭遇是多么凶险。

《先进 11.22》

子畏于匡,颜渊后。子曰:"吾以女为死矣。"

曰:"子在,回何敢死!"

孔子最后得救,还是卫灵公派了人来调和说明,做证说这位"长人"是孔仲尼不是阳虎,是我们卫国的客人。

这事儿让卫灵公觉得有点抱歉,于是又将孔子接回了卫国。

孔子又在卫国住了很多年,但是到底没有放弃归宋寻根的想法,三年后再次成行了。

(二)

公元前 492 年,孔子前往宋国,但是还没进城就遭到了阻拦。

当时,孔子来到宋城外的一棵大树下,与弟子讲习礼仪,大概是为了进城做准备,演练拜见之礼,同时也是在递了帖子进去后,好整以暇地等待宋国官员出城接待。

然而他等来的,竟是宋国大夫司马桓魋(huán tuí)派出的悍将,手拿巨斧直接砍掉了孔子乘凉的那棵大树,并扬言要杀掉他们。

孔子师徒只得再次逃走,但是孔子逃亡也是慢条斯理的,有弟子劝他跑快点,不然就没命了。孔子仍然保持着一贯的从容自信,镇定地说:"我的德行与使命是上天赋予的,桓魋能把我怎么样?"

《述而 7.23》

子曰:"天生德于予,桓魋其如予何!"

孔子这样淡定,是因为看穿了桓魋的用心,他与自己素无仇怨,并非真心要杀自己,只是想把自己赶跑罢了,不然也不用砍树警告了。所以逃跑是必须的,逃的姿势太难看就不必了。

司马桓魋究竟为什么要这样敌视孔子呢？大多的版本是说桓魋担心孔子在宋国得势，会对自己不利，于是先下手为强，翦除后患。

真相不得而知。

倒是司马桓魋有个弟弟叫作司马牛，后来也拜了孔子为师。他曾哀叹"人皆有兄弟，我独亡"，惹得子夏为了安慰他而发明了一大串成语，最发聋震聩的一句就是"四海之内皆兄弟也"。

但司马牛并不是真的没有兄弟，他有四位兄弟，包括哥哥司马桓魋。但是兄弟们的价值观和人生观大相径庭，终于反目，因此司马牛不愿承认这几位弑君杀贤的手足。

公元前481年，司马桓魋专权作乱，司马牛去宋奔卫，流亡各国，最终来到鲁国，死在了老师身边。

（三）

孔子心心念念着自己的远祖故乡，却连宋城的门也未能进去便被迫离开了，不能不说是他一生中深深的遗憾。这使他离开宋国改道去郑时，心里充满了忧伤，高大的背似乎也没有那么坚挺了。

不知道是不是因为这种忧伤恍惚，导致他竟然在郑城东门外与弟子走散了。一个人独立东门，默默伫望。

子贡到处找他，问谁见到了自己的老师，有郑人说："东门有人，其颡似尧，其项类皋陶，其肩类子产，然自要以下不及禹三寸。累累若丧家之狗。"（《史记·孔子世家》）

这段话是形容孔子的长相，额头像圣人唐尧，脖子像贤人皋陶，肩膀像郑卿子产，但是腰以下比圣人大禹短了三寸，又是一副疲惫倒霉的样子，像只丧家犬。

其实没有人知道唐尧、皋陶、大禹长什么样，此人这样形容分明是已经确定那人是孔子，却要故意嘲讽一番。

而子贡也显然是听明白了，所以照着他的指点还真找到了老师，后来竟把这段话毫不掩饰地向老师学了一遍。孔子并不在意那句"丧家之狗"，只觉得自己集中了尧啊皋陶啊子产啊大禹啊这些先贤圣人的特点挺有趣的，于是和气地笑着说："然哉！然哉！"

对啊，对啊，我被迫离开了鲁国家园，漂无所依，去无所从，岂不正是一条丧家之犬么？

在孔子的十四年游历中，像"子畏于匡""桓魋砍树"这样的困境险情发生过很多次，比这更艰险的"在陈绝粮"都经历过，但是孔子总是淡定从容，自信天降大任于斯人，必不会轻杀于我，水米不进犹自弦歌不绝，背脊永远挺得笔直。

然而这一次，他却如此失魂落魄，只不过是迷了路，就狼狈得像只丧家犬，彷徨无助。

因为他是真的丢了他的家啊！离开了自幼生长的鲁国，又回不去祖辈居住的宋国，天地之大，究竟哪里才是他的家呢？

无论孔子在理智上有多么坚强，他的内心却始终住着一个小小的孤儿，那个出生不久就死了父亲，被族人驱逐，随寡母长大的孤单少年。他用了大半生的努力让自己变得强大，可是在宋城门外的遭遇，在转身离开宋都的那一刻，他仿佛忽然回到了孤独的少年时代，他始终是个没有父亲的孤儿！

"累累若丧家之狗。"多么伤心惨淡的形容。

这段话，让人忍不住会想起电影《大话西游》的结尾，孙悟空孤独地扛着金箍棒扔着香蕉皮渐行渐远，站在城墙上刚刚得过他助力的两个年轻人看着他的背影说："那个人样子好怪。""我也看到了，他好像一条狗。"

不知道编剧是不是因孔子"累累若丧家之狗"得到的灵感，但是电影里的至尊宝成为孙悟空陪伴唐僧去西天取经，承载的是和孔子一样的大道，一样的孤独。

绵亘千年的孤独。

# 孔子困于陈蔡

（一）

孔子周游列国，主要有三次大难："子畏于匡"，宋国的司马桓魋之难，和"在陈绝粮"，又称作"孔子困于陈蔡"。这是他游学生涯中最艰险的一次遭遇，也是他生命之歌最光辉的一段乐章，很多古代史籍都有记述，现代则多反映于各种影视话剧。

《史记·孔子世家》记载，公元前489年，吴国和楚国发生战争，孔子带着学生去楚国，途经陈、蔡之间时，正是吴楚交兵的烽烟要塞。蔡国亲吴，于是两国大夫便向国君进言说："孔子大贤，每每进言必刺中诸侯之弊。他在陈国和蔡国各生活了一段时间，对我们的情况很熟，如果去了楚国，被楚王重用，陈、蔡必危矣。"于是发兵围困孔子师徒于野。

他们倒也没想杀人，只是要威逼孔子返回，不许去楚国。但是孔子不答应，双方就这样杠上了。

孔子和众门生受困于荒野，带的粮食都吃光了，"藜羹不糁"，意思是用野菜做羹，连碎米都没加一点。有些学生饿得站不起来，一大半都病倒了。然而年逾花甲的孔子却依旧精神奕奕，淡然自若，抓紧时间给学生们讲学吟诗，弦歌不绝。

这固然是因为大家会把食物都先供给先生，也是因为孔子平日注重养生之道，身体素质比很多年轻的学生们还要好，所以能保持状态，从容如故。

但是急性子的子路却沉不住气了，愤愤然对老师说："老师天天教我们修习君子之道，可是君子又怎么会落到如此狼狈的境地？"

孔子淡然答："君子固穷。有道德、有学问的人同样会遇到磨难，不过他们不会在遭遇前仓皇失措，只有那些没修养没素质的小人，才会一遇到挫折便忘乎所以，什么卑鄙的事都做得出来了。"

《卫灵公15.2》
在陈绝粮，从者病，莫能兴。子路愠见曰："君子亦有穷乎？"
子曰："君子固穷，小人穷斯滥矣。"

子路所说的君子，指的是身份上的贵族，说我们辛辛苦苦地成为君子，如今却落到这般田地，学那些还有什么用？

孔子说的君子，则指的是德行上的君子。君子固穷，指君子即使在穷途末路时依然固守内心的操守，贫贱不移；而小人一旦不得志，就会胡作非为，歇斯底里。穷，指困窘，无路可走。滥，指胡来。

这是孔子对子路非常严厉的批评。

虽然意志坚定，但是孔子看到子路、子贡这样的老牌精英都有些摇摆起来，也不禁烦恼，决定要好好做一番学生的思想工作了，便一一召见谈心，先问子路说："诗云：'匪兕匪虎，率彼旷野。'吾道非邪？吾何为于此？"

这里孔子先引用了《诗经》里的一段话："不是犀牛也不是老虎，却疲于奔命在空旷的原野。"然后再发问，我们的学说难道不对吗？为什么会沦落到这个地步？"

子路回答："想必是我们的仁德还不够充分、道义还不够强大吧，所以别人不信任我们。"

这话显然让孔子觉得不中听，不满意地说："如果有仁德就能使人信任，那么伯夷、叔齐又怎会饿死首阳山？如果有智谋就能通行无阻，那王子、比干又怎会被纣王剖心？"

子路无言以对，灰头土脸地出去了。

第二个被召见的是子贡，孔子还是以同样的话相问。

子贡答："老师的学说当然是大道正统，但是太伟大太高深了，伟大高深到凡人无法企及，天下人还没进化到那个境界，不能正确理解老师的思想。要不，咱们降低一下标准吧。"

子贡的特长是言语科，但是这番阿谀居然也没入了老夫子的眼，气哼哼地说："赐呀，最好的农把式善于播种五谷，也不能保证好收成；最好的匠人技艺精妙，做出的工艺也未必尽如人意；君子修道，就像织丝结网一般，只能先建立基本纲领，再统一管治梳理，但是也不能保证容于当世啊。但是农民不能因为歉收就不播好种子，匠人不能因为客人挑剔就不拿出最好的技艺，君子之道又怎么能因为乞求世人包容而降格以求呢？赐啊，显然你的志向不够远大，心性不够坚韧，胸襟不够堂皇，我对你很失望啊。"

于是子贡也碰了一鼻子灰出去了。

孔子便又召来颜回，再次发问。

颜回不愧为孔子最心爱的弟子，立即满腔热忱地回答："老师怎么能这么说呢？怎么能怀疑我们的大道非道呢？老师的道是最伟大的，所以天下人难以企及，不能包容。但即使如此，老师也还是要努力推行，不被包容又怎样？凡人不能包容，才见出老师是位与众不同的真君子呢！老师的大道得不到推广普及，这是世人的悲哀，是国君和执政大臣们的耻辱，是他们有眼无珠，怎么能是老师的错呢？"并且再次疾呼："不容何病，不容然后见君子！"

孔子大喜，欣然而笑道："到底是颜子啊！这才是有见识的好儿郎。可惜太穷了。要是你有很多财富的话，我宁可做你的家臣，替你服务呢！"

这师生的对话让人也是醉了。

当学生的一味唱高调，把老师说得天上地下有一无二，世不容先生便是世界的错，人不容夫子便是凡人的罪，但是那又怎么样呢？颜回也不是上帝，你就算判尽天下人的错，可是被不容的不还是你的老师吗？

但是当老师的愿意听，尽管颜回的话除了安慰之外一点用处也没有，但是安慰也很重要啊。所以老师高兴得都有点颠三倒四了，恨不得做学生的手下。

只是孔老夫子再颠倒，也没忘记一个大前提：那就是得有钱。

颜回说得再富丽，也是个穷人，穷人说的话再堂皇，也还是空话。所以老师也就跟着说了句废话：你要是雇得起我，我都愿意给你打工了；可惜你穷，所以还是好好跟随我吧，做我的职业学生，也算是能糊口了；再没用，拍拍马屁让我高兴一下也好。

高兴过了，还是得面对现实想办法，想办法的时候，就觉得还是有钱又擅长外交的子贡最靠谱。于是这次讨论的结果还是，"于是使子贡至楚，楚昭王兴师迎孔子，然后得免"。

子贡是个商人，有钱又手腕灵活，情商智商财商都是一流，所以才能在十面埋伏中找到缺口，突出重围，跑去楚国搬救兵。

同时，孔子内心也很清楚，子贡降格以求的说法虽然让他不爽，但是子贡的圆滑最能成事。若是派了只会唱高调的颜回去，说的话不合楚王的意，纵然再说一万遍"夫道既已大修而不用，是有国者之丑也"，但是人家就自甘丑陋了，孔子一行又如何脱困呢？靠着"我是对的你是错的，你不容我你就是大罪"的自我安慰，到底不能填饱肚子。

孔子脱困来到楚国后，楚昭王对孔子很重视，还想赐他七百里封地。这不能不说是子贡使楚表现出色带来的福利。可惜的是，因为楚国大夫们的阻挠，最终封地计划流产了。

## （二）

《孔子家语》中记载了孔子师徒受困陈蔡的另一则故事，颇有点民间传奇的意味。

众人七日不食，纷纷病倒，头脑灵活的子贡拿出货物来贿赂看守，终于撕破围兵一角跑了出去，向山民买了一石米回来孝敬老师。

子贡乞米，颜回和子路当然就赶紧生火做饭了。这时候有灰掉落锅中，颜回就盛出来吃了。

当时子贡正在井边打水，远远看见了，以为颜回偷食，非常生气：我辛辛苦苦出去弄了点米来，你倒先吃上了，这不是太过分了吗？亏得老师还天天让我们向你学习，说你是君子好榜样呢！

于是子贡便跑到孔子面前，先不提颜回偷吃的事，而是问道："仁人廉士，穷改节乎？"

孔子既然说了"君子固穷"，当然不会赞成"穷以改节"，因此说："改节即何称于仁义哉？"

这就要提到一些教养的细节：一家人吃饭，第一碗饭必要奉给尊长，然后依辈分依次奉上，最后才是小辈；在长辈没动筷子之前，小辈是不可以先吃的。当代人也许很难理解为什么颜回偷吃这件事会被子贡上升到仁节的高度。但是对于古代有教养的士来说，在尊长吃饭前自己先偷吃，是非常失礼败德的行为。

子贡遂说了颜回的事，再问老师："颜回这样做，不就是改节弃义吗？"

孔子却说："我相信颜回的为人。即使你这样说了，我也认为其中必有缘故。你先不要猜疑他，让我来问他。"

这就要提到一些教养的细节：一家人吃饭，第一碗饭必要奉给尊长，然后依辈分依次奉上，最后才是小辈；在长辈没动筷子之前，小辈是不可以先吃的。当代人也许很难理解为什么颜回偷吃这件事会被子贡上升到仁节的高度。但是对于古代有教养的士来说，在尊长吃饭前自己先偷吃，是非常失礼败德的行为。

于是孔子叫了颜回进来，也并不先说偷吃的事，而绕弯儿说："昨天我梦见祖先了，这是不是有启示于我啊？你做好饭了吧，先盛出第一碗来让我供给祖先。"

这师徒说话的方式都很婉转，子贡要告状，却不急着说颜回偷吃，而先问仁义节气；孔子要审案，也不肯直言偷吃的事，倒说什么祭祖。

因为祭祖一定要盛出新米饭的第一碗上供,不能先盛给活人,剩下的再供给祖先。所以这是孔子给颜回设的一个套儿,如果他真的偷吃不认,还要盛出自己吃剩的饭供给祖先,那可比自己先吃后给老师还要严重多了,三罪并罚,可以沉笼了。

但是颜回不负所望,平静地禀告:"刚才有灰尘掉落锅中,我怕把整锅饭都弄脏了,又不舍得撇出去扔掉,就盛起来自己吃了。所以这饭不能再用来祭祖。"

真相大白。孔子这才转向子路等人说:"我相信颜回,不是从今天开始的。我说过他是德行楷模,你们看到了吧?"趁机又对大家进行了一次榜样教育。

学生们都佩服不已,纷纷向颜回表达仰慕之情。但是告状的子贡心里会怎么想呢?

书上没有再写。但可想而知,一定很不是滋味吧?

子贡不仅是孔门弟子中最富有的一个,也是国际贸易里赫赫有名的大商人,堪称富可敌国。孔子游学时,他是主要的赞助商。

但是不论他做了多少,孔子最喜爱的弟子永远是颜回,这让子贡多少有点小嫉妒,所以看到颜回犯错才会那么沉不住气。

然而告状的结果反而益发彰显了颜回的仁义。与此同时,岂不是反证了自己的不义?猜忌、多疑、嫉妒,这不成了小人之心?告状,而且是告伪状,这不是小人行径?

当然孔子没有这样说,师兄弟们感戴他买米来也不会这么说,但是子贡心里却不能不这么想。这一次交锋,他又惨败给颜回了,而且还是自己出剑,又折回劈了自己。这种郁气,可比回答老师"赐也何敢望回"要憋闷得多了。

自己真的不如颜回吗?

这个结,在子贡心头萦系了一生,尤其因为颜回的英年早逝,让他连解开的机会都没有。

(三)

说完颜回和子贡,再说最先发作的子路。

仍然是关于食物的故事。

话说子路抱怨归抱怨,还是非常忠心的。因此想方设法弄来了一点猪肉,"孔丘不问肉之所由来而食";子路又脱掉别人的衣裳去换酒,"孔丘不问酒之所由来而饮"。(《墨子·非儒下》)

这似乎与孔子强调的"君子固穷"相反。因此后来当孔子见鲁哀公时，孔子讲究礼仪，"席不端弗坐，割不正弗食"，子路就翻起旧账来，说老师在陈蔡时咋没这么穷讲究？孔子答："曩与女为苟生，今与女为苟义。"意思是那时候要的是苟且偷生，现在讲的是重乎道义。

儒墨两家是势不两立的，因此《墨子》在这一段记述的最后评论道："夫饥约，则不辞妄取以活身；赢饱，则伪行以自饰。污邪诈伪，孰大于此？"

认为孔子言行不一，饥饿窘困时就不惜妄取以求生，吃饱了便虚言矫饰，是污邪诈伪之行。

墨子是中国历史上第一个农民出身的草根思想家。他本来也是学儒的，但是对于儒家的久丧厚葬礼仪烦琐十分反感，于是自创墨学，专门和儒家唱反调。这段佚闻便是墨子或其门人虚构出来恶心儒家的，实为杜撰。

即便有真其事，也不是不能理解的。因为孔子了解自己的弟子，子路弄食的渠道八成不是那么光明正大，却也不至于穷凶极恶，如果深究的话，会弄得彼此都下不来台，不如有肉就吃有酒就喝好了。

活着才是硬道理，孔子与子路又没有变节投敌，又没有屈辱乞求，不过是在最饥乏的时候没有继续坚持正席端坐，精割而食，多大点事儿呀！

只不过对墨子来说，前半生大多时候都处于吃不饱的状态，自然觉得"席不端弗坐，割不正弗食"简直是句废话；所以后半生即便名扬宇内，也坚持要清苦自律，永远处在饥乏交困的状态，也就永远反对正襟危坐慢条斯理的用膳方式了。

《庄子》中同样有"孔子穷于陈蔡"的记录，而且多次提及，时褒时贬。其中《杂篇·让王》与《史记》的文字最接近，写道："孔子穷于陈蔡之间，七日不火食，藜羹不糁，颜色甚惫，而弦歌于室。"

又是意志薄弱的子路和子贡先八卦起来，听着老师的歌声悄悄议论说："老师在鲁、卫、宋、周俱无所为，如今围于陈蔡，穷途末路。说是天纵君子吧，可是想杀老师的人没有获罪，欺侮先生的没受惩罚，天道何存？先生犹无所觉，还在弹琴唱歌，难道君子便不会感到耻辱吗？"

颜回听了，就进入内室去告诉了孔子。孔子推开琴叹息说："子路和子贡这两个臭小子，真是见识浅薄啊。让他们过来，我好好教训他们。"

俩熊学生进来，孔子便讲了一番"岁寒然后知松柏之后凋也"的道理，且说：

君子通于道之谓通，穷于道之谓穷。今丘抱仁义之道，以遭乱世之患，其何穷之为？故内省而不穷于道，临难而不失其德。天寒既至，霜雪既降，吾是以知松柏之茂也。陈蔡之隘，于丘其幸乎！

说罢，孔子安详地拿起琴来继续抚弦而歌，子路和子贡大愧。于是子路执干而舞，子贡则叹息说："吾不知天之高也，地之下也。"从此便有了"不知天高地厚"这个形容词。

《庄子》在文末赞叹：

古之得道者，穷亦乐，通亦乐，所乐非穷通也。道德于此，则穷通为寒暑风雨之序矣。

到底是儒道一家，老子于孔子有半师之义，庄子对于自己的半个同门还是很赞许的。

尤其是在《庄子·山木》中，更是对孔子弦歌有过一段细节描写，是我认为关于陈蔡绝粮事件最动人的描写：

孔子穷于陈蔡之间，七日不火食，左据槁木，右击槁枝，而歌猋氏之风。有其具而无其数，有其声而无宫角。木声与人声，犁然有当于人之心。

遥想孔子形容枯槁，扶枯树而立，握枯枝而击，用苍老衰弱的声音苍凉歌唱，木头的声音与老人的声音一般苍茫空旷，荒原、枯树、老人、古歌，最枯槁的组合却迸发出最蓬勃的力量，诚可谓惊天地，泣鬼神，何等悲壮！

综上所述，"孔子困于陈蔡"遭受的危难有三点：一是强敌环伺，刀兵相见；二是内部失和，人心不稳；三是粮草断绝，人疲马乏。

这的确是"天时、地利、人和"俱失的至大困境了，而且孔子已经去鲁多年，先后遭遇过"削迹于卫，伐树于宋，穷于商周，围于陈蔡"诸多苦难，却依然能弦歌不辍，其强大的内心的确可昭星辰。无论敌对派杜撰多少故事来讥讽抹黑，都不能改变孔子临危不惧的事实。

孔子一生的高光点有很多：与老子的见面，担任大司寇的风光，主持夹谷之会，等等。然而我却认为，夫子传给后代的最宝贵的精神财富，或者说在他一生中最能表现人格光辉的，便是周游列国每每受困时表现出来的淡定从容。

他曾经被围于匡，也曾绝粮于陈蔡，众弟子多有饥病而倒的，孔子却仍意志坚定，弦歌不辍，那歌声穿越千古，照亮了百代子孙的心。

只此一斑，已足证圣人光辉，永垂日月。

# 叶公好龙

（一）

河南叶县，春秋时楚国大夫沈诸梁采邑于此，故而被称为叶公。

孔子周游列国时，自蔡入楚，叶公久闻孔子之名，置宴相迎，问政于孔子。《论语》《史记·孔子世家》《孔子家语》中都有记载。

《子路 13.16》

叶公问政。子曰："近者说，远者来。"

这是说叶公向孔子请教施政之道。孔子说："好的政策应该使近处的人欢悦，远方的人来投奔依附。"

孔子之所以这样说是有原因的，后来子贡曾经问过孔子："昔者齐君问政于夫子，夫子曰政在节财；鲁君问政于夫子，夫子曰政在谕臣；叶公问政于夫子，夫子曰政在悦近而来远。三者之问一也，而夫子应之不同，然政在异端乎？"

不同的人向孔子问政，孔子有不同的回答，这使得聪敏的子贡都糊涂了，不禁问老师，难道治理国家的方法不是一样的吗？

孔子一一分析了各位国君诸侯为政的弊端所在：齐君奢靡无度，所以为政首当节俭；鲁君用人不明，所以首要任务是了解大臣；楚国人心不安，所以孔子劝诫叶公应当先让身边的人高兴，让远方的人来依附。

这当然是仁政，但是远归近附是仁政的结果，理想很美好，却离现实太遥远，有点像画饼充饥。显然叶公不是很能听得进去，于是放下宏观大道理，和孔子讨论起更实在的法律条例来。

《子路 13.18》

叶公语孔子曰："吾党有直躬者，其父攘羊而子证之。"

孔子曰："吾党之直者异于是，父为子隐，子为父隐，直在其中矣。"

"党"指乡党，古时以五百户为一党。叶公和孔子讨论"法治"，叶公说："我们这里有个很正直诚实的人。他父亲偷了人家的羊，他出来举报证明。"

但是孔子说:"我家乡的正直之道却与此有别,应当'父为子隐,子为父隐,直在其中矣。'"

也就是说,叶公赞成的美德是大义灭亲;而孔子更重视父子天伦,主张亲亲相隐,认为父亲犯错,儿子应予包庇,反之亦然,这才是正直之道。

依今天的法律观点看来,叶公的说法才是理所当然,律所依规的。但是孔子是主张孝悌为先的,做儿子的怎么可以举报父亲呢?就算父母犯错,儿子也只能隐瞒包庇,而正直就在其中了。倘非如此,便是不孝,不孝则不仁不义,又何来正直之说?

显然叶公属于法家,发展到了后期便是连坐制度;孔子则是儒家,百善孝为先,讲究"法律无外乎人情"。

汉武帝时期,董仲舒提出"罢黜百家,独尊儒术",标榜以孝治天下,亲属容隐的法律制度也正式确立。规定"自今,子首匿父母、妻匿夫、孙匿大父母,皆勿坐。其父母匿子、夫匿妻、大父母匿孙,罪殊死,皆上请廷尉以闻。"

也就是说,近亲互相容隐不会触犯包庇罪,当然更不会连坐。

不过,这个原则,和我们今天的立法是相悖的。根据我国现行法律规定,亲属没有拒绝做证的权利,知情不报会被追究刑事责任。

(二)

叶公之所以会和孔子讨论"父子攘羊"的案例,是因为孔子在鲁国任大司寇时,负责刑狱诉讼之事。

西周时期是只有规矩而没有刑法的,这是从部落氏族的传统习惯延续下来的,部落中出现了任何问题都是大家商量着办,是"人治"而非"法治"。

孔子十六岁时,郑国的权臣子产曾下令"铸刑书",这大概算是中国历史上第一部成文法。刑书的颁布遭到了很多人的批评,认为一切的律令都是劝人向善,视具体情况具体对待,实行一刀切的惩罚弊端诸多。

后来,晋国执政卿赵鞅和荀寅也铸了一个"刑鼎",推行法治。但同样不被看好。

郑国和晋国的这两次变法都有始无终,直到孔子故去一百多年后的战国时期,魏国李悝颁布《法经》,才正式揭开了法治的序幕。

因为法令不明,所以量刑就有了很多商榷的余地,这也就是叶公与孔子的分歧所在。

孔子的主张是仁孝,所以推崇"父为子隐,子为父隐"之说。他不但这样说,也是这样做的。

《孔子家语》和《荀子》中都记录了一则孔子任鲁司寇期间的案子：有一位父亲告儿子不孝，孔子把儿子拘押了起来，却接连三个月没有判决。

三个月后，父亲有些回过味来，骨肉亲情占了上风，便又来向孔子求情撤诉，孔子便放了那个儿子。

这件事被季桓子听到后，很不高兴地说："孔夫子说话太出尔反尔了，是他告诉我说，治理国家一定要以孝为先。现在我要惩罚一个不孝的家伙来以儆效尤，他却把人放了，这不是说一套做一套吗？"

但是孔子说："上失其道而杀其下，非理也。不教以孝而听其狱，是杀不辜。"

这句话的意思是说，国以仁孝治天下，是要上行下效的，要的是正面的榜样，而非负面的警戒。如果统治阶层有失教化，而只依靠刑杀平民来推行政策，这不是正理啊。没有给予足够的良教才导致贱民犯罪，是上头的错，怎么可以枉杀无辜呢？

孔子将那不孝子拘押三月，并非无为而治，肯定是对他进行过调解训诫的，并且也一定会对那父亲进行劝解引导，这才使为父撤诉，为子释放，而那父子劫后团圆，必当尽释前嫌，父慈子孝。

刑罚杀戮不是目的，教化从善才是初心。

所以孔子曾感叹："如果仅是审案，我并不比别人强多少，只不过是听讼审理，判冤决狱罢了。但是我的最终理想，是希望天下没有诉讼啊！"

《颜渊 12.13》
子曰："听讼，吾犹人也，必也使无讼乎！"
这是孔子的自谦语，也是祝福语，是真正的大慈悲。
这才是孔子以无为而治来调解父子讼案的真心，也是他主张父子相隐的真相。
天下无讼，何其伟大，又何其难也！

## （三）

叶公是法家的拥趸，终究无法接受孔子的论点，于是两人不欢而散。在这次会面过程中，叶公曾私下里问子路：你觉得你老师是一个怎样的人？

子路是习惯于颂扬老师的，可是面对显然不善的叶公，一时不知如何回答才合适，索性沉默。

孔子知道了，对子路说："你为什么不这样说呢？我的老师生性好学，为了发奋读书可以废寝忘食，学有所得便喜悦不已，可以忘记年龄与一切，甚至不记得自己老之将至。"

《述而 7.19》
叶公问孔子于子路，子路不对。子曰："女奚不曰：其为人也，发愤忘食，乐以忘忧，不知老之将至云尔。"

这便是孔子对自己的自画像。

乐以忘忧，是孔子对自己的内心描述，也是他的快乐哲学。

影视图画中的孔子，往往被塑造成一个忧思忡忡，上下求索，担负千古大业，因为忧国忧民而成天愁眉苦脸的老人，"知我者谓我心忧，不知我者谓我何求？悠悠苍天，此何人哉"。

然而孔子自己却告诉我们，他是一个快乐的人，而且是个很容易快乐的人。

这一年是公元前 489 年，孔子已经六十三岁，却仍说自己"不知老之将至"，当真是活到老，学到老，只要用功就很开心。

同时，从这番话可见孔子还是很在意自己在叶公心目中的形象的。而且这样剑走偏锋，并不去就彼此的政治立场或社会地位发表任何言论，只拿好学这个很突出又毫无攻击性的优点来自陈，既说明了品性为人，又没有任何矛盾，的确是非常有技巧的回答。

而"叶公好龙"的故事，据说是后世的儒家弟子对叶公不满，杜撰出来损毁叶公形象的。

说叶公喜欢龙，所住屋宇梁柱，所用器皿镂刻，无不是雕龙自赏。天龙听说，便下凡来见叶公，"窥头于牖，施尾于堂"。谁知叶公一见之下，大惊失色，弃而还走，失其魂魄。

所以得出结论说："是叶公非好龙也，好夫似龙而非龙者也。"

这段记述出自汉代刘向的《新序·杂事五》，用以比喻自称爱好某种事物，实际上并不是真正爱好，甚至是惧怕反感的。

儒家弟子认为，叶公自命求贤若渴，故作姿态向孔子问政。但是在面对博学有礼的孔子时，却不过尔尔，并没有给予足够的尊重与礼遇。这便是"叶公好龙"的真意。

# 让孔子吃瘪的隐士们

（一）

孔子就好像一座山，人人都来挖宝。有的挖到了人参灵芝，食之成仙；有的挖到了蕨根野菜，也可以充饥果腹；有的则挖到了泉水，并把它砌成了井，使之泽被乡里，源远流长。

流到后来，就成了科举制度。

正是孔子有教无类的私学创建，使得"学而优则仕"成为可能；而自隋以降的科举取士，便是孔门思想的实现途径与终生目标。尤其宋代提出"与士大夫治天下"的口号，更是儒家士子以天下为己任的集中体现。

所以，宋朝才成为了知识分子心目中最好的时代。

"学成文武艺，货与帝王家。"

读书是为了做官，做官是为了治天下，治天下是为了实行仁道，从而最终实现礼乐文明的尧舜盛世。

宋代关学创始人张载的四句格言，可以说是对这种儒家理想最充分的阐述："为天地立心，为生民立命，为往圣继绝学，为万世开太平。"

孔子曾向老子问道，而老子是主张出世的，与儒家的"修身齐家治国平天下"大相径庭，他们各自的思想被记录在《论语》和《道德经》中，乃是"道不同，不相为谋"。

孔子一生，奔走游说，目的始终是从政，但也常将"邦无道则隐"视为退而求其次的一种选择，对于直谏而死的比干，和佯狂避世的箕子，一样予以尊重，称之为"仁人"，并在《微子18》中列举了一份隐士名单。

而在现实生活中，孔门师徒与隐士的交集，也主要集中在《论语》十八章，接连记录了孔子与三位隐士的邂逅。

不过，似乎每一次，孔子都没占过什么上风，反而经常吃瘪。

比如在楚国时，孔子遇到一位狂人，冲着他唱了一首著名的《凤兮》之歌：

《微子18.5》

楚狂接舆歌而过孔子曰:"凤兮!凤兮!何德之衰?往者不可谏,来者犹可追。已而,已而,今之从政者殆而。"

孔子下,欲与之言。趋而辟之,不得与之言。

这段文字的重要之处,在于不但讲了一个完整的小故事,且记录了春秋时期一首极古老的诗歌《凤兮》,这几乎是迄今最早的楚辞记录。

它出现在《诗经》的同时期,却未被收录入"风、雅、颂"任何一个章节,而只出现在《论语》中,后来在《庄子》里又有更完整的记述。

正是这首《凤兮》让我们知道,早在春秋时期,楚地的歌风就是以"兮"为标志的,这时候虽然没有"楚辞"这个概念,然而楚地民歌显然已经成熟。屈原的《天问》《九歌》等,正是在楚地民歌的基础上创作发扬的,而并非凭空创造了某种歌体。

关于"楚狂接舆",有两种说法,一是说接舆是这位楚国狂人的名字,晋朝皇甫谧《高士传》中说,接舆姓陆名通,字接舆,平时躬耕以食,是春秋时楚国的著名隐士。因为对社会不满,逃避出仕,也学泰伯、箕子那样故意剪去了头发,屈原称为"接舆髡(kūn)首",与"桑扈嬴行"并列,成为隐士佯狂的代表形象。

二是说"接舆"的意思就是楚国狂人迎着孔子的车子,一边唱歌一边经过。舆就是车轿。

歌词大意是:凤凰啊,凤凰啊,生在这个时代也太倒霉了吧。天下道德何其衰微,尧舜文明已经过去了,再也无法追回,不可谏诤;将来的世界或者还能够期许,但是未来的明君还不曾出现,当今的统治者已经没救了,眼下从政的人都很危险。还是算了吧,算了吧。

整首歌,用四个字形容就是"生不逢时",这成了后世儒生才子们绵亘千古的共同悲哀。凤鸟都是出现在明君圣主管理的大治之世,来仪应瑞,有道则现,无道则隐,奈何这只鸟如此不识趣,竟然出现在这道德衰败的乱世呢?

虽然口出狂言,但是楚狂人在歌中将孔子比作凤凰,无疑是善意的提醒。

楚狂人一路唱着歌,跑过孔子的车轿。孔子听到这样一首歌,心旌动摇,感伤之余,未尝没有知己之感。因此立刻下车来,想和这位狂人好好攀谈一番。但是楚狂人只是想抒发一下自己的情绪和意见,完全没有深谈的欲望,唱完歌就跑掉了。孔子只好惆怅地望着那个如风的背影,一声叹息,再未相见。

这故事很有点像渔夫劝屈原"沧浪之水清兮,可以濯我缨;沧浪之水浊兮,可以濯我足"的意味。屈原没有听,投了江;孔子也没有听,继续前行。

所以楚狂人是位隐士,而孔子是位大儒,这故事写的就是孔子"明知不可为而为之"的孤绝奋斗。《凤兮》之歌，可谓是见诸文字历史的出世思想与入世思想的第一次交锋。

这场讨论因为楚狂人的回避而没有结果，自然也没有定论。

这是第一个给孔子吃瘪的隐士，遂成为特立独行不修边幅的道家代表人物。

修仙的青莲居士李白，就曾写诗赞美："我本楚狂人，凤歌笑孔丘。"

儒家读书是为了出仕，李白考不了科举，做不成官，就拿楚狂人说事。但事实上他也是个官迷，只是在仕途不畅时才随时拿起道家的武器，高唱"书此谢知己，吾寻黄绮翁"。

黄绮翁指的是汉代的商山四皓，也是著名的隐士。

李白的一生，不断在出仕和隐居之间游刃往复，不过他的选择与"邦有道"还是"无道"无关，而只是看机会。"用之则行，舍之则藏"，藏得也并不彻底，随时准备出山。在唐朝，很多时候，"隐"只是书生们对抗不得志的遮羞布，甚或是以行为艺术博取声名以求得出仕的敲门砖，故谓之"终南捷径"。

（二）

《微子18.6》

长沮、桀溺耦而耕，孔子过之，使子路问津焉。

长沮曰："夫执舆者为谁？"子路曰："为孔丘。"

曰："是鲁孔丘与？"曰："是也。"

曰："是知津矣！"

问于桀溺。桀溺曰："子为谁？"曰："为仲由。"

曰："是鲁孔丘之徒与？"对曰："然。"

曰："滔滔者，天下皆是也，而谁以易之？且而与其从辟人之士也，岂若从辟世之士哉？"耰而不辍。

子路行以告。夫子怃然曰："鸟兽不可与同群，吾非斯人之徒与而谁与？天下有道，丘不与易也。"

这是紧挨着楚狂接舆孔子的又一次吃瘪。这次出现了两位隐士：长沮与桀溺，两个人一块在种地。

耦（ǒu），并排的意思。耦而耕，显然是一块种地的老伙伴。

两个志同道合的人能够相偕而隐，一块耕耘岁月，不问世事，真是令人向往的桃源生活。

且说孔子在河边遇见长沮、桀溺，就打发子路去打听渡口在哪里。

这一打听不要紧,从此创造了一个很重要的词语:"问津。""指点迷津""无人问津"也都由此而生。

要命的是这俩老头并没有为孔子指点迷津,还反问说:"那个坐在车上的人是谁呀?"子路说:"是孔丘。"

这里子路直呼老师名讳并非不敬,而是因为面对第三者而且是长者,要说明老师身份,故称大名。不需要具体介绍老师的身份来历,是因为孔丘的名气已经很大了,只要报出名字,便是耕田者也当知之。

事实上,这两位耕者也确实知道,却并不以为意,反而哂笑说:"是鲁国的孔丘吗?他不是无所不知吗,那当然应该知道渡口在哪里,还问我做什么?"

彼时中国尚无佛教,不过长沮的这句话却颇有禅机。"津"在此不是哪一座码头的渡口,而代指天下的出路。

孔子既是传道者,那又何必问路?若不知路,何以传道?

这有点像辩经,又有点像抬杠。

子路不得已,只得又去问桀溺,但这位也不肯好好说话,先反问:"你是谁?"

子路答:"仲由。"

桀溺再问:"你是孔丘的学生吧?"

子路又答:"是。"

以为这下桀溺该好好答话了吧?谁知道老头竟然倚老卖老地开始训话了,且同楚狂人一样从放眼天下说起:"天下无道,如同滔滔大水泛滥成灾一样,举世混浊,谁能改变这样的现状呢?你是孔丘的学生,到底跟他学到些什么呀?你们觉得鲁国无道,就想避开鲁君去往他国,投辖张旗,做个'辟人之士',但是别国也是一样无道,又该去哪里?哪里才是渡口,哪里才有出路?还不如跟着我们学种地,把整个世界整个时代都抛开,做个'辟世之士'呢。"

这番话说得真是有力量,而且老人还一边说一边不忘耕耘,那从容自在的样子令人肃然。

"耰(yōu)而不辍(chuò)",播种后翻土、覆土。指继续劳作。

辟,就是避。关于避世与避人,孔子也曾有过一段议论:

《宪问14.37》

子曰:"贤者辟世,其次辟地,其次辟色,其次辟言。"

子曰:"作者七人矣。"

这是避祸的四种层次,最干脆利落的方法自然是直接避开俗世隐居山林,如伯夷、叔齐之辈,其次是离开某个地方,比如微子远离,再次是避开不好的脸色,最次是避开不好的言语。

也就是说，实在避不开的时候，那就察言观色沉默寡言好了。

长沮、桀溺自称是"辟世之士"，却将孔子称之为"辟人之士"，便是因为老两位既见世无道，索性躬耕田野，不入红尘。而孔子却想着远走他乡，另觅明君，是为"辟地"，那若是换了个地方还是不能如意呢？自然继续远离，从一处到另一处，漂泊流离，可谓劳矣。

事实上，孔子游历十四年中，也的确是不停地辟地、辟色、辟言，最终也不得其志，因此临终老前索性说："予欲无言。"

且说孔子听了子路复述的这段话，远远望着这对避世躬耕的老伙伴，黯然神伤而寂然不乐。这次他没有想要走上前去攀谈，因为明知说不通。

"鸟兽不可同群"，向来有两种解释，一是指道家隐士如同鸟兽般深居山林，但是儒家的选择不是这样，儒家是要出仕的，不能与鸟兽同群，所以不赞同耦耕的选择。

第二种是说鸟和兽分别代指儒家和道家的主张，各有所志，非为同类。

孔子对两位隐士的态度是欣赏的，但深知非我同类，所以惆怅地叹息说："吾非斯人之徒与，而谁与？天下有道，丘不与易也。"

意思是说，我不是这种人的同路者啊，无法与他们一样归耕山野。可是，我又该与谁同行呢？如果天下有道，我就不用设法改变它，又何苦至此？正因为天下滔滔，我才要明知不可为而为之，努力改变呀。

宋朝士大夫的典范，世称"范文正公"的范仲淹在《岳阳楼记》中写道，"古仁人之心"乃是"不以物喜，不以己悲；居庙堂之高则忧其民，处江湖之远则忧其君。""先天下之忧而忧，后天下之乐而乐。"……总结了一系列的仁人标准后，在文章的最末叹息："微斯人，吾谁与归？"这句话，便是化自孔子的"吾非斯人之徒与而谁与"。

（三）

《论语》孔子遇隐的三次事件自然不是发生在同一次旅程，甚至不是发生在同一时期，却被有机地排列在了一起。

可以想象弟子们聚在一起回忆老师生前语录，一个学生说到了老师出糗的事，另几个学生便接二连三地想起来，越说越高兴，竟把孔子平生遭冷遇的几件糗事一连串讲了出来，于是也就记录在了同一章节中。

《论语》中很少这样密集地讨论同一主题,尤其是接连讲述几个相似的生活片段,且讲得生动有情,简直让两千五百年后的我们在读到这段文字时,可以穿越时光,清晰地看到孔门弟子们散坐并论,一边说笑一边摇头叹息的情形。

他们说着老师受挫的冷遇时,想到老师心中的寂寞,一定觉得很感伤吧?

这第三次遇挫,仍和子路有关,题目叫《夫子去哪儿了》:

《微子 18.7》
子路从而后,遇丈人,以杖荷蓧。子路问:"子见夫子乎?"
丈人曰:"四体不勤,五谷不分,孰为夫子?"植其杖而芸。子路拱而立。
止子路宿,杀鸡为黍而食之,见其二子焉。
明日,子路行以告。
子曰:"隐者也。"使子路反见之,至则行矣。
子路曰:"不仕无义。长幼之节不可废也,君臣之义如之何其废之?欲洁其身而乱大伦。君子之仕也,行其义也。道之不行,已知之矣。"

子路不知怎么地在旅途中落了后,迷路了。寻找中遇到一位老人,便向其打听孔子一行人。

"丈人"在古时的意思是老人,可不同于现在的老丈人。

荷(hè),意思是扛或挑;蓧(diào),古代锄草工具。这老人用木杖挑着锄草工具,精神奕奕地走在路上。子路上前问道:"老人家看到我老师了吗?"

这问题有点没头没脑,于是换来老人劈头一句嘲讽:"我手脚不停劳作,稻黍来不及播种,哪有空替你看着老师?谁知道哪个才是你老师啊。"说着把木杖插在地上就除草去了。

这里的"四体不勤,五谷不分"也有两种解释,无关字面本身的意义,而是言语的指向。这八个字到底是荷杖人自诩,还是在讥讽孔子呢?

朱熹译为"犹言不辨菽麦尔",喻示老丈在嘲讽读书人只会说不会做,华而不实,算什么老师?

但是隐士活在自己的内心世界,他不耐烦帮子路找师父,却犯不着主动攻击子路不识稼穑。况且子路也是穷孩子出身,以他的暴脾气,听了这话说不定就撸袖子下田种地给他瞧瞧了,而不会老老实实地仍然拱着手站在那里赔笑脸。

所以我认为这是老人说自己的话,语带抱怨,说我已经老到手脚不灵便了,稻麦都来不及依时耕种,哪里认识什么老师呢?

这里的"芸"通"耘",指锄草。老人的态度挺不客气,但是子路虽然勇直却并不粗鲁,态度彬彬有礼。

所谓伸手不打笑脸人，隐士也要讲礼貌。老人没脾气了，大概是问明子路的遭遇，便把他请到了自己家里，不但留宿一夜，且杀鸡煮饭请他吃，还让自己的两个儿子来跟他见面。

子路在荷杖人家中度过了温暖和睦的一夜后，第二天早晨告辞而去，找到了老师，说了自己的整个经历。

孔子感叹："这是位隐士啊。"让子路再去回访。这就像家长听说有人帮助了自家迷路的孩子，会嘱咐："你有没有说谢谢啊？来，带上礼物去好好感谢人家。"不知道孔子让子路"反见之"有没有带礼物，但孔子的做法真是令人感动。

可惜的是，子路回到那里，却发现老人已经走了。

这个"行矣"让人有点诧异，显然不是说老丈不在家，而是说离开了。可是那里不是老丈的家么？还有两个儿子呢。怎么说走就走了？是搬家了吗？古时候搬家可是件大事，怎么这么快就搬了？为什么搬？难道是躲子路吗？为什么要躲子路？

这故事简直就是陶渊明《桃花源记》的前身，老丈难道是住在武陵么？子路到底是打听到老丈走了，还是压根就没找到老丈家，又或是老丈的邻居骗了他？

孔子大约又是会感慨很久，怅然若失的。

但是大大咧咧的当事人子路倒没那么多闲情愁绪，反而理直气壮地评价说：这就是隐士的选择吗？那我觉得还是不如咱们儒家的。别说什么隐逸高洁，我却认为"不仕无义"，因为人人都一不高兴就缩进山林里躲起来，那些长幼之节，君臣之义的大道由谁来推行呢？难道就由着这个世界腐烂崩塌吗？

不行，邦有道，我们儒士要为官治国；邦无道，我们儒士更要挺身而出，拨乱反正。世界需要儒士，宇宙需要大道，我们任重道远，永不放弃，这才是大义！

子路的这个观点非常大胆。虽然自古以来"学而优则仕"都是天下学子的共同理想，但是对于隐士也从来都是敬重有加的，认为是清心寡欲超群拔俗的世外高人。就连孔子对隐士的节操也是敬佩的。

唯有子路旗帜鲜明地说出"不仕无义"的话来，把"我要当官"喊得气壮山河而清新脱俗。

子路既非言语科的高才生，也不是德行科的课代表，但是这番话却说得掷地有声，充分解答了老师"而谁与"的困惑。

孔子飘摇半生，推行大道，然而从政者不赏识自己，隐士们不理解自己，就连学生们有时也会怀疑自己。这让孔子不能不时时觉得寂寞，发出"莫我知也夫"的叹息。

这个时候，子路这番"不仕无义"的发言就显得特别重要，他一直是老师最坚定的支持者，即便夫子真要乘桴向海，他也会是第一个相随的。

所以子路死后，孔子再也没收过学生，也没吃过肉酱。

（四）

按照"大隐隐于市，小隐隐于野"的理论，也许曾于门外听磬，劝诫孔子"深则厉，浅则揭"的荷蒉者，和动问"是知其不可为而为之与"的石门守卫也可以算得上隐士。

只是，他们无一例外不对孔子的选择表示摇头。认为他的执着是一种迂腐，碌碌惶惶而自讨苦吃。

《列子·天瑞》中记载了一个故事，未必可信，却很有趣。

说孔子赴卫途中，在田间遇见了位百岁老人林类，披着皮袄唱着歌，正在捡麦穗。孔子慧眼识珠看出这是一位隐士，便让弟子前去搭话。

这回领命的是子贡，上前迎着老者说："先生少不勤行，长不竞时，老无妻子，死期将至，亦有何乐而拾穗行歌乎？"

这子贡的发言很冲，倒更像是子路的口吻，一上来就诘问林类说："你年轻的时候不辛勤劳作，壮年时也不懂得珍惜时光耕耘收获，如今老了，无妻无子，活不了几天了，回首平生一事无成，拾穗疗饥，倒还能唱得出来，你还有什么可乐的呢？"

林类笑道："我就因为少不勤行，长不竞时，才能长寿如此；也正因为无妻无子，无忧无虑，死期将至，了无牵挂，才能乐之若此啊。"

好有道理哦！这可真是令人耳目一新的辩证快乐哲学。

子贡没词儿了，转回来告诉了孔子。孔子叹息说："吾知其可与言，果然；然彼得之而不尽者也。"

孔子承认林类的智慧，却以为"得之而不尽者也"，显然并不认同，至少他自己是不会这样选择的。

为什么呢？因为孔子觉得死期将至而无牵无挂，无所作为而无忧无虑，都不是人生的终极追求。他的一生，是要"有所为"的，这个"为"，就是守善，就是传承。

类似的故事，在《孔子家语》第十五章中也记了一则，不过立意却正相反。

故事发生在孔子游泰山的时候，见到一位老者名叫荣声期。他穿着破旧的衣裳，系根绳子当腰带，鼓琴而歌，非常快乐。

这次是孔子亲自询问："先生又老又穷，衣不蔽体，死之将至，为什么还会这样快乐啊？"

荣声期侃侃而谈："人间之乐甚多，最大的有三件：天生万物，以人为贵，而我生而为人，是为第一乐；男女之别，男尊女卑，而我身为男人，是第二乐；有些婴儿未见天日而亡，也有些死于襁褓之间，而我今年已经九十五岁了，这是第三乐。贫穷是士人的常态，死亡是人生的终点，我以常态生存而能走向终点，还有什么可忧愁呢？"

孔子赞叹："善哉！能自宽者也。"

这次孔子表示了赞同，称其"善哉"，不过也并不是觉得荣声期有什么了不起的大智慧，不过是能自我宽慰，看得开罢了。

说起来，这老者的形象，颇似上古时代唱着《击壤歌》的那位老者。

传说在四千多年前的尧帝时代，"天下大和，百姓无事，有八九十老人，击壤而歌：日出而作，日入而息。凿井而饮，耕田而食。帝力于我何有哉？"

这是一首非常古老的歌谣，清代学者沈德潜甚至认为是人类最早的诗歌，是歌曲之祖。

而它表现出来的精神，是儒家的思想，还是道家的主张？

综上所述，道家和儒家同样对现实不满，都认为这个世道坏透了，但是应对的方式截然不同。道家主张无为，认为最好的救世策略就是各人自扫门前雪，"邻国相望，鸡犬之声相闻，民至老死不相往来"。而以孔子为代表的儒家则一心想要救世，想通过干预政治来改变世界，恢复西周的大一统。

道家的立场是出世的，对儒家的"学而优则仕"表现出立场鲜明的反对甚至歧视；儒家是用世的，以入仕治国为己任，但往往对道家表现出一种无可无可的宽容。

"邦有道则见，邦无道则隐""用之则行，舍之则藏"都是这种态度的体现。

那么，道家对于儒家的这种隐隐约约莫名其妙的心理优越感，到底是从哪里来的呢？

举个不太恰当的比喻：运动场上的球星和观众谁更高级？

泛众的观点当然是球星才更光彩夺目，但是当球星挥汗如雨地在运动场上奔跑搏杀时，观众舒服地坐在凉台上喝着冷饮说着八卦，还要不停对场上球员指指点点嬉笑怒骂——这种时候，他们每个人都成了上帝，有权对球员的表现做出评判。

但这还只是形而下的表象，更重要的是他们的内心，纵然不是高高在上的审判者，也是属于纯粹精神领域的愉悦享受，单从这一点来说，观众也是高级的。

道家和儒家，就有点近似于球员和观众的关系。

儒家讲究用世，总是像运动员一样地奔波着，营营役役，不辞辛苦。而道家却如看客，因此自觉有资格对儒家批评指点，哂之鄙之。

这就是长沮、桀溺对子路不屑一顾的心理依据，也是子路舍我其谁奔跑不倦的精神支撑。

儒与道，终究是鸟兽不可同群。

# 伯夷与叔齐

## （一）

隐士是中国古代一个特殊的人群，清标傲骨，遗世独立，代表了不肯出仕的知识分子的精神风貌。隐士的历史，组成了中国古代文明史的一个重要侧面。

中国的隐士传统，最早可以追溯到四千多年前的许由洗耳、巢父牵牛。

彼时，帝王实行的还是非常开明宽容的禅让制。尧帝老年时，自觉不适合再管理天下，于是遍选贤能，因为听说有个叫许由的隐士清高有志向，就想把帝位让给他。

谁知道许由一听到尧派来的使者说起这些事就跑掉了，躲进深山颍水河边（河南许昌附近）去舀水洗耳朵，觉得做官啊称帝啊掌管黎庶啊这些俗事脏了他的耳朵。

正洗着呢，他的朋友巢父牵着牛来河边饮水，看到许由的奇怪行为，就问他在做什么。许由说了缘故，巢父很生气地说："你要是真的隐居深林，与世隔绝，谁能找得到你？偏偏到处晃荡招摇，沽名钓誉，才惹出这番事来。你刚才洗耳朵把水都洗脏了，我的牛还怎么喝？"说罢，就很嫌弃地把牛牵走了。

这巢父清高得比许由更彻底。他连名字都没有，因为隐居林中，在树上筑巢安睡而得名。此前，尧也派人找过他，他才躲进深山的，现在许由把人招来，连他的形迹也暴露了，因此非常生气。许由已经够高节清风了，巢父却觉得他连自己的牛都不如。

所以说，隐士，首先得是位"士"，即有能之人，知识分子，可以出仕而不肯出仕的人，并不是躲在山林间的农夫渔父都能叫隐士。比如许由和巢父，连帝王都不肯做，洁身自好远离红尘，这才是隐士。

再如周文王的大伯父泰伯，也是位"三以天下让"的完美仁人，得到了孔子"至德"的赞美：

《泰伯 8.1》
子曰："泰伯其可谓至德也已矣，三以天下让，民无得而称焉。"
周之高祖为大王亶甫，生有三子泰伯、仲雍、季历。

按照世袭制度，应该由泰伯继承王位，但是泰伯知道父亲心中暗许三弟季历之子昌，于是就主动跑去了吴地，采药为生，断发文身，入乡随俗。

大王临死前，对儿子季历说："我死之后，你要去接两位兄长回来继位，他们不肯，你才可以继位。"

大王薨逝，季历往吴地禀告伯仲二位。但是二人虽然随他回来服丧，却因为明白父亲的心意，坚决不肯接受王位，并以自己违背周风为理由，推拒说："吴越之俗断发文身。吾刑馀之人，不可为宗庙社稷之主。"

季历三让国于泰伯，而伯仲三让不受，赴丧毕，还荆蛮，国民君而事之，自号为"句吴"。

季历由此即位，之后更是顺利传给了自己的儿子姬昌，是为周文王。

所以周的传统从一开始就建立在了道德的基础上，而且由于泰伯三让天下，隐迹句吴，百姓对他知之甚少，称颂自然也就少了。

这是真正的隐，不但不要王位，连名声也视有如无，可谓至德也已矣。

至于让位去国、隐居首阳山的伯夷、叔齐兄弟俩，自然就更是隐士的典范了。

（二）

孔子虽然主张君子之道，但是对于隐士传统也是非常尊重的。《论语》中，多次记录了孔子对伯夷、叔齐的评价。

《季氏 16.11》
齐景公有马千驷，死之日，民无德而称焉。伯夷、叔齐饿于首阳之下，民到于今称之。其斯之谓与？

齐景公以骄奢著称，光是宝马就有四千匹。贵族的车子由四匹马拉着，称为"驷"，所以千驷就是四乘以一千。

千乘之国指大国，倾国之力才有千驷，分布于各大夫贵族家中。而齐景公自家马厩里便有四千匹马，可谓逆天。

但是这样豪奢的齐景公，死后终归虚无，连点好名声都没留下。"民无德而称焉"，就是老百姓没有感谢他的话。

与景公之富相反的，是清贫的伯夷、叔齐，活活饿死在首阳山下，够惨了吧？但是百姓到现在还称颂他们。这说明什么呢？

孔子在这里抛了个问题，答案自在我们心中。

但如果非要让孔子自问自答，则可以在他另一条语录中寻得：

《宪问 14.34》

子曰:"骥不称其力,称其德也。"

孔子说:"人们称赞千里马不是因为它能够负重,而是因为它出色的天赋。"

同样的,人们称赞某个人也不是因为他多有钱,而在于他留下了什么样的名声德行。

有趣的是,结合前面的泰伯说,这里共出现了三种"民意":

泰伯"至德",但声名不显,因此"民无得而称焉";

景公无德,遗臭万年,故而"民无德而称焉";

夷齐有德,名传千古,"民到于今称之"。

这样子算下来,虽然泰伯"至德",论世故,倒是伯夷、叔齐完胜了。

《公冶长 5.23》

子曰:"伯夷、叔齐不念旧恶,怨是用希。"

这句话有点难理解,不念旧恶自然说的是"恕",不记过去的仇恨。

但是我们对夷齐的故事除了采薇首阳外便所知甚少,孔子指的是他们对谁的原谅呢?周武王吗?

"怨是用希"就更别扭,字面直译是怨恨因此就少了。

谁的怨恨?是有人怨恨夷齐,还是夷齐对别人的怨恨,抑或对自己的旧怨?

或许,这句话也要结合另一段言行录来理解:

《述而 7.15》

冉有曰:"夫子为卫君乎?"

子贡曰:"诺,吾将问之。"入,曰:"伯夷、叔齐何人也?"

曰:"古之贤人也。"

曰:"怨乎?"

曰:"求仁而得仁,又何怨?"

出,曰:"夫子不为也。"

"古之贤人也",是孔子对伯夷、叔齐的定评,"求仁而得仁"是对二人的德行考语,指的是"种什么瓜,得什么果",顺其自然的意思。

那么,伯夷、叔齐的"怨用是希",就应该指的是饿死首阳山这件事,求仁得仁,无论对别人还是对自己,都已经放下了,所以以心底无忧天地宽。

司马迁《伯夷列传》中记载了孔子对两人的评价,并说:"伯夷、叔齐虽贤,得夫子而名益彰;颜渊虽笃学,附骥尾而行益显。"

## （三）

除了夷齐两位隐士代表，孔子还曾为弟子们列举了一大堆隐士名人录，分级而评之：

《微子18.8》
逸民：伯夷，叔齐，虞仲，夷逸，朱张，柳下惠，少连。
子曰："不降其志，不辱其身，伯夷、叔齐与！"
谓："柳下惠、少连，降志辱身矣，言中伦，行中虑，其斯而已矣。"
谓："虞仲、夷逸，隐居放言，身中清，废中权。我则异于是，无可无不可。"

逸民，就是遗落于世间而无官位的贤人，即隐士。孔子以伯夷、叔齐为代表，列于首位，并称其"不降其身，不辱其志"。意思是不降低自己的志向，不辱没自己的身份，饿死不从权。

柳下惠与少连虽降志辱身，但他们的言语合乎法度，行为合乎思虑，也就是忍辱负重，但未改衷心，也还罢了；至于虞仲、夷逸避世隐居，放浪言行，但修身合乎清高，弃官合乎权变，都可谓贤人。

最后，孔子联系自身说："至于我嘛，则与这些人不同，没有什么是必须这样做的，也没有什么是绝对不可以做的，所以是'无可无不可'。"

这也是孔子一直坚持的中庸之道。

孔子是入世的，他一直将"克己复礼"作为行为准则，将说服统治者"为政以德"作为终生目标，积极用世，奔走六国，苦口婆心地劝世向善，故而与隐士们所奉行的避世隐居可谓"道不同，不相为谋"。

但他并不反对归隐，常说"用之则行，舍之则藏"，中庸世故，圆滑机变，对于管仲的降志辱身以成大业推崇备至，受到威胁时亦会委曲转圜，事变从权。

这并不是说孔子没有原则，他用世的大前提是不变的，仁恕的根本道德更不会变，其"岁寒然后知松柏之后凋"的节操，与夷齐饿死首阳何异？

孔子列举的众位隐士中，虞仲、夷逸、朱张、少连的故事已不可考，至于柳下惠，其实不姓柳，而姓展，名获，字禽。生于公元前720年，卒于公元前621年，与孔子的人生并无交集。但是《论语》中曾多次提及孔子对柳下惠的评论：

《卫灵公15.14》
子曰："臧文仲其窃位者与？知柳下惠之贤，而不与立也。"

《微子 18.2》

柳下惠为士师，三黜。人曰："子未可以去乎？"

曰："直道而事人，焉往而不三黜？枉道而事人，何必去父母之邦？"

臧文仲是鲁国的大夫，在孔子出生的一百多年前把持鲁国朝政。柳下惠掌管刑狱之事，因为生性耿直，不事权贵，曾三次被免职。

所以孔夫子称臧文仲为窃位者，说他明知柳下惠有贤名才能，却不给他位子，可谓嫉贤妒能。

柳下惠三黜士师，就有人劝他说，你有这么高的名声，何必要困在鲁国郁郁不得志？不如离国另去，到别的国家发展。

然而柳下惠说："我在鲁国之所以被罢官，是因为坚持原则。像我这样的性格，这样的做事方法，到哪里都难免被排挤被免官的待遇。但是如果让我放弃原则而求官，那又何必背井离乡？在鲁国也是一样的。"

《国语》中记录了一则柳下惠批评臧文仲的故事，起因是一只叫作"爰居"的罕见海鸟飞来鲁国，在城门外啼鸣良久。臧文仲以为异，便命令人们去祭祀。

柳下惠便批评说：这简直就是胡闹，祭祀为国之重典，所依必有法则。圣主只祭祀神明先贤，三皇五帝，山川星辰，怎么可以随心所欲地举行祭祀呢？况且还不知道这只鸟为什么会飞来鲁国，又究竟寓示何意？说不定是逃亡来此的呢？

后来的事实证明，海鸟果然是为了避难而来。这件事充分显示出柳下惠的清醒正直，以及他对礼法的熟悉与遵从。

孔子是重视礼仪的人，自然会对柳下惠手动点赞，且怒斥臧文仲尸居余位，不肯任贤。这话多少有点借古人故事浇自己块垒的意味。因为孔子在鲁国也是享有盛名而不得重用，因此对当权者难免怨怼。

于是孔子选择了周游列国，而柳下惠却坚持留在家乡。相比较来说，谁的选择更对呢？

如果只论仕途发展，柳下惠似乎更加明智，因为孔子辛苦半生，也并没有在别国谋得高职厚禄，还几番涉死，最终还是要叶落归根，回到鲁国终老。如此说来，"去父母之邦"岂非白折腾？

其实，从柳下惠的话里还可以推断出另外一番意思，就是臧文仲这个人虽然没有重用柳下惠，但也算不得小人，因为他也并没有打击报复柳下惠，而只是在他每每忤逆时将其撤职而已。

然而，能够"三黜"，又何尝不是因为"三复"？

没有起用哪来的罢官？没有再三复职哪来的反复撤职？柳下惠坚持原则，不肯谄媚权贵,却仍能一而再地被启用,这又何尝不能说明权贵虽非圣贤,却亦非奸佞呢?

"枉道而事人,何必去父母之邦"的言外之意是,只要我肯折节屈从,谄媚权贵,在鲁国并非没有好的发展。

换言之,柳下惠没有高升并不是因为运道差,而只是脾气硬。他坚定地相信:如果自己肯稍微变通一下,懂得对当权缓和态度,注意相处,就必然会有大起色。所以去国另投什么的,根本无须考虑。

这是不是代表了,柳下惠对于当权的眼光和治理还是非常信任的?

相比之下,孔子每每受挫便立即撂挑子走人,倒显得十分任性而不淡定了。就在《论语》关于柳下惠三黜的这段记载后,紧接着记录的就是孔子的去国:

《微子18.3》
齐景公待孔子曰:"若季氏,则吾不能;以季孟之间待之。"
曰:"吾老矣,不能用也。"孔子行。
《微子18.4》
齐人归女乐,季桓子受之,三日不朝,孔子行。
《卫灵公15.1》
卫灵公问陈于孔子。孔子对曰:"俎豆之事,则尝闻之矣;军旅之事,未之学也。"明日遂行。

季桓子接受了齐人赠送的八十女乐,三天不上朝,孔子一怒之下,便走了;
鲁公分祭肉,没有分给孔子,孔子怒了,走!
齐景公说:"我没法给你那么高的待遇啊。"孔子不满意,走!
卫灵公问列兵打仗的事,孔子不愿说,走!
卫灵公出游时与夫人南子同车,却让孔子跟在后面。孔子觉得没面子,走!
孔子跟卫灵公聊天,卫灵公看着大雁假装风太大听不见,孔子怒,走!
……

在孔子眼中,柳下惠"三黜"而仍不肯去国,大概是不可想象的吧?所以他评价伯夷、叔齐是"不降其志,不辱其身"的逸民,而柳下惠则是"降志辱身矣,言中伦,行中虑,其斯而已矣"(《论语·微子》)。

他认为,柳下惠的行为是降低了身份,压抑了心志,忍受了屈辱,只是他能做到言语合乎法度,行为审慎思考,也罢了。但是比起伯夷、叔齐那样心志坚定,宁可饿死首阳也不食周粟的决绝行为,终究还是次之。

所以孔子虽然自称"无可无不可",却多半是不愿意忍的,他任性而高调,一言不合,拂袖而去。此处不留爷,自有留爷处,这与我们想象中含蓄温婉的孔夫子形象,是不是有点差距呢?

当然,也可以理解成孔子的察言观色,预窥天机,或是觉到了危险,或是感到了瓶颈,所以树挪死,人挪活,此时不走,更待何时?!

而且,若是只论当下的选择,柳下惠留国待复或许更实惠,但是论及对后世的影响,两人的名望却是天壤之别了。去国游学,纵然不能取得仕途昌顺,却对于增广见识传播善道有着无可置疑的重要作用。

所以,柳下惠只是贤人,而孔夫子才是圣人!

(四)

在孔子的隐士贤人榜单中,除了上述诸人,还有一个特殊的族群:狂士。

《微子18.1》
微子去之,箕子为之奴,比干谏而死。孔子曰:"殷有三仁焉!"

微子作为首选,因为他正是孔子的老祖宗。

殷商末年,纣王无道,其兄微子自知身份尴尬,难免获忌,因此三十六计走为上,逃跑远避;其叔箕子因为曾经拥立微子,自知无免,索性割发装疯,纣王便将他囚禁起来,贬为奴隶;唯有比干正面迎上,忠心上谏,力数纣王偏宠妲姬、暴政苛刑等诸弊,大义凛然。纣王恼怒说:"吾闻圣人心有七孔。"竟命人将比干剖心,理由是要看看他的心脏到底长什么样儿。

三个人中,比干无疑是最慷慨忠烈的一位,微子和箕子或跑或疯,都忙着避风头,似乎算不上大智大勇。但是无论勇敢面对还是落荒而逃,他们都选择了不认可,不苟同,不合作,不降其志。

因此,孔子认为三位皆为仁人。

因为有了箕子的典例,"佯狂"便也成了隐士的一项传统,一个标签。

所以说,黄老之道的本质是一种人生哲学,然而究其根源,其实是心理学的产物。

它的诞生源于两种心理:首先是人们总要为自己的无能或者美其名曰无为寻找理论依据的本能,其次是人们对于偶像崇拜得匍匐在地而后含泪仰望的心理。

不是每个人都能位极人臣功盖天下,尤其遇到春秋战国那样的乱世,若不能出人头地,便不如躬耕山林。但这不是因为我入仕无能,而是因为我与世无争,因为我的能力虽然不能出类拔萃，但我的心理是强大的，与世隔绝而卓然不群。

这就是隐士的心态。

那时候还没有佛教的进入，人们没想到用"看破红尘"来解释自己的无所用世，便只好以遗世独立来表现自己的超然物外，不同凡响。

但这种无为终究让人有点郁气，无为是一种真实的生存状态，而并非心甘情愿的行为体现，于是隐士们就有了放浪形骸、披发裸奔等种种高深迥异惊世骇俗的行为艺术。

隐士的先驱如许由洗耳，巢父牵牛，是发自本心的远离红尘；但楚狂接舆，庄子鼓盆，却是以特立独行来引人注目。

从这个意义上来说，《论语》中关于孔子游学列国中遇到一连串隐士的描写，是有意无意地起着推波助澜的作用，无形中将隐士与道学联系了起来。

值得一提的是，《论语》是孔子及其弟子的言行起居录，是在孔子去世后由其弟子或者再传弟子整理编撰，其目的是造圣，动机极其明确而朴实。

五千言的《老子》显然也是为了造圣而诞生，但包装成分占比更大。

首先，老子的身份扑朔迷离，在春秋时期似乎有好几个老子存在，曾为孔子师的周皇室图书管理员老聃，和骑青牛入函谷的李耳，还有彩衣娱亲的老莱子，是不是同一个人，难以定论，倘若是，那么老子至少要活个两三百岁。

其次，这五千言是不是由老子本人所写更加可疑，老子没有明确的弟子，只有奉其为宗主的同门后人，比如彭蒙、田骈等人。而在老子与彭田之间，究竟是哪些人集体编撰充实了五千真言，史上没有任何资料，也就是说，《道德经》的谱牒远不如《论语》来得历史清明。

但是人们需要偶像，需要一个特定的英雄，于是便将所有美好的传奇糅合在一起，塑造出了一个超凡脱俗无所不能的神仙老子。他智慧、神秘、卓尔不群，飘飘乎如遗世独立，羽化而登仙。

《史记》与各种关于神仙的轶闻为我们描述了两人浪漫清冷的初见：

苍茫天地，杳渺山水间，白须青袍的老子，骑着一头青牛缓缓走在两峰对峙的峡口，看着动作迟缓却又倏忽而至，关令尹喜早就望见紫气东来而推算出今天有神人将至，遂早早地等在关口，见老子飘然而至，忙上前见礼，态度恭敬，情辞恳切，老子遂留五千言相授，以点化后人，使大道不废，这便是千古奇书《道德经》，又称《老子五千言》。

尹喜还想再问，转瞬间老子已经消失不见，山峦间仿佛依然有一抹青影，再看却是云雾。

也有说法是尹喜后来追随老子西出散关，化胡西域。

传说真不真实不重要，人们愿意相信就好。

当然也有人质疑，中唐诗人白居易就曾写诗调侃：

言者不如知者默，此语吾闻于老君。
若道老君是知者，缘何自著五千文。

意思是既然无为是至高准绳，沉默是行为规范，那么《道德经》的撰写与传授又算是怎么回事呢？

不是说"道可道，非常道""知者不言，言者不知""是以圣人处无为之事，行不言之教"吗？既然行不言之教，又哪来的这五千字道家箴言呢？

除了老子之外，道教史上的很多先贤也都面目模糊，时代笼统，比如杨朱，比如彭蒙、田骈、慎到，莫不如是。

目前传世的《老子》有三种版本：通行本《道德经》，马王堆帛书《道德经》，还有1993年出土的郭店楚简本。

但是无论哪种版本，因为老子的哲学比儒家更唯心，所以阅读也就更艰难，如何注释完全根据释者的立场与心情来决定，怎么讲都能自圆其说。

正如儒学最初被称为周孔之教，到了后期孟子日显之后才改称孔孟之道的，道学最早也是被称为黄老之学的，后来庄子成圣才改为了老庄之说。

庄子将老子的出世理想推向极致，在《南华经》（又名《庄子》）中进一步阐发自然无为的人生态度，选择隐修专注研究学问的生活方式，并在魏晋时期大行其道，轰轰烈烈地展开了一个玄学时代。

《周易》《老子》《庄子》合称"三玄"，为隐士们留下了大量的理论依据和行为准则。

从此，隐士正式成了道家的一种传统，又称为处士、高士、山人、烟客、逸民、逸士、隐者、幽人等。列子、鬼谷子、陈抟老祖，都是以隐士之学而光照千古的，那已经是孔子之后的事情了。

# 归去来兮

（一）

从鲁定公十三年（公元前497年）孔子去鲁，到鲁哀公十一年（公元前484年），孔子带着学生周游列国，14年中游历了包括卫、曹、宋、郑、陈、蔡、楚等七个国家，却一直未能得到重用，实现自己的政治主张。

很多君主都仰慕孔子的名望，钦佩他的学问，却并不肯接受他的政治理想，也没打算任用他拜相入将。他们在犹豫什么？

有人觉得这是因为"仁"的境界实在太高山仰止，作为个人修为的终极目标长期努力倒不妨事，可是作为国家管理的政治手段则太理想化了，是美好而虚幻的乌托邦。而"礼"更是烦琐不实际，儒家礼制讲究"礼仪三百，威仪三千"，用晏婴劝齐景公的话是"世不能殚其学，当年不能究其礼"。也就是几辈子人都学不完，用以治国理政太不实用了。

春秋乱世，诸侯需要的是一种切实可行并迅速见效的帝王术，儒家礼乐对他们来说太理想太高远不切实际了。因此连子贡都曾经劝老师降低一下标准。

也有人认为，孔子太强势，让诸侯心生畏惧，觉得他不是一个好辅臣。孔子久居卫国时，有流言说他想把持卫国国政。就连学生们都产生了怀疑，让子贡以伯夷、叔齐的典故去试探老师。

南怀瑾先生则认为：各国诸侯害怕孔子的势力。当时人口稀少，而孔子拥有弟子三千，各个都很能干又很忠心，倘若孔子真的官居高位，那么他和他的弟子可以轻易架空君主，夺了这个国家的政权。所以没有人敢任用孔子。

孔子在楚国的经历，就侧面印证了这种处境的尴尬。

《孔子世家》记载，孔子在经历了陈蔡绝粮的困境，千辛万苦地来到楚国时，受到了楚昭王的隆重接待。

昭王很重视他，想拜他为卿大夫，赠予七百里封地。这待遇甚至比孔子在鲁国还高，因为孔子在鲁国是徒有大司寇之名而无封地的。

倘若实现，孔子或许就会在楚国登上自己权位的最高峰了。可惜，这事被昭王的哥哥公子申阻止了。

公子申问:"大臣出使诸侯各国的,有像子贡这样出色的吗?"

楚昭王说:"没有。"

公子申又接连发问:"大王辅臣中,有如颜回之贤者乎?将帅之中,有如子路之勇者乎?官尹有如宰予之能者乎?"

楚昭王接二连三地回答"没有",越说越气馁。公子申进一步说:"孔夫子事事效法周公、召公,要恢复周制。但是我们楚国的祖先在受周天子分封时,只是子爵男爵,封地方圆五十里。按照周制,我们还能世代保有几千里的土地吗?况且,当初文王在丰邑,武王在镐京,不过拥地百里,得成天下霸业。如今让孔丘拥有七百里土地,又有那么多弟子辅佐,这对楚国来说可不是什么好事啊。"

昭王听得一头冷汗,分封孔子的想法也就此打消了。

就这样,孔子周游列国,饱受风霜,却一直没有得到发挥所长的机会。《吕氏春秋》说:"孔子周流海内,再干世主,如齐至卫,所见八十馀君。"也有说七十余君,总之是历聘诸侯,终不得用。一度想去到最偏僻的小国,九夷之地。

《子罕9.14》

子欲居九夷。或曰:"陋,如之何?"

子曰:"君子居之,何陋之有?"

关于九夷的解释有多个版本,包含了各省各区,但是寓意都指蛮荒不文之地。从前泰伯三让天下,就跑去了吴地断发文身,开创一片新天地。如今孔子大概也有此打算。

有弟子担心说:"那些地方太落后粗陋了,民众又野蛮,我们去做什么呢?"

孔子回答:"再落后的地方,有道德有学问的真君子去了之后,也必有所为,自得安乐,又怕什么蛮荒粗鄙呢?"

这句"何陋之有"被刘禹锡照搬进了《陋室铭》,郑重说明了"斯是陋室,唯吾德馨"的道理。

此为君子之勇。

(二)

十四年中,孔子一行风沙星辰,几度沉浮,死里逃生,始终未能展才。即便如此,却也一直不提回鲁国的事。

直到季桓子去世,季康子嗣位,派人召见冉求。

季康子最初想召还的其实是孔子,而且还说这是父亲季桓子的遗志,父亲临终前抱憾说,若不是得罪了孔夫子,鲁国早就强大了。

但是鲁国的大夫们却不愿意让孔子回来分薄了自己的利益,便撺掇说:"从前我们的国君鲁定公曾经任用过他,但没能有始有终,反被诸侯耻笑。如今您要请他回来,如果相处不好,有始无终,就会贻笑大方,还是要慎重啊。"

于是季康子叹了口气说:"曾经有一个可以让鲁国强大的机会摆在我面前,我没有珍惜,等我失去的时候才后悔莫及,人间最痛苦的事莫过于此。如果上天给我一个再来一次的机会,我会说:'算了吧!'"

人们看到季康子这个既拿不起又放不下的样子,就改口说:"孔夫子是一位国际名人,召请他回来,如何任用是件很棘手的事。但是可以请他的弟子从政啊,找个年轻点的,表现好就给以重用,表现一般就冷着他,也不会让自己太为难,这样进可攻退可守,岂不是好?"

季康子又问:"那应该请谁呢?"

他们把孔子最有名的几位弟子数了一个遍,子路?不行,脾气太大;颜回?不行,性子太迂;子贡?不行,钱太多,把他请回来,孔夫子就要断粮了,这不成了挖墙脚吗?我们就算不请孔子,也不能结怨不是?

算来算去,决定召还冉家三小子冉求。

当时孔子师徒正在陈国客居,请帖便直接送来了陈国。冉有接到请帖,当然要询问老师的意见,孔子点头沉吟说:"归乎!归乎!"

《公冶长 5.22》
子在陈曰:"归与!归与!吾党之小子狂简,斐然成章,不知所以裁之。"

古时五百家为一党。"吾党"意即我的故乡。孔子说,家乡的小孩子长大了,志向远大但礼仪粗疏,有文采而不知裁剪,有待教养啊。

那谁来教养呢?自然是孔子最有资格了。

子贡闻弦歌而知雅意,听出了老师的归乡之意,知道老师想回家了,但是又好面子,当初辞官远行,如今鲁国没有请他回去,他也不好意思这样没名份地主动返回。于是便悄悄拉冉求出来,叮嘱说:"你这次回去,一定会得到重用的。到时候要想办法让他们风风光光地请老师回去。"

但是冉求做事有点拖沓,孔子待在陈国等了两年也没等到回音,只得带上弟子继续远游,先去了楚国,后去了卫国。

又过了许多年,终于在冉求在一次对齐大战中立了军功得胜还朝时,季康子问他:"你这样骁勇善战,是学到的本领,还是天生的能耐?"

冉求想起子贡的嘱咐，忙说："我这些本事都是向孔老师学的。"并趁机劝诫说："国有圣人而不能用，怎么能把国家治理得好呢？我老师现在卫国，听说就要得到重用了。我们自己的人才却要去帮助邻国，这是不明智的。"

季康子再次起了召还孔子之心，冉求进一步提出："召请我老师，要有光明正大的名分，公示百姓，祭告鬼神，不要再听信小人的阻碍，诚心请召。不然，就是把千社这么大的地方送给他，我们老师也是不会接受的。"

季康子从其所请，礼节周备地遣使迎接孔子返鲁。

此时，距离孔子离乡，已经十四年过去了。

不禁再次想起郑人形容孔子的那句"累累若丧家之狗"，忽觉潸然。

（三）

孔子漂泊十四年而终无所成，大道不行，这使我曾经一度觉得孔圣人也没有想象的那样伟大，有道理无实操，还屡屡让自己与弟子陷于险境，是否他的能力并没有想象中那么强大，理论也未免过于理想化，不然怎么会寻寻觅觅十四年而不得志呢？

但是再深想一层，便不会这样以小人之心度之了。

这个"小人"，当然是指平民。我等平头百姓，难免习惯于"以成败论英雄"，可却从不以此去论孔子。只是哪怕真以世俗价值来论，我们能想象普通人每行走一个国家，都去拜访人家元首，还以国宾礼遇长住下来吗？那怕是痴人说梦吧！

孔子能，这是什么样的地位、声名，才干与魅力！

至于没有一个国君肯真正重用他，这完全可以理解。我们会对一个外邦友人以礼相待，或者给予某种高官厚禄，但是会让他当国务卿吗？尤其是，还不只任用他一个，而是重用他的整个管理团队。

正像公子申问楚昭王的："我们国家没有一个使臣像子贡这样出色，没有一个辅臣像颜回这样贤德，没有一个将帅像子路这样勇武，没有一个官员像宰予这样能干，那如果我们任用了孔子为相，是不是从上到下整个领导班子都要交给孔门管理，那楚国姓芈还是姓孔？"

孔子的地位、声名、能力，尤其是他弟子三千的影响力，已经足以让每一个国家的君主感到威胁，更让这个国家的重臣相辅们惶惶不能自安，有人想杀他是肯定的事，"桓魋之难"可谓窥一斑而知全豹。而孔子游历十四年犹能安然归来，可见何等见机，智勇双全！

虽然终其一生，孔子也未能实践自己的道，却让他有了更多的时间和体验去思考儒术，修订典籍，创建完整的儒学体系。

这种成就，超越了他拜访自荐过的任何一位大夫甚至国君，当两千五百年后的人已经记不起春秋五霸到底是哪五位的时候，却连三岁的孩童也知道，东周时期，曾出现过一位圣人，他就是孔夫子！

诚如仪封人所道："天下之无道也久矣，天将以夫子为木铎。"

《八佾3.24》

仪封人请见，曰："君子之至于斯也，吾未尝不得见也。"

从者见之。出曰："二三子何患于丧乎？天下之无道也，天将以夫子为木铎。"

仪封是卫国的一个邑。孔子生平五次至卫，仪封人请见不知道是哪一次。

这位仪封人显然是当地的一个官员或是名士，很有些体面的，因此自称："凡是有君子来到这里的，我没有不拜见的。"

于是，孔门弟子便引他见了师父。

大概是弟子们刚刚经历了劫后余生的险境，正在疲惫倦怠之际，满面的郁郁不得志，又或是孔子对仪封人说起了最近的困境与学生们的心态。

总之，仪封人出门后对孔子的弟子们感慨地说："你们何必这样失魂落魄丧失信心？天下无道，老天爷是要让你们老师为铎，号令天下啊。"

这个"何患于丧乎"，正与"丧家之狗"遥遥相应，莫名有一种悲壮之感。

铎，是一种铜制的铃铛，舌分铜制与木制两种，铜舌为金铎，木舌即为木铎。中国古代宣布政令时，官员们都会一边走一边摇响木铎引起众人注意，有点像后世的敲锣，上宣政教下通民情。比如周朝的采诗官便是"行人振木铎徇于路以采诗，献之大师"。

在这里，仪封人将孔子比作响震天下的木铎，传道教化，警示世人。

这比喻真是再恰当不过了。我为我曾经的小人之心而羞惭，遂占诗为记：

风雪依然松态度，飘零不改玉精神。

谁知累累丧家犬？原是春秋振铎人。

## 六、自卫返鲁（六十八至七十三岁）

## 述而不作，信而好古

（一）

孔子自卫返鲁后，把所有的精力都用在了删订六经上，"吾自卫返鲁，然后乐正，雅颂各得其所"。

他结合自己近五十年的教学经验，对于《诗经》《尚书》《曲礼》《乐经》《易经》逐字推敲编撰，却没有留下原创的著作，就连《论语》也是他的门徒在他死后整理的，只好算是语录罢了，不能称之为完整的作品。

唯一表现孔子笔墨个性的，是《春秋》。这是他综合各国历史典籍重新修撰的史书，从平王东迁一路记述至今，列举了二百多年的历史大事件，前面大部分内容主要是汇编校总，尾声部分则由孔子补齐，微言大义，一字千钧。

比如帝王处死叛将，称之为"杀"；而王公将相杀死上主，则称之为"弑"。

虽说"春秋无义战"，但是每次战争杀伐毕竟各有因果，孔子笔削谨言，以此正名，尽量客观地公评历史，维护正常的道德秩序。

孟子说："孔子成《春秋》，而乱臣贼子惧。"

从此，《春秋》赏善罚恶的精神便成了中国后代修史之滥觞。

而无论修书还是修史，孔子对自己的笔墨有八字原则，乃是"述而不作，信而好古"。

《述而7.1》

子曰："述而不作，信而好古，窃比我于老彭。"

"述而不作"，就是我只管陈述前人学说，并没有加入自己的创作；"信而好古"，是说自己相信并爱好古旧的历史知识，所以忠于原创。

这八个字说得太好了。

孔子学究天际，博古通今，培育英才三千，七十二贤人。可是他偏偏很谦虚，说我没什么本事，不过是因为我热爱且坚信上古的文化典籍，因此一直在重复着古人的道理而已，并没有自己的主张。

当然，孔子兴办私学，开儒家之始，并非完全照搬古人道理，不加以自己的阐发。这里的"作",指的是更大的发明创作,比如蚩尤作兵,仓颉造字,孔子说我没有这样的成就,没有发明什么,只是继承传播而已。

这便是"述而不作,信而好古"。

那么"窃比我于老彭"的"老彭"是谁呢?

有人说是一个人,姓钱名铿,是颛顼帝的曾孙,商代的贤大夫,因为封地在彭城,故称彭祖,相传活了七百多岁。标准的老古董。也有人说是两个人,老子和彭祖的合称。老子骑着驴进函谷关后就飞升了,也是个老神仙。

不过老子的年代与孔子较近,甚至有人说写《道德经》的老子和孔子在洛阳拜见的老子是两个人,道祖老子的年代比孔子还晚。总之孔子自比老子的可能性不大。

无论怎样,这句话里孔子自嘲老古董是没错的。说这话时,我们仿佛可以看到孔圣人唇边一丝微笑,几分自嘲,几分欣悦,几分从容。

后来,他又强调了一次"信而好古"的重要性。说我可不是什么天才,不是那种生下来就通天彻地知识渊博的神仙,我只是热爱古代文化,勤奋学习,认真思考罢了。

《述而7.20》

子曰:"我非生而知之者,好古,敏以求之者也。"

《述而7.28》

子曰:"盖有不知而作之者,我无是也。多闻,择其善者而从之;多见,而识之。知之次也。"

敏是敏捷,既有先天的聪明,也有后天的勤奋。

人有三种:上智,中人,下愚。上智是"生而知之"的人,中人是"学而知之"或"困而知之"的人,下愚是困而不学的人。

孔子再三强调:"我不是生而知之的圣人。我只是喜好古书古礼,嗜书求知而已,依靠的乃是后天的努力学习,是'知之次也'。"

孔子还说,世上可能有"不知而作"的人,但我不是那种人呀。

关于"不知而作之者"有两种解释,一是说那些"生而知之"的圣人,是褒义;二是说那些不清楚真相真理就敢随意创作的人,是贬义。

不管怎样,孔子强调说,我不是那种人,我必须多闻多见,然后选择那些经过验证的善知识去跟随它,记录它,所以是次一等的知识啊。

这不仅是再次强调"述而不作",而且强调所述皆有所本,学而知之,绝不会"不知而作"。

# 孔子晚年的政治情结

## （一）

孔子一生经历了鲁昭公、鲁定公和鲁哀公三位诸侯执政。与此同时，季氏家族也经历了季平子、季桓子和季康子三代家主。

鲁哀公是公元前494年即位的，而季康子则是公元前492年执政。

孔子于公元前484年自卫返鲁，公元前479年去世。

《论语》《孔子家语》中分别记录了许多鲁哀公和季康子向其问政的对答，只能是孔子归鲁之后的事情。

比如《孔子家语》第五章《儒行解》，鲁哀公问儒，孔子明确地回答："儒有席上之珍以待聘，夙夜强学以待问，怀忠信以待举，力行以待取。"

这段话总结起来就是五个字：儒学为做官！

席上的珍品是为了等待别人来采用的，昼夜苦学是为了等待别人来求教的，心怀忠信是为了等待别人来举荐的，努力做事是为了等待别人来重用的。说到底，都是为了进取。

待价而沽，沽者为谁？

鲁君与季氏都不是沽者。

他们并非不尊重孔子，也并非不想任用儒士，只是一则孔子此时年事已高，已经六十八岁了，不宜再封官；二则弟子众多，一呼百应，当真是举足轻重。这样的一位"国老"，敬之拜之足矣，真要任之用之，却该以何种方式等阶相对呢？

此时孔子的履历与名气已经成了阻碍，非卿大夫不能就仕，而鲁君与季康子虽然敬重他，却并不放心任他以高位。所以宁可重用他的学生。

这颇有点买椟还珠的意味。

《为政 2.19》

哀公问曰："何为则民服？"

孔子对曰："举直错诸枉，则民服；举枉错诸直，则民不服。"

《为政 2.20》

季康子问："使民敬，忠以劝，如之何？"

子曰："临之以庄，则敬；孝慈，则忠；举善而教不能，则劝。"

这两段对话只能发生于孔子晚年返鲁之后，此时孔子的思想已经定型，可谓一字千钧。

鲁哀公问的是怎样让民众顺服，而孔子回答的是选官之道。举荐正直贤能的人，让他们去管理邪妄的人，百姓就会拥护；若是推举邪妄之人去管理正直的人，百姓就不服从了。

错，亦可解为"措"，"错诸枉"，就是放置于邪妄之上。

所谓"兵熊熊一个，将熊熊一窝"，能干的好人可不能放在无能小人之下。

只有君子领导小人，贤者教化愚众，才是一个国家兴旺发展的希望。

同样是为政，季康子的问题也差不多，怎么能让百姓敬上忠诚，勤勉卖力。

孔子回答：为上者自重端庄，百姓就会敬重；推行父慈子孝，百姓就会忠诚；举用有能力的人来教化民众，就会让民众卖力。

这里的劝，是民有所劝而乐于相从的意思。

这两条为政之道的共同之处，就在于"举直""举善"。"举善教不能"，就是"举直错诸枉"。而直与善，便是选官准则。

所以说到底，儒家学说还是仕宦之说。而孔子这样积极地强调人才为重，自然是想推举自己的学生。

（二）

季康子多次向孔子问政，并请孔子推举贤能，问其"弟子孰为好学"，又问季路、子贡、冉有可不可以从政，孔子给予了绝对肯定。

《雍也6.8》

季康子问："仲由可使从政也与？"子曰："由也果，于从政乎何有？"

曰："赐也可使从政也与？"曰："赐也达，于从政乎何有？"

曰："求也可使从政也与？"曰："求也艺，于从政乎何有？"

这段话中，季康子接连问起了孔子的三位弟子：子路，子贡和冉求。

颜回是孔子门人中最有贤名的，然而季氏却提都没提，"可使南面"的冉雍是冉求的哥哥，季康子也没提。所以这段对话发生背景应当较晚，大约在颜回死后而子路逝前，也就是孔子七十一或者七十二岁那年。

朱熹注释，认为"从政，谓为大夫。"这是要大大地提拔孔子的学生了。

季康子第一个问的是孔子最亲近的弟子仲由，也就是子路，说子路可以让他做大夫参与政事吗？孔子立即为弟子站台说："当然啦，子路果敢决断，片言可以折狱，从政对他来说有什么难的？"

季康子又问："端木赐能做大夫吗？"孔子又说："当然啦，子贡口才辨给，明白事理，判断物价一猜一个准儿，审时度势是本能，从政对他有什么难的？"

季康子最后问的才是冉求，这个有点奇怪，因为他明明已经认识冉求并见识过他的能力了，此前也正是他亲自召请冉求回国，如今倒又反过来向孔子打听，很可能是一种试探或比较。

但孔子还是很耐心地回答："冉有多才多能，你已经见识过他作战的能力了，他还有些能耐没机会发挥呢，他当然能做大夫了。"

然而冉有做了季氏宰，没有阻止季氏祭泰山、兴战事，还帮着季氏增加赋税，气得孔老师恨不得让众弟子去群殴他。

《季氏11.17》

季氏富于周公，而求也为之聚敛而附益之。子曰："非吾徒也，小子鸣鼓而攻之可也。"

据《左传》载，这应该是鲁哀公十一年的事，季氏要增加赋税，让冉有征求孔子意见。孔子非常反对，因为这很明显是对贵族有利，却伤害百姓利益的政策。苛征重赋向来是百姓之病，宽徭薄赋则一直是儒家之纲，孔子理论的核心是仁政爱民，当然不赞成。"苛政猛于虎"的感慨，便由此而发。

其实这是乱世的必然规律，因为"礼崩乐坏"，诸强倾轧，外敌侵张，内敌兼并，纷争不断，这就必然会打仗。打仗就要死人，就要增税，所以"轻徭薄赋""与民休息"那样的"文景之治"，只能发生在大汉天子一统四方后的治世，而"乱世"与"重税"，从来都是捆绑前行的。

所以季氏对加税这件事早已经打定了主意，征求意见只是走个过场，为自己张目。见孔子不上道，也就不理他了，仍旧自行其是。而冉有身为下属，阻止不了，只能接受任务制定了田赋改革的方案——不说劝阻主上，还助纣为虐帮着主公聚敛财富，这就怪不得孔子生气了，甚至放话说："以后这冉小子不再是我的学生，你们见他一次打他一次好了。"

孔子之所以这样生气，正是因为心在民众，以人为本。

用张载的话来总结，儒生根本，当是"为生民立命"！

## （三）

孔子不仕，退而修书，述而不作，正风雅，订礼乐，精读《周易》，修撰《春秋》，功被千秋。

但是他的内心始终是热衷政治的。一面说着"不在其位，不谋其政"，一面不断通过学生来了解和干预政事。

直到去世前一年，孔老师还热心地为了时政而奔走：

《宪问 14.21》
陈成子弑简公。
孔子沐浴而朝，告于哀公曰："陈恒弑其君，请讨之。"
公曰："告夫三子。"
孔子曰："以吾从大夫之后，不敢不告也，君曰'告夫三子'者！"
之三子告，不可。孔子曰："以吾从大夫之后，不敢不告也。"

这仍是鲁国紧邻齐国的事情，就是齐国大夫陈乞（陈僖子）的儿子陈恒（陈成子）杀了齐简公，拥立齐平公，自己把持了朝政。

孔子本着强烈的政治热情，听说了这宗国际新闻，便当作一件了不得的大事，立刻赶来拜见鲁哀公。还不是普通的请见，而是沐浴更衣，盛服前往，以示对这件事的重视。

因为孔子一直坚持君权正统，以臣弑君是天大的罪恶，人人得而诛之。所以他一见哀公便请求说："陈恒弑君，我们去讨伐他吧。"

无奈的是，他眼中天大的事情，在哀公看来却不算什么事儿，只是淡淡说："你同三桓说吧。"

这很可以理解，一则再大的事也是齐国的事，难道要当国际警察无故兴兵吗？更何况齐国还比鲁国强大得多，鲁哀公管得了吗？二则鲁国的朝政把握在三桓手中，鲁哀公也确实没什么实权，也没什么兵力，发动战争这么大的事儿，当然要和三桓商量了。三则发兵的理由也很牵强，若说齐国的朝政被陈成子把持就要兴兵讨伐，那么鲁国的朝政还被三桓分秉呢，鲁哀公又找谁说理去，请谁发兵来？

所以孔子这个提议，注定是不被采纳的。

显然孔子已经老了，有点不合时宜。他兴冲冲地赶来，却被这样浇了冷水，不禁有点落寞，嘀嘀咕咕地说："我是曾经做过大夫的，不能不来报告，您却让我去告诉那三家。"

这段话有个歧义在于"君曰告夫三子者"究竟是谁说的。因为古时没有标点符号，这句话可能是孔子重复了一遍哀公的话表示抱怨，"君"是"您"的意思；也可能是哀公自己又重复了一遍，也就是说"君"指鲁君，哀公无法回答孔子，就只好再说一次："你还是找三桓去吧。"

但无论是哪种，并不影响对这段话的理解，总之孔子就真的去找三桓商议了。三桓当然也不会理他，不可能同意发兵讨伐。孔子只得再次愤愤地重复："我是做过大夫的，这样的大事不得不来禀报。"

钱穆先生对这件事的评论是："孔子亦知其所请之不得行，而必请于君，请于三家，亦所谓知其不可而为之也。"

"知其不可而为之"也罢，"随心所欲不逾矩"也罢，总之孔子的一生，都有着浓厚的政治情结。

或许，他的政治理想一生都没能得到实践，但是"学而优则仕"的传承却从此建立，并且影响了中国两千多年的历史，这种影响，大约是孔子自己也没有想到的。

北宋的开国宰相赵普曾说："半部《论语》治天下。"不管是不是夸张，至少，这些历史名臣用实际行动和历史实践证明了，孔子的政治抱负是可行的，绝非"系而不食"的匏瓜。

也正是因此，时隔两千五百年的今天，我们还要精读孔子，深读《论语》，无论理解的深浅透彻与否，多读一点，就多一点修为，就算读不懂又如何？赵普半部《论语》都可以治天下了，我们不贪心，读个百分之一，能做好这一刻的自己，足矣！

# 是可忍孰不可忍

（一）

在孔子之前，受教育习礼乐是贵族的特权，但孔子提倡"有教无类"，兴办私塾，打破了门第观念，第一次将社会不同阶层的人纳入学中，无论贵族寒门，都有受教育的权利，并且打破了"礼不下庶人"的传统，主张对一切人"齐之以礼"，是一位不仅博学而且懂得圆融变通的学者，更是一位以人为本心怀天下的智者。

但是与此同时，孔子又特别在意君臣父子的社会秩序，坚决反对以下犯上，以臣弑君。所以当听说齐国部将陈恒反叛，杀了国君齐简公时，立即沐浴更衣，朝见鲁哀公，并请求："陈恒弑其君，请讨之。"

因为在孔子眼中，以臣弑君乃是遭天谴的第一等恶事，理当人人伐之，所有越制逾礼的行为，也都是不能接受的。比如我们最熟悉的"是可忍孰不可忍"，便指的是"犯上"之过。

《八佾3.1》

孔子谓季氏："八佾舞于庭，是可忍也，孰不可忍也？"

古代宫廷舞乐，八人为一行，一行为一佾，"八佾"就是八八六十四人的队列，是只有天子才能享用的最高配置。诸侯国君舞乐，须减等享之，最多六佾，大夫再减一等，为四佾，士家只用二佾就好。

季氏身为大夫，只能使用四佾舞乐，却翻倍用了八佾的礼乐，这是破坏周礼的僭越行为。

而礼乐制度，正是西周政治的核心，一切"非礼"的行为都是大事。因此，孔老夫子大发雷霆，评论说："在自己庭院里表演天子才可以享用的舞蹈，这样的事都可以容忍，还有什么不可以忍的？"

这个"忍"字，究竟指谁在忍呢？是说自己吗，那轮不到他不忍，只能说这样的事都看下去了，还有什么事好计较的呢？是说鲁国君吗，那意思便是鲁定公连这种事都能忍了，还有什么能力与三桓争胜？又或是说季氏本身吗，那立场又自不同，是说季氏这种事都干得出来，还有什么不敢干的？

关于这位季氏是谁，史上多有争论。孔老夫子共经历过三代季氏当权：季平子，季桓子，季康子。

《左传》认为是季平子之举，并且将其与"卒逐昭公"相连；《韩诗外传》则将其与后文一连串的事情都归于季康子："季氏为无道，僭天子，舞八佾，旅泰山，以雍彻。孔子曰：'是可忍也，孰不可忍也？'然不亡者，以冉有、季路为宰臣也。"

我更倾向《韩诗外传》的说法，因为这样所有的事件就串联起来了。"僭天子，舞八佾，旅泰山，以雍彻"，都成了发生在同一时期的系列事件。

而且，不仅季氏违制，三桓中的其他两家也都僭越，私下演奏只有天子祭祖才能使用的颂歌雍曲。

《八佾3.2》
三家者，以《雍》彻。子曰："'相维辟公，天子穆穆'，奚取于三家之堂？"

《诗经》分为风、雅、颂三部分，颂是祭祀天地神明祖先的歌曲，经过孔子删订后今余周、鲁、商三颂。鲁为周的后代，但是作为诸侯国已经有了自己的颂歌，如今三家却仍以周颂为祭，显然以天子自居。且看一下《雍》的全诗：

### 诗经·周颂·雍

有来雍雍，至止肃肃。相维辟公，天子穆穆。
於荐广牡，相予肆祀。假哉皇考！绥予孝子。
宣哲维人，文武维后。燕及皇天，克昌厥后。
绥我眉寿，介以繁祉。既右烈考，亦右文母。

"相维辟公，天子穆穆"的意思是天子肃穆地主持祭礼，诸侯公卿都来尽职助祭。三桓本非天子，本来只有"相维辟公"的资格，却偏要高唱"天子穆穆"，这不是自己打脸吗？

孔子讲求礼乐，但强调礼乐不只是表面，更在于内涵。

礼仪不只在于玉帛这些祭品，音乐不只在于钟鼓发出声响，礼乐是发自内心的素养，修于内而形于外。

所以孔子说：没有了礼，不懂得仁，又何必拿礼乐做幌子呢？

《八佾3.3》
子曰："人而不仁，如礼何？人而不仁，如乐何？"
仁德是内在的，礼乐是外在的，如果没有了仁义道德打底子，不懂得礼让守制，无论举行多么盛大的乐礼，也是无用的。再恭敬完美的礼乐，都只是虚无的空壳。

若是三段言论发生在同一事件中，则可见"是可忍孰不可忍"的并不是什么了不得的大事，而不过是关于音乐祭礼的细节争执罢了。

事实上，整章《八佾》的主要内容都是在讨论各种礼祭细节。

与"八佾舞于庭""三家以雍彻"同样让孔老夫子看不下去的，还有季康子"旅泰山"的逾制之举，因为只有周天子才有资格祭祀。

于是孔子骂冉有："你怎么不拦着呢？"

冉有说："我拦不住啊！"

孔子更气，干脆说："泰山有灵，不会保佑你们的。"

《八佾3.6》

季氏旅于泰山。子谓冉有曰："女弗能救与？"

对曰："不能。"

子曰："呜呼！曾谓泰山不如林放乎？"

"旅"，本义指军队编制单位，在"周礼"中则代指祭祀，就是带着一个旅往泰山祭拜，求救于天地神灵。

"女弗能救与？"从字面上解释就是："你不能救救季氏吗？"意思是季康子犯下这种僭越大错，是会遭天谴的，你作为季氏的家臣，理当忠言直谏，怎么能眼看着季氏违礼祭祀而不加劝阻呢？这不是见死不救吗？

当然，也可以有另一种解释，就是季氏祷于泰山，很可能是遇到了什么灾祸，所以才要求神保佑。孔子问冉有，出了什么乱子，你不能帮忙救助吗？为什么一定要用祭泰山来谋求？

但是冉有回答："我救不了。"孔子遂发出"泰山不如林放乎"的感慨。

"泰山"，这里不只指山，更指山神。孔子说，以山神的智慧，难道会不如林放吗？又怎么会接受违礼的祭祀？

所以，祭祀也是无用，反而有违天道，必遭其殃。

由此可知，这段对话当发生于林放问礼不久，不然孔老夫子不至于想起这个并不亲近的路人甲。而事实上，这两段也的确排列得很近。

《八佾3.4》

林放问礼之本，子曰："大哉问！礼，与其奢也，宁俭；丧，与其易也，宁戚。"

林放，字子丘。有人说是孔门弟子，但是《孔子家语》和《史记·孔子弟子列传》中都没有这个人，所以可能只是一个对礼很有研究的同行，慕名来拜，向孔子请教礼的根本是什么，其情形正如同于当初孔子问礼于老子。

孔子称赞说："这个问题意义重大啊！真正的礼敬，与其铺张浪费，宁可朴素俭约；就丧礼说，与其仪文周到，宁可真诚哀恸。"

礼乐之道，发乎于心。如果心里没有诚敬肃穆，只在歌舞仪式上招摇铺排，岂非本末倒置？

想来孔子与林放的这次见面相谈甚欢，关于心诚为礼的话题讨论了很久。所以当季氏旅泰山的消息传来时，孔子第一反应就是又想起了这次对话，讥讽说："神不享非礼，泰山之神难道还不如林放深知礼之根本吗？"神明鉴照凡心，怎么会只因为季氏大肆祭祀就去庇佑这种僭越无礼之人呢？

## （二）

季康子其身不正，专权敛财，八佾舞于庭，旅泰山，孔子对他很有意见。因此季康子每每问政，孔子都是不假辞色，几乎是问一句怼一句。

《颜渊 12.17》
季康子问政于孔子。孔子对曰："政者，正也。子帅以正，孰敢不正？"
《颜渊 12.18》
季康子患盗，问于孔子。孔子对曰："苟子之不欲，虽赏之不窃。"
《颜渊 12.19》
季康子问政于孔子曰："如杀无道，以就有道，何如？"
孔子对曰："子为政，焉用杀？子欲善而民善矣。君子之德风，小人之德草，草上之风，必偃。"

这三段对话的核心思想是一样的：当权者自身正直，民众哪有不正的？

季康子问怎么管理民众，孔子说：你先管好自己，以身作则，正直公义，治下又怎敢不行之以正？

季康子对于盗贼很头疼，孔子反讥：大盗窃国，小盗窃铢。你若不是贪婪重欲，带坏风气，就算是把东西白赏给民众，他们也不会稀罕的。

季康子想杀一儆百，孔夫子更加不屑：你能执政明朗，何必用杀？你有善心，民众也能有善行，上梁不正下梁歪，是能靠杀戮来遏止的吗？

"君子之德风，小人之德草"，是个非常形象的比喻，草随风倒，风往哪边吹，草往哪边倾，民之化于上，为政清明，焉有盗寇？

字字珠玑，掷地有声。夫子威武！

不过，孔子这样说话也不单是为了怼季孙，他一贯主张为君者当以身作则，只有君上像个君上，臣子才能像臣子，民众也才会顺服，上行下效，上德下化，自古皆然。

正，就是直，"举直错诸枉，能使枉者直"。治理一个国家，还有什么能比为上者正直仁义洁身自爱更重要呢？

《子路 13.6》

子曰："其身正，不令而行；其身不正，虽令不从。"

《子路 13.13》

子曰："苟正其身矣，于从政乎何有？不能正其身，如正人何？"

要正人，先正己。从政者若能自正其身，自然百姓拥戴，有令必行，否则，用尽杀伐之术，亦不能长久。如能端正自身，管理政事还有什么困难的呢？而如果不能持身以正，又怎么去教化民众正直做人呢？

这个身正令行，是上位者第一守则，不仅是政规，也是兵法。军队中发生的哗变，九成是因为将军"其身不正"，兵士"虽令不从"引发的。

礼乐文明的本质是阶级秩序，要求天下人依礼而行，忠孝仁义，不叛不逆，自然也就没有了纷争和祸患。

春秋时期推行的是礼法，而非立法。所以叶公和孔子才会有关于"父子攘羊"的争论。

孔子崇尚中庸之道，虽曾为大司寇，制定了许多守则，却没有明确的刑罚，因为在儒家看来，人的行为是很难使用划一的规则来衡量的。

而季康子"杀无道以就有道"的想法却已经具备了法家的雏形，这是出于当权者的管理需要，后来法家的出现，正是为了呼应这一需求而诞生。

法家的源头最早可以上溯到管仲，但是真正的代表人物却是商鞅与韩非。

"商鞅变法"是战国时期各国变法运动中比较彻底的一次，他认为儒家的诗书礼乐、仁义孝悌都是祸国殃民的东西，主张"燔诗书而明法令"，提倡加强君权，以"法治"代替"礼治"，"法令者民之命也，为治之本也"，并推出令人闻之色变的连坐之法。

后来，由于商鞅得罪的人太多，受到秦惠文王的猜忌，逃至边关，却在投宿客店时，因为店主畏惧商鞅新法的严苛不敢收留无凭证之人，使得商鞅走投无路，终究落网，最终惨死于"车裂"之刑，其家族也因受"连坐"而悉被杀害。可谓"作法自毙"的悲哀典型。

商鞅虽死，但他的变法确实使秦国变得强大，长期凌驾于六国之上，为后来的统一奠定了基础。而秦始皇统一六国后也继续沿用商鞅的法治思想，"燔诗书而明法令"，更是接受李斯的建议，焚书坑儒。

但后来怎样呢？势如猛虎的大秦帝国，不过才维系了14年，历二世而亡；而接替秦朝的大汉却将儒家推到了至高无上的地位，并一直延续了两千五百年。

无他，正法正民，终是要先正道正己，这便是儒家的力量！

（三）

《论语》所述的言行大多是一小段一小段，甚至有时只是一句话便独立成章。但是十六章开篇记述了冉有和子路为季氏家臣，来与孔子讨论时局政略的情形，却是很长很完整，仅次于"吾与点也"的众弟子理想之争。

因为，季氏众多不可忍中最大的一次事件发生了，便是"季氏将伐颛臾"：

《季氏16.1》

季氏将伐颛臾。冉有、季路见于孔子曰："季氏将有事于颛臾。"

孔子曰："求，无乃尔是过与？夫颛臾，昔者先王以为东蒙主，且在邦域之中矣，是社稷之臣也。何以伐为？"

冉有曰："夫子欲之，吾二臣者皆不欲也。"

孔子曰："求！周任有言曰：'陈力就列，不能者止。'危而不持，颠而不扶，则将焉用彼相矣？且尔言过矣。虎兕出于柙，龟玉毁于椟中，是谁之过与？"

冉有曰："今夫颛臾，固而近于费。今不取，后世必为子孙忧。"

孔子曰："求！君子疾夫舍曰欲之而必为之辞。丘也闻有国有家者，不患寡而患不均，不患贫而患不安。盖均无贫，和无寡，安无倾。夫如是，故远人不服，则修文德以来之。既来之，则安之。今由与求也，相夫子，远人不服，而不能来也；邦分崩离析，而不能守也；而谋动干戈于邦内。吾恐季孙之忧，不在颛臾，而在萧墙之内也。"

颛臾 (zhuān yú)，古国名，东夷部落在远古时代就已建立的小国，传说为伏羲之后，国姓为"风"。故址在山东省临沂市平邑县柏林镇固城村。西周初期，成王封之为颛臾王，祭祀蒙山。由于国小势弱，到了春秋时就变成了鲁国附庸。

所以季氏想直接攻打占有。

孔子的政治主张乃是治国以礼，为政以德，季氏无故发动战争，孔子当然不高兴。彼时冉有、子路都在为季氏打工，前来报告朝会内容，孔子便明确指责说："冉有，这难道不是你的过错吗？颛臾在鲁国一向有名正言顺的政治地位，先王曾命他主持东蒙山的祭祀，其地理位置本就在鲁国境内，是与鲁国共安危的重要臣属，素来谨守君臣关系，为什么要无端去攻打他？"

这就是孔子的疑问。

弱肉强食是野性本能，而君子之交是礼乐文明。孔子以礼自持，当然不会同意季氏的师出无名，连带着对自己的弟子也迁怒起来。

冉有看到老师生气了，忙说："这是主君的意思，我们两个人并不同意。"

孔子不客气地拆穿："冉有，你不要再狡辩了！先贤周任说过，为臣子的当尽力而为，维护秩序，如果做不到，就该辞职了。你们身为臣子，社稷危难，不知扶持，主上不明，不知辅正，怎么做相宰的？而且你的话也说得太错了，老虎从笼子里跑出来，美玉在匣子中被损坏了，是谁的过错？能够只怪老虎和龟玉吗？那看守笼子和匣子的人是干什么吃的？"

"虎兕出于柙，龟玉毁于椟中"为双重比喻：虎兕，老虎与犀牛，代指季氏之凶猛；龟玉，龟甲、玉石，喻示颛臾之珍贵。季氏将伐颛臾，就如同虎兕跑出笼子伤人；而颛臾无辜，就像龟玉好端端地待在匣子里却遭到毁坏。冉有、季路既为国之重臣，便如同虎兕、龟玉的看守者，无论老虎出笼，还是美玉被毁，都是看守者的失职。

"何以伐为？""则将焉用彼相矣？""是谁之过与？"接连三个问句，宛如一棍接着一棍，打得弟子无言以对。平时话最多最快的子路反常地自始至终一言不发，唯有伶牙俐齿的冉有还在负隅顽抗，辩解说："颛臾今非昔比，已经日渐强大，而且毗邻费城，如果现在不去占取他，将来会给后世子孙留下祸患。所以攻占之举，是为了防患于未然。"

孔子更加恼火了，断然说："冉有，不要再给自己的不义之举找理由了，作为一个有担当的君子，最可鄙的事情就是心里想要什么，却故意找尽借口来掩饰。无论是大国还是小家，不怕物资匮乏，只怕贫富不均；不怕生民艰难，只怕时局不安。只要公正平均就不怕贫穷，政治和谐就不怕弱小，时局安定就不会倾倒。只有做到这样，才会使远方的人心悦诚服，如果远人不服，那就搞好礼乐制度来吸引他们。如果他们来了，就好好安顿他们。现在你们两个帮助季氏，远方的人不服，不能吸引他们前来归顺；国家混乱，不能好好守持，却想要在宇内用兵。我怕季氏最大的祸患，不在颛臾，而在自己的家门之内啊。"

这段话既表达了孔子的政治理想，也表现了孔子对弟子的要求之严。文中名言警句成捆批发，简直令人目不暇接："不患寡而患不均，不患贫而患不安。""既来之，则安之。"这些都是今天我们耳熟能详的句子。

尤其冉有先是说发动战争是季氏的事，自己没办法阻止；当孔子指出他身为人臣而不能直谏时，他又替季氏找理由，说这是为了防患于未然。遂惹出孔夫子又发明了一个振聋发聩的成语叫"祸起萧墙"。

萧墙，指房屋前的立屏，有点相当于后来的照壁。孔子评价管仲"树塞门"，为同一意思。皇侃注解："人君于门树屏，臣来至屏而起肃敬，故谓屏萧墙也。臣朝君之位在萧墙之内也。"后世则用以形容内部发生祸乱，或是身边之人或是手足兄弟带来灾祸。

鲁国内乱极多，阳虎、公山不狃之乱，都可谓之祸起萧墙。

由于孔子的主张，"季氏伐颛臾"这件事到底没有发生，大约冉有和子路到底听了老师的话，努力劝阻了季氏吧。

悲哀的是，颛臾实在太小，到底还是被灭了。

关于颛臾之亡，有说是为楚国所灭，也有说是被秦国所灭，那已经是后来的事了，孔子没有看到。而且战火，最终没有起在萧墙，已是大幸。

# 秋夜读易

## （一）

《孔子世家》载："孔子晚而喜易，韦编三绝。"

这个"晚"，说的不是晚上，而是晚年。孔子活到了七十三岁，晚年应该指他六十岁以后，甚至是六十八岁自卫返鲁之后，也就是人生的最后几年。之前周游列国，颠沛流离，未必有时间有心情慢慢地啃《易经》。

直到自卫返鲁，叶落归根，孔子走过一生的沧桑沉浮，饱经风霜，惯看生死，这时候再重新深读《周易》，对于生死阴阳有了完全不同的理解，不但视为必读书目，且亲笔为之注释，写成《易传》。

孔子学堂里讲究"诗、书、执礼，皆雅言"，没有"易"。

也就是说，孔子之前没有深读《周易》，所以也没有将这门功课归入教程。他的治学口号是"不学诗，无以言；不学礼，无以立"。左诗右礼，这是孔教的基本内容，再加深一步才是"乐"："兴于诗，成于礼，立于乐。"

三科之外，还要教点历史课，就是《尚书》，这就是孔门四学。更实用的则加上书数射御等技能。

对于阴阳卜筮之学，孔子非但不感兴趣，甚至引以为戒。子所慎者，"齐、战、疾"；子不语者，"怪、力、乱、神"。

孔子对鬼神的一贯态度更是："敬鬼神而远之。"

从宗教角度讲，中国是信奉多神论的，大概是世界上神仙最多的地方。天上有玉皇，海底有龙王，河里有河伯，陆上有土地，地底下还有个阎王；好好地坐在家里，也门外有门神，屋里有财神，灶房里有灶王爷，连茅房里都有一位紫姑，是司厕所的神；此外，树上有树仙，花园有花仙，蛇鼠狐狸修炼百年都可成仙……简直一步一神，无处不仙。

而且中国人喜欢吃，便相信神仙也都嗜吃，无论吃什么，都能扯出一大串和神仙有关的大道理：春节吃甜瓜是要甜甜灶王爷的嘴儿；端午吃粽子是为了贿赂江里的水神；中秋吃月饼是为了嫦娥；七夕吃瓜果是为了织女；重阳吃花糕则是为了死后成神的戚夫人。

所以管子说："王以民为天，民以食为天。"

《论语·八佾》中，王孙贾对孔子说："与其媚于奥，宁媚于灶。"一句话就扯出了两位神仙。

《八佾3.13》

王孙贾问曰："与其媚于奥，宁媚于灶。何谓也？"

子曰："不然。获罪于天，无所祷也。"

王孙贾是卫国大夫。奥是屋里的神，灶是厨房的神，王孙贾以此比喻诸侯与士大夫。

孔子几度进出卫国，与卫灵公过从甚密，于是王孙贾暗示他说："你别只顾着直接巴结诸侯，也要常常打点一下我们这些士大夫呀，不然我们可不会在主上面前替你'上天言好事，下地报吉祥'的。"

还有人直接将这段话与"子见南子"联系起来，是告诫孔子与其找那个坐在室中的夫人走门路，还不如找找自己这些有实权的大臣呢。

孔子却回答说："不然，获罪于天，无所祷也。"

自助天助，神是建立在自己心中的。如果真的做错事，受天惩罚，那也没什么好祈祷求恕的了。意思是你们想多了，我其实没有阿谀诸侯，也不会依附你们这些士大夫，我只是做好自己罢了。

这是南怀瑾的解释，很有见地。

但也有另一种意见，说这是王孙贾在向孔子问计。贾大夫有所图谋，拿不定主意从哪里下手，是应先顾及奥神呢，还是先搞定灶神。

孔夫子是主张中庸的，这种危险话题可不能说得太明白了，于是含糊地回答：若事成最好，如果不成的话，得罪了上天，那也没有办法呀，不管奥神灶神都是会翻脸的。

这样解释出来，两个人就仿佛都在打暗语了。

所以也有说法是这段讨论无关政治，只是信仰。王孙贾问的是："有人觉得与其祭奥神，不如祭灶神，夫子怎么看？"

孔子没有正面回答，却说："如果违背了天道常理，祭哪个神都没用。"

诸多解释的结论是一致的，就是心持正念，仰不愧于天，俯不怍于地，祭不祭神又有什么重要？

这与孔子的一贯态度是一致的。所以子贡感慨："老师讲授的学问典籍，我们或者可以得到真传；但老师感悟的天性与天道，我们却无法闻道领会了。"

《公冶长 5.13》

子贡曰:"夫子之文章,可得而闻也;夫子之言性与天道,不可得而闻也。"

孔子并非从来不讲性与天道,不然就不会有"性相近也,习相远也"的感叹,只是讲得比较少。

性是先天的性能,习是后天的实践,行为。

人们生下来都有相近的天性,通过后天的学习和锻炼而渐生差异,慢慢形成不同的德行。

《阳货 17.2》

子曰:"性相近也,习相远也。"

《阳货 17.3》

子曰:"唯上知与下愚不移。"

狼吃肉,羊吃草,这是动物本性,也是习惯,一辈子都不会改变。

但是人的行为是可以引导的,并通过引导改变其认识。但是"上智"和"下愚"这两种人是没办法改变的。

孔子将世人分为生而知之、学而知之、困而知之、与困而不学四种人。上智,就是"生而知之"的圣人,圣人天降,自不同于凡人之性;下愚,指困而不学的愚顽之辈,不可救药的蠢货。

这是人与动物的区别,人可以通过"学而知之",从平民到君子,从凡人到圣贤,但是动物的本性是一辈子都不会变的,羊再怎么强大也不可能变成狼。

所以性并不是性格,而是先天性能;习也不是习惯,而是后天引导。

后世儒家将性解为性情,并且非要辩出一个"人之初,性本善"还是"性本恶"的问题,实属无聊。

孟子言性善,荀子言性恶,扬子言性善恶浊,程朱所谓理学,陆王所谓心学,都是强行定义,硬将儒学解释成"天理""心性"的学问,其实不但曲解了孔子原意,也违背了孔子不喜言"性与天道"的宗旨。

(二)

孔子并不否认鬼神的存在,但不喜欢轻易谈论鬼神的事情,因此当季路问起他侍奉鬼神之事时,老夫子略有些不耐烦地回答:"未能事人,焉能事鬼?"

季路又问:"老师怎么看待死这件事?"孔子更不客气地又怼了一句:"未知生,焉知死?"

《先进 11.12》
季路问事鬼神。子曰："未能事人，焉能事鬼？"
曰："敢问死。"
曰："未知生，焉知死？"

越骂越亲近的子路又被孔子连怼两次，简直是问啥啥不对，说啥啥没理，好在子路也习惯了，连我们都习惯了。所以孔子为什么要怼子路已经不重要，重要的是这两句话中透露出来的信息。

孔夫子虽然钟爱祭祀礼仪，却对于服侍鬼神很不以为然。因为生死固然是大事，但是对于有限的生命，穷尽一生也不可能获取一个答案。对于没有答案的事，又何必长篇大论地讨论？

孔子认为，人生才是头等大事，不懂得侍奉活人，如何懂得侍奉鬼神？不懂得生之真谛，何必问死之深意？所以弟子们不应该把时间浪费在这上面。不如多学一点实在的知识，多做一些仁善的人事，好好"事人"，再言"事鬼"。

李商隐曾有诗讽喻汉文帝夜诏贾谊，谈玄说虚："宣室求贤访逐臣，贾生才调更无伦。可怜夜半虚前席，不问苍生问鬼神。"

孔子不答反问，正是警示学生不要做这种无稽的学问，"鬼神及死事难明，语之无益。故不答也"。先把活着这点事儿弄明白，再去想那些生前死后天上地下的鬼神之事吧。

这两段话可以衍生出很多高深的哲学理念，比如做人应该脚踏实地，不要去考虑那些虚无缥缈的事情；比如做学问当循序渐进，先学习客观实用的知识，再去研究那些神秘未知的领域。

同时，孔夫子不愿意轻言生死，有着更为深沉严肃的理由。《孔子家语》中记载，子贡曾问孔子："死者有知乎？"

孔子慎重地回答："吾欲言死之有知，将恐孝子顺孙妨生以送死；吾欲言死之无知，将恐不孝之子弃其亲而不葬。赐，不欲知死者有知与无知，非今之急，后自知也。"

这段话是说，我要说死者有知，只怕那些孝顺的子孙不舍得送走亲人，耽误了下葬；我若说死者无知，又怕不肖子孙抛弃亲人不知礼葬。子贡啊，你何必去关心死者有知或无知呢，这并不是眼下急需了解的大事，你将来自然会明白的，何必执着？

再简单点，就是说："我没死过，不知道，等你死了自然就明白了。"
而用佛教的话来总结，则是四个字：活在当下！

孔子对于生死宗教以及天命玄说总是慎而又慎。对于自己的人生，他自称"五十知天命"，每每大难来临都以天命自慰，认为自己身担重任，天命未衰，何得而亡？但是对于别人的生死命运，却不肯以玄说多作解释，只期待大家各有领悟。

孔子不仅仅是在口头上对别人唱高调，而是言行一致，对待自己的生死也是这般通达明理，反对学生祷天祭神地做些虚妄之事为自己祈福。

《述而7.35》
子疾病，子路请祷。子曰："有诸？"
子路对曰："有之。《诔》曰：'祷尔于上下神祇。'"
子曰："丘之祷久矣。"

孔子生病，子路心疼老师，未免病急乱投医，想行祈祷之事为老师治病。孔子含笑揶揄：有用吗？

"有诸"意思是"有这样的事吗"，简单说就是"这也好使，你是咋想的"。

子路便引经据典说，古代祈祷文中都说了，"祷尔于上下神祇"。

孔子便说："如果礼天敬地就是祈福，那我天天都在祈祷，还不是一样生病？"

汉代王充《论衡感虚篇》评价说："圣人修身正行，素祷之日久，天地鬼神知其无罪，故曰祷久矣。"

孔子禀仁德之心，行正义之事，日夜传播正道，更是君子不欺暗室，这是最虔诚的礼天敬地。如果这样也还是要生病的话，那么只是行些祈祷的仪式又有什么意义呢？

这句话里，包含着孔子强大的自信与唯物主义精神。

而他能做到这一点，在于他坚信："君子坦荡荡，小人长戚戚。"（《述而7.37》）

孔子是天降大任的斯人，有着绝对的文化使命感与自信心。

他从不认为自己是"生而知之"的圣人，但认定自己所做的一切对于后世的文化传承有大功德，所以坚信上天会怜恤自己。

周游列国经过匡地时，因为长相与阳虎相似，孔子师徒被匡人围攻。弟子们都吓坏了，但是孔子极其淡定，一点都不觉得自己死之将至，且鼓励众人道："文王既没，文不在兹乎？天之将丧斯文也，后死者不得与于斯文也；天之未丧斯文也，匡人其如予何？"（《子罕9.5》）

意思是文王虽死，难道周代的礼乐文化也不在了吗？我就是那个继承整理周文化的人。如果我死了，后世的人就再也无法传承这些文化典籍了。既然上苍不打算使这些文化道统灭绝，匡人又能把我怎么样呢？

在宋国城外，孔子师徒于树下讲习礼仪，宋大夫司马桓魋派人砍了大树以示警告。孔子昂首向天，毅然而立："天生德于予，桓魋其如予何？"（《述而7.23》）

孔子相信自己身负大业，任重道远，还远远不到死的时候呢，因此面临危难毫不畏惧。因为这是天命，天降之大任。

可是生而有限，身处乱世，不遇明君，自己纵有补天之才，却无济世之道，孔子也十分无奈。因此仰天长叹：吾已矣夫！吾道穷矣！

幸而，孔子虽终生不得志，但由他传承的文化道统却一直绵延了下来，至今不绝。他终究没有辜负自己的天之使命。

春秋垂后世，礼乐万古同。天不丧斯文，吾道终不穷。

（三）

孔子说过，自己并非"生而知之"的圣人，只是"学而知之"，而且是"学而不厌"。

他一生都在读书，不断学习先圣之理，到晚年时已经几乎没有他没读过的书。毕竟，春秋时代的书籍也并不多。一是有文字记载的历史尚浅，二是竹简刻书极为不易，所以书籍量也就有限了，而且多收藏在各诸侯国的国家图书馆里。孔子拜见老子，就是因为老子是周王室的图书管理员。

孔子游走列国，遍读经典，晚年更是全力倾注于删《诗》订《乐》，修撰《春秋》，这时候重读《周易》，恍悟"易简而天下之理得矣"，不禁遗憾于时间的不够用，起步得不够早。

他倒没有"我想再活五百年"的贪婪，只想向上天乞求数年罢了。说如果让我退回数年重新规划，我会从五十岁就开始学习《周易》，这样人生就无所遗憾，没有大的过错了。

《述而7.17》

子曰："加我数年，五十以学《易》，可以无大过矣。"

我说孔子的"五十以学《易》"只是一种愿望而非真的像很多专家说的从五十岁开始读《易经》，除了对"加我数年"的解释是"假如再能重新给我几十年工夫"外，还因为《史记·孔子世家》中引孔子语："假我数年，若是，我于易则彬彬矣。"

早在汉代时，司马迁已经清楚注释了，"加"即"假"，而且一个"若是"，清楚地界定这只是孔老夫子晚年前的一个假想而已。他终究无法退回五十岁，也终究不可能——弥补从前所犯的过错。

但是孔子活到老学到老，什么时候开始都不算错。也幸而有孔子，《易》才不仅是道家法宝，更成了儒家经典。

《易》相传始于伏羲画卦，实线一横为阳爻，两个短横为阴爻，爻就是相交，阴阳相交，得四象；把三个阳爻或阴爻以不同方式上下排列，可以得出八种卦象，谓之八卦；而两个八卦再重新组合，可得六十四象。

周文王将这六十四卦的卦辞、爻辞写出，周公订《易》，故称《周易》，后世称为《易经》。

易，就是变数；经，则为恒常。易经，便是变化的规律。比如日月交替，春秋轮转，这就是变，也是不变。万事万物都在变，唯一不变的就是变。

这就是"易"的由来。

孔子晚年读《易》，深悟变化之理，为之解说、推演、补充、发挥，遂成《易传》。比如我们熟悉的"天行健，君子以自强不息""易有太极，是生两仪。两仪生四象，四象生八卦"都是《易传》里的文字。

所以现传《周易》包括"经"与"传"两部分。"经"重在占卜，"传"重在说哲理，"居安思危"与"否极泰来"的哲学思想都是从《易》上来的，所以《易》既是儒家"五经"之首，又是道家"三玄"之始。

要注意的是，"经"和"传"的关系是相辅相成又各自成章的，比如《春秋》为经，另有三传：《左传》《公羊传》《穀梁传》，都是对春秋的阐释发挥。

经之外有传，传之外有疏，疏之外有论，一部恒常的经典，就这样通过各自不同的理解注释而变出了不同的版本来。

也有人认为，《易经》的年代要比周朝更早，殷商时就有了，而《易传》的年代则比春秋更晚，大约成书于战国甚至秦汉。

甚至有考据说，夏商周三代都有自己的卜筮之书，夏代的叫《连山》，商代的叫《归藏》，周代的叫《周易》。《连山》和《归藏》都失传了，《周易》是在前两书的基础上发展而来。

孔子的偶像是姬旦，终其一生都渴望恢复周公之治。所以晚年时才会因为不复梦见周公而难过，觉得自己大限将至，没有时间兴复礼乐了，所以连周公都不来找自己聊天了，这真是件伤心的事情。

《述而 7.5》

子曰："甚矣吾衰也！久矣吾不复梦见周公。"

这种时候，大约只有深读《易经》才能安慰到他吧？

《孔子家语》中记载了孔子卜筮的故事。

卜，就是在祷祝后将乌龟壳用火烧，然后通过龟裂的纹理推算吉凶，这是殷商时常用的方法；筮，就是用蓍草棍来算术推演，是周人的方法。

倒不知道孔子卜筮时，用的是甲骨还是草棍。

且说孔子为自己卜筮，得了"贲"卦，愀然不乐。学生子张很奇怪，说这是吉卦呀，老师为什么不高兴？

孔子说："周易载，山下有火谓之贲，这不是一个纯正的卦象啊。事物本色，要么纯白，要么纯黑。最好的丹漆是没有杂质的，最宝贵的白玉是不需要雕琢的，因为它们的本质就已经非常好，无需修饰。山下有火，升象中有离象，这不是我所追求的纯粹呀。"

不过，有研究《易经》的人指出，《贲·彖》曰："贲，亨。柔来而文刚，故亨。分，刚上而文柔。故'小利有攸往'，刚柔交错，天文也。文明以止，人文也。观乎天文以察时变，观乎人文以化成天下。"

也就是说，贲卦正是文明之象，最适合孔子不过了。孔子一心搞政治，内心始终向往能够乾治天下，可能更希望卜得一个乾卦吧。教学，只是他退而求其次的作为，却没想到真正成了影响万世的大功德，"观乎人文以化成天下"。

鲁国公索氏举行祭礼，准备好的牲畜却不见了。孔子便预言说："公索氏不及二年将亡。"果然一年后，公索氏就死了。

众人都认为晚年的孔子已经通了神，无所不知。

甚至有说法，孔子墓上的蓍草，就是占卜的神物，与龟壳齐名。弄得游客们年年到曲阜孔墓去拔草。

只是不知道，孔子"不复梦见周公久矣"是在读易之前还是之后说的话，应该是之前吧，因为当他读通《易经》且为之写《传》时，梦不梦见已经没那么重要了。

（四）

有一支琴曲叫作《孔子读易》，说的就是孔子在秋天的晚上翻读周易的故事，深得读书之味，一卷书翻了不知多少遍，以至于连接竹简的牛皮绳都翻烂了，断成几截，所以又叫《韦编三绝》，或是《秋夜读易》。

此前孔子学琴，曾在弹奏《文王操》中看到了周文王的形象，那么他在弹易之时，也是与周公通过琴乐做一场穿越时空的对话吧？

《秋夜读易》，也是我经常弹的曲子。弹起时，仿佛看到了孔子在清凉寒夜中手捧书简，再三吟哦，韦编三绝而不知倦。

他是悠闲的，更是寂寞的，穷究天道，寄情周易，不知是否找到了答案，更不知有谁能懂得他的感悟。在那清冷的秋夜中，哪一颗星能为他指明方向？

所以我更愿意相信《易传》确实为孔子所注。想着他在清凉的月色下，一册一页地翻看着《周易》简书，一字一句地写下读书感受，心中有莫名的亲切。

即使如考据家们所说《易传》成书于战国的孔子后学，应当也是对孔子读易笔记的整理，只是刊发时间较晚而已。

《易》云："原始反终，故知死生之说。精气为物，游魂为变，故知鬼神之情状。""通乎昼夜之道，而知原始反终。"

这就是说，昼夜轮回，生死循环，人死为鬼，复生为人。孔夫子秋夜读易至韦编三绝，对于生死鬼神之道必定深有所感吧，遂注《易传》，并总其纲领"一阴一阳谓之道"。要说他是阴阳家的鼻祖，亦不为过。

# 孔子的音乐造诣

（一）

孔子的音乐造诣极高，这里既有后天的努力，更有天赋的灵知。

他曾向师襄学琴——古时候琴技高明的人都叫"师"，掌管乐器的官员也叫"师"。

无论师襄是不是乐官，但他能做孔子的老师，可见非常高明。

师襄教了孔子一支曲子，孔子连弹了十天，师襄说："可以进行下一课了。"但是孔子说："我虽然学会了弹曲子，却没有真正熟练，未能掌握要领。"

于是又接着练习数日，弹得熟极而流。师襄于是打算往下进行，教授新的课程，孔子却推拒说："我还没有领会曲中的意境。"

又过数日，师襄觉得这个学生已经弹得很好了，完全可以登台演奏。孔子却仍然说："我虽然有所感悟，但还不了解作曲人的思想。"

这样又过了一段时间，孔子在弹奏的时候开始若有所思，似有所见，"有所穆然深思焉，有所怡然高望而远志焉"（《孔子世家》），好像望进了极深极远处，进入到天人合一的境界。

终于有一天，他对老师说："我知道这曲中所咏之人是谁了，他皮肤黝黑，身材高大，眼神明亮温柔，君临天下，一望而知是一位统治四方的王者，除了周文王，谁还有这样的神采呢？"

师襄听了，离座而拜说："神啊！我老师教给我这支曲子的时候，说过曲名就叫作《文王操》呀。"

能在弹奏中望见上古圣贤的神貌，孔子果然是圣人啊！

这真是一个经典的励志故事。

孔子学琴，不肯贪功冒进，而是把全身心浸入曲中境界，不止于琴技熟练，还要心领神会其意境，直至天人合一。

圣人之所以为圣，其心性与灵知都不是寻常人能比的。

《述而 7.14》

子在齐闻《韶》，三月不知肉味，曰："不图为乐之至于斯也。"

苏东坡说："宁可食无肉，不可居无竹。"而孔圣人听了好的音乐，吃肉也是白吃，且赞美说："没想到音乐之美竟可以达到这种境界。"

被他赞美"至于斯"的这种音乐，叫作韶乐，又称舜乐，传说为上古舜帝所作，分为九章，所以又称九韶。

《尚书·益稷》载："箫韶九成，凤凰来仪。"主要是用以歌颂帝王的德行明正。

关于古琴的发明，有伏羲造琴、神农造琴、尧舜造琴等几种版本，总之都是上古帝王所制。并且，在琴最初发明时只有五根弦，称为五弦琴。后来，周文王加了一根弦，周武王时又加了一根弦，遂成"文武七弦琴"。

所以说，琴从西周时就已定制，与今天所见的一般无二。古琴弹奏的，乃是上古之声。

事实上，东晋画家顾恺之的画作《斫琴图》表明，古时斫琴选择木材，挖刨琴板，上弦听音的过程与构造形制，与今天一般无二。

古琴的两块板：琴面与琴底；琴底的两个槽：龙池与凤沼。在画中都有清晰的表现，让我们与古人无缝衔接，异度同音。

《尚书》云："戛击鸣球，搏拊琴瑟以咏。"

《诗经》说："窈窕淑女，琴瑟友之。"

《礼记》说："不学操缦，不能安弦；不学博依，不能安诗；不学杂服，不能安礼；不兴其艺，不能乐学。"

孔子说："兴于诗，立于礼，成于乐。"

我们是七弦琴上的国度，自有文明起便离不开琴。

而这琴从发明时就与帝王结下不解之缘，注定礼乐与政治是分不开的。舜帝曾创制《南风歌》，流传天下：

南风之薰兮，可以解吾民之愠兮。

南风之时兮，可以阜吾民之财兮。

人们载歌载舞，享受着太平盛世的熏风和雨，恩泽无忧。《史记·乐书》曰："舜歌《南风》而天下治，《南风》者，生长之音也。舜乐好之，乐与天地同，意得万国之欢心，故天下治也。"

韶乐又名舜乐，其风格自与《南风》相同。孔子天赋异禀，弹奏《文王操》而能从中窥见文王仪范，自然也会从韶乐中感受虞舜的神明，这是与天地对话，与上古对话，是一种天赋，更是一种德行。

同样的，他也可以从武乐中感受周武王的杀伐决断，恩威并施。

《八佾 3.25》
子谓《韶》："尽美矣，又尽善也。"谓《武》："尽美矣，未尽善也。"

舜帝圣德受禅于尧，歌《南风》以治天下，其曲乐必是中正祥和，安泰从容，《韶乐》能使凤凰来仪，自然更加优雅华美；而周武王却是征伐取天下，其所制《武乐》则必定豪放威仪，大乱大治，有杀伐之声。

所以孔夫子称赞《韶乐》尽善尽美，《武乐》美则美矣，却未尽善。

单凭一支乐曲，便能够望进远古，感知作曲人的心性操行，分别舜帝、文王与武王的不同。孔子对于音乐的悟性，有如通灵。

至今山东淄博（历史上齐国都城）还有孔子闻韶处。

（二）

武王伐纣，一统中原。为了汲取殷商灭亡的教训，周公姬旦制定了一套纲纪天下的礼乐制度，"乐统同，礼辨异"，用礼来维持秩序，以乐来宣扬太平，这就是孔子推崇备至、致力恢复的周礼周乐，以为"礼乐不兴则刑罚不中，刑罚不中则民无所错手足"。

可惜的是，由周公创制、孔子编订的《乐经》已然失传，只在《礼记》中保留了一章《乐记》，其中道："善歌者，使人继其声；善教者，使人继其志。"将歌唱与教学相类比，善于唱歌的人，能引人随他一起唱；善于教学的人，能使人继续他的思想。

孔子以诗兴教，弦歌不绝。即便在闲暇时，也是不可一日无丝竹。只在一种情况下例外，就是这天如果哭过，就不会唱歌。"子于是日哭，则不歌。"（《论语·述而》）

孔子早年做的是葬礼司仪的工作，如果这天接了差事，主持过葬仪，就不会转身回家又奏乐放歌。因为对死者不敬，这也是对丧户的尊重。

但是孔子当然不会天天哭，那么不哭的时候，就会唱歌了。而且，他每次听到一首好听的新歌，必然请人再唱一遍，然后自己跟着学唱，直到学会。

《述而 7.32》
子与人歌而善，必使反之，而后和之。

孔子毕生推广礼乐文明,他的理想社会是行夏历,乘商车,服周冕,闻韶乐,可惜终生不能实现。

《卫灵公15.11》

颜渊问为邦,子曰:"行夏之时,乘殷之辂,服周之冕,乐则《韶》《舞》,放郑声,远佞人。郑声淫,佞人殆。"

"行夏之时"就是实行夏朝的历法。夏历,就是我们今天所说的阴历、农历,这很让人感动。中国的历法,竟有四千年的历史,我们今天还在沿用着祖宗的历制,这让我们与四千年前的老祖宗瞬间亲近。

中国旧历分一年为春夏秋冬四时,每一时又分孟仲季三个月,依周天十二辰的次序制定历法。这是为了合乎春种秋收的自然规律,不违农时。而民以食为天,所以孔子将"行夏之时"定为治国第一要点。

"乘殷之辂"说的是交通工具。辂,亦作路。辂路都是车名。殷朝的车子是木路,也叫大路,最为朴素,《左传》载:"大路越席,昭其俭也。"就是用蒲草编的席子铺在车中当坐垫,来显示其尚俭之德。所以孔子主张恢复此德行,乘坐殷朝的车子。

"服周之冕"就更容易理解了,冕指礼帽,此处代指衣冠,孔子宗周,主张仪礼使用周朝的旒。

"韶舞",亦作"韶武",结合前文,可能单指韶乐歌舞,也可能是韶乐与武乐的合称。韶乐尽美尽善,武乐虽未尽善,但也尽美,都可用于教化。

最后,孔子强调要"放郑声,远佞人"。

因为郑国的音乐淫靡无节制,所以要放逐、远离。

对于郑声的批评,还见于《阳货》篇:

《阳货17.18》

子曰:"恶紫之夺朱也,恶郑声之乱雅乐也,恶利口之覆邦家者。"

朱就是红色,但是红得发紫却令孔夫子厌恶,觉得是乱色;郑声淫靡悠扬,不是恶乐,但却会扰乱雅乐;正如同伶牙俐齿之人,口才本不是错,但若是心怀奸邪,却会颠覆国家。

竟然将郑声与覆邦相提并论,罪名何其重也!

我有点好奇,既然孔子觉得"郑声淫",又为什么要编入《诗》中呢?想来,他觉得那些纵情呼唤的声乐也是一种天真本性,出自本心,天真无邪的吧。

可以听,但不能浸淫。久听靡靡之音会让人慵懒无节制,便如亲近巧言令色之人会让自己松弛自负一样,所以普通人听听小调说说笑话无所谓,但是治国者就要节制了,应当远离淫乐与佞人。

这里的佞,是当巧言讲,并不一定是坏人。

比如齐人送与季氏的八十女乐,就是惑乱人心的靡靡之声吧。所以才有季桓子三日不朝,而孔子也因此远走他乡。

真是成也音乐,败也音乐。

离开鲁国时,师己赶来相送,孔子说:"我可以唱首歌吗?"于是唱道:

彼妇之口,可以出走;彼妇之谒,可以死败。盖优哉游哉,维以卒岁。

不只如此,他一路走一路回望,因为心念故国,忍不住又唱了一首《龟山操》:

予欲望鲁兮,龟山蔽之。手无斧柯,奈龟山何?

这说的是孔子越走越远,再回望鲁国时,视线已被龟山阻挡,手中没有砍伐的斧子,能拿龟山怎么样呢?

这样的留恋,这样的不舍,这样的无奈,彼时的孔子是多么难过呀。

## (三)

周游列国之时,孔子也从未放弃音乐。他很喜欢用唱歌来表达心情,史上留下了很多孔子唱过的歌,只可惜没有注明哪一首是引用,哪一首是依声填词,哪一首是绝对的原创。

比如孔子在卫国不得志,赵简子执玉帛相聘,孔子应邀欲往。走到狄水边时,却听说贤人窦鸣犊和舜华被害的消息,不禁物伤其类,望着汤汤河水叹息说:"美哉水,洋洋乎。丘之不济此,命也夫。"

子贡不解,问老师何以如此忧伤。孔子说:"窦鸣犊和舜华都是晋国良臣,赵简子不得志时深得二人辅助;如今一旦得势,却杀之乃从政。刳胎杀夭,则麒麟不至郊;竭泽涸渔,则蛟龙不合阴阳;覆巢毁卵,则凤凰不翔。何则?君子讳杀其类也。鸟兽得闻不义之声,尚知回避,何况孔丘?"

遂折返。经过陬乡时,停下休息,作琴曲《陬操》以哀之:

翱翔于卫,复我旧居。从吾所好,其乐只且。

《陬操》又名《将归操》。郰,亦写作郰,或陬,相传为孔子故乡。

此前孔子入太庙,每事问,有人说:"孰为鄹人之子知礼乎?"将孔子称为"鄹人之子",便指孔子父亲叔梁纥曾经做过鄹邑宰。所以孔子到了这里,特别感伤,遂作此曲。

除了弹琴,他还会鼓瑟,吹笙,击磬。甚至在手头没有任何乐器时,拿着枯树枝子也能击打出音乐来。

他在陈蔡被困时,众学生一个个饥饿病倒,孔子却依然弦歌不绝。到了后来,连他也饿得没有力气了,已经七日不食,奄奄一息,却仍然扶着枯树站着,"左据槁木,右击槁枝,而歌猋氏之风,有其具而无其数,有其声而无宫角,木声与人声,犁然有当于人心。"(《庄子·山木》)

这段描写何等震撼人心!

之后孔子自卫返鲁,删诗订乐,修撰《春秋》。

这一日,正临窗修史。忽然有人来报,说鲁哀公西狩大野,捕获一只怪兽,折前足,因无人能识,以为不祥,弃之郭外。孔子听闻其兽非鹿非马,似麕而有角,不禁心中一动,赶紧搁下笔跑去看了,发现果然是麒麟,已经伤重而死。不禁悲恸欲绝,转身拭泪,泣之曰:"孰为来哉?孰为来哉?"

因为麒麟是祥瑞,每每现于盛明之世,而臣民不忍伤其生。如今,世无明主,礼崩乐坏,麒麟却莫名其妙地出现了,却又偏偏折足受伤,亡于野人之手,可见所出非时。

有人说孔子自诩麒麟,觉得自己生不逢时,怀才不遇,所以麟之遇害意味着自己的穷途末路,故叹"吾道穷矣"。

但我认为孔子的悲痛更是为了整个世界的弃善背礼,无可救药。

之前游历诸国时,楚狂人曾经对着孔子唱过一首《凤兮》之歌,叹息"往者不可谏,来者犹可追,已而已而,今之从政者殆而"。但是孔子不愿意相信这黑暗的现实,仍然抱着一线希望满腔热情,"明知不可为而为之"。纵然年老体衰,返鲁修史,也仍是抱定信心要为后人作出表率。

期间,他也曾为了"凤鸟不至,河不出图"而叹息:

《子罕9.8》

子曰:"凤鸟不至,河不出图,吾已矣夫!"

龙凤是中国的图腾,它们的每次出现都预示着明君治世的到来,故曰"龙凤呈祥"。比如舜做天子的时候,就有凤凰飞来;文王时代,也有凤凰鸣于岐山;伏羲时代,黄河中飞出一条龙来,变成龙马,驼着一部《河图》出现;还有大禹治水的时候,洛水里有只白色神龟,背了一个图案出来,就是《洛书》。所以传说龟壳上的图案就是八卦的秘密。也因此,古代以龟壳为占卜。成王、周公执天下时，也曾出现河图，载诸史志。

凤凰翔空，表示天下太平；圣人受命，黄河就出现图画。这都是祥瑞的象征。但孔子却每每叹息说，我已经老了，时日无多，到现在也没看到凤鸟至，河图出，可见圣明盛世不会出现了，我是遇不到了。不遇明君，济世良材如何施展。唉，今生无望了。

这对于一向积极乐观的孔子来说已经是非常沉重的叹息。

但是没有凤鸟河图固然让人失望，却远不如麒麟现世给人带来的震撼与绝望。不出现也就算了，如今现身非时，还被无知的乡人给打死了，这比从没来过还让人悲痛绝望呢。

之前，孔鲤的去世让孔子失去唯一的儿子，白发人送黑发人，已经伤透了心，紧接着最心爱学生颜回的早亡更是令孔子悲伤过度，说出"天丧予"这样的惨话，再听到子路结缨战死的消息，老人几乎哭都哭不出来了，以从此不食肉酱来表达不可弥补的伤痛。

他心中的烛火早已在风中飘摇，而如今麒麟现世，终于成了压垮骆驼的最后一根稻草。因此孔子痛哭一场，从此绝笔。

不但绝笔，连话都不想说了。

又是子贡问曰："夫子何泣也？"孔子叹道："麟之至也，为明王出也。出非其时而害，是以伤焉。"遂援琴而作《获麟操》。

这是记在《玉梧琴谱》上的故事。

《春秋》上则只有一句："狩获死麟。"

《孔丛子》要写得详细些，点明是冉有告知孔子"麏身而肉角"，还大惊小怪地说："岂天之夭乎？"孔子往观焉，见麟而泣曰："麟出而死，吾道穷矣。"还作了一首歌：

唐虞世兮麟凤游，今非其时来何求？麟兮麟兮我心忧。

孔子作歌罢，泪咽声嘶，遂绝笔春秋。

不知道是不是晚年读易的缘故，孔子这时候的心态已经近似道家了。

之后，孔子迅速衰老下来，当子贡来看他来，孔子自知大限将至，叹息说："赐啊，你怎么来得这样晚？"他有太多的心愿未完，却已经没有精力去追求，也没有时间去交付更多了，因此唱起了一首伤心的歌，也是孔子留给我们的最后一支歌：

泰山坏乎！梁柱摧乎！哲人萎乎！

## （四）

《泰山》是孔子留给我们的最后一支歌，而《幽兰》则是孔子留给世界的最古老的琴谱。

《幽兰》又名《猗兰操》，与《将归操》《龟山操》并列于琴论十二操，唐韩愈《琴操十首》序称"孔子伤不逢时作"。

相传孔子周游列国而不得其路，返回鲁国途中，在幽谷中见杂草丛芜，而兰花独放，想到此花本是香之王者，却独处深谷，不为人知，不禁同病相怜，下车盘膝，援琴而作是曲——彼时，他该是有着多么深刻的无奈与苍凉啊。

这首曲谱用文字写成，4954个字记录了左右手在琴上演奏的指法，是中国迄今为止发现的唯一的一首文字谱。

李零说："任何怀抱理想，在现实世界找不到精神家园的人，都是丧家狗。"

孔子的理想一辈子都没能真正落地，至死都是孤独的。他周游列国十四年，饱经沧桑之后自卫返鲁，不复从政，却仍未忘记礼乐兴邦的终生理想，遂修订礼乐，为中华文明留下了最宝贵的典籍资料。

《子罕9.15》

子曰："吾自卫反鲁，然后乐正，《雅》《颂》各得其所。"

舜帝歌南风以治天下，周公制礼作乐，都为的是音乐的教化功能，而今这功能已经日渐丧失，走向了纯娱乐。这是孔子所感到难过的，他已经不可能在自己的有生之年对现状做出实质性的改革了，却仍然不会放弃理想。

孔子从来都是个实干的人，即使面对绝境也不会只坐在那里长吁短叹抱怨牢骚，如果礼乐文明不能在自己手上复兴，那也至少要在自己笔下规范，留待后人依章行事。

因此，孔子退而修书，针对礼崩乐坏的现状整理典籍，将音乐重新规范，使风、雅、颂各得其所，什么场合使用什么样的音乐，什么音乐按照什么样的节奏次序，都有明确的规定。像季氏那样以大夫之身而奏天子之乐，"八佾舞于庭"，是绝不可以的，"是可忍孰不可忍"。而教授鲁大师奏乐的次第，也是在这时期总结的道理：

《八佾3.23》

子语鲁大师乐，曰："乐其可知也：始作，翕如也；从之，纯如也，皦如也，绎如也，以成。"

大师，即太师，指鲁国乐官。

翕如，本意是像鸟羽般收拢、闭合的意思，这里指合奏；纯如，纯正和谐的意思；皦如，清晰；绎如，连续不绝。

孔子说："奏乐的过程应该让人清楚感到节奏和层次：首先，在开始演奏时，各种乐器合奏，声音洪亮优美，人们精神为之一振；之后，乐曲渐渐舒展，美好和谐，节奏分明，连续不断，如流水绵绵流淌，直至演奏结束。"

这时候的孔子，更像是一位乐队指挥。

"兴于诗，立于礼，成于乐。"音乐是孔门教学的重要组成部分，若非雅颂各得其所，何得礼乐相携而行。

《阳货17.11》

子曰："礼云礼云，玉帛云乎哉？乐云乐云，钟鼓云乎哉？"

孔子讲求礼乐，但强调礼乐不只是表面，更在于内涵。

礼仪不只在于玉帛这些祭品，音乐不只在于钟鼓发出声响，礼乐是发自内心的素养，修于内而形于外。

所以说，"礼后乎。"又道是："人而不仁，如礼何？人而不仁，如乐何？"如果没有了仁义的道德打底子，再恭敬完美的礼乐，也只是虚无的空壳。

《礼记》中说："乐自中出，礼自外作。"又道："乐由天作，礼以地制。"都是强调音乐发自内心，是先天之爱；礼仪生自社会，是后天所制。礼与乐相结合，便是将天地间最美好的德行以仪礼的方式传承下来，流芳永继。

可惜的是，《乐经》失传，让我们今天终究无法得知孔子是怎样"乐正"的。

好在，我们还有七弦琴。

在古代的礼乐思想中，古琴是载道之器，故而有"琴道"之说。

这古老的乐器，比亚当和夏娃的伊甸园更加悠久，而且是实实在在的存在。拂弦之时，可以听到三千年前甚至更早的上古时候传来的纶音，它让我们和古代毫无阻隔，神思泠然飞跃千山暮雪万里层云，乘云气，负青天，抟扶摇而游无穷。

我们会看到，帷林之中，杏坛之上，孔子宽袍峨冠，抚弦歌吟，教化众弟子礼乐之道，"诗三百，无不可以弦歌之"，何等的清明雅正？

彼时，祥云拢集，和风熏沐，连鸟儿都栖在树上凝神静听。那歌声随着清风，一直传送到两千五百年后的今天。

当今天的儿童们歌唱着"窈窕淑女，琴瑟友之"时，礼乐文武的西周文明也就蕴于其间了。

# 孔子的人生规划

## （一）

《为政2.4》

子曰："吾十有五而志于学，三十而立，四十而不惑，五十而知天命，六十而耳顺，七十而从心所欲，不逾矩。"

这段话无疑是孔子自述的人生履历：

十五志于学，并不是从十五岁才开始上学，而是经过学习，此时开始立志，真正确立自己想学什么，追求什么，要成为什么样的人，人生这才算真正开始；

《礼记·曲礼》有云："人生十年曰幼，学。二十曰弱，冠。三十曰壮，有室。四十曰强，而仕。五十曰艾，服官政。六十曰耆，指使。七十曰老，而传。八十九十曰耄七年曰悼，悼与耄虽有罪，不加刑焉。百年曰期，颐。"

古人十岁叫作"幼"，开始学六艺；二十"弱冠"，行冠成年；到了三十岁的时候，初有所成，有了见识，有了方向，也更加确定自己的人生目标，有了立身处世的根本，故称"壮"，应当结婚了，要"有室"。

不过孔子结婚太早了，所以"三十而立"的"立"，不当只解作立家，而是立业，等同于"不学诗，无以言；不学礼，无以立"。

再经过十年的辛苦追求，人生理念越发明晰，择善固执，遂称"强"，心志坚定，不再东瞻西顾，纵使有所磨难，亦不生疑，心无动摇，"不惑"的既是道理，也是心智；这是出仕为官的最佳时期。

到了五十岁的时候，已经完全了解自己是什么样的人，知天将降大任于斯人，而吾将从容以对，顺天应命，守死善道，甘苦自知。之后，孔子半生立场都在于恢复周制，所有的努力与漂泊，都是为了这件事。所以他才那样热衷于出仕，因为只有做官才能治国。而当仕途不畅时，他便志于学，教化万众，传承礼乐文明。无论为政还是教学，都是他的"天命"。

五十称"艾"，可以穿上朝服做大夫；六十称"耆"，不再亲自视事，劳心劳力，只要指事使人即可，听的多，说的少，故曰"耳顺"。

到了七十，实实在在地称作"老"了，也才可以自称"老夫"。

另外,《礼记》规定"大夫七十而致事"。"致事",就是"致仕",辞官退休的意思,可以闲下来颐养天年,给儿孙传授人生经验了。

既然无为,自然无过,也不必理会俗律尘法,只管随心所欲,像个孩子一样天真任性,只要不违背一生做人的大原则,不触犯大是大非,那就由得自己想怎么样就怎么样吧!

这态度,可谓潇洒,也可谓消极;可谓乐天,也可谓无奈;可谓智慧,也可谓大智若愚。

这并不是孔子为所有弟子乃至天下人制订的人生规划,而仅仅是夫子自道,回顾平生罢了。

现代人往往强做解释,将这段话当成了格式每段人生的一个指标,甚至将"三十而立"解释成三十岁应该结婚成家,真是大错特错。

因为孔子十九岁结婚,二十岁做了父亲,又怎么会要求别人等到三十岁再娶亲呢?

所以三十而立指的是事业,而且仅仅是孔子自己的事业。他初入职时做过乘田小吏,三十岁才正式办学授课,闻名遐迩,弟子云集。就连齐景公和晏婴访问鲁国时,都曾向孔子问礼。

但这也只是孔子的人生,对别人并没有太多的指导性。因为那些出身高贵的"君子"根本不需要等到三十岁,只要心智成熟就可以立业了,如果父亲死得早,储君的年龄更是无下限。

孔子刻苦好学,求礼问道,四十岁时已经博古通今,有问必答,堪称"不惑";他倒是一直想做官,只是玉在椟中,求而不得,一直蛰伏到五十岁。

他的人生极盛时期从五十岁开始,最高做到大司寇,以天下为己任,遂称"知天命"。但是无论"四十不惑"还是"五十知天命",都是普通人一生都无法企及的。别说四十不惑了,多的是活了一辈子也还是浑浑噩噩的无知之人。

为理想而奋斗,说起来容易,做起来无比艰难。得不到认同,得不到支持,难免或心生怨怼,或自我怀疑。但是孔子一生意志坚定,百折不挠,到了六十岁的时候,更是上善若水,心胸坦荡,豁达通透得无思无欲,耳顺心宽什么意见都听得进去,再难听的咒骂也不会动气,修养好到不得了。

人活七十古来稀,跌爬滚打历尽艰难活到了七十岁的孔子此时已经自卫返鲁,退而著书,与世无争,什么规则法律都可以不去理睬了,只做自己想做的事,只见自己想见的人,"从心所欲不逾矩",在活着的时候已经成了神仙。

明代思想家顾宪成《四书讲义》中将此一段话视为"夫子一生年谱",且以入道次第为喻:"曰志曰立曰不惑,修境也;曰知天命,悟境也;曰耳顺曰从心,

孔子这个人

207

证境也。"堪成一家之言。

孔子的年谱，虽不能成为所有人的时间表，孔子的境界，却不妨成为所有人的追求和自我鉴证。如果我们做不到"不惑"，至少能够"耳顺"也好啊。

（二）

孔子对前途有志向，对人生有规划，所以总有种时间紧迫感，看着滔滔江水也会感叹"逝者如斯夫，不舍昼夜"。

所以他对人到中年犹不知所谓，特别看不顺眼。

《子罕9.23》
子曰："后生可畏，焉知来者之不如今也？四十、五十而无闻焉，斯亦不足畏也已。"

《阳货17.26》
子曰："年四十而见恶焉，其终也已。"

后生，指年轻人，后面出生的人。后生可畏，并不是说年轻人可怕，而是说他们不断进步，日渐长成，其成就是不可限量的，有着无尽的可能性。所以有地位有成就的人永不可自满，因为你怎么知道后面没有比你强的人呢？又怎么知道他将来的地位会不如你呢？须知"长江后浪推前浪，前浪死在沙滩上"啊！

孔子曾经在少年时受过阳虎欺辱，后来还不是声名远扬，让阳虎俯首相邀？

李白干谒李邕，不得垂青，一怒之下写了首诗相讽，最后一句说："宣父犹能畏后生，丈夫未可轻年少。"说的就是这个典故。

宣父，是唐太宗为孔子封的号。

可见，这句"后生可畏"对于年轻人来说很是励志，但是接下来的一句，对于四五十岁的中年人可就很苛刻了。

"无闻"，指没有可闻于世的成就，此种人便"不足畏"了。

也就是说，一个人到了四五十岁还一无所成，这辈子也就完了，也不值得人看重敬畏了。如果还要被人厌恶，那就更没指望，简直可以自绝于人民了。

"宁欺白头翁，莫欺少年穷"的论调，便是基于这条理论。

另外，世人多将孔子的"五十知天命"与其晚年读易联系起来，认为孔子于五十岁那年开始读《易经》，通天知地，洞悉天机，于是决定出仕，整治天下。其理由来自下面这句语录：

《述而 7.17》

子曰："加我数年，五十以学《易》，可以无大过矣。"

李零甚至还给了个时间表，认为孔子是从拒绝阳虎出仕那年开始读《易》的，"他是从四十七岁，花四年的工夫读《易》，读到五十岁上，才知道是时候了，该出来当官了。所以第二年，他就出来当官。"（《去圣乃得真孔子》）

但是倘若孔子五十岁已经通天晓地，那么做官之后应该深通进退，要不要堕三都，什么时候该辞鲁游历，周游列国时会在哪个国家得到职位，所有这些未知之事对他都应当不成问题，算一卦就是了，又怎会让自己一再身处险境呢？

这般的"知天命"，到底知道了些什么？

因此我认为，这个"天命"不是算命先生所说的命，而是任务、使命。孔子自知此生为人，当以兴复周礼为命，并为此不辞辛苦，奋斗终身。当他在宋国遭遇桓魋之难时，众弟子大惊失色，孔子昂然道："天生德于予，桓魋其如予何？"这便是知天命。

至于"加我数年以学易"，我的理解是他在自卫返鲁、修订六经时，也就是人生的最后几年，才着手深读《易经》，越读越爱不释手，越读越汗流浃背，越读越幡然醒悟，意识到自己半生流离做过的那些不合周礼的事情，不禁遗憾自己读易太晚，叹息说：再给我一些时光，让我退回到五十岁吧，如果我从五十岁开始读易，想来就不会犯下大错了。

为什么希望从五十岁开始读易？

因为他是从那时候起出来做官的。如果当时已经通晓《易经》，每做一个抉择前都仔细推算，或许理想国早就实现了。可惜他未能抓住大司寇这个最好的机会，一步步走了下坡路，终至获麟绝笔，一声长叹。

所以，孔子差不多是有史可载的第一个想穿越的人。

谁能想到视富贵如浮云的孔圣人渴望穿越十数年，只是为了能够早一点攻读《易经》？

圣人的境界，真正高山仰止，就算让我们低到尘埃里，也仍是羞愧的。

值得深思的是孔子虽然说"五十而知天命"，但并非认定四十岁时真的再无疑惑，五十岁时真的经天纬地，而只是形容一个人生智慧的大致状态。人到中年已经不再轻易动摇，年过半百则深知自己要什么，该做什么。

因此，他才会盛赞卫大夫蘧伯玉的"行年五十而知四十九年非"（《淮南子·原道训》）。

孔子在卫时，曾经两次住在蘧伯玉家里，对其非常欣赏，两人是亦师亦友的关系。《史记》中称孔子"圣人无常师",列举了他曾视之为师的几位长者,蘧伯玉的名字仅排于老子之后,还在晏子之前,可见对孔子影响之深。

《庄子·则阳篇》说:"蘧伯玉行年六十而六十化。"说他花甲之年犹能与时俱进。

《了凡四训》则形容得更加细致:"昔蘧伯玉当二十岁时,已觉前日之非而尽改之矣。至二十一岁,乃知前之所改,未尽也;及二十二岁,回视二十一岁,犹在梦中,岁复一岁,递递改之,行年五十,而犹知四十九年之非,古人改过之学如此。"

有一次蘧伯玉派人来问候孔子,孔子请使者坐下,问道:"蘧先生最近在做什么呢?"

使者回答说:"先生每日克勤克俭,自我反省,想要努力减少自己的错误,但还未能让自己满意。"

使者走后,孔子赞叹说:"好一位使者啊,好一位使者啊!"

《宪问14.25》
蘧伯玉使人于孔子,孔子与之坐而问焉,曰:"夫子何为?"
对曰:"夫子欲寡其过而未能也。"
使者出,子曰:"使乎!使乎!"

这位蘧大夫随时随地都在学习、反省,思考怎么样才能让自己更加道德完善,比之曾参强调的"吾日三省吾身"尤为自律,实在令人敬重。

不过,有趣的是,这里孔子赞美的是使者而不是蘧大夫,因为觉得使者太会说话了,不动声色就吹捧了自己的主上,比当年在叶县时子路回答叶公的话可聪明多了。

蘧伯玉的使者都这么会聊天,更何况他的外甥子贡呢?

所以子贡能成为言语课代表一点也不意外。如果当初叶公打听孔子为人时问的是子贡,想来答案一定会更让孔子满意吧?

(三)

《阳货17.20》
孺悲欲见孔子,孔子辞以疾。将命者出户,取瑟而歌,使之闻之。
这是一段很有趣也很有争议的素描。
有个叫孺悲的人求见孔子,孔子不愿见,让人对他说自己生病了,不见客。

但是门人领命出来告诉时,孔子却又故意鼓瑟高歌,让人听见,明明白白地告诉人家:我好好的,心情好好的,身体也好好的,就是不想见你。

孺悲是什么人,孔子为什么不愿意见他,不见又为什么要这么做?

古往今来有各种猜测,大儒们不愿意相信孔圣人有失仪之行,遂说孔子是真的生病,不便见客,但又不愿使人枉来一遭,故而瑟歌,使之闻道。

我倒觉得,如果孔子就是存心使性子怄气,倒也可爱。不是说"七十从心所欲不逾矩"吗,也许这正是孔子晚年所为,不愿见人,想给人没脸,就这么干了。

至于这个孺悲,也许是大恶之人,故而孔子不欲见;又或许是孔子的好朋友,正是因为亲昵,才互相怄气,所谓老小孩也。

因为孔子对自己的老朋友原壤,就是这样熟不拘礼的。

《宪问 14.43》

原壤夷俟。子曰:"幼而不孙弟,长而无述焉,老而不死,是为贼!"以杖叩其胫。

原壤和孔子是非常熟悉的老朋友,所以彼此有点不大客气。

《乡党图考》说:古人之坐,两膝著席而坐于足,与跪相似,但跪者直身,臀不著地,又谓之跽,危而坐安。若坐而舒两足则如箕矣,《曲礼》曰:坐无箕。

就是说,古人跪坐为礼,而原壤没有端庄地跽坐等待,而是大大咧咧地伸着两条腿,这是东方夷俗,故称"夷俟",是对孔子不礼貌。

于是孔子挺生气,拿起拐杖就对着原壤伸出的小腿骂道:"你这老不死的,小时候就不讲孝悌,目无尊长,长大了也是一事无成,毫无建树,不能给后代做好榜样,现在又为老不尊,简直浪费米粮,贼子偷生!"

似乎骂得很重,不过能从头细数"幼而不孙弟",可见自小熟识,想到这是两个年逾古稀的老头之间熟不拘礼的笑骂,便又很正常了,只见亲昵不觉过分。

既然称为"俟",显然两人是约好的;但是孔子已经上门了,原壤却还大大咧咧地蹲着,既不跽坐,也不出迎,样子想来是有点不伦不类,老不正经。

膝上曰"股",膝下曰"胫"。原壤不论是蹲着还是伸出两腿倚坐,小腿都是露在外面了,孔子看到他的邋遢劲儿气不打一处来,抡起拐杖敲小腿打得那叫一个顺手。

这段话也侧面写出孔子对人生的态度,小的时候应当做到"孙弟",也就是"逊悌";长大后应该事业有成,荫庇后人;这样老年时才能无愧无憾而死。如果一生无所作为,混吃等死,那就和小偷盗人钱粮是差不多的罪行。

《荀子》中记载了孔子所谓不可不思的"三思":"君子有三思,而不可不思也。少而不学,长无能也;老而不教,死无思也;有而不施,穷无与也。是故君子少思长,则学;老思死,则教;有思穷,则施也。"

这说的就是,少年时不学习,长大了无所作为,这是活该;老年时候不懂得教育后辈,死后便不会有人思念;富贵的时候不肯施舍,贫穷了也就没人帮助。因此,君子为人,当在年少时就考虑长大后的事,发奋苦读;老年时则考虑身后之后,善教后辈;富有时则居安思危,乐善好施。

而原壤少而不学,老而不教,自是让孔子看不惯,因此才会气得敲着小腿骂:"老而不死是为贼!"

也有人说,原壤方外之圣人也,不拘礼敬,故能与方内圣人孔子为朋友。也就是狂狷者流。

《礼记》有载,原壤母亲过世时,孔子"助之沐椁",也就是出钱又出力,帮忙殡葬礼仪。原壤倒跟没事人一样,还站在木梁上唱起歌来,歌曰:"狸首之斑然,执女手之卷然。"

孔子又气又恨,但是丧事在前,死者为大,只好假装风大没听见,自顾自干活。随行的弟子看不过眼了,问师父:"夫子为什么不让他停止唱歌?"孔子回答:"没有失去的亲人才是亲人,没有失去的相识才是相识。"

换言之,珍惜当下,珍惜活着的人,何必为了死去的亲人而去责备活着的朋友呢?

两人交情深厚又性格迥异,闲聚时或会因为一言不合就抡起拐杖来,真到了生死哀乐的大事发生时,孔子却是如此宽容体谅,这才是真正的知己啊!

(四)

有意义的人生,应当心有仁义,日有所进,不同的年龄达到不同的境界,这样才不枉来人世一遭。

孔子自己一生都在读书,真正做到了活到老,学到老,对那些只喘气不做事的闲人尤其看不上,曾经说:"饱食终日,无所用心,难矣哉!""群居终日,言不及义,好行小慧。难矣哉!"(《卫灵公 15.17》)

有些人,成天无所事事,吃饱了就在一块谈天说地,滔滔不绝,回头想想却尽是废话,没有任何意义,只知玩弄小聪明,这完全是在浪费生命。

所以,孔子对于人在不同年龄时最容易犯的错误也有一段总结:

《季氏 16.7》

孔子曰:"君子有三戒:少之时,血气未定,戒之在色;及其壮也,血气方刚,戒之在斗;及其老也,血气既衰,戒之在得。"

少年时血气方刚,荷尔蒙旺盛,痴心最重,情欲最强,所以戒色是头等要事,纵欲为第一戒律;

人到中年,嗔心渐重,容易牢骚抱怨,喜欢攀比,难免勾心斗角,若能戒除好斗之心,方可无欲则刚;

到了老年,斗志渐弱,可是贪心更重,因为怕死,因为太在乎生平所得,又太不甘心岁月流逝,所以要紧紧握住手中所有。

明朝政治家高景逸说:"孔子不言养气,然三戒即养气之法。戒色则养其元气,戒斗则养其和气,戒得则养其正气。"

人能戒欲,方得正气,可谓君子。故而孔子将君子道总结为三点:仁者不忧,知者不惑,勇者不惧。

《子罕 9.29》

子曰:"知者不惑,仁者不忧,勇者不惧。"

《宪问 14.28》

子曰:"君子道者三,我无能焉:仁者不忧,智者不惑,勇者不惧。"

子贡曰:"夫子自道也。"

智、仁、勇,本是君子修习的三种境界,但是想到"四十不惑",我们不妨将此三德与年龄联系起来。

四十不惑,也就是说人到中年,心智成熟,须拥有一定智慧。

那么仁者无忧,是否可以理解为五六十岁的人应当修习的境界呢?五十知天命,六十耳顺,堪称"仁",既已知天乐命,自然无忧。

到了七十,从心所欲,不畏生死,是谓"不惧",堪称"勇"。

换言之,四十得智,六十成仁,七十当勇。

一生如何度过才是最值得最不负光阴的,两千多年前,孔老夫子已经为我们做出了一份极佳的人生规划。我辈平庸,并不奢望半部《论语》治天下,但是静心读《论语》,的确可以睿智潇洒走人间!

## 谁把孔子推上了神坛

（一）

孔子少年贫窘，连个武士之子的身份都是用尽心思才争取来的，大司寇已经是他在仕途中达到的最高位置。执政期间，他雷厉风行，堕三都，兴礼教，怒斩少正卯，着实做出一番成绩来。可惜的是，刚刚辛苦杀伐开创了一点局面，就被齐国送来的八十名女乐舞袖一招轻轻挥散了。

孔子的仕途生涯受挫，政治理想却未破灭，于是再度出走，周游列国十四年，却终究未能找到一片完成理想的土壤，直至年近古稀方才还乡。却又随着儿子和学生的一一离世，接二连三地遭逢打击，伤心伤身，摇摇欲坠，距离死亡越近，距离周公之治的理想就越远。

但孔夫子依然坚守着自己最后的阵营，或者说理想的底线：培育新人，传承大统。唯有传承礼乐的信念支撑着他，因此笔耕不辍。然而西狩获麟，成了压垮骆驼的最后一根稻草，孔子遂绝笔春秋，泣不忍言，并在晚年仰天长叹："完了，我再也梦不见周公，只怕大道就要走到尽头了吧。"

《述而7.5》
子曰："甚矣吾衰也！久矣吾不复梦见周公！"

"祖述尧舜，宪章文武"，礼乐文明的大周朝，始终是孔子的理想社会。他奔波半生，寻寻觅觅，为了不曾赶上夏商周三代明君统治而慨叹，只能在梦中与周公相会，可是晚年时，却是连周公都不曾入梦了。

晚年的孔子，真是孤独之至，绝望之至。

但在他死后，弟子们聚在一起编成《论语》，不遗余力地为老师摇旗呐喊，将夫子推上了圣坛，也将他的"道"播向了万世。

孤独的孔子，一时成了舆论热点人物，那原本高大但有些清冷的背影，也更加高大而且金光璀璨起来。

《孟子·公孙丑上》中提到了造圣运动的三位主力，宰予、子贡、有若，并分别记录了他们的宣传语：

宰我曰："以予观于夫子，贤于尧舜远矣。"

子贡曰："见其礼而知其政，闻其乐而知其德。由百世之后，等百世之王，莫之能违也。自生民以来，未有夫子也。"

有若曰："岂惟民哉！麒麟之于走兽，凤凰之于飞鸟，泰山之于丘垤，河海之于行潦，类也。圣人之于民，亦类也。出于其类，拔乎其萃。自生民以来，未有盛于孔子也。"

弟子们抱团呼喊，怀着对老师的崇敬与追念，只觉口号喊得多响亮都不至溢美。彼时，他们可能都没有想到，这场轰轰烈烈的造圣运动，竟然绵延两千多年，影响超过了此前包括周公在内的任何一位至圣先贤。

但这并不是孔子喜闻乐见的，因为他曾一再强调：我不是圣人！

《述而 7.20》
子曰："我非生而知之者，好古，敏以求之者也。"

《述而 7.33》
子曰："文，莫吾犹人也。躬行君子，则吾未之有得。"

《述而 7.34》
子曰："若圣与仁，则吾岂敢？抑为之不厌，诲人不倦。则可谓云尔已矣。"
公西华曰："正唯弟子不能学也。"

孔子说自己并非"生而知之"的圣人，不过是"好古"，好学，"敏以求之"罢了。

"学而不厌，诲人不倦"，是孔子对于"学"与"教"的两种态度。他是个好学生，更是个好老师，他自己觉得这没什么，但是弟子们却知道，能做到这样有多么不容易。

然而孔夫子对自己做到的一切却仍不满意，觉得自己治学或有所得，实践却未达臻境，并无过人之处，距离"文质彬彬然后君子"的境界还差得远。

他说，我连君子的境界都没有达到，圣人与仁人更岂敢当？

至于说"为之不厌，诲人不倦"，这是他一直努力在做的，或许算不得夸张。"为"即学，指的是学习圣仁的道理永不满足，教导弟子从不厌烦。因此说：我不过是做到了这么基本的两点罢了。

公西华却说：这已经是弟子们做不到的了。

是的，仅这两点，孔子已足为万世师表！我们所崇敬于孔夫子的，不是他的神力，而是他的毅力。

《孟子》中也有相关记载，只不过把学生换成了子贡。

子贡问孔子:"夫子圣矣乎?"孔子说:"圣则吾不能,我学不厌而教不倦也。"
子贡肃然说:"学不厌,智也;教不倦,仁也。仁且智,夫子既圣矣。"

要么这是两次不同场合地点的对话,要么就是孟子觉得这种非要把老师树为圣人的做法更像是子贡干的,所以张冠李戴,还给了更提纲挈领的总结:仁且智,当然是圣人!

(二)

《史记·货殖列传》中说:"夫使孔子名布扬于天下者,子贡先后之也,此所谓得势而益彰者乎?"

这句话明确提出,孔子成为圣人,子贡是最大的推手。

子贡聪慧又多金,巧言而位高,且善于包装策划,绝对是精英中的精英。

如果让现代人在孔门弟子中寻找一位做偶像,子贡一定高票当选。

子贡在政治上"长相鲁卫",在学问上"受业通身",在经商上"家累千金",其地位、财产、知识、德行都令人望尘莫及。虽然他自谦不如颜回,但在很多人眼中,却觉得子贡非但优秀绝伦,傲视同侪,甚至比他的老师孔子都强。

比如,鲁国大夫叔孙武叔就在朝堂上公开说,子贡之贤,胜于孔子。

《子张 19.23》
叔孙武叔语大夫于朝曰:"子贡贤于仲尼。"
子服景伯以告子贡。
子贡曰:"譬之宫墙,赐之墙也及肩,窥见室家之好。夫子之墙数仞,不得其门而入,不见宗庙之美,百官之富。得其门者或寡矣。夫子之云,不亦宜乎!"

"子贡贤于仲尼。"这评语可是大事。不仅仅是拿一个名人比较另一个名人,一位大夫比较另一位前大夫,而是拿一个弟子去比较他的老师啊。

所以这种八卦必定会传得飞快。这不,子服景伯就麻溜儿地跑来告诉子贡了。

还记得子服景伯吗?公伯寮在季氏面前说子路坏话害子路丢官时,就是子服景伯跑来告诉孔子,并且说自己有能力弄死公伯寮,"市诸朝野"的人。

看来这位子服景伯和孔门的关系真的很亲密,也很喜欢八卦。

但是这番话让子贡作难,这话好说不好听,让同门怎么看自己?

于是子贡立刻正色说:"可不敢这样说啊。我怎么能同老师比?我给你打个比方吧,这就好像宫墙,我家墙的高度只到肩膀,别人从墙外望进来,可以看到我家的布局装修华美堂皇,因为看得到。但是老师的墙有数仞之高,人们根本无法窥其高明,更找不到门进入,所以看不到那里面庙堂般的华美,各间屋室的富丽多彩。能进老师门的人太少了,所以不知我老师的高明。"

子贡的话说得非常坚定而通俗,对老师的维护也让人感动。

而叔孙武叔会这样评价,很可能不只是对子贡的赞美,而存着挑拨离间鼓弄是非之心。幸好,子贡看得很明白,坚决不上当。

但是子贡也不好得罪当朝大夫,所以立场坚定但态度婉转,温和地说:"夫子之云,不亦宜乎?"这里的夫子不是孔子,而是指叔孙武叔,意思是大夫的话,也很可以理解,因为不得逾墙入门,所以不知我老师之美,这是很自然的。

这让我们想起孔子受困时,子贡曾经劝他降低标准的话,也许子贡之所以能贤名胜于孔子,正是因为这降低了标准的好处。

偶像不能让人仰望如日月,而最好只是比普通人高明,但只高明那么一点点就好。如果高远得遥不可及,那就会让人失去了兴趣,从而失去信任了。

但是仲尼在子贡的心里,恰恰是如同日月般不可企及的。

《子张 19.24》

叔孙武叔毁仲尼。子贡曰:"无以为也!仲尼不可毁也。他人之贤者,丘陵也,犹可逾也;仲尼,日月也,无得而逾焉。人虽欲自绝,其何伤于日月乎?多见其不知量也。"

这叔孙武叔也真是喜欢搞事,挑拨子贡无效,就不断毁谤孔子,终于让子贡愤怒了,很不客气地指出:"这位大夫太不自量了!"

子贡再次运用比喻的手法来赞美老师,说孔夫子是不可以被毁谤的。别人的贤德,最多就像座小山丘一样,可以翻越过去;但是孔子光比日月,永远被模仿,无法被超越。一个人要自找绝路,对日月有什么损害呢?只暴露自己的无知罢了。

这一次,子贡的话已经很不客气了,但是比喻是真棒。这句"仲尼,日月也,无得而逾焉"遂传诵千古,为孔夫子的圣人形象定了调。

无奈的是,尽管子贡这样小心坚定,还是不停有人拿他和孔子作比,说他比师父强。子贡说了又说,反复解释,不断比喻,也是够累的。

《子张 19.25》

陈子禽谓子贡曰:"子为恭也,仲尼岂贤于子乎?"

子贡曰:"君子一言以为知,一言以为不知,言不可不慎也。夫子之不可及也,犹天之不可阶而升也。夫子之得邦家者,所谓立之斯立,道之斯行,绥之斯来,动之斯和。其生也荣,其死也哀,如之何其可及也?"

这次颂扬子贡的人是八卦精陈子禽。名陈亢，字子禽，一说陈亢即原亢。有说是孔子弟子的，也有说是子贡弟子的，或者只是与孔门关系较近的边缘人。

他曾向孔鲤打探夫子训子之道，得出"问一得三，闻诗，闻礼，又闻君子之远其子也"的答案。又问子贡夫子每去一国必闻其政的消息来源，子贡回答说："夫子温良恭俭让以得之。"

陈子禽对孔子如此好奇，却似乎不大了解，也没什么机会面问夫子，可见不是登堂入室的正头弟子。《论语》中出现他的名字三次，两次都是同子贡说话，显然对子贡更加亲近，所以上来就说："您别太谦虚了，孔仲尼哪里比你强啊？"

这话说得有点不太客气，仲尼也是你叫得的？怎么也得称声夫子吧?

因此子贡正色道："君子慎言，一句话可以表现出明理，也可以在一句话中表现出无知，不可不慎重说话。我怎么可能与老师相比，就像不能沿着梯子爬到天上一样，我也一辈子不可能比得过老师呀。老师只是没有机会，如果他能管理国家，一定会通过礼乐设立国家根本，使大道得行，远者归服，民众和乐。我老师有如日月，生得伟大，死得光荣，这样一个在生前受人尊敬死后万众哀悼的人，我怎么可能赶得上？"

这接连三段话记录于《论语》第十九章的最后部分，显然是有意通过子贡的话强调孔子之德被千秋。

我们已经不能准确判断子贡哪次发言是在孔夫子生前说的，哪次分辩又是在老师过世后说的，但是对陈亢强调的这次，既然说到"其生也荣，其死也哀"，则肯定是在孔子大去后所言，可见人们拿子贡与孔子比较的时间持续了多年。

很可能子贡就是因为这些流言蜚语感到烦恼，觉得若因为自己而使老师名声受损就太不安心了，非要做点什么以正视听不可，因此不遗余力地为老师鼓吹。

于是，一场轰轰烈烈的造神运动开始了。

（三）

子贡之所以会这样做，并不是一天一时得到的灵感，而是他本来就是个商人，善于广告宣传，从前跟着孔子周游列国的时候，就因为时常要前往各国为老师打前站，而深知先声夺人的重要性，非常注意形象包装，每每有人谈起孔子，子贡总是不遗余力地颂扬维护，将孔子神化。

比如，当太宰问起孔何以如此多才时，子贡坚定地回答："我老师本是天降圣人，多才多艺。（"固天纵之将圣，又多能也。"）

当卫公孙朝问起孔子从哪里学到的能耐时，子贡则认真地解释："周文王和周武王的德行并没有消失，靠着贤者的行为保留传承在人间，而我老师就是那个上天指定的传承人啊。"

孔子自称不足为君子，因为君子要做到仁义担当，智勇双全，子贡立刻热情地回答："这就是说的老师您自己呀！"（"夫子自道也。"）

对于孔子教授的学问，子贡更是满怀崇仰地赞美："老师所说的礼乐典籍的讲授，学生是可以听到获得的；但是老师关于人性和天道的言论，是没办法只用耳朵就能听到理解的。"（"夫子之文章，可得而闻也；夫子之言性与天道，不可得而闻也。"）

在子贡的极力揄扬中，将老师比作庙堂华宇，日月星辉，不允许任何人低估，甚至也不允许自己超越。

为了让孔子的形象更加光辉耀目，子贡还将从各国听闻的一些神迹传说都移花接木在老师身上，为孔子编撰了很多不存在的故事，还让他拥有了很多"超能力"。

比如孔子听说吴国会稽山发生山崩，出土了一些巨大的骨头，一根就能装满一辆车，就告诉吴国使者说，那是古代山神防山氏的遗骨。防山氏当年被禹所杀，就埋在会稽。

再如孔子在齐国时，听周使臣说宗庙大火，立刻猜到是釐王的庙。后来证实果然如此。人们都惊奇孔子何以预知，孔子说："釐王改变了周朝的文武之制而作玄黄宫室，舆马奢侈，所以老天爷一定会惩罚他，烧了他的庙。"齐景公说："那老天爷为什么不在他活着的时候就让他不得好死，非等他死了再烧他的庙呢？"孔子说："这是文王的德行啊。老天爷不能让文王绝嗣，所以总得等釐王传位子孙后再烧了他的庙。"

像这一类的神奇传说，在孔门弟子早年间撰录的《论语》《礼记》中都不曾记载，却在不辨年代的《孔子家语》、汉人刘向的《说苑》、王充的《论衡》中多有记述，可见当时只传于人口，后来才被当作正史记录下来。

而这些故事得以流传，很可能就是子贡的手笔，他将大量的财力与精力倾注在对夫子形象的树立与传扬上，召集众弟子在孔子墓旁结庐而居，遂成"孔里"。

这些人因为守丧而废了耕织，每日只如老师生前一般相聚读书，回忆恩师言行。子贡还让长相最像孔子的有若扮成夫子坐在台前让大家参拜，以示追念。

孔子生前，对于子贡的过度揄扬时常不满，一再强调我本是凡人；但是在临死之前，却慨然长叹："天下无道久矣，莫能宗予。"（《史记·孔子世家》）

为了这句话，子贡不管不顾，非要把老师捧成神。反正，现在孔子再也约束不了他了，他可以放开手脚做包装了。

用了六年时间,他终于做到了。

这虽然不符合孔子的一贯主张,却因此使儒学一门发扬光大,且影响了中国两千多年的文明。

从这一点来说,子贡无疑是儒门最大的功臣!

第二部分

孔门那些人

# 孔鲤这条可怜鱼

（一）

孔子一生中有过很多身份，最成功也最本色的就是夫子，其次是个卓有名望但不大得志的臣子。

他一辈子都在倡导父子人伦，但是就像前面讲的，本人并没有机会扮演一个好儿子。而在成家立业、结婚生子后，既不算是好丈夫，也不是一个好父亲。

自小在亲情上有所欠缺的人，一生都会带着破碎的伤痕，不太会处理人与人之间的关系。

孔子是圣人，有着博爱的胸怀，所以能心怀大爱来泛爱众生，视弟子如子侄。但是对于自己真正的儿子，却有点不知该怎样相处才好。

《论语》中对子路、子贡、颜回的描写都很详细，看得出他们与孔子的关系不是父子，胜似父子。但是对孔鲤，这个孔子平生唯一的儿子的描写却十分寡淡，可能是因为孔鲤的天资不够出色，也可能是因为孔鲤没有陪孔子周游列国的原因，孔子对亲生儿子的感情，反而不如待弟子们亲切。

孔子十九岁结婚，二十岁生子，作为一个父亲，实在是太年轻了。

他自己还是个大孩子，而且正读书读得起劲，对未来有着无数憧憬。在族人的帮助下娶妻生子，不过是像完成一项任务般按部就班，也多少是借助妻家的力量为自己建立生活基础。

要知道，孔子是个孤儿，带着母亲的尸骨回到曲阜，孑然独立，身无分文。族人接纳了他的身份，总得给他一个安身立命之所。但是长贫难顾，谁也不愿意长期接济一个无父无母的年轻人。怎么办？

不如给他娶门亲，让他的岳家照顾他的生活。

想来，孔夫人的妆奁应该不差，但是相貌性情大概不会特别占分数。因此夫妻感情显然淡薄。

不论是《论语》，还是《孔子家语》，各种正史野史，我们都没有见过孔子与妻子相处的情形，只有《礼记·檀弓篇》里有一句振聋发聩的"孔氏三世出妻"，才知道孔子居然休妻。

不仅如此，而且是孔子、孔子的儿子孔鲤（伯鱼）、孙子孔伋（子思）三代都有休妻的历史，难道这休妻也带遗传的?

无论孔子当年对这门亲事是无奈地被动接受，还是积极地主动经营，十九岁的婚姻都是危险的。尤其没有长辈引导，年轻夫妻对于相处之道毫无经验，又早早做了父母，更加手忙脚乱。

孔子还没来得及长大就成了长辈，还没学会爱情，就变成了亲情。

结婚一年生子，也就是说，蜜月刚过没多久，妻子便身怀六甲，然后孔子就懵懂地做了父亲，手抱着一个红稀稀的小婴儿在想这条"鱼"是怎么来的。

孔鲤名字的由来是因为鲁昭公送的一条大鲤鱼，因此字伯鱼。

叫作伯，因为这是老大，看来孔子原本还想着会有更多儿子的，伯仲叔季，一直生下去。

但是这辈子他就只生过这一条鱼。

或许，就是因为孔子对于自己十九岁娶妻、二十岁生子这段混乱记忆非常不愉快的缘故，才会在《礼记》中规定，男子应当"三十而有室，始理男事"，这比现代的法定婚龄还要晚婚晚育，未免矫枉过正了。

班固所撰《白虎通·嫁娶》还一本正经地解释："男三十，筋骨坚强，任为人父；女二十，肌肤充盛，任为人母。"

意思是说男子到了三十岁，才身体强健，龙精虎猛，最有利于生育下一代，这显然是强词解释了。

实在是孔子对于早婚早育，阴影太深了。

（二）

孔子在什么情况下休的亓官氏不得而知，有没有续弦纳妾也不清楚。他多次离国出游，对家庭概念很淡薄，即使关于悠闲的燕居生活的描述中，也只见弟子侍坐，言笑晏晏，嗅不到一点家庭生活的气息。

难怪连外人也好奇孔子与儿子的相处，比如陈亢就曾八卦地向孔鲤打听过：

《季氏16.13》

陈亢问于伯鱼曰："子亦有异闻乎？"

对曰："未也。尝独立，鲤趋而过庭。曰：'学《诗》乎？'对曰：'未也。''不学《诗》无以言。'鲤退而学《诗》。他日，又独立，鲤趋而过庭。曰：'学礼乎？'

对曰：'未也。''不学礼，无以立。'鲤退而学礼。闻斯二者。"

陈亢退而喜曰："问一得三，闻《诗》，闻礼，又闻君子之远其子也。"

陈亢，字子禽，是孔门弟子，也有人说是子贡的弟子，也就是孔子的未及门弟子。因为对孔老师充满好奇又无法接近，于是就向伯鱼打听："令尊对你可有什么秘籍传授吗？"

这想法也很正常，亲生儿子嘛，而且是唯一的儿子，当然与众不同。孔夫子看上去对儿子挺冷淡的，但是私下里说不定有秘方相授，另眼对待吧？

可怜孔鲤也很希望父亲对自己是不同的，所以努力想了想，小心翼翼讲述了父子间相处的一个片段，心里也说不好这算不算是独门秘籍。

孔鲤说，有一天孔子独立庭院中，自己正好经过，看到父亲，忙趋而请安。

"趋"，小碎步地急走凑近，是下人或晚辈面对尊长的礼节，显示出恭敬与紧张。显然伯鱼对老爹是很敬畏的。

而孔子习惯了在弟子面前扮演宽和严正的夫子形象，在儿子面前亦不例外，甚至因为是儿子而有点不自在，脸孔板得比平时还严肃，沉声问："《诗》学得怎么样了？"

伯鱼老老实实回答："还没背完。"

孔子立刻说："一个不学诗的人，连话都说不好，还好意思到处跑？还不回屋读《诗》去。"

伯鱼吓坏了，赶紧回屋去接着读《诗》。

又有一次，孔鲤经过院子，又遇上老爹了，只得硬着头皮凑上前去问好。

孔子又问："学礼了没？"

伯鱼说："还没呢。"

孔子又沉了脸，习惯性地教训说："学不好礼，连立足都不能，还不回去学习？"

伯鱼只好又收回出门游玩的心，闭门读书去了。

可怜伯鱼，面对陈亢的问话，想来想去就想出这么两条答案来，灰溜溜地说："我从父亲那里听到的要诀，就这两条。"

看来，若非庭中偶遇，父子俩平时连说话的机会都少。

陈亢倒是很高兴，举一反三地总结说："我只问了一件事，却得到了三项要诀，一是学诗，二是学礼，三是君子远其子。

"君子远其子"，遂从此成为儒家父子相处之道，意思是君子不应该与孩子太过亲近，要保持一定距离，才是育儿之道。

至于为什么这样做，大概与"惟女子与小人难养也"是一样的道理吧，担心

"近之则不逊，远之则怨"。

因为这段"鲤趋而过庭"的典故，后世有了几个专用词：鲤对、庭对、庭训，指子女接受父亲的教诲或培育。比如王勃《滕王阁序》："他日趋庭，叨陪鲤对；今兹捧袂，喜托龙门。"

《论语》中记录了许多孔子对众弟子的嬉笑怒骂，高兴起来可以对颜回说："你要有钱了，我就给你当管家。"生气了就骂宰予："朽木不可雕也。"对子路就更是亲昵熟惯，揶揄调侃，连"不得好死"这种话都说得出来。

但是对于自己的亲生儿子伯鱼，孔子却是既没有宠溺的言行，亦不见率性的嘲骂，有的只是疏离与教训，而且是很不耐烦的教训。

不学诗，无以言；不学礼，无以立。

见面就问书，答不满意就让他滚一边去，二话都懒得说。

有一次问儿子："学习《周南》《召南》了吗？"

伯鱼又说："没有。"

孔子更加干脆："面墙站着去！"

《阳货17.10》

子谓伯鱼曰："女为《周南》《召南》矣乎？人而不为《周南》《召南》，其犹正墙面而立也与？"

召（shào），指周朝国名，在陕西省凤翔一带。《诗经》中的《风》包括15国风，《周南》和《召南》是《诗经·国风》里的第一、二篇。显然这是伯鱼在回忆幼年时候的往事。

说起来这孔鲤的资质也确实一般，显然不大喜欢读书，难怪孔子不喜欢。

诗不会，礼也不会，《周南》和《召南》是《诗经·国风》里的第一、二章，最基本的启蒙读物，便连这也不会，不是欠揍是什么？

不过话又说回来了，"子不教，父之过"，伯鱼为什么不会？那是孔子只顾教学生，却不肯耐心教儿子嘛！

当然，也有可能是伯鱼这熊孩子存心的，因为逆反心理，对待父亲所有问题就只会一以贯之地回答三个字："不知道！"

（三）

孔鲤如此平庸，又与孔子关系疏离，自然在孔门师兄弟眼中没什么地位。

孔夫人过世时，孔鲤也已是年近半百的人了，可是仍然唯唯诺诺，见到父亲就打哆嗦。孔子对他也仍然动辄训斥，甚至听到他为母亲哭祭都不耐。

在这样的环境下长大，伯鱼性情的压抑可想而知，因此夫妻感情也不大好，后来为何休妻亦原因不明。直到五十岁才生子，还是个遗腹子。

孔鲤卒于公元前483年。《论语》中没有关于孔鲤过世的记录，也不知道丧仪如何，孔子是否伤心。所以会提及此事，还是因为颜渊之死捎带提及的。

伯鱼死后两年，颜渊去世，其父颜路想给儿子置办棺椁，却没钱，便来找孔子，请他卖了车子换钱给自己儿子买棺椁。孔子不同意，这才提起伯鱼来作挡箭牌："才、不才，亦各言其子也。鲤也死，有棺而无椁。"

有才名没才名，都是人家的儿子。我儿子伯鱼死时，也是有棺无椁，现在你儿子死了，买不起棺椁也正常呀。

但是颜路不这样想，孔门师兄弟也不这样想，在所有人眼中，伯鱼都不可能跟颜回相比，所以他们还是凑钱帮颜回办了场奢华的葬礼。孔子在颜回坟前哭着说："回也视予犹父也，予不得视犹子也。"

你待我如同父亲一般，我却不能像对自己儿子那样对你——的确不能，因为孔子对颜回，从来都比对亲儿子要看得重多。至少，在伯鱼死时，他绝不会喊出"天丧予"这样的伤心话来，也不会恸哭失态，让门人们甚至觉得他伤心过度了。而孔子还理直气壮地说："非夫人之为恸而谁为！"我不为他哭，还能为谁哭呢？

真想替伯鱼问一句：我是你的儿子呀，两年前我死的时候，你有这样伤心吗？

# 最听话的职业学生颜回

（一）

《先进11.2》

子曰："从我于陈蔡者，皆不及门也。"

《先进11.3》

德行：颜渊，闵子骞，冉伯牛，仲弓。言语：宰我，子贡。政事：冉有，季路。文学：子游，子夏。

传说孔子有弟子三千，七十二贤人，其中最著名的又要属"孔门十哲"。而"十哲"中，第一个被点名的就是颜渊，堪称孔子最心爱的弟子。

颜回，字子渊，约生活于公元前521年至公元前481年，因其圣贤，后世称为"颜子"，是儒家八派之一颜氏儒学的开创者。

颜氏，显然是孔子母亲颜徵在的族姓。孔子小时候随母亲生活，多得颜家村乡党的照拂，所以创业时组建礼仪公司，最初招募的多为颜氏子弟，颜渊的父亲颜路（字无繇），就是孔子最早期的学生兼助手。

所以，颜回这学生可算是世袭的，十三四岁就跟从孔子学习了。他比孔子小三十岁，鲁国人，是孔子自齐返鲁后招收的第二批学生中最出色的一个。

一入孔门深似海，学儒从此误终身。

颜回一生追随孔子，学而不厌，从未出仕，是孔子的终身制职业学生，也是最听话最虔诚的学生。他的名字在《论语》中共出现了21次，其中第一次出现是在第二章：

《为政2.9》

子曰："吾与回言终日，不违，如愚。退而省其私，亦足以发。回也不愚。"

"不违"和前面说孝道的"无违"是一个意思，无违是对父母从无违背，而颜回事师如父，也是恭恭敬敬，唯命是从的。老师说什么就是什么，颜回从不会发问，更不会质疑，只是低头谨记，做足规矩。

颜回是学校里最受老师喜欢的那种标准好学生，顺从、温和、勤奋、谨慎，告诉他做什么，立刻就去做，从不懈怠，绝无违背。

无论是认真负责的老师还是脾气暴躁的老师，对于听话的学生总是喜爱的。而颜回听话得几乎过分，孔子和他说话的时候，不论讲什么，颜回都是点头不迭，甚至显得笨笨的，"如愚"。

因此，孔子虽然喜欢颜回的温顺，但也有所遗憾，因为颜回太信服自己，太赞同自己了，这使孔子觉得不满足，一方面学生认真听讲，从无倦怠，更无违背，让先生很有成就感；另一方面，又觉得颜回木讷如愚，对自己没有帮助。

《子罕 9.20》
子曰："语之而不惰者，其回也与！"
《先进 11.4》
子曰："回也非助我者也，于吾言无所不说。"
第一句解释作：听我说话而从不懈怠的，就是颜回呀！
第二句为：颜回啊，他可不是能够帮助我的人啊，他对于我说的话，没有不愿意听的。说，是"悦"的意思，意谓喜欢，信服。

这从侧面看出孔子的虚怀若谷，他不是个唯我是理的独裁老师，很愿意接受学生的意见与质疑。

俗话说"教学相长"，孔子学堂的气氛很轻松，常常是以对话聊天有问有答的方式进行的。越激烈的讨论就越能迸溅出闪亮的火花，面对一个只知默默听讲却从不提问没有对话的学生，却如何长进呢？

比如子夏，经常对老师说的话有着新奇的想法，孔子便会夸奖他说："起予者商也。"觉得和他谈话对自己也很有启发；再如子路，经常直统统地反驳老师，往往被孔子骂，然而孔子也最喜欢子路陪侍，且夸他说："自吾得由，恶言不闻于耳。"

可是颜渊呢？永远是点头派，老师说什么都是对的，没有疑问，没有反对，更不会给老师提意见。不论老师讲什么，颜回都心悦诚服，从早到晚背着手瞪着一双无辜的大眼睛恭顺地听讲，一脸傻笑，永不知倦。

这样的学生很乖，但是对着久了，也觉得无趣，有点审美疲劳。

教与学，从来不是单方面的输出，而是一个互动的过程。唯有如此，方得进步。

孔子在意学生的品德，更在意学习的质量。因此在颜回离开课堂后，便"退而省其私"，有意无意地私下观察他的日常言行，发现颜回可不是白白听了那么多大道理，而是默识心融，触处洞然，真正理解了自己传授的学问和思想的，且能举一反三，由此及彼，融会贯通，充分实践发挥于生活的方方面面。

因此孔子长舒一口气，清楚地判断："回也不愚"。

孔子之所以会做出这样的断言，显然曾经和其他学生讨论过颜回这个人。很可能哪个学生觉得老师总是夸颜回，未免有些不服气，难道老实呆笨就是好学生吗？

比如子路吧，就经常会在老师夸颜回时凑上前说："夫子把颜回说得这样厉害，可是真要带兵打仗时，您是会带我上阵还是带他呢？"

于是孔子便对学生们说了这番话，强调自己夸奖颜回，并不是因为他"终日不违"，而是胜在"足以发"。发的意思是阐发、践明，在日常动静之间实践发扬夫子之道。

颜回在这个"退而省其私，亦足以发"之间至少表现出了三大优点：

第一是好学。这不消多说了，他的"终日不违""无所不说"已经充分证明这一优点；

第二是约礼。他能以夫子之道来约束自己的行为，体现于行止语默间，这是真正的学而时习之；

第三是慎独。孔子"省其私"，可知这不是课堂提问，而是私下考查。颜回是孔子母家的亲戚，所以孔子有便利条件了解颜回在私底下的行为举止，发现他即使私行独处，亦守礼问道，自有条理。这便是"君子慎独"。

有此三大优点，颜回何止不愚，实乃大智。

所谓大智若愚，颜回也！

（二）

孔子观察颜回私下的行为来判断其为人，得出"回也不愚"的结论。是非常准确客观的评价，也是非常明智通达的做法。

人们常常感慨说自己不会看人，而孔夫子为我们提供了具体案例和理论依据，明确指出：看人也是要分为三个步骤的！

《为政 2.10》

子曰："视其所以，观其所由，察其所安。人焉廋哉？人焉廋哉？"

视就是看，观是更仔细地看，察是有判断有思考地看。这是看的三个层次，一层比一层更认真深入。

那看的是什么呢？

先看一个人的行为，"所以"就是所做的一切。

但是不能只看表面行为，要弄清楚他行为的依据是什么。

"所由"，就是所经从，所依据。换言之，就是行动的动机是什么，也就是佛家所说的"发心"。

判处一个人的罪行时，要考虑犯罪动机；而接受一个人的慈善时，也要判断他的发心，是真的心存善念，还是为了沽名钓誉。

弄清这个，还要判断他的心之定止之处，看他是不是真正安乐于他的信仰，是否能够死守善道。苏东坡有诗"此心安处是吾乡"，便是所安之意。

有些人依照法律或是道德守则去做了一些事，但是心里并不情愿，做的时候并不高兴，这样的人即使一时一事做得不错，发心也正，但是容易反复，不够坚定，也就不能给予足够的信任，必须时刻观察他可能的变化。真正有理想的人，在为了理想而奋斗的过程中不论经历什么，都会甘苦自知，从容不迫，毫无动摇，这便是心之所安，路之所往。这样的人才是最可信任的。

廋（sōu），隐匿。意思是说，如果能够看其行为，知其心理，察其信仰，判断一个人还有什么可遗漏的呢？这个人的真实形象又如何隐藏呢？

这就是孔老夫子教导我们的观人之道。

夫子会看人，才能清楚地了解每个学生的德行心性，对他们因材施教，才不会被颜回大智若愚的外表误导，放弃对他进行更高深的教诲。

不过，孔子觉得颜回是不说话的点头派，很可能是早期的事，因为从孔子师徒间的大量言论来看，颜回不但挺能发言的，且每每要做高屋建瓴的总结性发言。

比如孔子曾问："智者若何？仁者若何？"（《孔子家语·三恕》）

子路说："智者使人知己，仁者使人爱己。"这有点自私，老是想着仁智能够让别人怎么对待自己，太实用主义，也太在意别人的看法。孔子自是不满意。

子贡则说："智者知人，仁者爱人。"这是主动性的克己爱人了，而且是孔子说过的话，应该是没错的。但只是重复语录，没有新意。而且孔子虽然主张爱人，却不是耶稣，并不主张让弟子们把自己钉在十字架上，以血清洗世间污秽，爱人真不是说说那么简单的。

所以对于子贡的话，孔子亦未置可否，只是转向颜回。

看颜回是怎么回答的："智者自知，仁者自爱。"

简直太聪明太实在太贤德了！

一个明智的人应该先看清自己，一个仁义的人应该先懂得自爱，而一个真正自知自爱自律自信的人，才会很好地爱人知人，这才是真君子！

对于这样的颜回，怎不让孔子赞一声"贤哉回也！"

因此孔子经常拿颜回做榜样，让众弟子好好向颜回学习，并且让他们对照自身找缺点，想想颜回到底强在哪儿：

《公冶长5.9》

子谓子贡曰："女与回也，孰愈？"

对曰："赐也何敢望回？回也闻一以知十，赐也闻一以知二。"

子曰："弗如也，吾与女，弗如也。"

子贡就是端木赐，经商的眼光很准，看人的眼光也很准。

有一天孔子对子贡说："你比颜回怎么样？"

子贡回答说："我怎么敢和颜回相比呢？他听到一个道理，就可以推知十个道理，而我最多能从一件事推知第二件事。"

孔子点头说："的确是不如他呀，我和你一样，在这一点上都比不上他。"

竟然说连自己都不如颜回，这是多么高的评价啊。

孔子非常注意对学生的启发式教育，说过"不愤不启，不悱不发。举一隅不以三隅反，则不复也。"

他并不喜欢死读书的学生，更在意启发学生自己的思考和推理，认为学生不产生疑问就不要去开导他，不是若有所思就不要去启发他，如果学生做不到举一反三，那就不要重复生硬地再灌输他知识。而颜回恰恰是"足以发"，给一颗种子就能种出一片森林的人，怎不让老师喜爱有加呢？

所以他曾对颜回的"终日不违"若有所憾，又对他的"闻一知十"欣赏备至。一个和他一样"学而不厌"的学习标兵，他自然是"诲人不倦"的。

好学且能温故知新，是颜回最大的优点。

（三）

孔子欣赏颜回的，不只是他的好学，更有他的德行。

孔子是主张"邦有道则见，邦无道则隐"的，他的这通理论，三好学生颜渊是领会得最深的。因此孔老师不仅视颜回为最得意的弟子，简直引为知己，夸奖说："这样进退从容，安贫乐道，只有你和我才能安然做到啊。"

《述而7.11》

子谓颜渊曰:"用之则行,舍之则藏,惟我与尔有是夫!"……

有人赏识为世所用时,就要努力地去实行,做到物尽其用,人尽其才;没人赏识就收敛锋芒,退而隐居。

孔子是这样说的,也是这样做的,但做得并不情愿。待价而沽中,他常常看到一根并不正义的橄榄枝便想抓住,每每因为子路的质疑而打消念头。穷途末路之际,子路、子贡等也都张皇失措没了主张,只有颜渊处之泰然。

所以孔子说颜渊是最像自己的人,这倒不是抬举颜渊,更像是拔高自己。

孔子是以"饭疏食,饮水,曲肱而枕之"便得乐的人,而颜回的生活比他更穷,也更简单,同时也显得更淡定。

《雍也6.11》

子曰:"贤哉,回也!一箪食,一瓢饮,在陋巷,人不堪其忧,回也不改其乐。贤哉,回也!"

意思是:颜回真是贤者啊,简衣陋食,住于贫屋,别人觉得这种清苦的日子无法忍受,颜回却没有改变他的志向与乐趣,从容如故。

箪,是竹篮,用竹篮装的饭,注定不是什么佳肴美味,只能是一个萝卜两块饼子罢了;用瓢喝水,喝的当然不是茶汤,就是哪里有水缸就哪里舀一瓢冷水喝好了。这真是穷得一清二白。

已经这么穷了,颜回苦心向学,也没想过赶紧找份工作,吃好点喝好点住好点,因为"一箪食一瓢饮"已经很快乐了,他的心思压根就没放在这些事上面。

这样的好学,是真的为学而学;这样的快乐,是真的心无杂念。

"回也不改其乐"所表现出来的,不是忍耐,不是坚毅,不是简单的安贫,而是由强大的内心力量所引发的一种来自骨子里的绝对自信与快乐从容。

为什么孔子对于颜回的安贫如此津津乐道呢?因为他深知居富易,安贫难。

《宪问14.10》

子曰:"贫而无怨难,富而无骄易。"

一个受过教育的人在富贵时保持不骄不躁的态度还是容易的,但是在贫困中做到无怨怼,却是很难的。

这个贫,还不只是物质上的穷困,也可以是处境上的不得志。颜回一生未仕,却不以为意,不但对于贫窘生活不以为苦,"不改其乐",更对于自己的平民身份安之若素,堪称"八风吹不动"的圣人。

子贡曾经问过孔子:"贫而无谄,富而无骄,何如?"孔子说:"未若贫而乐,富而好礼者也。"

颜回,就是那个"贫而乐"者。

而且颜回还不是一天两天这样做,而是一以贯之,长此以往,"其心三月不违仁"。而别的弟子不过是偶尔能达到"仁"的境界罢了。

《雍也6.7》

子曰:"回也,其心三月不违仁,其余则日月至焉而已矣。"

一个人,做一件好事并不难,难的是一辈子只做好事,不做坏事。

夫子为他的弟子们立了颜回这个标杆。

孔子对于弟子的夸奖,是极吝啬于这个"仁"字的,无论子路、子贡、冉有,还是与颜回同在德行科的冉雍,当别人问其是否够得上"仁"的标准时,孔子都不置可否地回一句"不知也"。

唯独对颜回,不但肯定了他的仁,还高度赞扬他竟能做到"三月不违仁"。这可谓孔门弟子的最高荣誉。

(四)

颜回不仅是所有的学生中最得老师欢心的,也是最能理解孔子思想的。孔子的三千弟子都对他衷心仰佩,可是那么多颂扬里,属颜回形容得最好:

《子罕9.11》

颜渊喟然叹曰:"仰之弥高,钻之弥坚;瞻之在前,忽焉在后。夫子循循然善诱人,博我以文,约我以礼,欲罢不能,既竭吾才。如有所立卓尔,虽欲从之,末由也已。"

这段话是颜渊感慨老师的高深莫测,意思是说:老师的学问博大精深,学生越仰视越觉得高明,越钻研就越觉得深奥,看着好像已经学到了一点皮毛,但是往前进步一点才发现还差得远呢。老师非常善于引导学生,不时用各种典籍文献来丰富我们的知识,又用一定的礼仪道理来约束我们的行为,使我们想停止进步都不可能。我已经用尽我的才力,但总觉得前面挡着一座高大山峰,想再进一步攀登到顶峰,却不知如何着手了。

这段话同时写出了孔子治学与教学两方面的伟大之处,他的学问精深到让人望不到边际,可是他却特地放低姿态,对学生循循善诱,诲人不倦,以渊博言语文化来启发学生的心智，放飞他们的灵思，又同时以礼仪律法来约束他们的行为，规划他们的言行。

"博我以文，约我以礼"，与《颜渊12.15》孔子所说"博学于文，约之以礼，亦可以弗畔矣夫！"相对应，正是教育的最高境界。

文与礼的教育，颜渊切切实实地领悟且学有所成，却仍不满足。他笃志好学，跟随老师多年，越学越觉得没有止境，竭尽所能也不能望其项背，只觉得夫子瞻之在前，忽焉在后，学问精深到深不可测的地步，尽管夫子倾心传授，而颜渊仍有束手无策之感，因此叹息"虽欲从之，末由也已"，充满了敬仰与无奈。

关于颜回对孔子的紧紧追随，《庄子·田子方》中有一段略带调侃的话形容得特别传神："夫子步亦步，夫子趋亦趋，夫子驰亦驰，夫子奔逸绝尘，而回瞠若乎后矣。"

这说的正是颜回的亦步亦趋，跟着孔子狂奔不已，但当孔子真个飞起来时，颜回便只有瞠目结舌望尘莫及了。

关于颜回这么穷，到底靠什么生活，历代专家有过很多猜测与辩论，《庄子·让王》中也给出了答案：

孔子谓颜回曰："回，来！家贫居卑，胡不仕乎？"

颜回对曰："不愿仕。回有郭外之田五十亩，足以给飦粥；郭内之田十亩，足以为丝麻；鼓琴足以自娱，所学夫子之道者足以自乐也。回不愿仕。"

孔子愀然变容，曰："善哉，回之意！丘闻之：'知足者，不以利自累也；审自得者，失之而不惧；行修于内者，无位而不怍。'丘诵之久矣，今于回而后见之，是丘之得也。"

在庄子的笔下，颜回不算穷得掉渣，还是个小地主，城里城外都有田，自给自足，所以有做官的机会也不愿出仕，只要能随时聆听老师的教诲就是人生最大的快乐了。

孔子因此感慨地说："知足常乐的人不会用世俗利益来牵累自己，明白自得的人不会因害怕失去而心智怯懦，内修心性的人不会因没有名位而觉得羞愧。颜回是真正做到这些美德的人啊！"

颜回无疑是孔子最忠诚的弟子，从一而终，毫无质疑。相传少正卯与孔子争学生时，孔门三盈三虚，只有颜回从未背叛过孔子。

从《论语》中可知，经常有政府高官向孔子问政或请求推荐人才，如果颜回愿意出仕，孔子是可以给他这种机会的。但是颜回不需要高官厚禄、锦衣玉食，他的乐趣始终是对学问的追求。

老师的学问深不可测，他日学夜学都学不完，哪里还需要另寻老师，哪里还顾得上投简历找工作？

宋代学者苏辙因为受哥哥苏轼"乌台诗狱"牵连，被贬筠州，负责盐酒税，每天兢兢业业，劳劳碌碌，心欲归乡而不可得，于是写下一篇感赋，其中道：

> 余昔少年读书，窃尝怪颜子箪食瓢饮，居于陋巷，人不堪其忧，颜子不改其乐。私以为虽不欲仕，然抱关击柝，尚可自养，而不害于学，何至困辱贫窭自苦如此？及来筠州，勤劳盐米之间，无一日之休，虽欲弃尘垢，解羁絷，自放于道德之场，而事每劫而留之。然后知颜子之所以甘心贫贱，不肯求斗升之禄以自给者，良心其害于学故也。

这段话的意思是说，我从前读书时，觉得颜回有点傻，一箪食一瓢浆，住在陋巷，还自得其乐。虽说颜回不以仕途为目的，但是哪怕做点看门打更的杂差，也可以养活自己，且也不妨碍治学，何至于贫苦至斯？

但是我来到筠州后就明白了，每天为着公务琐事操劳，没有一天休息，未得片刻安闲。虽然很想离开喧嚣市场，摆脱繁杂琐事，回到清静之所，修身养性，治学究境，但是如何能得自主？

这时候我才终于了解到，颜回所以甘心贫贱，不肯谋求一斗一升的禄米来养活自己，是为了保持心境的纯粹啊。因为一旦涉足红尘，必然有碍治学。

毕竟，像孔夫子那样，忽而大司寇，忽而乘田吏，忽而坐高堂，忽而游他乡，随遇而安，知足常乐，那是圣人的境界，不是我们一般人能达到的啊！

就这样，颜渊沉醉于学海无涯，刻苦律己，心无旁骛，追随了孔子一生，到死也没来得及毕业。

# 泣颜回

## （一）

《先进 11.23》

子畏于匡，颜渊后。子曰："吾以女为死矣。"

曰："子在，回何敢死？"

孔子在匡地（河南）受到当地人围困，颜渊最后一个逃出来。孔子说，我以为你已经死了。颜渊说，老师活着，我的义务也就没有尽完，怎么敢先死呢？

这真是一件极为感伤的往事。颜回事师如父，早已立志要追随服侍老师一生的，况且老师的知识，他还有得学呢。

可是，天不遂人愿，他到底还是先孔子而去。《史记·仲尼弟子列传》说："回年二十九，发尽白，蚤死。孔子哭之恸。"

也有说颜回死于三十二岁，或是三十九岁。无论怎样，也都算得上早丧，关键是死在孔子前面。这使得孔子再三叹息，多年来，他一直看着颜回好好学习，天天向上，却还没来得及看到他发挥所学便送走了这位贤弟子，此时再回想颜渊说过的"子在，回何敢死？"真是令人心痛肠断。

《子罕 9.21》

子谓颜渊曰："惜乎！吾见其进也，未见其止也。"

颜渊一生，为了学无止境而刻苦发奋，从未停止过向学的脚步，却偏偏天不假年，英才早逝。

后来，无论鲁哀公还是季康子问起孔子哪位弟子学问最好时，孔子脱口而出的第一个名字总是颜渊，紧接着却又想到了颜渊已死，遂发出"今也则亡，未闻好学者也"的叹息。

比起颜回，谁还担得起"好学"的赞誉呢？

《雍也 6.3》

哀公问："弟子孰为好学？"

孔子对曰:"有颜回者好学,不迁怒,不贰过。不幸短命死矣。今也则亡,未闻好学者也。"

《先进11.7》

季康子问:"弟子孰为好学?"

孔子对曰:"有颜回者好学,不幸短命死矣,今也则亡。"

两段话极其相似,而在孔子回答鲁哀公的话里,接连总结了颜回的三个优点:第一自然是"好学",另外两条重要美德是"不迁怒,不贰过",堪谓"仁"矣。

不把自己的怒气发泄在别人身上,任何错误一旦指出就不会犯第二次,这都是"贤"的表现,更是"慧"的品德。

这样明智自律的人,又兼勤奋好学,当然是最好的学生。只可惜,颜回已死,从今往后,世上再也没有这么好学的人了。

"不迁怒,不贰过",说起来容易,做起来是很难的。人们的本性就是推责与迁怒。比如小孩子摔跤了,父母就会拍着地说:"打地,打地,把我儿摔疼了。"这就是典型的"迁怒",可是父母们做得理所当然,打小儿就给孩子灌输了根深蒂固的"所有的错误都是别人犯的错"的概念。

也就是因为有了迁怒的自我安慰,让人们忽略了自己的错误,觉得所有的过错都只是运气不好,怨天怨地唯独不能怨自己。既然错不在己,当然也就无所谓改错,所以同样的错误也就会一犯再犯。

孔子说过:"已矣乎!吾未见能见其过而内自讼者也。"

而颜回,却向来是"贫而无怨"的人,从来不会迁怒,对于箪食陋巷的贫困生活也好,对于游学途中的遇险也好,他总是安之若素,从容不迫。同时善于自省又能由此及彼,自然也就可以"不贰过"。

孔子经常这样夸奖颜回,学生们都听得耳朵起茧了。因此《孔子家语》中有卫将军文子向子贡打听孔门儒士之贤时,子贡第一个赞扬的就是颜回:

能夙兴夜寐,讽诵崇礼,行不贰过,称言不苟,是颜回之行也。孔子说之以《诗》曰:"媚兹一人,应侯慎德。""永言孝思,孝思惟则。"若逢有德之君,世受显命,不失厥名。以御于天子,则王者之相也。

与其说这是子贡对颜回的品行评语,不如说是在重复老师的话。他评价颜回的第一条德行仍是好学,说他起早贪黑,背诵经书,崇尚礼义,行为谨慎,同样的错误不会犯第二次,引经据典很认真。

孔子曾用《诗经》里的话来形容颜渊说:"媚兹一人,应侯慎德。""永言孝思，孝思惟则。"意思是如果遇到有德君王，就会成为君王的有力辅佐，成就他的德业与名声。永远恭敬尽孝道，孝道足以为法则。

最后子贡总结说，颜渊，若能服务于天子，必然成为最好的君主佐相。

可惜的是，连孔子都没能遇到真正重用他的明君，更何况迂腐的颜回呢？

所以颜渊终身不仕。

（二）

颜渊到底是怎么死的呢？

《论语》中有多处记录提到颜回死后的情形，却从没有提及死因。各种历史典籍中，也都未记载颜回早丧的具体原因及过程，甚至没有关于颜回死前的片言只语。如果是病死，那么疾中应当有言语流传，至少会有孔子探病的记录。比如冉耕病了，孔子就曾亲去探望，隔着窗子握着他的手仰天叹息。

但是颜回，这个孔子最心爱的学生，众弟子的好榜样，这么年轻就死了，查遍典籍却只字不提原因，倒是写了一大堆关于他死后葬仪的细事，这不符合常理。

所以说，颜渊之死，差不多是《论语》最大的谜团之一。

关于颜回死因的猜测，最常见的说法是颜渊长期箪食瓢饮，大概营养不良，又跟着孔子风餐露宿，长途奔徙，益发羸弱，所以英年早逝。

然而颜回父子同学，再穷也还有几亩薄田，不至于吃不上饭。而且跟随孔子这么多年了，早已名闻天下，只要师父吃干的，他就绝不会喝稀的，饿病而死是怎么也不可能的。

倒是汉代王充的《论衡·书虚》里有段记载耐人寻味：

传书或言：颜渊与孔子俱上鲁太山。孔子东南望，吴阊门外有系白马，引颜渊指以示之，曰："若见吴昌门乎？"

颜渊曰："见之。"孔子曰："门外何有？"曰："有如系练之状。"

孔子抚其目而正之，因与俱下。

下而颜渊发白齿落，遂以病死。

盖以精神不能若孔子，强力自极，精华竭尽。故早夭死。世俗闻之，皆以为然。如实论之，殆虚言也。

这段话里提到《传书》上看到记载，说颜渊曾经和孔子一起登泰山。但是这《传书》到底指什么，是书籍还是传说，难以确知。

其次，王充本人记录这件事，并不是要说明颜渊耳聪目明知微致远，而恰恰是因为怀疑其典故的真实性，才要录入《论衡·书虚》的。

书中说孔子远望东南，可以一直看到吴国的都城阊门，即今天的苏州。不但可以看到城门，还能看到门外歇着的白马，其目力之远可比千里眼。

于是孔子指着方向让颜回也看看，问他："你能看见吴都的阊门吗？"

大约人人都夸颜渊目力了得，孔子不服气，觉得自己虽已七十，不弱青年，所以要同颜渊比上一比。颜渊说："看到了。"孔子问："看到门外有什么吗？"颜渊说："好像拴着一条白绸子样的东西。"

孔子赶紧揉了揉他的眼睛，告诉他那不是白绸子而是一匹马，就和他一起下山了。

下到山底时，颜渊头发尽白，牙齿脱落，一病而猝。

所以世人都说这是因为颜渊的精气神毕竟不如孔子，却强使眼力到了自己的极限，以至于精华用尽，故而早逝。

这个故事也有个完全相反的版本，说是孔子看到了一匹白练，问众人可看清是什么？众人皆说不见，唯有颜回纠正老师说："那不是白练，是阊门城外系着一匹白马。"孔子闻言大惊，忙遮了颜回的眼睛急忙拉他下山。

然而颜回下山不久，便一命呜呼了。

《列子》有言："察见渊鱼者不祥，智料隐匿者有殃。"一个人眼力太好了，连深渊里的游鱼都能看得清楚，是很不吉利的，也就离灾祸不远了。

王充是不信这话的。至于为什么不信，他没说，大约是因为传奇太过玄虚，有如聊斋，而且站在泰山望苏州也实在夸张之故吧。

我看到这段话时，特地找地图看了看，两者之间差了七百多公里呢，还隔着几座山几条河，即使是千里眼也超过里程了，那么孔子和颜渊又是怎么目极千里之外的？

不过这段传说也侧面证实了，早在汉代以前，人们对于颜渊之死便有着思虑过度、"精华竭尽"的共识了。

所以，与其说这段记载是无稽附会的传闻，不如说是有意虚构的寓言，重点不在于孔子是不是能看到千里之外的苏州阊门，而是以眼力喻神识，形容他境界高远。所谓"运筹帷幄之中，决胜千里之外""秀才不出门，能知天下事"，皆是一样的寓意。

而颜回极目亦能看到阊门外白马如绸，也已经是很了不起了，却毕竟比不了师父的见微知著，这是贤者与圣人的差距。

但是可悲就可悲在颜回立志好学，将追随孔子视为终身职业，他可以安贫乐道，却不能安拙守愚，一心一意要追上老师的脚步，"见其进而未见其止"，正如庄子在《养生主》所说:"吾生也有涯,而知也无涯。以有涯随无涯,殆已!"

人生是有限的,知识是无限的,以有限的人生追求无限的知识,是很危险的。颜渊,可不就是"殆矣"了么?

(三)

《论语》中虽未提及颜渊的死因,却在第十一章《先进》篇里连续以五小节集中记述了颜渊死后的情形。关于他的葬礼,孔子与门人及颜回的家属还发生了小小的争执,闹出一场"卖车风波"来。

《先进11.8》
颜渊死,颜路请子之车以为之椁。
子曰:"才、不才,亦各言其子也。鲤也死,有棺而无椁。吾不徒行以为之椁。以吾从大夫之后,不可徒行也。"
《先进11.9》
颜渊死。子曰:"噫!天丧予!天丧予!"
《先进11.10》
颜渊死,子哭之恸。从者曰:"子恸矣。"
曰:"有恸乎?非夫人之为恸而谁为!"
《先进11.11》
颜渊死,门人欲厚葬之,子曰:"不可。"
门人厚葬之。
子曰:"回也视予犹父也,予不得视犹子也。非我也,夫二三子也。"

此前,孔子刚刚死了唯一的儿子伯鱼,如今又送走了最心爱的弟子颜回,伤心何极,甚至发出"天丧予,天丧予"的绝望呼声,简直就跟自己死了一样。

他觉得这是老天爷要断绝自己的希望,不让颜回把儒家衣钵传下去。

颜回是最像他的学生,也最符合"仁"的要求,而且年纪轻轻又不肯做官,对做生意也没什么兴趣,只是一门心思追随自己,陪自己周游列国十四年,回鲁后又帮着自己编订典籍,真是接手孔家私塾的最佳人选。

偏偏颜回竟走在了自己前面,这不是老天要断了自己的香火么?

孔子是真心为颜回难过的,甚至哭得别人都觉得他过于哀恸,纷纷劝他不必过分悲伤,他却说:"我不为他伤心还能为谁伤心呢?"

孔子是主张"乐而不淫,哀而不伤"的,任何情绪都要有节制,就连孔鲤哭亡母大声点都被他训斥"甚矣"；但是颜渊之死给他的打击太大，以至于伤心过度，再也做不到"丧致乎哀而止"，以致失态了。

但是哭得这么哀恸过愈，当众人提出要厚葬颜渊，尤其是颜回的父亲颜路，更是请求孔子卖车来替他儿子买棺椁时，孔子却清醒地拒绝了。

古时贵族所用的棺材是多层的，内为棺，外为椁。"古之丧礼，贵贱有仪，上下有等。天子棺椁七重，诸侯五重，大夫三重，士再重。"（《庄子·杂篇·天下》）

也就是说，帝王的棺椁就像俄罗斯套娃一样，一层套着一层。只要是位君子，哪怕只是"士"，也至少要两层，内棺外椁。而普通人家则有棺无椁，简单下葬。

目前发掘的大中型古墓中，内棺外椁的不在少数，王室诸侯墓中也有在椁室内置双层棺，但是套着七层棺的倒还未见。

颜回虽未出仕，但是享有极高的声誉，堪称"君子"，所以颜老爹觉得儿子应当体体面面地下葬，内棺外椁，不可简薄。但是颜路家贫，所以向孔子借钱，知道孔子也没什么积蓄，就请孔子卖了车子替他儿子置椁，办一场豪华葬礼。

要说这颜路的请求放在任何时代也是很无礼的，若说是为儿子筹钱治病也罢了，只是办丧事，装点门面，却要求人家卖了车子给自己儿子来个死后风光，未免说不过去。当然，颜家是孔夫子的母家亲族，沾亲带故，所以颜路才会自觉有这样大的面子。

而且，此前孔子周游列国时，有一次经过从前投宿过的人家，得知家主病故，遂入门祭悼，哀伤落泪，出来后便将自己驾车的马解了一匹相赠。这是相当丰厚的奠仪了，就这么给了近乎陌生人的客栈老板，遂有弟子表示不理解，孔子说：我哭得那么伤心，若吊仪不相称，不成了假哭么？

照此推论，熟人的吊仪都要送一匹马，爱徒的死不得送一辆车啊？而且孔子哭得哀恸过愈，觉得自己的命都要跟着颜回走了，那卖了车子葬颜回也不算过分。颜路比孔子小六岁，既是母族亲戚，又是孔子的第一批学生，未免恃熟卖熟，所以才能这么理直气壮地提要求。

但是孔子明确地拒绝了，理由很充分。他说："虽然我的儿子鲤不如颜回有贤名，但也都是做儿子的，去年孔鲤过世，下葬的时候也是有棺无椁。我对亲生儿子都这样，有什么理由对视如亲子的弟子要不同呢？而且我曾经做过大夫，出门时不可以没有车子，徒步行走不合礼法。所以我不能卖了车子为他买椁。"

这段话虽简单，却说了两个不容置疑的理由：第一，我自己的独子下葬时都是有棺无椁，你儿子为什么不可以？第二，我是大夫，出门必须坐车，卖了车子给你儿子撑面子,我的面子往哪儿搁?

虽然孔子的态度这样明确,但是颜路还是在儿子的同学中发起了众筹,募集资金,为颜回隆重发丧。

孔子虽然说过"不可",但也不好强行阻拦,因此在颜渊的坟前痛哭说:"你把我当作父亲一样看待,我却不能把你当成自己的儿子一样操办葬礼,一切从简。这不是我的意愿,是学生们要这样做的。"

《礼记·檀弓》说,安葬双亲应该根据家庭的财力。对子女更该如此。

孔子对于丧葬之礼,一再强调应当出自内心的哀戚。他自己都不肯逾制礼葬,认为是欺天之举。颜回是他最好的学生,自然深明此理,而且一生安贫乐道,又怎会在乎自己死后葬的是棺还是椁呢?

颜渊的理想是"无伐善,无施劳",君子如玉,从不夸耀自己的优点,更不会追求浮夸的仪式。而众弟子在慎终追远的名义下,把葬礼办得风光隆重,显然是违背死者意愿和孔门核心教义的。

虽然孔子再三反对厚葬,但是颜路与诸门人都坚持要葬礼从厚,孔子毕竟只是老师,不是生父,不能越过颜路替颜回做主,所以只得"从众",心里却是悲哀的,因此在颜渊坟前再三叹息。

因为世间,唯有颜回明白他。只是,颜回从此不在了。

颜回笃志好学,举一反三,安贫乐道,克己复礼,这些品行加起来,足以达到圣人的高度。故而后世尊称其为颜子。

《礼记·檀弓》载,颜渊去世一年后,家人依礼吊祭,然后将祭礼的祥肉分赠亲友,当然也送到了孔子面前。孔子亲自迎出门接了,回屋之后,久久不语,坐下来弹了一支曲子,然后将肉慢慢吃掉了。

琴曲《泣颜回》,相传便是孔子为颜回而作的。

不敢想象老人在弹琴吃肉时,心境有多么凄凉。

# 子路的衣裳

## （一）

孔子的众弟子中，我一直觉得，子路的形象最突出可喜，简直就像孔门中的鲁智深，粗中有细，勇武忠诚。

如果"贤哉回也"是孔子对颜回的一字定评的话，那么用一个字形容子路，则非"勇"莫属。

《公冶长5.7》
子曰："道不行，乘桴浮于海。从我者，其由与？"
子路闻之喜。子曰："由也好勇过我，无所取材。"

孔子推行礼乐劳心奔命而不得志，偶尔也会有灰心的时候，有一天叹息说：如果大道再不得推行，我就乘船隐于江湖。那时候跟随我的，大概只有子路吧。

从这句话也可以看出子路的亲近，孔子认定了子路是至死都不会离弃自己的忠实弟子。因此子路听了也很开心，觉得老师拿自己当心腹，不禁沾沾自喜。

然而谁也没想到，端严恭谨的老师接着又来了一句："仲由的勇武是够了，就是没啥实用性。"

真想求子路的心理阴影面积啊，不知道是怎样一副哭笑不得的表情。

当然，孔子最终也不曾"乘桴浮于海"，但这句话却给了我极强的画面感，仿佛看到师徒俩一叶扁舟凌渡沧海，天涯荒岛，宛如堂·吉诃德和桑丘，又如鲁滨逊和星期五。

子路，可不就像是孔子的星期五？

子路，姓仲，名由，字季路，鲁国卞人（山东省泗水县泉林镇卞桥人）。比孔子小九岁，生于公元前542年，卒于公元前480年，是随侍孔子最久的弟子之一，也是在《论语》中名字出现次数最多的弟子。

子路家境贫寒，事亲至孝，自己吃糠咽菜，却跑一百多里路给父母背米回来，因此入选"二十四孝"。

对于子路的孝顺，孔子也曾高度评价："由也事亲，可谓生事尽力，死事尽

思者也。"(《孔子家语》)

据《孔子家语》和《史记·仲尼弟子列传》的记载,子路出场的时候非常炫,是身份与扮相的双料"野人",住在郊野,没有文化。虽然不至于和星期五一样原始,却也是好勇斗狠,莽撞无文。《荀子》中称其为"鄙人",这既是说他的出身贫贱,也是说他的行为粗鄙。

他性情豪爽鲁直,头上插根野鸡毛,脖子上挂只野猪牙,大概是在炫耀自己的猎物吧(也有说法是戴着雄鸡一样的帽子,佩着公猪牙装饰的宝剑,像个朋克青年),对孔子的态度也很不敬,且拔剑而舞。

但是孔子偏偏对他很感兴趣,以礼相召,且问:"汝何好乐?"

子路答:"好长剑。"

孔子说:"以你的能耐,加上学问的辅力,岂不更好?"

子路说:"学习有什么用?"

孔子便举了一大堆例子对他说明,驾驭烈马不可以没有鞭子策引,拉弓射箭不可以没有檠来校准,打制木器不可以没有墨绳矫正,作为君子,怎么能不学习知识重视学问呢?

子路反驳:"南山的竹子无需人工揉制就自然挺直,砍下来做成箭矢,可以射穿坚硬的犀牛皮。能耐是天生的,学习又有什么用?"

从这句话来看,子路的口才也是不错的,但他遇上的可是孔子。

孔子最善于因材施教,于是微笑着循循善诱:"把箭杆插上羽毛,把箭头磨得锋利,这样射出的箭不是更厉害吗?学习知识,就是饰羽磨箭的过程啊。"

这绝佳的譬喻终于让子路折服了。正如孙猴子之于唐三藏,子路衷心敬服,倒身便拜:"您是我老师,从此我就认您了。"

从此,子路追随了孔子一生。

孔子与子路的这段对话,用了大量的比喻和辩证手法,简单说就是天资与修养的关系。

如朱光潜所言:"天生的是资禀,造作的是修养。资禀是潜能,是种子;修养使潜能实现,使种子发芽成树,开花结实。"

子路无疑是天赋异禀的,这一点孔子肯定在初见时就看出来了,所以生出了收服的心。想象一下,倘若子路没有遇见孔子,他的人生会是怎样?

也许一辈子都是个好勇斗狠的野人,也许凭借资禀后来有了从军作战的经历,也立下军功升了个百夫长之类,但也就到此为止了。没有孔子的指引和教诲,他永远都不可能成为君子。

子路的一生,就是勇猛与文明的拉锯战,并努力向着"文质彬彬,然后君子"

的目标而努力。

因此当孔子开玩笑说要乘船渡海时，他毫不犹豫地表忠心愿意跟随，却得了老师一句"好勇过我，无所取材"的打趣。

关于这句话的解释，大多经注都说：子路除了勇敢外，再也没有别的优点了。但是我们都知道，一则子路并不是除了勇敢便一无可取的莽夫，他是"四科十哲"的政事课代表，业务能力强，屡任高职，做蒲邑大夫时，孔子曾以"三善"称其政绩，并非有勇无谋的"铁憨憨"。

二则，倘若子路真是一个鲁莽无能之人，孔子出于怜悯，反而不会当众说破，是不是太伤大弟子的自尊了？还给不给学生活路了？孔子也不会让他一直陪着自己，难道是把这学生当保镖用的吗？

所以，我认为就字面理解便好，这是孔子跟学生开的一个玩笑，说子路陪我泛舟江海，勇猛和力气是肯定比我强的，可是去哪儿找木头造船呢？意思是说，就你这脑子，这性情，就算跟着我，到底能帮些什么忙啊？

玩笑归玩笑，孔子也是同时想借着玩笑来告诫弟子：千里之行，始于足下；工欲善其事，必先利其器。子路有些冲动，不擅计划，所以孔子提醒他在做事前要先思量清楚。别总想着来一场说走就走的旅行，要先把计划和筹备工作做稳妥了才好。

否则，就只是一句对弟子"无所取材"的全盘否定，又何必载于语录呢？

（二）

子路的优点很多，但是孔子对他的态度往往是"给个甜枣再打一棍子"的做法。

比如孔子曾称赞他说："穿着破旧的棉袍子，而能与穿着高贵狐裘貂皮大衣的人站在一起，却丝毫不显得寒酸，不以为耻的，只有子路了。"

然而当子路正为此高兴的时候，孔子却忽然一沉脸不屑地说："这也只是基本素养罢了，有什么好得意的？"

《子罕 9.27》

子曰："衣敝缊袍，与衣狐貉者立，而不耻者，其由也与？'不忮不求，何用不臧？'"子路终身诵之。子曰："是道也，何足以臧？"

子路为人爽直，不卑不亢，虽然生活困窘，却从不以为意。不要觉得"衣敝缊（yùn）袍与衣狐貉者立而不耻者"是很容易的事，攀比是人的天性，别说敝

245

衣狐裘了，就算自己的裘皮毛色比别人的差一点，也有很多人会当成天大的耻辱，恨不得找个地缝钻进去。

莫泊桑小说《项链》的女主人公，因为没有合适的衣饰参加宴会，哭得梨花带雨，于是向朋友借了条珍珠项链充场面，自觉是舞会上最光辉闪耀的人。谁知宴罢人散，才发现项链丢失了。于是半生都在为了偿还这条项链而辛苦筹钱，终于把钱还上后，却发现那只是一条假珠链。

这是一个讥讽虚荣的故事。而虚荣是人性中根深蒂固的顽恶元素。

偏偏子路就没有这种基因，他可以理直气壮地穿着旧棉袍子站在一众穿狐貉皮袍子的人中间，淡定从容，没有丝毫自卑。

而且，他的从容不是像颜回那样安贫乐道，而是压根就不当作一回事，完全没有贫富概念。既不妄自菲薄，也不趋炎附势，而只是不卑不亢，无欲则刚，这种气度非常难得。

因此孔子用《诗经·邶风》里的一句话来赞扬他："不忮不求，何用不臧？"忮（zhì），忌恨，嫉妒；臧（zāng），善的，好的。意思是没有忌恨，不求于人，你高官厚禄我不嫉妒不艳羡，对人无所求，自然就没有了卑微乞求之态，行为怎么会不洒脱完好呢？

子路听了，扬扬得意，难得老师肯这样夸奖自己，还引用了语录，自是人生快意之事，于是每天从早到晚地诵读着这句诗。

这子路真是非常可爱，难得被老师夸奖一次，不禁有些飘飘然。孔老师实在看不过去，便又敲打他了，说："这只是基本的道理，离完美还差得远呢，哪用得着你这样得意？"

子路一时语塞。

再次求子路的心理阴影面积。

孔子对子路说话总是不大客气的。有一次子路练习鼓瑟，大刀阔斧，有杀伐之音，北鄙之声。孔子向来推崇先王制音，奏中声以为节，君子之音当温柔居中，自然觉得子路的音乐不入耳，便说："去去去，干吗在我门前鼓瑟啊？"

因为孔子的态度，门人们便也不拿子路当回事，态度轻慢。孔子又替子路抱不平，怕伤了大弟子的面子，于是改口说好话："其实子路的琴已经很不错了。水准达到了升堂的地步，只未入室罢了。"

古时候的屋子大多一明两暗，中间是正厅，谓之"明堂"，两边是内室，能登堂已经非常不错。

孔子这是为子路找补面子，不愿意门人因为自己而轻慢了子路。师徒两人的性格，都是这么温暖而亲昵，有种家常的温馨，非常动人。

《先进 11.15》

子曰："由之瑟奚为于丘之门！"

门人不敬子路。子曰："由也升堂矣，未入于室也。"

这次孔子对子路的态度，改成打一棒子再给个甜枣吃了。

但是不论怎样，从子路手持长剑耀武扬威到立于衣狐裘者间从容自若，再到学习鼓瑟登堂入室，这进步已经相当显著了。

且因为这段话，后来有了一个词叫作"入室弟子"，形容师父最喜爱的私淑弟子。其实升堂入室最初的意思，代表的应当是弟子的技艺水准才是。

但是孔门弟子，的确有"在籍弟子"与"登堂弟子"的区别。跟着孔子学习，但主要是待在门厅里由登堂弟子当传声筒，传达老师教诲并给予辅导的，叫作"在籍弟子"；而能进入室内当面聆听老师教诲的，则为"登堂弟子"。

比如子贡显然是孔子非常亲近的入室弟子，但是到处向人打听孔子八卦的陈亢，则只是一位没多少机会面聆圣训的及门弟子，所以和孔子的感情也没多深。

（三）

孔子很欣赏子路的"好勇过我"，但也对他的刚勇很头疼，所以非常注意对他的引导，随时随地给予指导，同样的问题，给他的回答也往往和别的弟子不同。

比如冉有和子路同时来问"闻斯行诸"，孔子对冉有说"闻斯行之"，说做就做，但对子路却说："有父兄在，如之何闻斯行之？"

这正是因为孔子深知诸弟子性情，担心子路鲁莽，草率冒进，要时时提醒其三思而后行。

"由也兼人，故退之。"这个退，不是退缩无为，而是"临事而惧，好谋而成"。遇事多一点敬畏心，当谨慎计划，谋而后动。

孔子几乎穷尽一生都在提醒子路当退则退，不要莽撞。

《述而 7.11》

子谓颜渊曰："用之则行，舍之则藏，惟我与尔有是夫！"

子路曰："子行三军，则谁与？"

子曰："暴虎冯河，死而无悔者，吾不与也。必也临事而惧，好谋而成者也。"

这段对话很有趣。因为本来是孔子对好学生颜渊说的话，夸他是和自己最像的弟子，"用之则行，舍之则藏"，得意时大显身手翻云覆雨，失意时偃旗息鼓深藏功与名，只有颜渊和自己能做得到，即使身在陋巷，箪食瓢饮，也可以过得好好的，不改其乐，亦不改其志。

可以想象得出，师徒俩乐悠悠地聊着天，互相赞美，说得很开心。

可是子路待在一边又不乐意了，忍不住凑上来狂刷存在感："您老把颜回那个书呆子说得那么好，可是真有大事发生，比如您统率三军的时候，谁会帮得上忙，您会让谁与您同行呢？"

言下之意，颜渊就是个掉书袋的弱鸡，说得漂亮有什么用，真正冲锋陷阵的时候，您还不得找我吗？像是堕三都那样的大事件，还不是我来攻城略地，颜渊躲哪去了？

孔子也知道子路这是要强调自己的勇敢，却趁机泼他一瓢冷水说："有一种人，可以赤手空拳打老虎，可以徒步涉水过河，撞到南山不回头，死了也无惧无悔。这样的人，勇敢是够勇敢的，但我可是不会选择他一起共事的，因为太危险了，与找死无异。可靠的人，应该是遇事小心谨慎，有畏惧之心；做事要善于计划，有预谋有步骤地完成任务，这才是可以互相倚仗的好战友啊。"

暴虎冯（píng）河，出自《小雅·小旻》，"不敢暴虎，不敢冯河"。

暴虎，就是空手打老虎；冯河，就是徒步过河。

这一次，孔子并没有直接批评子路的悍勇，却比任何一次都说得清楚。

可惜的是，子路仍然没有听进去。

子路知道老师对自己的定义是"勇"，但一直捉磨不透这到底算不算优点，于是有一天不服气地问老师："君子尚勇乎？"

孔子教导诸弟子们仁义礼智信，就是为了将他们培养成言行高尚的君子。子路有点惶然，作为一个君子，要不要崇尚勇敢？换言之，"勇"，算不算是一种美德？

《阳货17.23》

子路曰："君子尚勇乎？"

子曰："君子义以为上。君子有勇而无义为乱，小人有勇而无义为盗。"

其实子路根本不必疑问君子该不该勇，因为孔子早就说过"勇者不惧"，且将"勇"与"知""仁"相提并论，可见推崇。

所以我想，子路明知故问，不过是想老师再一次肯定自己夸奖自己吧。

偏偏孔子不肯上当，没有简单地回答君子应不应该勇敢，而是从两方面回答勇的利与弊。

勇如箭，须看弓弦搭于何处。倘若以义为先，那么射出的箭就是君子之箭。否则，便是小人之勇，必为盗乱。

盗贼横行，杀人越货，也是一种勇，但这种勇是不义的。

所以重要的不是该不该勇敢,而是要时刻注意义之所在,让"义"为"勇"加持。

《子罕 9.29》
子曰:"知者不惑,仁者不忧,勇者不惧。"

这个"知"是通"智"的,讲的不是单纯的文化知识,而是心灵的智慧。所谓"四十不惑",不是说人到四十岁就无所不知,而是人到中年,有了丰富的人生经验,对万事都有了一定的认识,价值观世界观形成,不会轻易动摇,所以也就没了摇摆疑忌。

仁者不忧,也不是说一个有仁义的人就不会忧愁,而指的是"君子坦荡荡,小人长戚戚"。心怀仁义,大道为先,不会再纠结于细枝末节,自然就没那么多琐屑的烦恼。

勇者不惧,也不是说一个人有了勇气就什么都不怕了。至少怕死是人之本能,但是胸怀大义者,会将生死置之度外,凛然不惧。

也许子路的最大的缺点,就是太不知道怕死了。

(四)

综观《论语》,子路陪伴老师的时间特别多,隔不几段就有一句"子路侍坐",而且不论话题是什么,子路都是喜欢抢答又每每挨呲儿的那个。

包括师徒间最重要的那次关于风花雪月人生理想的谈话。曾皙所说"莫春者,春服既成,冠者五六人,童子六七人,浴乎沂,风乎舞雩,咏而归"的理想,得到了孔子的高度肯定:"吾与点也。"

可是子路得到的反映是怎么样的呢?

子路说:"千乘之国,摄乎大国之间,加之以师旅,因之以饥馑。由也为之,比及三年,可使有勇,且知方也。"

"夫子哂之。"

继续求子路的心理阴影面积,为啥一到他说话老师就要"哂之"呀?

连得到赞扬的曾皙都在背后问:"老师,我们诸弟子各言其志,为什么夫子要哂笑子路呢?"

孔子说:"为国以礼,其言不让,是故哂之。"意思是治国要用礼,可是子路的话毫不谦让,所以我笑他。

好笑的是,子路向来直肠子,有什么说什么,通常老师笑他,自己就跳起来问为什么了。可是这回,竟是曾皙替他发问,可见子路实在有些受伤,灰溜溜地都不想问自己的话哪里好笑了。

我们来看看子路的回答,他说假使有个千乘之国,处在几个大国的环伺之下,又经过了连年征战,民生饥馑,可谓穷国危时,但是若让我管理的话,只要花上三年的时间去治理,必可使这个国家的人民各得其所。

关于"乘(shèng)",有说四匹马拉一辆兵车为一乘,也有说八十家出车一乘,甚至八百家出车一乘,还有将千乘释作千里的。总之,千乘之国意思就是很大的国家。

子路一上来就想做超级大国的宰执,而且还是一个处在困境中的超级大国,他自认为有本事三年内就将这国家治理得安定团结,人民教化得英勇有礼。这番话说得相当有气魄,可是夫子一哂,让他不禁泄了气。

孔子的哂笑,是觉得子路为人勇武冒进,遇事不肯三思,并不具备管理一个国家的能力,这番话只是匹夫之勇的说大话,故曰"为国以礼,其言不让"。

子路的最大优点是勇进,最大缺点是不够谨慎收敛。而孔子所赞美的勇者之德恰恰是"让",所以对子路的"其言不让"很是不满。比如他曾经赞美过一个以武力建功的人叫孟之反,对其美德所予二字定评是"不伐":

《雍也 6.15》
子曰:"孟之反不伐。奔而殿,将入门,策其马,曰:'非敢后也,马不进也。'"

孟之反很勇敢,但是不喜夸功,打仗撤退时总是在队尾殿后,等到大军归来,却不愿意抢功,故意策马向前说:"我不是自负勇猛敢在后面拒敌啊,是我的马太慢了,跑不快。"

这是个很幽默的说法,可想而知闻者一笑,必然都对孟之反的"不伐"心生亲近敬重之感。

颜渊自陈理想时就曾经说过:"愿无伐善,无施劳。"意思是愿意努力做好自己,即使有所成就,也不会自我夸耀,更不会役使别人。

所以"不伐"是很重要的仁者之德。而子路的"不让"则恰恰是急于表白,不懂掩功藏锋,是不知礼,故而夫子哂之。

孔子经常斥责子路的莽撞:"野哉,由也!君子于其所不知,盖阙如也。""由,诲女知之乎!知之为知之,不知为不知,是知也!"

可见子路有轻率冒进的习惯,总是喜欢抢着回答问题,却又不肯深入思考,也不问对错,所以老是挨骂。

但是同时,孔子又并不是瞧不上子路。有一次与季康子聊天时,便评价子路

"千乘之国，可使治其赋也"，对他的能力给予充分肯定，觉得他是有能力在一个大国做宰臣的。且说："由也果，于从政乎何有？"认为子路勇敢果决，对于从政有什么困难呢？

后来子路果然做了季氏家宰，而孔子也再次评价："今由与求也，可谓具臣矣。"

什么是具臣呢？

朱熹说："具臣，谓备臣数而已。"颜师古注："具臣，具位之臣无益者也。"《续资治通鉴·宋真宗景德三年》中，更记录了太常丞任随的一段上奏之言："谏议大夫、司谏、正言虽有数员，但充位尸禄而已。愿陛下择贤士，黜具臣，悬赏罚之文，立劝惩之道。"

由此可见，"具臣"好像不是什么褒义词，备位充数之臣，多一个不多，少一个不少，说用也能用，但没什么出色本领。

不过，这也并不能说明孔子对子路和冉有能力的否定，而更多的是因为对于季氏的不认同罢了。子路是有能力做一国之宰的，冉有也足可担任一邑之宰，但是他们先后做了季氏的家臣，非但大材小用，而且无法施展。

主上不能施政以德，臣子又能有何作为？可不就是做个"具臣"罢了。

（五）

孔子还有一句关于子路的重要点评，可是究竟是褒是贬，诸家争论不一，我且把两种意见都写在这里和大家一起探讨：

《颜渊 12.12》

子曰："片言可以折狱者，其由也与！"子路无宿诺。

孔子说：只听单方面的供词就可以判断案件，大概只有子路能做到了。

可是，只听片面之词便妄断案情，这是好事还是坏事？

说好的人比如朱熹就夸奖子路忠信明断，那反对者就说子路偏听偏信，是他一贯的莽撞缺点，所以这句话是孔子在批评子路又犯了盲目冒进的缺点了。

两种意见截然相反，所以《论语》就这点很麻烦，没有前言后语，也没有环境因果，就这么孤零零的一句，让人很难"片言折狱"。

不过说到"片言折狱"这个成语，虽然是从这段话延伸出来的，意思却有了微妙的改变，而且也有两种见解。"片言"译作极少的几句话，"折狱"指判决诉讼案件。这两个词合起来，可以解释作只凭简单的几句话就可以断定双方争讼的是非,也可以理解为只用简单的几句话就可以判决讼事,说明案情,也就是"言简意赅"。

比如宋朝律制,诉状正文不得超过二百字,所以如何简明扼要还能情辞并茂地把案件说清楚,绝对是一门学问,这也是打官司必定要请好讼师来代写状子的原因。因为写状子,当真是门技术活儿。

反之,官衙批复状讼,也要讲究文采,同时还要道理明白,判决清楚,有理有据,词锋凛冽。

沈括《梦溪笔谈》里记载了一个"欧阳文忠推挽后学"的故事。说在欧阳修任滁州知州期间,有个教书先生因为学生不交学费入学,就找到学生家登门授课,学生不肯开门。这先生就递状告到了衙门,三班奉职王向判决:"礼闻来学,不闻往教。先生既已自屈,弟子宁不少高?盍二物以收威,岂两辞而造狱?"

王向的这个判决,翻译过来就是,自古礼数,都是弟子登师门求教,没听说先生有主动去弟子家授课的。既然先生自己屈尊前往,弟子又怎么会不态度轻慢?所以为师者何不重振师道尊严,拿起戒尺藤条好好惩戒一下这学生,哪里用得着上诉公堂呢?

"礼闻来学,不闻往教"出自《礼记·曲礼》,而"盍二物以收威"典出《礼记·学记》,"夏楚二物,收其威也"。二物,指梗条(楸树条)、荆条,古时学塾用以处罚学生。从这个故事看来,宋代是没有家庭教师这回事的。倒不知道家教之风,始自何时?

且说这教书先生觉得王向判决不公,拿着状子继续上诉,告到了欧阳修这里。不料欧阳修看了王向的判词,以为词句警然,用典贴切,言简意赅,风情利落,大为赞赏,遂对其鼓励奖掖,并帮忙传布名誉,终于使王向功成名就。

王向这判词,便堪称"片言折狱"。

如果子路的片言折狱,指的不是片面之词,而是只用简单的几句话就能断明案件,倒是很符合子路的脾性的。他为人果决爽利,就算断案也不会长篇大论,自然是明白利落,严词决意的。

而接下来的"子路无宿诺",自然也就很好理解了,说的是子路不轻易承诺,吐口唾沫砸个坑儿,那是很有担当的铁汉子。

# 子路之死

（一）

孔子很少疾声厉色地批评学生，但对子路却好像总是比对别的学生更严厉，但也更随意，会拿他开玩笑，也会对他挑剔责难。

有一次孔子病重，子路侍疾，大概觉得老师这回真的要交代了，急得要请祷上下神祇，被孔子取笑说"丘之祷久矣"，制止了他。

后来，子路又自作主张，以大师兄的身份把众弟子召集起来商议丧仪，搞了个治丧委员会，并让师弟扮演家臣，打算以士大夫之礼为老师风光大葬。

也不知道这丧事预演是不是有"冲喜"的作用，孔子竟然病好了，听说事情始末后，又把子路叫来骂了一顿，不客气地说："你这臭小子，我明明不是大夫，你却要以逾制之礼为我下葬，没有家臣却冒充有家臣，这不是坏我名声吗？难道你觉得我做你们老师这个头衔还不够威风吗？由弟子们为我送葬，已经很好了，我就算不能风光大葬，也不会弃尸路旁，你装什么大尾巴狼？"

这大概是子路从师以来被训得最厉害的一次了。

《子罕9.12》

子疾病，子路使门人为臣。病间，曰："久矣哉，由之行诈也！无臣而为有臣。吾谁欺？欺天乎？且予与其死于臣之手也，无宁死于二三子之手乎！且予纵不得大葬，予死于道路乎？"

子路真是个孝敬师长的好弟子，看到老师生病就想着请神祷祝，虽然被老师阻止了，但也可见他侍疾心诚。如今看到孔子病得益发严重，便又早早担心起老师的身后事来，虽然又挨了孔子一顿骂，但是看到老师病愈，他应该也是开心的吧！

读到孔子这句"与其死于臣之手也，无宁死于二三子之手"，不知怎的让我眼睛一酸，几欲流下泪来。

师生的关系，由孔子始创。此前亦有夫子，有弟子，却没有像孔门师徒这样又像父子又像宾主的关系，所以弟子们该怎样为老师操办葬礼也没有模式可循，子路出于对老师的尊重,才想要以士大夫之礼为老师操办身后事。可是对孔子来说,却觉得作为一个老师,大去时能有学生们为自己送葬,已经是最好的结局,比任何隆重奢华的仪式都更加高贵。

梁启超有诗:"求仁得仁又何怨,老死何妨死路旁。"便出自此典。

孔子早在两千五百年前,已经有了最朴素又最崇高的人本思想,这真是超前的意识。

而子路在为给老师组织治丧委员会而被痛骂时,怎么也不会想到,他这一生到底未能替师父尽孝,反而是让师父替自己治丧。

那个阳光明媚的午后,众弟子围坐在孔子身边,这是孔子最快乐的时光。

人群中,当然少不了子路。孔子左看看右看看,看到众弟子坐姿不一,表现各异,不禁笑了。

《先进11.13》

闵子侍侧,訚訚如也;子路,行行如也;冉有、子贡,侃侃如也。

子乐。"若由也,不得其死然。"

訚訚(yín),中正貌,这是大孝子闵子骞的坐态,正襟危坐,说话有条有理;侃侃,和乐貌,这是冉有和子贡两位好学生,侃侃而谈,形容潇洒。

唯有子路却是坐不住的,总是动来动去,一派刚强跳脱之气。孔子不禁说:"像仲由这个样子呀,可不是得享天年的长寿相,只怕不得好死啊。"

当老师的竟然轻言学生不得好死,好像有点乌鸦嘴。但也是因为孔子和子路关系亲近,熟不拘礼。《论语》只是忠实记录了孔门弟子认为有价值的回忆,包括语录与片段,而孔子对子路说的这句话,自然是为了点出子路的举止言谈不够端正文雅,便说了句看相大忌之类的话。

原是对很熟悉的朋友,才会带笑提醒,告诫他注意改正。

想来,孔子这句"不得其死"也是同样的情境吧。

然而谁能想到,竟是一语成谶。

(二)

子路后来死在卫国,正应了孔子所说的"不得其死然"。难怪他对于"子见南子"有那么大意见,也许从初识南子起,他就预感到自己的命运,会因为这个女人而惹上祸患吧。

虽然南子没有害过子路，但是子路之死，却不能不说与南子有关。

孔子周游列国十四年，停留时间最长的就是卫国，子路作为他的弟子，自然也与卫人交往频密，后来便做了卫大夫孔悝的家臣，任蒲邑（今河南长垣）大夫。辞行赴任之际，子路向孔子请教治理之道，且说"邑多壮士，又难治理"。

而孔子此前是曾经在蒲邑遇过险的，深知穷山恶水出刁民，因此对子路百般叮咛，殷忧之心，溢于言表："恭而敬，可以摄勇；宽而正，可以怀强；爱而恕，可以容困；温而断，可以抑奸。如此而加之，则正不难矣。"

简单说，就是要勤谨爱民，任劳任怨，宽正德行，慎思而行。

子路来到蒲邑后，事事遵照老师所教，勤政爱民，兴修水利，将蒲邑治理得很好。

三年后，孔子经过蒲地，实地考察这位弟子的政绩，入境观其田畴，赞曰："善哉，由也！恭敬以信矣。"入邑观其街衢，赞曰："善哉，由也！忠信而宽矣。"入庭观其院宇，赞曰："善哉，由也！明察以断矣。"

同行的子贡不明所以，下马问孔子说："夫子还没看到子路，已经三赞其善，这是为什么？"

孔子说："我们刚进边境，就看到田禾茂盛，野草尽除，自然是子路恭敬行信，乡民才肯安居乐业，尽力田畴；进入城中，看到墙屋完固，树木葱茏，自然是子路忠信行宽，民众才不会偷懒；我们刚才进入衙署庭中，看到属下各司其职，却讼庭清闲，自然是由于子路断案明察，所以百姓未受侵扰，生活安详。所以即使没有见到子路，也知他至善矣。"

看来，此时子路已经印证了自己当年许下的志向："千乘之国，摄于大国之间，加之以师旅，因之以饥馑，由也为之，比及三年，可使有勇，且知方也。"

子贡曾这样评价师兄："不畏强御，不侮矜寡，其言循性，其都以富，材任治戎，是仲由之行也。孔子和之以文，说之以《诗》曰：'受小拱大拱，而为下国骏庞，荷天子之龙。不憨不悚，敷奏其勇。'强乎武哉，文不胜其质。"（《孔子家语》）

这段话的意思是，子路不畏惧强暴，不欺侮鳏寡，说话遵循本性，诚实可靠，相貌堂堂正正，威严可敬，其才能足以带兵打仗。孔老师曾用《诗经》中的话来称赞他："接受上天大法和小法，庇护下面诸侯国，接受天子授予的荣宠。不胆怯不惶恐，施神威奏战功。"子路真是又威武又勇敢啊，只可惜质过于文，失于缜密。

孔子是主张"文质彬彬，然后君子"的，教导弟子们文采和行动应当相配合，气质温文尔雅，行为举止端正。如果性情过于直率就显得粗鲁，礼仪过于恭敬就会显得虚浮。而子路的思想不能完全驾驭行动，是谓冒进。

显然，子路真是有很多优点的，而且所有的优点都明明白白无争议：勇敢、诚信、孝顺、热情、果决，有管理才能……

似乎他最大的缺点就是有些莽撞冒进。可就这么一个缺点，便要了他的命。

（三）

当年卫太子蒯聩（kuǎi kuì）派人刺杀南子失败，被迫远走他乡，四处流浪。卫灵公过世后，南子与众臣立了蒯聩的儿子辄即位，是为出公。

到了公元前 480 年，卫出公已经执政十二年了，蒯聩却突然卷土重来了。

这时候，孔子早已回到了鲁国，子路却仍留在蒲邑做邑宰，同时在卫国为官的还有和他关系要好的小弟子羔，就是孔子斥责"贼夫人之子"的那个小孩子高柴。

大概是子路的官做得不错，孔子便没有让他跟随自己回鲁国，没想到，让他单飞，却反而从此失去了他。

蒯聩这次回来，仍是想要依靠晋国的力量夺回君位，并与姐姐伯姬相勾结，潜回蒲地，挟持了外甥孔悝相助，武力夺权。

单是从这一出已经可以看到春秋末年的礼崩乐坏时局混乱了。蒯聩是卫灵公的儿子，因为刺杀"小妈"南子失败而被迫逃亡；如今的卫出公是蒯聩的儿子，已经在位十二年了，蒯聩不好好做太上皇，却向自己的儿子发动攻击，又逼着外甥孔悝配合。可是孔悝与卫出公既是君臣，也是姑表兄弟，这关系是有多复杂！

最后的结局是卫出公逃到了鲁国，蒯聩登基为卫庄公，南子被杀。

这时期恰值子路并不在蒲邑任上，听到消息后疾驰赶回蒲城，在城门外遇到了刚刚出城的子羔。

子羔劝大哥："卫国现在全乱了，很危险，卫出公都逃走了，城门也已关闭，你不要再进去了，跟我一起回鲁国吧。"

但是子路却说："在其位谋其政。如今孔悝有难，我身为蒲邑宰，不能在此时躲避起来。"

其实人家父子舅甥，再斗得你死我活，也既是国事又是家事，外人真没必要掺和。况且孔老师是说过"危邦不入，乱邦不居"的，然而子路一辈子都没听进这个道理，到底是凭着"暴虎冯河"的一腔孤勇返回了卫国，找到蒯聩，质问他为什么挟持孔悝？

蒯聩命左右攻击子路。子路虽勇，奈何双拳难敌四手，被人挑断了帽缨。

子路明知今日必死，从容道："君子死而冠不免。"于是端正坐好，双手认真地系好帽缨，任由敌人斧钺相加，将自己砍成了肉泥。

蒯聩如此恨他入骨，不知是不是正因为子路"结缨而死"的大义凛然刺痛了他的眼，所以见不得他的从容，因此下令兵卒将其斩为肉泥，以泄私愤。

作为现代人，也许会觉得子路的"结缨而死"未免矫情，命都没了，怎么还惦记着戴不戴帽子呢？

然而对于周人而言，帽子绝对是一件大事，是区分君子与小人的重要标志。

平民也就是小人，是没有资格戴帽子的，只能戴头巾，随便弄块布包上脑袋就是了，叫作"帻"；只有君子才能在二十岁时正儿八经地行冠礼，戴帽子，所以有个词叫作"弱冠之年"。

戴了帽子，就是"士"的身份了。身份更尊贵的王侯将相，不只加冠，还可以加冕，而且冕前还有"琉"，天子十二琉，诸侯九琉，上大夫七琉，下大夫五琉，所以又有一个词，叫作"冠冕堂皇"。

子路跟随老师一辈子，从"冠雄鸡，佩豭豚"的野人形象，到"衣敝缊袍，与衣狐貉者立而不耻者"，再到面对千刀万戟亦不忘"君子死而冠不免"，是一个真正的勇者，而且是以义为上的君子之勇。

（四）

卫国发生内乱的消息传来，孔子忧心忡忡，又看到子羔脸色发白地跑了回来，顿知大事不妙。

他了解自己的弟子，知道子羔不到万不得已是不可能抛下子路自己跑回来的，遂知子路必死，不禁长叹一声："嗟乎，由死矣！"

再次言中。

这年，孔子已经七十二岁了，真心不能接受又一个亲近的弟子死在了自己前面，而且还死得这样惨。

他放弃了所有的礼法规约，恸哭于中庭，并在人们来吊唁子路时，亲自答礼回拜。这些都是失礼的，可是孔子已经顾不得了。

"七十而从心所欲，不逾矩。"只要不是伤天害理的事，孔子只愿遵从内心的痛切，以最隆重的方式悼念心爱的弟子，哪里还管什么尺度呢？虽然那是自己强调了一辈子的礼法。

丧礼过后，孔子向人打听子路死时的详细情形。当听说他死得那般壮烈凄惨，死后被斩成了肉泥，简直难以自持。

商朝人有用活人献祭的传统，有甲骨文记录了商人献祭人牲的内脏、头颅、鲜血的不同炮制方法，神明享祭后，这些祭品还会由贵族们分食。

　　传说周文王父子囚于殷商时，商纣王就将文王姬昌的长子伯邑考处死并做成肉汤，还逼着姬昌吃下，才相信他已彻底臣服，把他放了。

　　这是姬昌父子一生的痛，所以周文王刚死，武王姬发便要兴兵伐纣，也有替哥哥复仇的意思。

　　孔子是商人后裔，听说子路被剁成肉酱不能不想到这吃人的历史，情何以堪？因此立即命人用盖子盖上肉酱，发誓终生再不食肉酱。

　　而他的终生也没有很长了，子路过世的次年，孔子殁。

　　彼时，他已经接连送走了孔鲤、颜渊、子路。临终之前，他可曾再次想起从前斥责子路的话："且予与其死于臣之手也，无宁死于二三子之手乎？"

　　那其间，没有颜渊与子路的身影……

# 君子不器

## （一）

《为政 2.12》

子曰："君子不器。"

在《论语·为政》篇中，孔子明确地说过四字警言："君子不器。"但论到子贡时，却又说"你是一个器"，并且给了他一个明确的比喻：瑚琏之器。这算是夸奖还是戏谑呢？

《公冶长 5.4》

子贡问曰："赐也何如？"

子曰："女，器也。"

曰："何器也？"

曰："瑚琏也。"

子贡（公元前 520—公元前 456 年），姓端木，名赐，字子贡，又作子赣，比孔子小三十一岁，卫国人，是卫大夫蘧伯玉的外甥。

孔子在卫国时，曾经很长一段时间住在蘧伯玉家中，因此认识了子贡。子贡在几次接触后，对孔子的学问德行佩服得五体投地，遂拜入门下，是孔子游历中最重要的资助人，在《论语》中出现的次数仅次于子路。

这段话没有开篇，不知道是不是又是一个暮春三月天，一大堆弟子围侍孔子而坐，孔子挨个褒贬评论。轮到子贡时，他便问："老师觉得我咋样儿？"

孔子毫不犹豫地给了个比喻："你像一样东西。"

子贡本能地接着问："啥玩意儿？"

孔子说："瑚琏。"

瑚琏，是宗庙盛黍稷的食器，可以和鼎配用的尊贵礼器。所以肯定是件好东西，贵重的东西。

往好里讲，孔子或许是夸奖子贡对国家社稷乃是大器，足堪重用。比如书圣颜真卿著名的《祭侄文》中便称道自己为国捐躯的侄子是"惟尔挺生，夙标幼德。

宗庙瑚琏，庭阶兰玉。"

但是再珍贵的器具也只是器具。而孔子明明说过"君子不器"的，所以往低里讲，这还是孔子对子贡的否定：你是个东西，虽然是个好东西，仍然只是东西，是装饰华美的贵重饭桶，不是君子。

这里，首先要弄懂"器"这个概念。

《易经》有云："形而上者谓之道，形而下者谓之器。"

孔子一生都在求道，"志于道，据于德，依于仁，游于艺"。道是第一位的。道是形而上的，器则是形而下的。

器，就是器皿，用具。《易传》云："见乃谓之象，形乃谓之器。"有形有体才叫作器，而"大道无形"，所以君子不当拘泥于形式，被器物的容积和维度所困缚。

一旦成为某种器，能量和容度也就被限定了。有形就会有界，有度就会满盈，这与"学海无涯"的精神是相悖的。

这就是"君子不器"。也就是说，君子不是东西，任何东西都不行。毕竟，再高级的饭桶，也还是饭桶啊！

不但孔子在《论语》中说过"君子不器"，还在《礼记》中说过："大德不官，大道不器，大信不约，大时不齐。"

意思是伟大的德行，不限于只担任一种官职；伟大的道理，不仅仅适用于某一件事物；有大信用的人，不需要盟誓来制约；真正的天象，无须划一地专属于暑天或寒天。

这里不但再次强调"不器"，还上升到了"大道"的高度，可见"器"指的是格局的拘限。

《论语》中与此相类的另一句告诫是："女为君子儒，无为小人儒。"

什么是君子儒呢？就是学习治国道理的儒士；而小人儒，则是专习一项技能，以养家糊口为己任的学问。

一句话，儒士应当有格局。

孔子博才多艺，但他想传授给弟子的，并不是某项驾车或者畜牧的实际能力，而是经天纬地之能。所以樊迟向他问稼穑的时候，孔子很不客气地回答："我不如老农。我不如老圃。"

并不是说孔子不会种地，也并不是孔子轻视农民，学生既然能问他，就说明老师是擅长耕作的。他自幼生活在父爱缺失的环境里，孤儿寡母，什么粗活重活都要自己动手。

但是会做农活不代表爱种地，这不是他钻研的方向，要务的正业，他也不觉得学生追随他是为了学习插秧种稻，要学这些，去拜访一位老农不是更合理吗？

换言之，我会是一回事，教是另一回事。樊迟的问题太务实了，这便着了相，露了形，也就是拘于"器"了。

再比如，有人议论孔子博才多能，却未有专精。孔子苦笑说：我应该精通些什么呢？或者是驾车吧。细论起来，我觉得自己驾车还是有些心得的。"吾何执？执御乎？执射乎？吾执御矣。"

这是一句反讽，因为孔子从不认为君子游于艺是为了学艺本身，"君子谋道不谋食"，所有的技能不过是维生的根本，君子真正的追求在于大道传承。不能因为孔子擅长稼穑就去当农民，同样也不能因为他擅长驾车就去当车夫，孔夫子最有价值的存在，只能是夫子，绝不能以世俗的"有用"来衡量。

子贡在经商投资上天赋卓绝，是当世最好的商人，然而孔子恰恰是反对君子在任何一种具体技能上过分能干的，这简直是一种天资的浪费。

那么子贡作为瑚琏之器，是否不算是一位君子呢？

肯定不能这么说。

因为不论从身份地位上，还是才能品行上，子贡都无疑是人中龙凤，皎然如玉，是位真君子。

只不过，他未能到达孔子心目中君子大道的最高境界罢了。

因为子贡是个非常精明的商人，商人的本质一定是务实的，也就必定会拘于形式，也就是"形而下者"。

所以子贡是个"器"，而且是一件很贵重的器，庙堂之器，"瑚琏也"。

所以，孔子这句话亦褒亦贬，只是不知道子贡满不满意。

（二）

子贡确实是庙堂之器。

他在语言方面的天赋深得孔子赞誉，悟性和反应都是一流的。其辩才了得，利口巧辞，有时连孔子也不是对手。

《孟子·公孙丑》《史记·仲尼弟子列传》都有"子贡善为说辞""孔子常

黜其辩"的记载，《列子》《论衡》中则说孔子亲自承认"赐之辩贤于丘也。""子贡……辩人也，丘弗如也。"

当季康子向孔子问询时，孔子很明确地肯定了子贡的能力。子贡辩才无碍，政事了然，从政哪会有什么困难？

子贡从政岂止不难，且是相当出色。"长相鲁卫"，在鲁国和卫国都曾担过相辅之任，所以才会有"欲去告朔之饩羊"的资格。

《史记》载，彼时齐国有意要攻打鲁国，孔子听说了，便对众弟子垂泪说："鲁国是我的父母之邦，如今国家有难，你们谁能想办法帮助鲁国避难呢？"

子路当然又是第一个举手，但是孔子拒绝了，匹夫之勇，焉可护国；子张、子夏也请求前往，孔子仍是摇头，大概觉得他俩还是太嫩；直到子贡自请出使，孔子才欣然答应。

显然，他本来就在等子贡自荐。

于是子贡先到齐国，鼓动三寸不烂之舌劝说田常不应该打鲁国，而应该攻打吴国，这叫作"祸水东引"。接着奔走于吴、越、晋、鲁之间，纵横游说，遂使诸侯之势相破，十年之中，五国各有变。

太史公评曰："子贡一出，存鲁，乱齐，破吴，强晋而霸越。"

可以说，子贡一个人左右了天下局势。与子贡相比，苏秦什么的都是后学。

最令人叹为观止的是，子贡外交之际，还不忘经商，或者说，正是游走各国的外交机会给他带来了商业契机。也正是因为他的商业才能与背后的庞大资本才让他在不同身份间转换自如，游刃有余。

子贡在国际上很吃得开，"所至，国君无不分庭与之抗礼。"那个卧薪尝胆的越王勾践见了他，甚至"除道郊迎，身御至舍。"（《史记·货殖列传》）

这一则是因为子贡出使时的排场盛大，结驷连骑，门面辉煌，车队开过来恍如大军压境，让人不容小觑；二则是因为他出手大方，每次都给各国诸侯准备了丰厚的礼物；三则他是言语科的高才生，深谙说话技巧。

一个有钱又会聊天的人，谁会不喜欢呢？故而人见人爱，花见花开。

《论衡·知实》载："子贡善居积，意贵贱之期，数得其时，故货殖多，富比陶朱。"

陶朱，就是越国大夫范蠡，和子贡的年纪差不多，足智多谋，曾经献策扶助越王勾践复国，功成名就后急流勇退，带着病美人西施泛舟五湖，邀游于七十二峰。期间三次经商成为巨富，又三散家财，后来定居宋国陶丘，自号"陶朱公"，后世誉之为"忠以为国，智以保身，商以致富，成名天下"，并奉为"商圣"，经商的人更是尊之为"文财神"，塑像供奉。

而子贡与范蠡的年纪差不多，学究天人，财贯东西。虽然无论正史野史，都没有留下两人交集的片言只语，但他完整经历了吴越争霸的整个过程，而且越国就是在子贡到访后改变了对吴国的态度，以柔克刚，反败为胜。

说不定，范蠡献于越王的反间计就是由子贡提出，或是在子贡的提示下才得出的。

这不是杜撰，而是合理想象：以子贡的级别出访越国，勾践都要亲自迎接，重臣范蠡少不得要与之结交。两位都是眼光超前的巨商富贾，不论才华、爱好、人品上都有相似之处，见了面一定很投缘。那么纵横捭阖之际，子贡向范蠡谏言就是非常合理的了。

搞不好，子贡与中华第一女间谍西施还有过一面之缘呢。

可叹的是，自古以来文无第一，武无第二，子贡虽然聪明能干，在孔子心中却总是输颜回那么一指头。他虽是《论语》主要的编撰者，出现频率却次于子路；便在《史记·货殖列传》也是列于范蠡之后，只好把文财神的光环让位于范蠡。真是千年老二！

### （三）

颜回与子贡是孔门弟子贫富两极的代表，孔子有点"嫌富爱贫"，对颜回多的是夸奖，对子贡却常常挑剔，嫌他说话刻薄，"方人"，虽能扬人之美，却不肯匿人之过，警告他要"先行其言而后从之"，多做事，少说话。

有意无意地，孔子常常会拿子贡和颜回做比较。

《公冶长 5.9》

子谓子贡曰："女与回也，孰愈？"

对曰："赐也何敢望回？回也闻一以知十，赐也闻一以知二。"

子曰："弗如也，吾与女，弗如也。"

孔子问子贡："你和颜回谁更胜一筹啊？"

这很明显是个坑。一则颜回入门早，是师兄；二则老师从不掩饰自己对颜回的喜爱，多次号召同学们向他学习；同时老师又是喜欢别人谦虚的，像子路就为了莽撞好胜不知挨了多少回哂之斥之，谁要是说自己比颜回强那才真是找骂呢。

但是子贡也不会为了迎合老师就把自己踩到泥里去，贬低自己是个榆木脑袋，所以很谦虚又有技巧地说我哪敢同颜回比啊，他能闻一知十，我只能闻一知二。

如此，便既含蓄谦逊，又不露声色地表明了自己还是很有推理能力，"闻一以知二"的。要不怎么说子贡会聊天呢？

果然孔子一听就高兴了，甚至说："对呀，比不上啊，连我都比不上啊。"

不过，虽然孔子总是对颜回赞不绝口，有时候也不免惜其贫窘，在颜回的"贤"与子贡的"惠"之间摇摆一回。

贤是贤德，惠是实惠，本义是恩泽，给人好处或财物。子贡又聪明又机灵又会赚钱并舍得花钱，真是个好用的东西啊。不知道孔子心里会不会奢望：要是能把颜回的德行和子贡的钱财合二为一就好了。

《先进 11.18》
柴也愚，参也鲁，师也辟，由也喭。

《先进 11.19》
子曰："回也其庶乎，屡空。赐不受命，而货殖焉，亿则屡中。"

这两句话，有的版本合成一段，认为是孔子对诸弟子的统一评价；也有的是分成两节的，认为各不相关。

我们不妨先放在一起来理解，前面并提的四位分别是高柴、曾参、子张、仲由。孔子一一点评他们的缺点：高柴有点迂腐，一根筋，曾参有些迟钝，子张有些浮夸，仲由也就是子路的致命伤是莽撞。

辟，是偏的意思，同癖，言其夸大；喭（yàn），刚猛的意思。

之后又单独拎出两个杰出人物做对比，不无遗憾地说："颜渊之贤近乎完美，可惜太穷了；子贡聪明，真是个赚钱的天才啊。"

孔子经常将弟子们互相比较，但是大多时候比较的是学问和德行，这回却把钱财提到了桌面上。

"庶"，就是差不多的意思，联合上述诸弟子之弊，意思是颜渊是不会犯下这些错误的，德行近乎完美。但是家徒四壁，让人头疼。

虽然颜渊安贫乐道，不以穷为意，但是孔子却很替他发愁，觉得贫穷的确是一个值得烦恼的问题。甚至说过："颜回啊，你要是有钱的话，我宁愿给你打工。"

相比于颜回的经济条件来说，子贡可谓是另一个极端典型，不肯顺从天命，而要致力于做生意，猜测物价行情屡发屡中，十拿九稳，所以发了财。

"货殖"，就是经商营利，司马迁在《史记》中为商人单独列传《货殖列传》，将子贡列名第二，说他是孔门弟子中最富有的一个。

令人玩味的是孔子这段话里流露出的遗憾之意，他老人家向来主张"贫而乐"，而颜回也正因为充分做到这一点才入了他的法眼。但是此刻夫子为什么又言若有憾呢？一面为颜回的德行点赞，一边又扼腕叹息其拮据困窘。

对于"屡空"，何晏的解释是："言回庶几圣道，虽数空匮而乐在其中。"也就是将"空"解作贫穷困窘，空空无所有。但若是联系子贡的"屡中"，又该怎么理解呢？

孔夫子感慨子贡"不受命"而致富，那是不是意味着颜回受命而穷呢？

颜回受的是什么命？穷命吗？他生来贫穷，居于陋巷，但是安天乐命，不以为意，承当着箪食瓢饮的生活而不改其乐，其心三月不违仁。

但是子贡不肯。子贡的出身也很普通，可他不安于现状，不愿再忍受贫穷与平庸，不能出仕，就先经商，而且眼光很准，运气很好，"亿则屡中"。

也有版本将"亿"写作"臆"，猜测的意思，而且往往猜中行情。

颜回的"屡空"与子贡的"屡中"形成鲜明对比。如果子贡的屡中指的是每猜必中，那么颜回的屡空是什么呢？颜回是不会去猜测货物行情的，那么他空的是什么？米缸吗？还是就职的尝试？

我猜想可能颜回也是有过一些入仕或者参政的机会，但不知为什么临门一脚时又都落空了，就连孔子任大司寇时，也不见颜回有什么大作为。好在颜回为人乐天知命，处之泰然。

相比之下，倒是孔子有点不淡定了。

（四）

对于财富的态度，孔子在《论语》中有过多次讨论，曾明确地表示："富贵于我如浮云。"

而真正能够理解他这一观点的，唯有子贡。

《学而1.15》
子贡曰："贫而无谄，富而无骄，何如？"
子曰："可也，未若贫而乐，富而好礼者也。"
子贡曰："《诗》云：'如切如磋，如琢如磨'，其斯之谓与？"
子曰："赐也，始可与言《诗》已矣，告诸往而知来者。"
这是孔子师徒棋逢对手的一次酣畅谈话，深入地讨论了贫富与德行的关系。
颜回和子贡，可以说分别代表了孔门弟子中的穷人与富人。
子贡说："贫穷而不谄媚，富贵而不骄傲，这样做可以算得上完美了吧？"
身处贫穷而不谄媚，这是颜回可以做到的；坐拥富贵而不骄慢，这是端木赐可以做到的。赐大概觉得，自己虽和颜回代表了贫富两极，但在德行上他们是并肩而立的君子吧？

但是老师棋高一着，回答说："未若贫而乐，富而好礼者也。"

"一箪食，一瓢饮，在陋巷，人不堪其忧，回也不改其乐。"所以颜回是"贫而乐"的代表，子贡是"富而好礼"的代表，这段对话，清楚地界明了为贫与居富者不同的道德标准，而他们的终极目标，是成为"君子"。

这个道理是非常深沉的，但是子贡立刻就理解了，若有所思地吟哦："有匪君子，如切如磋，如琢如磨……"

这是《诗经·卫风·淇澳》里的句子，切、磋、琢、磨，都是玉器的加工工艺，意思是精益求精，形容君子的德行修养，如琢磨之美玉。

子贡是卫国人，大约很小就听说这首歌了，此时才恍然大悟，这便是君子之德啊。于是进一步阐发说：君子之德有如琢玉，首先他得是块玉，其次还要不断打磨才得温润。所以玉是本质，琢磨是行为，是这样吗？

换言之，如果本质是石头，表面冲刷得再光滑也就是块鹅卵石，终究不是玉。无论贫穷富贵，都应将德行作为基本底线，而后不断自我提升，这才是真君子。

子贡的理解如此到位，孔子自是很欣慰，因此赞美说："赐啊，你能从我讲过的话中领会到我还没有说到的意思，很能举一反三啊，来来来，我们好好聊聊诗吧。"

《礼记·学记》中说："玉不琢，不成器；人不学，不知道。"这是最初的"成器"阶段，之后还要继续"如切如磋，如琢如磨"，但仍然是形而下的，等到孔子后来总结出"玉有十德"时，已经是形而上的话题了。说的是玉又不是玉，这便是"君子不器"了。

同时，孔子称赞子贡"告诸往而知来者"，就是举一反三。可见此前子贡所说的"赐也何敢望回？"不过是谦虚罢了，当不得准。没有了颜回这座榜样山在前面挡着，当他单独和老师切磋学问时毫无束缚，便可以充分发挥口才与反应推演能力，令孔子也惊喜雀跃，谈兴大发。

子贡多金而知礼，轻财好义，只要老师轻轻一点拨就能想到道德的芯子里去，而后自然更加精雕细琢，与日俱进。

但对于后世来说，影响最深的还是他的经商能力与谦厚德行，并因此留下一个词叫作"端木遗风"，指的就是"君子爱财，取之有道"。

## 子贡，你怎么来得这样晚

孔子病，子贡请见。孔子方负杖逍遥于门，曰："赐，汝来何其晚也？"孔子因叹，歌曰："太山坏乎！梁柱摧乎！哲人萎乎！"因以涕下。谓子贡曰："天下无道久矣，莫能宗予。夏人殡于东阶，周人于西阶，殷人两柱间。昨暮予梦坐奠两柱之间，予始殷人也。"后七日卒。（《史记·孔子世家》）

孔子临终，子贡匆匆赶来。他来的时候，孔子还能坐立，也能交代遗言，甚至还能唱歌。也就是说子贡总算来得及为孔子送行，但是孔子却哭了，拉着他的手说："赐，汝来何其晚也？"

这句话，让子贡锥心痛楚，追悔莫及。

子贡既做官又经商，他为什么来得这样晚？或许是公务烦冗掣了肘，或许是贸易纠纷绊了腿，或许根本就不在鲁国，总之老师已经病得很重他才赶到，虽然来得及临终陪伴，但是孔子仍然很难过。

因为孔子已经这样老了，自知大限将至，来日无多，撒手人世之前，只想多看看自己最心爱的几位弟子。颜回死了，子路死了，连自己唯一的儿子伯鱼也死了，数下来如今他最亲近的就是子贡了。孔子大约翘首盼了好久，好容易才看到子贡终于来了，忍不住流下了泪水。

老小孩，老小孩，即使是圣人，大去之前也如同一个委屈的孩子一般，会对自己最亲近的人撒娇。

孔子这句带着撒娇的抱怨深深刺痛了子贡的心，他简直无法原谅自己。做官有那么重要么？赚钱有那么重要么？他怎么竟能把陪伴老师的时间用在了那些琐屑的俗务上，而让老师等这么久？

因此孔子死后，葬于鲁城北泗上，众弟子皆服，守心丧三年，相诀而去，各复尽哀。而子贡放下所有的政务和生意，独独在孔子墓冢旁结庐而居，整整守了六年才离去。

这是他对自己的惩罚，也是对老师的回报："在您生前我没能早一点来，多陪您一会儿；如今您去了，我一定要比任何人都陪您更多，六年，够么？"

之前，对于老师总是没口子地夸奖颜回，不知其他弟子会不会有些小小的羡慕嫉妒恨。鲁直如子路就曾经直接冲过去问老师：您总夸颜回能干，但是上阵打仗时，你会带谁去？

子贡是婉转的人，口头上虽然在老师问他"女与回也孰愈"时，恭敬地回答"赐也何敢望回"，但是心里是怎么想的，谁又知道呢？身为言语科高才生，他虽然不像子路那样鲁莽，却也是言辞犀利的人，还曾为此受到老师批评。这样的人，必然是骄傲的，他的心里，对于满分师弟颜回会没有一丝嫉妒吗？

子贡与颜回暗中较量了一辈子，大概私下里也不知多少次暗地问自己："真的不如颜回吗？"

这个结，在子贡心头萦系了一生，尤其因为颜回的英年早逝，让他连解开的机会都没有。

颜回死后，孔子大哭"天丧予"，及西狩见麟，长叹"吾道穷矣"之后，又喟然叹曰："莫我知也夫！"

子贡问："什么是没有人了解您呢？"

《宪问 14.35》

子曰："莫我知也夫！"

子贡曰："何为其莫知子也？"

子曰："不怨天，不尤人，下学而上达。知我者其天乎！"

这句问话在《史记》和《论语》中都有出现，不同的是《论语》没头没尾独立成章，而《史记》则把对话的语境紧接在颜回死后，让人不禁产生一种联想：孔子的这句感叹是因悲伤而发，但是会不会伤了弟子的心呢？

子贡问老师"什么叫作没有人知道您"，这意思是不是在说："老师，您觉得颜回死了，就没有人了解您了，难道我们都不是人吗？"

孔子的回答有点顾左右而言他："我不怨恨上天，也不怪任何人。我这一辈子，努力学习，力求上达天理，了解我的只有上天吧。"

说来说去，还是没有子贡什么事儿。

孔子叹惜天绝我也，是因为他在七十一岁这年，接连发生了三件大事：

一是孔鲤、颜回、子路相继去世，孔子连受重击，身心俱疲；二是齐国陈恒弑君，孔子沐浴以告鲁公与三桓，求讨伐之，却不被理睬，政治理想破灭；三是西狩获麟，孔子绝笔《春秋》，甚至连话都不想说了。

而这些时候，子贡每每陪侍在侧。当孔子又是绝笔又是禁言，又是"天丧予"，又是"吾道穷矣"，又是"莫知我夫"，不管不顾地伤心着时，是子贡苦口婆心地劝慰，是他在问："何为其莫知子也？"也是他在问："子如不言，则小子何述焉？"如果老师再不传道，我等又将如何承继呢？

《阳货 17.19》
子曰："予欲无言。"
子贡曰："子如不言，则小子何述焉？"
子曰："天何言哉？四时行焉，百物生焉。天何言哉？"

在不停安慰之余，子贡或许也是有点失落和怀疑的吧：这所有的叹息和眼泪，都是因为颜渊吗？夫子为什么看不到眼前的自己？颜回死了，老师哭得比伯鱼死时还伤心，且说老天绝我，认为再无人了解夫子之道了，那自己算什么呢？

我有点小人之心地猜想，会不会是孔子的这些话伤了子贡的心，子贡才远离老师许久，直到夫子临危才回来。

但是子贡怎么也没想到，当他回来的时候，竟远远地看到老师拄着拐杖萧瑟地站在门前，已经等了他好久了，见到他竟像一个孩子般哭泣起来，抱怨他："赐啊，你怎么来得这么晚？"

子贡情何以堪！

孔子拉着子贡的手，伤心地感叹："天下无道久矣，莫能宗予。"

这差不多是对自己一生的最绝望总结了：这世界坏透了，烂糟了，我曾经想要尽一己之力，振臂高呼，恢复周礼，然而奔波终生，却没有一个国家能够采纳我的意见。如今大限将至，痛之晚矣。

孔子且非常体己地对子贡讲起了自己的梦："我昨天晚上梦见自己坐在两根廊柱间。赐啊，夏朝的人死了是葬于东阶下的，周朝的人死了葬在西阶下，殷商人死了才会葬在两柱中间，我的先人正是殷人啊，可见我是要死了。"

然后，孔子便唱起歌来："太山坏乎！梁柱摧乎！哲人萎乎！"

意思是泰山要崩塌了呀，国家的栋梁要摧毁了，先知智者要凋谢了。
这真是用生命在歌唱。
这一刻，子贡的心该是何等痛切！

七日后，孔子卒。
而子贡，在孔子临终前陪了他七天，却在孔子过世后陪了他六年。
不仅如此。
可以说他把整个的余生，都献给了对老师的追念与传扬。
老师"天下无道久矣，莫能宗予"的临终遗言，让子贡极其不忍，因此一手推动了轰轰烈烈的造圣运动，运用所有的人力物力，为老师与老师的道呼吁礼赞，直到将夫子推上神坛，造就了一位万世师表的大圣人。

子贡能做到这件事，有三个前提：一是出于对老师深沉的崇敬与热爱；二是他是言语科的高才生，深谙说话之道，自是懂得包装；第三，也是最重要的一点，他有足够的财力。

正是因为子贡结庐守丧六年，才会有孔门弟子先后来孔墓旁建屋定居，竟成里巷，因命曰"孔里"。若是没有子贡的赞助与经营，这平地产生的百余户人家连屋成衢是不可能的。

最让人感动的是，子贡甚至不是鲁国人，他之所以在鲁国滞留这么久，仅仅是因为忠于他的老师。在齐鲁战争中，他更是凭一己之力，用尽心力财力，令鲁国保全于列强之间，待鲁国时局安稳后才回到自己的家乡。

这样的子贡，兼有颜回之仁，子路之勇，宰予之能，怎不让人俯首膜拜？

孔子曾说过："吾死之后，则商也日益，赐也日损。"

曾参问他为什么这样说，孔子说："子夏喜欢与比自己贤德的人相处，子贡却喜欢同不如自己的人交朋友，所以近墨者黑，近朱者赤，没了我这个老师，子贡就很难再进步了。"

因为这一段对话，后世遂又多了一句警语流传："入芝兰之室，久而不闻其香；入鲍鱼之肆，久而不闻其臭。"

这样捧一个贬一个地将子夏与子贡做比较，似乎对子贡不大公平。

虽然《论语》的最后两节，记录了大量子张和子夏的言论，可想而知在孔子死后，子夏在诸弟子中脱颖而出，声名日隆，俨然一夫子。但是这个人的形象却十分含糊，就只是说过许多大道理，却没什么个性。

但是从另一方面说，孔子的话也没有说错。

因为子夏是在做学问，不断进益，而子贡的包装，则是在做生意，终究是物化的。

孔子曾说"君子不器"，又说子贡是个器，很贵重的瑚琏之器。

这话真是没有说错，子贡到底是务实的，着象的，一切都要落在实处。神化偶像，是一种愚民宣传，针对的可不正是不如自己的人么？子贡成天研究怎么迎合那些不如自己的人，在境界上当然就很难进步了。

可以说，如果没有孔子，自然就不会出现后来的子贡。但若没有子贡，我们也不会得到现在的孔子了。子贡在儒学上的成就也许不如他的很多同门，但是他的努力不仅使自己进益，更让后世万代受益巨大。

子贡追求的乃是成功学，从结果来看，他的确成功了。

# "变态"的曾子

## （一）

儒家四书五经，先有五经，后有四书。

四书分别指孔子的《论语》，曾子的《大学》，孔子的孙子、曾参的弟子孔伋（jí，字子思）的《中庸》，和子思的弟子孟轲的《孟子》。

其实《大学》和《中庸》本是《礼记》中的两篇，并不起眼。直到宋代时，程朱理学鼓吹禁欲，将曾参和孟子的地位越抬越高，远远超过了孔门其他学派，朱熹更是首次将这一支派的作品编在一起，称为"四子书"，并为其注释。

于是，"曾学"加"孟学"渐渐掩盖了"孔学"的本来面目，变成不伦不类的"朱学"。

有句话叫作"两汉以后学五经，两宋以后学四书"。汉儒研究孔子，主要是研究孔子编撰的经书，而宋儒尤其是南宋儒学，则重点在于研究孔子后学的成果，随着程朱理学的地位日益上升，更以"四书"的方式将曾参及其后学子思、孟轲与孔圣人相提并论。

在孔门弟子中，有子路这样勇猛的武士儒，子贡这样精明的商者儒，冉有这样滑头的政客儒，原宪这样的隐士儒，也有曾参这样的刻板儒，可谓五花八门，百花齐放。

但在后世儒家的口水战中，曾子的地位被越抬越高，元代更封为"宗圣"，其地位超过了颜回。曾参、孟轲一支的思想更是几乎取代了孔子本论，尤其在元代恢复科举试后，将出题范围限定在朱熹所注四书中，直接催生了后来的八股文，可谓误人匪浅。

可以说，孔子背的大多数锅，都和《论语》无关，而是替曾子和孟子背的，更是替二程和朱熹背的。

这实在是背离了孔子儒学的初衷，而且是从根儿上、从曾参这里就歪了。

曾参（公元前505年—公元前435年），字子舆，少时跟随父亲曾点学习诗书，"伏案苦读"这个词就是因他而来的。

大约于鲁哀公五年（公元前490年），也就是十六岁时拜孔子为师，师事终身，并在颜回病故后成为孔学主要传人。

曾点，也就是曾晳，讨论理想时不思上进只想春游的"吾与点也"的曾点，性格有些散漫，并且有暴力倾向。

《孔子家语》中记载了一个有关曾参至孝的故事。说曾参在瓜地锄草时，不小心把瓜苗给锄断了，暴脾气的老爹曾晳大怒，拿起棍子来就给了儿子一下，打得曾参晕倒在地，半晌不省人事。

然而曾参醒来后，毫无怨怼，还很恭敬地来到曾晳面前说："刚才我惹父亲大人生气，父亲教训了儿子，不知道有没有气坏身子，又或是用力过猛，为了打儿子累得父亲手酸？"

不知道曾晳听完这番话是怎么表态的，总之曾参回到自己的屋子后，还担心父亲会觉得愧疚而悒悒不乐，于是拿起琴来边弹边唱，因为这样就能让父亲知道，自己安然无恙，一点事儿都没有，那么父亲就不会为自己的身体担心了。

这样孝顺的儿子，可谓孝顺得感天动地了吧？但是，会不会让人"细思极恐"？

好在，我们的孔夫子是个睿智的明师，并不赞成这种愚孝的行为。听说此事后，反而生气地说："曾参大错特错啊，跟了我这么久，居然这样不明礼，以后都不许他进门。"

曾参听说了，内心诚惶诚恐，赶忙托了师兄弟向夫子求情，同时也想弄清楚自己错在哪儿了。老爹把自己打了，自己不生气还恭敬孝顺，老师非但不同情，还要把自己拒之门外，这还有没有地方说理了？

想来传话的弟子也是很好奇的，所以就小心翼翼地问了老师，到底为什么这样生曾参的气。孔子也知道自己的话必然会传进曾参耳中，于是不厌其烦，旁征博引，讲起了先贤大舜的故事。

舜是远古五帝之一，姓姚，生而目有双瞳，故名重华，号有虞氏，史称虞舜。因为母亲早逝，父亲瞽叟听从继母和异母弟象的谗言，对他越来越憎恶，甚至要害死他。一会儿让舜上房顶修补谷仓，自己却在下面纵火；一会儿又让他下坑挖井，自己带着小儿子象却在上面填土，竟想活埋了自己的亲生儿子。

幸而，舜得天助而每每逃脱。即使这样，舜也毫无怨恨，仍然事父至孝，事弟至诚。直到登了天子位后，仍然对父亲恭恭敬敬，还封了弟弟象为诸侯。

这样的仁孝，别说做不到，我就连理解也是不能的。甚至，我根本怀疑他给弟弟封侯的行为是否合乎道义。孔夫子不是说过"以德报怨，何以报德"吗？这条理论对于亲情怎么就不作数了呢？

固然不能因为父母之过而心怀怨恨甚至报复父母，但是兄弟阋墙也不能为自己主持正义吗？不怨不恨也就算了，还要封他诸侯？何以报德啊？

史书上说，舜看到父母继弟实在容不下自己，为了不使他们为难，便离开家到历山耕种。有一天，他看到一只母斑鸠教小斑鸠学飞，并捕来虫子喂小斑鸠。舜十分感动，想念哺育自己的父母，唱起了一支《思亲操》：

陟彼历山兮崔嵬，有鸟翔兮高飞。
瞻彼鸠兮徘徊，河水洋洋兮青泠。
深谷鸟鸣兮嘤嘤，设罝张罿兮思我父母力耕。
日与月兮往如驰，父母远兮吾当安归。

看到这样的歌词真是令人心疼，仿佛看到重华孤独地站在无人的旷野里，站在幽深的山林中，仰头望着天空树头的斑鸠高歌。明知说了没用，也很想冲那个孤独的背影大喊一声："那个母斑鸠是人家小斑鸠的亲娘啊，傻子！你家人根本就不疼爱你，你想念他们做什么呢？"

后世为了推崇曾子，也为他杜撰了类似的桥段，说曾参曾于公元前492年"躬耕于泰山之下，遇大雨雪旬日不得归，因思父母而作梁山之歌。"（《淮南子》）

也是躬耕深山，也是放歌旷野，却不是因为怨念自怜，而是思念父母，简直比大舜还要贤明。

但是孔子却对舜耕历山的故事有着别样的解释，他说："圣贤大舜是至孝的典型。瞽叟对他不好，他都忍受了，凡是瞽叟指使他做的事，他没有不尽心完成的，但是当瞽叟想杀他时，舜却跑掉了，不让瞽叟找到他。这才是明白人。如果父亲对儿子只是小小惩戒，儿子是应该恭敬守礼任由父亲处治的，但是如果父亲拿起大棒来敲打，那儿子就应该远避走开呀。如果还束手等着挨打，那非但不智，而且不孝。曾参事父至孝，将生死置之度外交给父亲打骂，往死里打也不知道躲一下，如果真的被打死了怎么办？曾参不只是他父亲的儿子，同时也是天子臣民，杀了天子的百姓，是多大的罪过？曾参所为，岂非陷父亲于大不义吗？两相比较，哪一种不孝更严重呢？"

这正是"身体发肤，受之父母，不敢毁伤，孝之始也"的活学活用版，曾参辗转听到这番大道理，自是吓出了一身汗，心想："怎么一不小心就错到不孝不义了？"于是乖乖地跑去找孔子请罪。

可见，孔子虽然把孝行看得很重，但并不是一味地推崇愚孝。大杖走，小杖避，方是见机行事的中庸之道。说出这番话的孔子，可真是可爱啊！

（二）

　　因为事亲至孝，曾经有很长一段时间，曾参面临的最大难题就是：应该接受官职多赚点钱给父母更好的生活呢？还是应该为了待在父母身边而辞去官职？

　　至于妻子，他是没有考虑在内的，那就是个摆设，娶回来帮忙孝敬父母，传宗接代的。

　　曾参生母早逝，后妈对他很不好，常和老爸曾晳组团打骂他，但是曾参毫无怨怼，"供养不衰"。在后妈生病时，每晚起床五次前往探视，摸摸被子够不够暖，盖得严不严实。

　　他自己孝顺继母，也要求妻子侍亲至孝。但是有一天，他却发现妻子连梨子都没有蒸熟，这可让后母怎么吃？于是曾参大怒，竟然就因为这样的一个理由，索性将妻子休了。

　　《孔子家语》的记载则"及其妻以蒸藜不熟，因出之"。蒸的不是梨子，而是一种野菜。这个说法似乎更可信。

　　不管怎么说，总之曾子就为这么点事把妻子休了。

　　曾晳还曾对儿子挥棒，竟然能把儿子打晕过去，可见平日之暴虐；史书又明确记载后母对曾参不善，"遇之无恩"，想必在曾晳的鼓励下也时常对曾参轻则呵斥，重则暴打。但是曾参都毫不记恨，被父亲打昏后，醒来第一件事竟是欢喜地弹琴唱歌。

　　孔子对这个学生的变态心理大概也是很了解的，所以在听说这件事后，不但没有耐心温柔地提醒和安慰，反而恐吓要开除学籍。吓得曾参一溜小跑地来告罪。这便是对症下药。

　　倘若孔子一直和颜悦色地对待他，就像对颜渊那样不时夸奖，或许曾参早就轻视老师从而背离了呢。

　　我猜，如果孔子有戒尺，曾参一定没少挨过打。

　　曾晳过世，曾参为了守丧，水浆不入口者七日——当然对于这个我有点怀疑，不吃饭也就罢了，七天不喝水，那不是渴死了？

　　不过，《孟子·公孙丑》中还说曾参因为父亲喜欢吃羊枣，而在曾晳过世后终生不再吃羊枣。那么他因为父亲生前要吃饭，所以守丧时不再想吃饭，好像也挺合理。

　　不但见羊枣哭，而且每逢发工资就想哭，因为从前做官时，位卑薪薄，可是能用来孝养父母，所以每次拿到俸禄都很快乐。如今薪水丰厚，但是父母不在，这钱赚来还有什么意义呢？老婆也休了，简直活着都没有追求了。

这段故事，不但在儒家经典中有记载，在《庄子·外篇·寓言》中也有论述：

曾子再仕而心再化，曰："吾及亲仕，三釜而心乐；后仕，三千钟而不洎，吾心悲。"

弟子问于仲尼曰："若参者，可谓无所县其罪乎？"

曰："既已县矣。夫无所县者，可以有哀乎？彼视三釜三千钟，如观雀蚊虻相过乎前也。"

这说的正是曾子再次做官后的心境变化。"及亲"，就是父母健在的时候；"洎"，与"及"同意。

曾子说："我当年做官时，父母还在，虽然我的俸禄只有三釜那么多，但我心里很快乐，因为领了薪水就能孝敬父母了，一家人其乐融融；而我如今再次为官，俸三千钟，可是父母不在了，因此我的心里很悲伤。"

曾参的同学听了这话都很感动，就问孔老师说："像曾参这样孝顺的人，视利禄如浮云，应该不会被利禄所牵累吧？"

孔子却不以为然说："曾参拿三釜和三千钟说事儿，是已经受到利禄牵累了。如果内心真的不重名利，又怎么会因为俸禄多寡而悲伤呢？把薪水高低看得这样重，已经是分别心、势利心。那些真正无心利禄的人，看待三釜也罢，三千钟也罢，都不过是数字而已，无甚区别，就像看鸟雀和蚊虻飞过面前一样，过眼无痕，心无所系，又何来悲喜感念？"

这番道理说得通透，真正放下的人，应当喜怒哀乐皆不入于胸次，又怎会以三釜与三千钟为念呢？

但是孔子仍然很欣赏这个弟子，特地将《孝经》传给了他。史称"春秋属商，孝经属参"。

孔子因西狩获麟而绝笔《春秋》，由子夏接着完成；但是《孝经》，则是传给曾参作为独家秘籍。

（三）

《孝经·开宗明义章第一》

仲尼居，曾子侍。子曰："先王有至德要道，以顺天下，民用和睦，上下无怨。汝知之乎？"

曾子避席曰:"参不敏,何足以知之?"

子曰:"夫孝,德之本也,教之所由生也。复坐,吾语汝:身体发肤,受之父母,不敢毁伤,孝之始也;立身行道,扬名于后世,以显父母,孝之终也。夫孝,始于事亲,中于事君,终于立身。《大雅》云:'无念尔祖,聿修厥德。'"

这一日,风和日丽,云卷云舒。孔子在家闲坐,曾参侍坐一旁。孔子向天空看了一眼,大概觉得时候到了,遂转头很郑重地对曾参说:"世上有一种最重要的德行,能使天下归心,众生和睦。无论贵贱,万众咸服。你知道那是什么吗?"

曾参一听,知道老师要指点他宇宙人生最深刻的大道理了,立刻恭敬起身,走到座席外肃然站立,很上道地说:"弟子愚笨,不知圣理,请老师明示。"

于是孔子就说出了那八个我们最熟悉的大字:"身体发肤,受之父母。"

霎时间,云垂海立,石破天惊,一部垂范千古的伟大经书诞生了,这便是《孝经》的由来。

众所周知,孔门儒学非常推崇孝道。闵损、子路、曾参都是著名的大孝子,但是孔子独独将《孝经》私授给了曾参,而这件事又在《论语》中没有半字提及,这让我实在怀疑《孝经》的来历。

但是不论怎样,《孝经》作为儒家非常重要的一部传世经典,对于后代百世的影响是非常巨大的。

孔子认为,德之根本,教之源泉,就是孝道。孝的开始,是爱惜父母给予的身体,自爱自重,不敢毁伤;孝的终极,是遵守道义,扬名立业,光宗耀祖。所以说,人间之孝乃是从侍奉父母开始,然后报效国君,最终建功立业,功成名就,这便是儒士一生的轨迹与目标。

最后,孔子又惯例地引用《诗经·大雅·文王》的句子来加强自己的观点,翻译过来就是:思念你的先祖,修养自己的德行。这就是孝!

孝行这样重要,所以后世儒家干脆提出"百善孝为先",并将《孝经》列入"十三经"之一,以其为"孔子述作,垂范将来"的经典。

而曾参与《孝经》就这样互相捆绑着流传了下来,成为后世景仰的"曾子"。

一千多年后的唐朝,又一个风和日丽,云卷云舒的日子,一位慈父在给几个儿子讲《孝经》。

开课之前,先有一段开场白:"当孔子提问的时候,曾子为了表示对老师的尊重,对道理的敬畏,先要垂手站立,然后才恭敬回答。这就是'曾子避席'的故事,你们明白了吗?"

几个儿子齐声回答:"明白了!"唯有幼子却立刻起身,走到座位旁正襟而立，恭敬地答："明白了！"

霎时间，又是云垂海立，石破天惊，一个惊天地泣鬼神的伟大人物出现了。他的名字叫陈祎，出家后法号玄奘。

# 曾子杀猪

（一）

曾参是以孔学传承人自居的，并因为照顾孔鲤遗孤子思而在孔门中拥有极高的地位。

他对父母变态的孝顺，和对妻子变态的苛责，让人细思极恐。但也不能不承认，他的言行很是严谨，一字一句都恨不得用尺子量过，且不说《大学》中振聋发聩的"大学之道，在明明德，在亲民，在止于至善"了，便在《论语》中，格言警句也是俯拾即是。

《学而1.4》

曾子曰："吾日三省吾身：为人谋而不忠乎？与朋友交而不信乎？传不习乎？"

曾子声称，每天要多次反省，扪心自问：我为别人谋划的事情，有没有尽心？与人交往，够不够诚信？传授的知识，有没有亲自实践证实无误？

从这句"传不习乎"，可知这段话是曾参自己做了夫子后的言论。他比孔子小四十六岁，是孔门弟子中较晚的一批。孔子过世时，曾参也不过才二十六岁，距离自立门户还早着呢。

所以，这句话应该是在孔子过世很久以后才说的，却早早地挂在了《论语·学而》第一章第四句。因此康有为认为，《论语》的辑录主要出自曾子之门，至少也是有相当一部分内容由曾参及其门人辑纂传播的，所以曾子在《论语》中的形象并不突出，言论却颇多，只是"不足以尽孔子之学也"。

《礼记·檀弓》中的一则小故事清楚地表明曾子之断章取义，挂一漏万，不足弘扬孔子之学。

有若问曾参："您曾在先生那里听说过关于失去官职方面的事吗？"

曾参说："听过，老师说：'丧欲速贫，死欲速朽'。"

这句话翻译过来就是：官位丢了就赶紧贫穷，人死了就赶快腐烂吧。

这哪里是格言，分明是诅咒。

所以有若立刻说:"非君子之言也。老师怎么可能说这种话?"

但是曾参坚持:"我真是听夫子说的,当时子游也在。"

有若说:"你一定是听漏了,老师说这句话,肯定是有前提的。"

于是两人一起去找子游。子游听完始末,不禁笑道:"甚哉,有子之言似夫子也!"

原来,"死之欲速朽"这句话,是孔老师在宋国的时候,看到桓司马给自己做石椁,三年还没有做完,于是说:"像这样奢靡浪费,还不如死了赶紧腐朽呢。"这是针对奢侈无德者说的。

另外一句,则是因为南宫敬叔失了官职,离开鲁国再回来,必定带上宝物朝见君王。夫子说:"以财行贿,还不如赶紧破产贫困呢。"所以"丧之欲速贫"是专门针对南宫敬叔的行为所说的话。

虽然夫子说这番话的时候,曾参与子游在侧,有若并不在现场。但是有若却能根据夫子一贯言行而准确推断这绝非老师本意,而曾参则是照葫芦画瓢,断章取义而不自知,只能片面孤立地归纳判断。

正是因为"有若似圣人",孔夫子过世后,众弟子想念恩师,不但集聚孔里守丧三年,且让有若每天打扮成孔子的样子,接受众人膜拜,假装师父还在世,以此寄托哀思。

曾参坚决反对,作为一个鲁直的人,是坚决不能允许盗版的存在的。

但也由此可见,众弟子并不认同曾参的传灯人身份,"孔门十哲"中也没有曾参。曾参可以倚赖的,不过是孔子指定的遗孤守护人的资格。

而曾参大概觉得自己既然接受了六尺之孤,自然也就同时接受了百里之命,所有师父有待完成未及完成的大业,都应该由自己来继承。而且,他也认为自己是最能领会孔子之道的人。

《里仁 4.15》

子曰:"参乎!吾道一以贯之。"

曾子曰:"唯。"

子出,门人问曰:"何谓也?"

曾子曰:"夫子之道,忠恕而已矣。"

这是曾门弟子对孔子之道的总结,以此来证明曾子是最杰出的学生。

"我的道可以用一个词来贯穿吗?"——孔子为什么会独独拎出曾参来问这个问题呢?自然是觉得曾参最有资格回答。

而曾参也的确给出了答案：忠恕。

孔子并没有对曾参的回答作出评价。但是这句话既然被记录在《论语》中，自然便成了标准答案。

但是，"忠恕"二字，远远涵盖不了"君子之道"的所有内容，不过是曾子的一家之见罢了。

（二）

第八章《泰伯》是曾子语录最集中而著名的一章，最特别的是关于曾子之死的记录非常细致，甚至比孔子去世前还要详细。

接连五段曾子语录中，两段都是关于"曾子有疾"，可见病得不轻，说出来的差不多就是遗言了，正所谓"人之将死，其言也善"。

《泰伯8.3》

曾子有疾，召门弟子曰："启予足，启予手！《诗》云：'战战兢兢，如临深渊，如履薄冰。'而今而后，吾知免夫。小子！"

《泰伯8.4》

曾子有疾，孟敬子问之。曾子言曰："鸟之将死，其鸣也哀；人之将死，其言也善。君子所贵乎道者三：动容貌，斯远暴慢矣；正颜色，斯近信矣；出辞气，斯远鄙倍矣。笾豆之事，则有司存。"

曾子自知死之将至，遂召来门人弟子说："摆正我的脚，摆正我的手。从前我一直记着像诗中所说的战战兢兢，如履薄冰，时刻提醒自己行为端正，小心翼翼。如今我的路已经走到尽头，从此再也不需要这样小心了。"

为什么临死还如此重视行为端正呢？因为曾子说了，君子最重要的道有三个重点，第一是人的仪态、风度，要以学问修养来慢慢改变自己，远离粗暴傲慢。

可见，粗鲁和傲慢是人的劣根性，而君子一生中"如切如磋，如琢如磨"，则是在不断消磨这种劣根性，然后养移体，居移气，使得自己的气质形象日渐温润如玉；

第二是神情态度要温和端正，让人见之可亲，闻之可信；

第三是谈吐言辞，要避免粗野和过失，也就是说出来的话必须是端庄诚信的，负责任的。

之前子夏曾说君子三变，正可与此段话对看："望之俨然"，所谓容貌；"即之也温"，可指颜色；"听其言也厉"，是指辞气。可见此三者，正是孔门君子最重要的三大纪律。

笾（biān）豆，是古代的祭器，笾指竹编礼器，盛果脯用，豆是木制、金属制或陶制的器皿，盛放腌制的食物或酱类。古时举办盛大活动时，用笾豆等器皿盛满食物，陈列于活动场所。

大约孟敬子来向曾子询问一些关于祭祀的事情，但是曾参在临终前并不想回答这些在他看来已是细枝末节的小事，而想留下更重要的言语。所以说那些祭器细节，自有专人负责，交给有关部门操心，不应该是君主要关注的事情。

当然，也有一种可能，孟敬子来问的，正是关于曾子身后葬仪的细节。但是曾子回答："那些都是小事，自有专项部门按部就班照着规矩来，最重要的不是我的葬礼，而是我要传承的道。"

因为这两段记录，柳宗元推论，《论语》的主要编纂人并非孔子的亲传弟子，因为曾参在众弟子中属于较年轻的，又高龄而死，但这几段话却记载了他临终前的言行，可见成书时距离孔子辞世已经很久了。彼时，孔子的升堂学生大概死的死，散的散，未必还聚得起来，又如何集撰《论语》呢？

柳宗元猜测，《论语》可能是孔子本人的日常杂记，死后与子思一起托付给了曾参，再由曾参的弟子整理完成，并且直到曾参死后才公之于世。所以其间会记录下很多曾子的话。

《泰伯8.6》
曾子曰："可以托六尺之孤，可以寄百里之命，临大节而不可夺也。君子人与？君子人也。"

《泰伯8.7》
曾子曰："士不可以不弘毅，任重而道远。仁以为己任，不亦重乎？死而后已，不亦远乎？"

孔子将孔鲤遗孤托付曾参，大约是曾参自认孔门传人的最大倚仗。所以理直气壮地声称："能将六尺孤儿相托付，可把治理一方的重任相交托，面临重大事件也不会惊慌失措改变志向，这还不是君子吗？这当然是君子！"

而作为一个君子士人，不可以不宽宏而刚毅，因为责任重大，路途遥远。因为士将"仁"作为自己的责任，这不是很重大吗？士直到死才会放下责任，这不是很长远吗？

"任重而道远""死而后已"，后来都成了正大堂皇的成语。这段话每每读起来，一个刚毅坚韧的伟人形象便跃然出世。

显然曾门弟子以此来证明，自己的师承不负孔圣人所托，不但将七尺之孤抚养长大，而且将仁义之学发扬光大。

为什么孔子会托孤曾参而不是最亲近的子贡？
我的猜测是一则子贡这时也已经老了，二则也太忙，又要经商又要从政，不适合帮别人养孩子；三则子贡是卫国人，早晚要回到自己国家的。而曾参是鲁人，这年才二十六岁，结婚没多久，小夫妻多带个孩子很自然。
孔子对曾参的评价是"参也鲁"，但他看重曾参的可能正是这种鲁钝忠厚。
曾参十六岁师从孔子，十年来战战兢兢，恭恭敬敬，重信守诺，为人谋而忠，为朋友交而信，正可以托付六尺之孤，是非常合适的人选。
虽然我不喜欢曾参，但他确实把子思养得挺好，比孔子养孔鲤强多了。
孔老夫子看人的眼光从来不会错。

（三）

曾子一生自律，达到了严苛的地步，至死犹然。
在他说完这些遗言后，已经很虚弱了。偏偏他的弟子和儿子们守在一旁时，有个执蜡烛的童仆嘴欠夸了句："华而睆（huǎn），大夫之箦（zé）与？"意思是这席子可真华美光洁啊，这是大夫才能享用的高贵竹席啊。
学生子春听到这句话就知道要坏事，忙喝止："住嘴！"但是已经来不及了，曾子还是听到了，想起身下的席子是季孙氏送的，自己睡卧其上是逾制的。于是向弟子道："扶我起来，换上家常竹席。"
子春和曾子的两个儿子曾元、曾申都不停劝说："您病得这样重，还是不要移动了。就是要换，也等明天早晨再说吧。"
但是曾参坚持说："吾何求哉？吾得正而毙焉斯已矣。"
这句话的意思是，我能得到正道而死去，也就了无遗憾了。
这是曾参生前所说的最后一句话。子弟们依言把他抬起来更换竹席，他还没有躺好，便断气了。当真是求仁得仁。
这故事记录在《礼记·檀弓上》。《礼记》中关于曾参的言论足有十篇之多，合称"曾子十篇"。所以亦有《礼记》亦出于曾门弟子所撰之说。
曾子死得这样传奇高尚，又这样喜欢说遗言，以至于他发明的一句成语直到今天都是追悼会上的指定标语，出现的频率远比师父的格言还要高，就是"慎终追远"四个字：

《学而1.9》

曾子曰:"慎终,追远,民德归厚矣。"

训诂学里对于慎的解释是诚也,谨也,总之是郑重谨慎的意思;终,指死;远,指死了很久了,也就是祖先。

所以孔门后人孔安国集注中说:"慎终者,丧尽其礼;追远者,祭尽其诚。民德归厚,谓下民化之,其德亦归于厚。"

意思是要谨慎郑重地对待丧葬之事,执礼尽哀;要诚敬庄严地对待祭祀之事,仪式全备。执政者能够倡导这些,民风也就受其教化而淳朴厚道了。

古今大多论语注释中都秉承同一种说法,所以这四个字就跟白幡、蜡烛、花圈什么的一直分不开了。

唯一不同意见是魏晋人皇侃提出来的,引经据典地认为"慎终"是"靡不有初,鲜克有终"的终,"追远"是"久远之事,录而不忘"的远,也就是说,做事要考虑后果,要不忘初心,有始有终,越临近尾声越要慎重,还要常常记住从前的教训和经验,前事不忘,后事之师,追忆似水年华,画上完满句号。

很难说哪种说法才是对的,但是听上去都很有道理。

从理智上,我更倾向孔安国的说法,因为更符合孔门传统和曾子的性格;但从情感上,我更愿意相信后者,因为谨慎之外更有种勃勃生机,激励人向上。

(四)

关于曾子的励志故事,我小时候第一次听说的是《曾子杀猪》。

那时候我非但不讨厌曾子,甚至喜欢过他,因为他的故事成了我与父母谈判的重要依据。

故事说的是曾子的妻子去集市,儿子哭闹着要一起去,曾妻便对儿子说:"你乖乖待在家里别闹,妈回来,杀猪给你炖红烧肉吃。"于是孩子便不哭了。

等到曾妻从集市回来,曾子便要捉猪来杀,曾妻说:"你还当真啊,我不过是随口哄孩子罢了。"曾子却说:"怎么能对小孩子说话不算话呢?孩子的知识都是从父母那里学到的,如果你总是哄骗他,说话不算数,这不是教孩子说谎吗?当妈的欺骗儿子,久而久之,儿子便不会信任母亲,这可不是教育的好方法啊。"于是,到底把猪杀了吃肉。

除了《曾子杀彘》,还有一则《曾子杀人》的故事也同样感人至深。

这说的是有人对曾母(不知是亲妈还是后妈)说:"你儿子曾参杀人了。"

曾母完全不信:"我儿子又乖又孝顺,见到蚂蚁都绕道走,怎么可能杀人呢?

别骗我了,我不会信你的。"于是照旧纺线,淡定如观音。

过了一会儿,又有一个人来说:"曾参杀人了。"曾母依然纺织自若。

再过一会儿,第三个人跑来说:"曾参杀人了。"

这下曾母害怕了,扔下织梭,连门都不敢走,直接跳墙头跑了。

这故事出自《战国策·秦策二》,故事最后,作者感慨说:"夫以曾参之贤与母之信也,而三人疑之,则慈母不能信也。"

这说的是"三人成虎"的道理,那么贤德的曾参,那么信任他的母亲,却在连续有三个人对她说曾参杀人时,到底也还是信以为真了。

既称"慈母",似乎应是曾参的亲妈,但从"投杼逾墙而走"的行径来看,又像后妈。一听大祸临头,只想弃子逃走,都没打算去亲自证实一下真伪,也不想想,如果儿子当真杀人坐牢,好歹得有人送牢饭不是?

两个故事说的都是关于"信"的话题,一是自己的守信,二是别人的信任。

以曾参之鲁直守信,依然不能得到至亲的始终信任,可见流言的力量强大,着实令人唏嘘。

故事很典型,道理很明白,是不是当真发生在曾子身上倒不重要了。但也由此可见,曾参在世人眼中,确实被拥戴成了"信"的代表。而曾学的核心,便是"忠恕",故而才能"托六尺之孤,寄百里之命"。

康有为在《论语注》中说,"所辑曾子之言凡十八章,皆约身笃谨之言",曾学专注于守约,"未尝闻孔子之大道",见识狭隘,谬陋粗略,"不得其精尽,而遗其千万",所以并不能很好地弘扬圣仁大道。

这番话,深得我心。

## 有若哪里像孔子

（一）

有若，字子有，一说子若，后世称为"有子"。比孔子小三十三岁，生于公元前518年，亦有记录说是前508年，与曾参是同一批学生。

大概是因为有子主张孝悌的缘故，所以和大孝子曾参很谈得来。

但是当孔子死后，众弟子将有子推上宝座，师之如夫子时，却是曾参第一个坚决反对，大呼："不可！江汉以濯之，秋阳以暴之，皓皓乎不可尚已。"

意思是我们的老师就像用江汉的水洗过，夏天的太阳暴晒过，无垢无菌，完美如璧，没有谁可以相比，有若哪里像了？

有若自己也承认这一点，而且曾经满怀激情地颂扬孔子在人群中好比"麒麟之于走兽，凤凰之于飞鸟，泰山之于丘垤，河海之于行潦"，"出乎其类，拔乎其萃，自生民以来，未有盛于孔子也。"（《孟子·公孙丑上》）

有若这段颂扬孔子的话，比曾参传得更广。

那么有若为什么会被众弟子推上夫子的太师椅呢？

除了前文中子游称"有子之言似夫子"，可见是真正能够理解孔学真谛的人；另外，《史记·仲尼弟子列传》中载："孔子既没，弟子思慕，有若状似孔子，弟子相与共立为师，师之如夫子时也。"

《孟子·滕文公上》则说："子夏、子张、子游以有若似圣人，欲以所事孔子事之。"

几部典籍，都称有若似孔子，而且既"状似"又"言似"，因此在孔子死后，就是相貌、举止、言语无一不像孔子。因此众弟子在老师过世后，因为实在思慕，看着那空落落的位子不自在，便索性让有若扮演孔子，坐在夫子从前的位置上，接受众人参拜，假装老师仍然在世一样。

这大概便是《论语》第一章《学而》中，除了孔子的话就属有若的格言最多的缘故了。这也使我怀疑《论语》是在孔子死后不久，有子被众弟子推上师座的那段时间便开始编辑的。

所以《论语》第二条便是有子的语录：

《学而 1.2》

有子曰:"其为人也孝弟,而好犯上者,鲜矣;不好犯上,而好作乱者,未之有也。君子务本,本立而道生。孝弟也者,其为仁之本与。"

弟,通悌,意思是敬爱兄长。

这段话,其实是孔子"孝弟"论的生发,论孝悌也罢,论礼和也罢,说的都是仁人之道。

之后有子的多次发言,也都是煞有介事地学着孔子的口吻:

《学而 1.12》

有子曰:"礼之用,和为贵。先王之道,斯为美。小大由之。有所不行,知和而和,不以礼节之,亦不可行也。"

这段话的中心是论礼,礼的作用以恰到好处最为珍贵。圣贤先王的道德,都以合宜为美,不管大小事情都是这一原则,要将分寸掌握得刚刚好。

但也有遇到行不通的时候,如果为了恰当而恰当,也是很难的,便只有用"礼"来规范约束。

这说的是以和为贵,但不能为和而和。和亦有节,抬不过一个礼去。虽说"礼之用,和为贵",然而"和"终究是表面的拿捏,"礼"才是不动的中轴。

这说的便是中庸之道。同样是对老师所授真理的生发。

古注集解亦有将"和"释为"乐"的意思,所以这段话说的就是礼乐之治,圣人之道。

接下来一段谈信,谈恭,谈亲,亦是讲的分寸:

《学而 1.13》

有子曰:信近于义,言可复也;恭近于礼,远耻辱也。因不失其亲,亦可宗也。

复,就是覆。"信近于义",说的是言语常会反复,只有涉及仁义的大事正事,才需要坚守信诺。

孔子曾说:"言必信,行必果,硁硁然小人哉!"意思是过于执着言出必行,说到做到,其实是狭隘的认识,不是行大事者所为。

所以孟子进一步阐发说:"大人者,言不必信,行不必果,唯义所在。"

也就是偶尔违背自己所说的话没什么了不得的,重要的是坚持正义就好。

守信,指的是守义,而非守言。比如尾生抱柱而亡的故事,就是盲目守信的反面典型。

"恭近于礼",指恭敬只是礼仪的外在表现,恭是谦逊顺从,但毕恭毕敬也是要讲究尺度的,要"以礼节之",要是礼貌周全得逾了界,反会自取其辱。所以时刻守礼,才能远离耻辱。

"因不失其亲"的因,应作"姻"解,指以婚姻关系维系的各种亲属关系,都可以算在宗室之内,彼此亲热。但是如果扯不上什么血缘关系,还非要认同宗,就显得可笑了。

这可能就是孔子曾讽刺过的"非其鬼而祭之,谄也。"(《为政2.24》)儒家注重祭祀礼仪,但是不是自己的祖先,没有任何血缘关系,却为了某种目的而硬要扯虎皮拉大旗,一本正经地认祖归宗大行祭祀,则是谄媚的行为。

有子守信诺,讲恭礼,但是行事有节制,不逾矩,秉承中庸之道,真的挺像孔子的。不过,这些话无一例外都特别拗口,解释起来容易发生歧义,显然是有若努力在模仿老师的腔调,有种战战兢兢之感,极不自然。

## (二)

无论"状似"还是"言似",有若再像孔子也不是孔子,模仿秀的游戏玩了没几天,弟子们就厌了。

山寨版仿得再像,也终究不是原装。弟子们需要的只是一位偶像对着行礼,并不是一个真正生动熟识有血有肉的人。让他们将有若当成孔子揖拜可以,真要问答请教,便不是那么服气了,渐渐醒悟过来这行为有多么自欺欺人,遂将有若拉下马来。

后来大家再继续开会时,就不大肯提有子,后文中有若的名字也很少出现了,仅在十二章里录过一句,但这一句,却足以让我拍案叫绝:

《颜渊12.9》
哀公问于有若曰:"年饥,用不足,如之何?"
有若对曰:"盍彻乎?"
曰:"二,吾犹不足,如之何其彻也?"
对曰:"百姓足,君孰与不足?百姓不足,君孰与足?"

"彻"是一种税收政策。这是孔子过世后的事情。鲁哀公无法再向孔子问政,便问最像孔子的有若:"遭了饥荒,国家经费不足,怎么办?"

有若回答说:"为什么不实行彻法,只抽十分之一的田税呢?"

哀公大吃一惊:"现在抽十分之二的税,还不足够,怎么能反而实行彻法,减一半税呢?"

有若淡淡说:"如果百姓的用度够,您怎么会不够呢?如果百姓的用度不够,您怎么又会够呢?"

其实,这个问题,从前鲁哀公也问过孔子的。孔子的回答是:"薄赋敛,则民富。"

鲁哀公同样瞠目结舌,流着汗说:"那我不就穷了吗?"

孔子用他一贯的吟诵调,引经据典地说:"诗云:'恺悌君子,民之父母。'未见其子富而父母贫也。"(《说苑·政理篇》)

恺悌,是和乐平易的意思,这句诗是说,高贵的君子,应当是亲民为本平易近人的父母官。

孔子引用这样一句诗来说明,民为子,官为父,如果孩子富了,父母自然不会贫困,所以天下财富,理当先用于民,再收于己。

这样的理论,真是令人感动。可惜鲁哀公无法认同,所以隔了多年后又来问有若,没想到有若的答案跟他师父一模一样,而且还把"薄赋敛"具体化,直接砍了一半。

这种特有的冷幽默,才是有若最像孔子的地方吧?

# 冉家一门三贤

（一）

《论语·先进》篇中，孔子曾经回忆说："从我于陈、蔡者，皆不及门也。德行：颜渊、闵子骞、冉伯牛、仲弓；言语：宰予、子贡；政事：冉有、子路；文学：子游、子夏。"

这被点名的十位学生代表，后世尊称为"孔门十哲"。

孔门弟子三千，七十二贤人，十哲显然是贤中之贤。令人惊诧的是，这十个人中，竟有一家三兄弟：冉耕、冉雍、冉有。

想来这冉家一定是拯救了地球，兄弟三人竟然齐齐上榜，世称"一门三贤"。

其中大哥冉耕与二哥冉雍，与颜回、闵子骞并列德行科的高才生；冉有列位政事科，名次更排在子路前面。这是何等的殊荣！

冉家是个大家族，族谱可以上溯到商周时期，乃是周文王姬昌第十子、武王姬发的胞弟季载，因封于冉，从此得姓。

《冉氏族谱》记载，冉离娶颜氏为妻，生二子冉耕（字伯牛）、冉雍（字仲弓）；颜氏死后，续娶公西氏，生子冉求，也就是冉有。

冉家兄弟的故事比较集中记录在《论语》第六章《雍也》。第一条就是关于冉雍也就是冉家老二仲弓的，给予了他极高的赞誉。

《雍也6.1》

子曰："雍也，可使南面。"

古时候以南为尊，天子诸侯，大夫士卿，作为长官出现时总是南面而坐。后世称《道德经》为"人君南面之术"，便指的是帝王术。

孔子说"雍也可使南面"，是夸他才能卓越，有人君之度，必可出人头地，坐上高位。

孔子这样说，可能是为了鼓励冉雍。因为冉家的祖宗虽然显赫，家族没落却比孔家更惨，到冉家兄弟的父亲冉离时已经沦为贱民，为人鄙俗。竟让孔子为了仲弓的出身低贱而出言维护说："耕牛生的小牛犊也可能成为牺牲的祭牛，人的高低又岂在乎出身呢?"

**《雍也 6.6》**

子谓仲弓,曰:"犁牛之子骍且角,虽欲勿用,山川其舍诸?"

这是孔子评价冉雍的话,以牺牛为喻来赞美冉家兄弟的出类拔萃。

犁牛就是耕牛,古代祭祀挑选的牺牛需要毛色纯正,牛角俊美,杂毛牛不可祭祀,只能用于耕种,所以耕牛不如牺牛贵重。

"骍且角",骍(xīng),指赤色,角,指角长得很周正。这么尊贵的祭牛,也是杂毛的耕牛生的,既使人们嫌弃它的出身,山川之神岂会舍弃它呢?

早于两千五百年前,孔老夫子已经摒弃门第之念,有教无类,择徒唯贤,认为只要有真学问,真本事,便会有出人头地的一天,贱民也可以成为君子,否则天地鬼神都不会答应的。

这样开明通达的思想,实在可敬。

要知道,这可是春秋时期啊,正是最讲究血统门第的时候。直到**魏晋**时,门阀出身还高于一切呢,何况春秋。

中国寒门士子登高第,是唐朝科举制推广的结果。而科举之所以能够成立,其根源,就在于孔圣人!

后来,冉雍果然一直做到了季氏宰。师徒二人经常讨论从政的事情,冉雍的见解,让孔子也为之赞叹。

**《雍也 6.2》**

仲弓问子桑伯子。子曰:"可也,简。"

仲弓曰:"居敬而行简,以临其民,不亦可乎?居简而行简,无乃大简乎?"

子曰:"雍之言然。"

桑伯子,就是《楚辞》中大名鼎鼎的"桑扈臝形",意思是袒胸露背,与楚狂人"接舆髡首"相并论。而这种无视礼教的放浪形骸在后代获得了知音和回声,甚至成了魏晋竹林风气之先始。

汉代刘向《说苑》中曾讲过一个小故事,说孔子去拜访桑伯子。桑伯子衣冠不整地接待了他。孔门弟子很不满,事后对老师嘀咕,老师何必来见这么个没礼貌的人呢?

孔子说:"其质美而无文,吾欲说而文之。"意思是说他是个很有行动力的人,但是不太懂得礼仪,我想说服他讲究礼仪。

而与此同时,桑伯子的门人也很看不上孔子师徒,同样在嘀咕:"何为见孔子乎？"

妙的是桑伯子的回答与孔子恰巧相映："其质美而文繁，吾欲说而去其文。"意思是孔仲尼这人做事还行，就是有点酸文假醋，我想劝说他少一点繁文缛节。

这真是汝之砒霜，我之蜜糖。

不知道这个故事真假，却提供了桑伯子与孔夫子同时代人的辅证。也就难怪冉雍会与老师讨论桑伯子的为人能力了。

孔子答："可也简。"意思是简便爽利，做事痛快，应该能做个好官。

冉雍却不同意，且说："内心缜密，行为利落，这样的人治理百姓是可以的；但是思想简单，行为爽利，率然为官，随心所欲，不是太简单粗暴了吗？"

孔子悚然而惊，立刻说："冉雍说得对呀！"

可见，仕与隐对于"行简"也就是"质美"的肯定是一致的，其最大的区别在于"居敬"也就是"文繁"。

简，就是返璞归真，不拖泥带水，也是现在常说的简单生活。

唐朝王绩诗中"礼乐囚姬旦，诗书缚孔丘"，就是对儒家礼乐的挣脱，推崇居简行简的生活。

但是儒家只强调"行崇"，却讲究"居敬"，要遵守礼仪，有恭敬之态，敬畏之心。

"敬"是发心。敬天地，敬鬼神，敬民生，"畏天命、畏大人、畏圣人之言"，心怀敬畏，方能恭谨做人，正念为官，所以"居敬"方是君子所本。

居，是安处于某种状态，也就是"此心安处是吾乡"。孔门弟子的此心安处，就是"敬"。

是以冉雍指出桑伯子不能"居敬"而徒有"行简"，不讲礼法，只问心情，任意施为，则未免太简，孔子以为然。

冉雍是这样说的，也是这样做的。他在季氏那里做家臣，虽然季桓子表面上对他挺尊重，但是并不肯采纳他的意见，"谏不能尽行，言不能尽听"。于是冉雍干脆辞去了季氏家宰的职位，"复从孔子。居则以处，行则以游，师文终身"。

这正是冉雍追求的"居敬而行简"，可谓求仁得仁。

孔子过世后，冉雍著有六篇文章，合集题名《敬简集》，可惜焚于秦火，书不复存。

（二）

虽然冉雍做官的时间并不长，但是留下了很多向孔子问政的对话，而孔子也毫不吝啬，接连给了锦囊三宝，满满的干货：

《子路13.2》
仲弓为季氏宰，问政。子曰："先有司，赦小过，举贤才。"
曰："焉知贤才而举之？"
子曰："举尔所知；尔所不知，人其舍诸？"

为官三宝，第一是"先有司"，意思是做事要各司其职。这对于任何一个国家、部门、公司的管理人员来说，都是非常重要的头等大事，就是讲秩序。如果不能让属下各部门分工明确，秩序清楚，就会"大事一团乱，小事扯不断"，事倍功半，无是生非。

第二是"赦小过"。纪律是重要的，所谓"国有国法，家有家规"，但是过于注重细节，没有容人之量，就会有求全之毁，捡起芝麻丢西瓜。所谓做大事不拘小节，对于真正能做事的属下，不可以求全责备，动辄挑剔，那样会失去人心的。这大约是针对冉雍的性格提出的，因为冉雍自身注重德行完备，对人往往就容易苛责，追究细节。故而孔子诫之。

第三是"举贤才"，任何时代要想国泰民安，都少不了明君良相，文武全才。而选贤的关键，仍在于上位者的心胸气量，眼光心态，能容人方能用人，能信人方能服人。

冉雍又问："我怎么能知道哪个才是贤才呢，要是举荐错了，岂非贻祸无穷？要是遗漏了有才之人，岂不是遗憾失珠？"

孔子说："当然要举荐你绝对了解并且信任的人啊，你不了解的，难道别人不会举荐他吗？"

从这句话可以看出，冉雍是个很周全的人，生怕做错了任何事，辜负了任何人，因此有战战兢兢之感。而这正是儒士应有的态度。

但是作为他们的老师，孔子则中庸明达，不求全而求正，所以告诉学生说："只做你确定对的事，只选你真正相信的人，别害怕辜负或错漏了谁，是金子总会发光的，如果那个人有真才实学，你不选他，别人也会选他的。"

这才是真正的明白人啊。

众所周知，孔子最欣赏的德行课代表是颜回，而颜回的美德"不迁怒"，冉雍也同样具备。

子贡曾评价他说："在贫如客，使其臣如借。不迁怒，不深怨，不录旧罪，是冉雍之行也。"（《孔子家语》）

身处贫困仍能矜持庄重，仿佛到别人家做客一般端庄贵气；地位尊荣时亦是谦逊有礼，不会小人得志便猖狂。这便是不卑不亢。

虽然身居高位，却不会颐指气使，使唤臣下做事就像同人借东西一般客气，也从不把怒气转移到别人身上，不记恨，不怨怼，这就是冉雍的品行。

能够如此为官，自是一等一的好官。

可惜，这样的官员，太少了。

## （三）

冉氏三兄弟中，关于大哥冉耕的记录是最少的，因为死得早。

冉耕，字伯牛，约出生于公元前544年，只比孔子小七岁，在《论语》中出现次数不多，却留下了一个成语"伯牛之疾"，意谓绝症。

德行科的人好像都不长命，颜回固然英年早逝，冉伯牛也是早早得了不治之症：

《雍也6.10》

伯牛有疾，子问之，自牖执其手，曰："亡之，命矣夫！斯人也而有斯疾也，斯人也而有斯疾也！"

书中只说伯牛有疾，却没说明到底是什么病。但肯定是诸如麻风之类的恶疾，而且可能会传染，所以孔子探病时都没进屋，只隔着窗子拉着他的手说："没办法啊，这就是命啊！伯牛这么好的人，怎么会得这样的病呢？"

"斯人也而有斯疾也"连说了两次，可见孔子有多么郁闷想不通，也可见冉伯牛这病得有多痛苦多绝望。

《论语》中曾出现过两次"冉子"的称呼，关于冉子到底指谁，冉耕和冉有各得一半选票。

有人认为众人编辑《论语》时冉耕已逝，所以"冉子"是为敬称，当指伯牛；也有人说，冉有地位尊崇，做过卿大夫，"冉子"之说表示尊重，所以是冉有。

《雍也6.4》

子华使于齐，冉子为其母请粟。子曰："与之釜。"

请益。曰："与之庾。"

冉子与之粟五秉。子曰："赤之适齐也，乘肥马，衣轻裘。吾闻之也，君子周急不继富。"

孔子闲谈时曾问众弟子理想，公西赤（字子华）答："宗庙之事，如会同，端章甫，愿为小相焉。"

也就是说愿意做个辅臣，操持着祭祀宗庙、接待外宾的事儿。后来孔子做了大司寇，便满足弟子的愿望，派他做了外交官，出使齐国。

冉子想着子华出门了，那他妈自己在家靠啥生活呢？就向孔子申请一些补助。孔子答应批一釜赡养金；冉有觉得少，要求再加点，孔子便又改为一庾；冉有还是不足，索性自说自话，给了五秉粟米。

孔子听说后，倒也没责备他，只是叹息说："公西赤出的是公差，肥马高车，华服仆从，哪里差钱呢？君子仗义，只当救急，何须济富？"

显然，这位"冉子"是个自说自话的愣头青，只能指冉有。

因为冉伯牛是德行科的老实头，断不会做这种违背老师旨令的事。而翻阅《论语》中冉三的言行录，会发现这是个小滑头，经常跟老师绕着圈说话，欺上瞒下这种事，他干起来绝对得心应手。

更重要的是，冉有与两位哥哥同父异母，母亲为公西氏，公西子华很可能是他母族的亲戚，这也就可以理解他为什么会假公济私替子华的母亲讨补贴了。

不过冉有的优点也很多，孔子对他的评价是"求也艺"，也就是有能力。

孟武伯曾经问孔子说："冉有是否有能力从政？"孔子毫不犹豫地说："千室之邑百乘之家的诸侯国，冉有可以为宰。"

子贡在《孔子家语·弟子行》中也曾评价冉有"恭老恤幼，不忘宾旅，好学博艺，省物而勤也。"

其中"恭老恤幼，不忘宾旅"从他为子华母亲请粟之举已经可以看出来了，冉有不但博知好学，多才多艺，文武双全，还尊敬长辈，同情幼小，不忘在外的旅人，所以后来能够一直做到卿大夫。

"请粟"之事应当是发生于孔子任大司寇时期，冉有此时的顶头上司是孔子，得老师亲自指教，锻炼了能力；后来孔子失意去鲁，冉家兄弟也都随行；再后来，冉有第一个奉召回到鲁国，临行前，子贡叮嘱他："一有时机就想办法让季氏重礼延请老师归国，面子里子都要给足。"

公元前484年，齐国入侵，年近不惑的冉有率师抵抗，执矛布阵，有勇有谋，立下战功。季康子问："你这么好的本事，是跟谁学的啊？"冉有记着子贡的话，趁机力荐老师，这才会有孔子的叶落归根。

## （四）

季康子虽然以隆重的礼仪请回了孔子，礼遇有加，却并没有请他担任高职，而只是奉为国老，经常向其问政，而且请他推荐贤才，从他的学生中挑选重臣。最终选择了季路与冉有。

但是臣宰再能干，主上不贤明，也是英雄无用武之地的。所以孔子经常对时局、对权力高层、对自己的弟子们感到无奈，索性给了冉有和子路一个贬称叫"具臣"。

《先进11.24》

季子然问："仲由、冉求可谓大臣与？"

子曰："吾以子为异之问，曾由与求之问。所谓大臣者，以道事君，不可则止。今由与求也，可谓具臣矣。"

曰："然则从之者与？"

子曰："弑父与君，亦不从也。"

季子然的名字只出现过一次，身份不详，大约是季氏贵族。他问孔子，子路与冉有算不算成功的大臣？

孔子略带讽刺地说："我以为您有什么了不起的问题，原来是问子路和冉有啊。真正的大臣，应该劝谏君主走正道，君主做得不对的地方就要阻止他，阻止不了就该离去。那俩小子，最多算是具臣罢了。"

"不可则止"，指去位不仕。《曲礼》云："为人臣之礼，不显谏，三谏而不听，则逃之。"

孔子讽刺季氏无道，僭天子，舞八佾，旅泰山，以雍彻，重赋暴敛，而冉有等人无法像一个真正的忠臣那样直言进谏，所以他们只能算作按部就班打卡充数的具臣罢了。

然而臣子无力"以道事君"，是臣子无道，还是君主无德呢？若君主无容人之量，臣又如何以道事从？

冉有与子路的错误，只是在于做不到"不可则止"，痛快辞官罢了。

话说到这里，季子然有点不好意思，便又退而求其次，半是讪讪半是强辩地问："那他们这样也算得上是忠臣，忠顺君上吧？"

不料，孔子再次淡淡讥讽："就算再顺从，倘若主上做出了杀父弑君那样的荒谬行为，他们也还是不会跟随的。"这是孔子为弟子保留的底线，也是绝对信任。

(五)

冉有作为季氏家宰,肯定要参与很多重要决议。每每退朝之后,他都会来向老师汇报行止,足见尊重。

然而小滑头成了老滑头,因为知道老师对自己不满意,就会时常绕着弯子讲话,跟老师耍心眼,气得孔子几次对他发脾气。

比如这天冉有来得晚了,孔子问他:"为什么这么晚?"

冉有心里有事又不想明说,就只笼统地回答:"有政务。"

孔子讽刺地说:"什么事啊?如果真是国事,你不告诉我,我也会打听到的。"

《子路 13.14》

冉子退朝。子曰:"何晏也?"

对曰:"有政。"

子曰:"其事也。如有政,虽不吾以,吾其与闻之。"

这里再次出现了"冉子"。

冉耕并未有过从政的记载,而冉雍虽然也做过季氏家臣,但彼时孔子为大司寇,如有上朝事,他肯定是第一个知道的,根本不用向弟子打听。所以这个冉子仍然只能是冉有。

《论语》中统共出现过这么两次"冉子",两次只能是一个人。所以这也是前一个冉子也是冉有的辅证之一。

而冉有含糊其辞,不愿意告诉老师,八成是自知这件事老师肯定不赞成的,到时候对自己提出种种劝诫,自己做不到又两头为难,便索性打了个马虎眼,说我不是不听老师的,是能力不足啊。

孔子却不客气地拆穿说:"力量不够,走到半路会停下来。但是你连走都没有走,试都没有试,不等出发就放弃了,这是划定界限不上路啊。"

《雍也 6.12》

冉求曰:"非不说子之道,力不足也。"

子曰:"力不足者,中道而废。今女画。"

"女"就是"汝","画"是画地为牢,自画疆界。

懒人最喜欢找的借口,就是貌似谦虚地说:"臣妾做不到啊!"

可问题是,你做了没有?努力尝试了却做不到,那是能力不够;连试都不试就说做不到，不是懒惰，就是狡辩。

冉有可不是一个懒人，更不是笨人，所以他说做不到，只能是一种托词。也因此孔子才会每每斥责他"君子疾夫舍曰欲之而必为之辞"。

那滑头的冉有究竟是什么事要瞒着老师，又是什么事说自己做不到呢？

肯定是一些明知老师会反对的事情，比如帮着季氏盘算些不利于百姓的新政，增加苛捐杂税，气得孔子大骂，恨不得号召众弟子组团去把他打一顿。

《季氏11.17》

季氏富于周公，而求也为之聚敛而附益之。子曰："非吾徒也，小子鸣鼓而攻之可也。"

关于赋税制度，周公早有典制，而季氏不肯依法而行，征敛厚赋，故称之为"富于周公"。

孔子之前就说过"周急不继富"，显然冉有听不进去，从前还只是小打小闹地周济亲戚，对象毕竟是老弱妇孺，尚情有可原。如今则干脆使出吃奶的力气帮土豪敛财，让矜夸凌上的季氏越发富可敌国，自然也就更飞扬跋扈了。这已经不是锦上添花，简直是助纣为虐了。

可见冉有虽然对老师敬畏如故，但是做了"具臣"后，也会常常耍些小心眼，不想说实话，又或是模棱两可，蒙混过关。难怪孔子公开扬言："我要和冉有这小子划清界限，不再承认他是我的学生。众儿郎们，要不你们击鼓鸣金，去把他狠狠打一顿吧。"

当然，孔门儒生又不是黑社会，不会真的舞枪弄棒去把冉有打一顿，孔子也没有真的和冉有划清界限。

因为这一年，孔子已经到了"随心所欲不逾矩"的古稀之龄，所以说话风格也变得豪放起来，虽然愤怒却依然有着玩笑的意味。也正因为孔子是这样一个嬉笑怒骂亲切随和的老师，学生们才越发敬重，毫无隐讳地记下老师的一言一行，记下这宽松谐趣的师生对话，就算得夫子一哂，或是莞尔调侃，也是此生最美好的记忆。

同时也可以看出，师徒二人十分亲昵，孔子终究没有把冉有赶出门，冉有也一直以师命为尊。不然，也不会成为后世的"冉子"了。

不过，冉有也好，子路也好，再滑头敷衍，做个具臣，"弑父与君，亦不从也"，所以，"季氏将伐颛臾"这样的大事件，还是绝对不会赞同的。这是原则，也是底线。

# 宰予真的不可雕吗

## （一）

孔子宽和仁慈，但是偶尔也会板起脸来冲学生发脾气，有时候甚至骂得很重。最严厉的斥骂莫过于对宰予，并因此留下了一句经典的"朽木不可雕也"。

《公冶长 5.10》
宰予昼寝。子曰："朽木不可雕也，粪土之墙不可杇也！于予与何诛？"
子曰："始吾于人也，听其言而信其行；今吾于人也，听其言而观其行。于予与改是。"

宰予大白天睡觉，孔子很生气，骂他是朽木，是粪土之墙，不可救药。

杇（wū），同"圬"，指泥工抹墙的工具，亦指把墙面抹平。诛，指责备。

好木头才能雕花，而腐烂的木头是不可以用来雕刻的，正如用粪土垒砌的墙面不堪涂抹！

这话说得可真是太重了，好好的一个言语课代表，咋就变成粪墙朽木了呢？

就这样孔老师还不解恨，最后还要加上一句："像宰予这样的人，我还有什么好责备的呢？我简直没话可说了！"

但是真的没话可说吗？

才不是呢，因为孔子还觉得骂不痛快，又追着说了句更重的："起初我看人，都是听他说的话便相信他的行为；现在看人，听了他的话还必须观察他的行为。这都是宰予给我的教训，让我知道言语误人啊！"

光听这批评，会不会以为宰予干了什么大逆不道的事情？

然而，不过是睡了个午觉。

孔老夫子这脾气发得雷霆万钧，不可谓不小题大做。

汉代王充在《论衡》中为宰予抱不平："昼寝之恶也，小恶也；朽木粪土，败毁不可复成之物，大恶也。责小过以大恶，安能服人？"

意思是说，睡个午觉多大点事儿啊，不过是小错罢了；但是朽木啊粪土啊，都是残败毁坏毫无用途的东西，是大恶。用大罪名来责罚小过错，这不能服众啊！

但是说归说，又能拿孔圣人怎样呢？反正"朽木不可雕"的千古骂名算是被宰予担下了。

孔老夫子为什么会对宰予这样严厉呢？睡个午觉怎么就能上升到人品问题，连信任感都跌到谷底了呢？

我只能猜测说，孔子喜爱刻苦勤奋的学生，比如颜回，而宰予因为会说话，善作秀，大概经常在孔子面前表白自己有多用功，废寝忘食。打脸的是，偏偏被老师抓了现行，发现他大白天睡觉，而且很可能是在课堂上睡觉，这简直是对老师的大不敬！孔夫子的课讲得多好，学生们应该聚精会神百听不厌才对，怎么能在上课时打盹呢？所以夫子才会发了那么大的脾气。

还有一个说法是"昼"为别字，应是"宰予画寝"。旧时诸侯有雕梁画栋之癖，将屋子装修得无比豪华。宰予口头上跟着老师说要简朴生活，表面上也做出一副视金钱如粪土的样子，私下里却偷偷将自己的卧室布置得华美奢靡，堪称表里不一。因此孔子在发现后才会感慨不已，觉得自己轻信了宰予的言辞，却没有真正认识他的内心，可见听其言，并不可信其行，唯有观其行，才真正知其人。遂道："于予何诛？""于予改是。"

这种话孔子说了不止一次，还将他和丑而有才的澹台灭明（字子羽）并论，发明了又一句成语："以言取人，失之宰予；以貌取人，失之子羽。"

这句话是说，我因为看重人的长相，失去了对子羽能力的公正判断；因为轻信人的言语，失去了对宰予人品的正确认识。是谓自误误人啊！

可怜宰予，从此被钉在了不可信任的耻辱柱上。这一场华丽丽的午觉，睡了足足两千五百年！

（二）

宰予（公元前522年—公元前458年），字子我，亦称宰予，比孔子小二十九岁。虽然经常被骂，还上课睡觉，但绝非差生，而是"孔门十哲"的言语课代表，排名还在子贡之前，亦是"孔门十三贤"之一。被后世称为"先贤宰予"。

或许就是因为口才太好了，才特别招人嫌，常怼得孔子无言以对，气急败坏地爆粗口。

除了那句经典的"朽木不可雕"之外，宰予还有一次被孔子直接骂成"不仁"，因为他居然敢对圣人之道表示怀疑，觉得守孝三年是多余的，一年已经足够了。（详见开篇第一讲《孝是孔子不可及的痛》）

孔子很不高兴，反问说："父母过世不到一年，你就生活如常，衣锦食稻，难道会心安吗？"

同学们知道老师生气了，都拼命冲宰予使眼色，暗示他赶紧道歉。可是宰予这熊孩子只装看不见，梗着脖子说："能啊！都一年了，我早就恢复心情了。"

把孔子气了个倒仰，再次表示对这个学生没话说："女安则为之！"你要是安心就安心去吧，你就不是个人么！

宰予跟没听见一样，行个礼施施然退了出去，当真心安得很。孔子更加生气，指着门骂道："这个没仁义的东西。孩子生下来三年，才能离了父母怀抱，所以才有三年守孝，此为天下之通丧；而宰予连三年都嫌多，难道他是石头里蹦出来的，没有受过父母手抱之恩吗？太不是人了！"

从此，"予之不仁也"便成了宰予操行考核的定论，永世不得翻身。

可是这一次宰予就更无辜了，因为甚至谈不上犯错，不过是问了一个问题，而答案与老师预期的不一样罢了，至于气成这样？

要说这个宰予也是够熊的，他好像很能惹孔子生气，还偏要不知死活地往上凑，隔三岔五就想个馊问题去问老师，每每问得孔子七窍生烟，破口大骂。宰予也不当回事，转身出门，隔两天再来讨骂。

反正，不是有句老话叫作"打是亲骂是爱"吗？除了颜回，哪个师兄弟不被骂？子路还是老师身边最亲近的人呢，被骂的次数可比自己多多了。

所以宰予照旧没事就给老师挖个坑：

《雍也 6.26》
宰我问曰："仁者，虽告之曰：'井有仁焉。'其从之也？"
子曰："何为其然也？君子可逝也，不可陷也；可欺也，不可罔也。"

宰予这个问题是个两难选择：他先假设有人告诉一位仁者，说有另一个仁者掉到井里了，问要不要跟着跳下去？

如果见死不救，自然是不仁；但这话很可能是骗人的，所以白白跳下去了，又谓不智。

那跳还是不跳呢？

冲这问题，可以充分证明宰予确实属于"没事找抽型"的。

所以孔子也不客气，直接指出："为什么要提这样一个问题？这问题本身就有毛病。因为有勇有谋有仁有义的君子，自然懂得观察思辨，可以前往探视，但不会轻易被陷害；可以被谎言欺骗，设法救人，却不会愚蠢得自投井中。"

救人，也不一定要跳井嘛！如此，那个把仁人骗来井边的人岂非无趣？

所谓"吃亏是福",孔子是主张无罪推定的,不会轻易怀疑别人,这是君子容易被欺的原因所在。

所以孔子心目中的理想贤人,应当是既忠厚善良,又聪颖通透,洞察先机的。

《宪问 14.31》

子曰:"不逆诈,不亿不信,抑亦先觉者,是贤乎!"

逆诈,就是预先怀疑别人欺诈;亿即"臆",不亿不信,就是不会猜测别人不诚信。

不否定,不猜忌,但是当欺诈和不诚实的行为发生时,却又能事先察觉,这就是贤人了。

所以说,君子虽然"可欺之以方",然而"可欺不可罔",被骗也不过是往井台边走了一圈,有什么大不了?但是欺君子者,从此失了信用,所承受的后果只会更加严重!

《孟子》中讲了一则小故事,正可以佐证孔子的这句话:

有人送给郑国丞相子产一条鱼,子产让校人放生到水池里。校人却拿去烹熟吃了,回来绘声绘色地告诉子产说:"我刚把那条鱼放生的时候,它还懵懂懂不肯走呢,过了一会儿才明白过来,舒畅地游起来,很快就不见了。"

子产很高兴,笑说:"得其所哉!得其所哉!"

校人自谓得计,出来后不屑地向人夸耀说:"谁说子产聪明,我把他的鱼烹来吃了,他还说得其所哉呢!"

故事并没有后续,只有一句总结:"故君子可欺以其方,难罔以非其道。"

"方",指方术,末道小技;"道",则大道,法则,人生遵循的信条。

这句话是说,可以在细枝末节处用些旁门左道的心术欺骗君子,因为君子不会把心思放在这些小事上;但是对于大道原则,却不可能让君子受到迷惑而行差踏错,做出非义行为。

这正是对孔夫子"可欺不可罔"的进一步解释,同时校人误子产的故事也让我们警醒:从当时来看,校人摆了子产一道,占了一条鱼的便宜,且呈得一时的口舌之快。

但这是多么小的事情啊,如果一直隐瞒下去,他也不过吃了一条鱼罢了;但若这事情败露了会怎样?他得罪的可是丞相!

当然,子产就算知道了可能也不会太在意,不至于因此责罚校人,但是也不会再信任他,给他任何机会。而以子产那样拥有大智慧的人,即使在一事一时上被校人所骗，却不会一直看不清属下为人，校人也终将占小便宜吃大亏。

最重要的是，对于放鱼吃鱼这样的小事，子产或会受到蒙骗，但是千万不要以为因此就可以得意忘形，对君子谎言欺骗。若是触及原则的大事，子产是绝对不会犯糊涂看不清方向的，那时候小人可就要遭殃了。

对于仁人跳井这个案例，宰予的提问和孔子的回答都是很巧妙的，但是厚道人又怎么会想出这样的问题呢？

既然"不逆诈"是贤，那么宰予绞尽脑汁想出一道两难的骗人题目自然就是不贤了。宰予招黑的体质由此可见一斑，因此孔子对他从来不大客气，让他"滚出去"是太正常不过的表现了。

又有一次，鲁哀公先问宰予，神社应该用什么树。宰予回答："夏朝用松树，商朝用柏树，周朝用栗子树。用栗子树的意思是说：要使老百姓战栗。"

要说这次本来怪不得宰予，因为是鲁哀公先问他的。可是错就错在宰予好好回答夏商周的不同风俗也就是了，非要卖弄地加上最后一句"使民战栗"，这能是好话吗？

孔子是最崇尚周朝礼乐的，怎么会高兴听到宰予非议周礼呢？但是宰予说的又是事实，所以孔子再生气也不好发作，只能淡淡地说："已经约定俗成的事就不用提了，已经完成的事也不必想着劝阻，已经过去的事也不必再追究了。"

这么着，又多了一个成语"既往不咎"。

《八佾 3.21》

哀公问社于宰我。宰我对曰："夏后氏以松，殷人以柏，周人以栗，曰：使民战栗。"

子闻之，曰："成事不说，遂事不谏，既往不咎。"

要注意的是，关于"问社"的社指什么，多数版本都解释作"土地神的神主牌"，说鲁哀公请教的是神主牌用什么木头。

这大约是人们看到"社"，知道是指神社，也就是土地庙。但是松柏栗什么的与庙的关系是什么呢？注释者想不出来，便解释作神主牌了。因为社庙里最多的就是祖先牌位。

不过牌位用什么木头，大约没那么讲究，事实上我们所知的比较讲究的神牌多数是樟木、檀木等名贵木头。

所以我认为这里的"社"指社神树。庄子在《人间世》中提到"匠石之齐，至于曲辕，见栎社树。"社指土神，栎社树就是把栎树当作社神。有弟子问："趣取无用，则为社何邪？"

说这棵树甘于做一株不才之木，以无用为大用，为什么却能做社神呢？这里的"为社"之"社"很显然指社树神。

所以由此及彼，我认为"问社"却提到了各种树，正是指夏代以松树为社神，商朝以柏树为社神，而周人以栗树为社神。

## （三）

便是这个似被孔子百般嫌弃的宰予，却和孔子的关系十分密切，周游列国时也陪伴在侧，且因其口才了得，能言善辩，经常被委以重任，出使齐国、楚国，替老师打前站。

因为与齐简公交好，后来就被请到了齐国做丞相，成为大夫，从这一点，也可以看出宰予其实是很出色的。

齐国有左右两位丞相，另一位田恒，因出自陈国，又叫陈恒，也就是陈成子。汉朝为汉文帝刘恒避讳，改称田常。

一山容不得二虎，两位丞相的矛盾几乎是必然的。

关于宰予的结局，史料记载有些含糊：首先田常和陈恒到底是不是同一个人已经素有争议，其次史上还有位与陈成子作对的宰相叫"阚止"，字子我，其与宰予是不是同一个人，史学家们也是各执一词。

于是各种史传就留下了不同传说：《史记》说宰予因为参与田常作乱，而被陈恒所杀，让孔门师徒为其羞耻，所以才在《论语》中留下大量关于宰予的负面评价；《吕氏春秋》也说陈成子杀了宰予；《韩非子》则说宰予为田常所害；《左传》记载，孔子听闻齐简公之死后，斋戒三日，然后去见鲁哀公，请求出兵攻打陈成子，这倒是与"陈成子弑简公"一则相吻合。

《宪问 14.21》
陈成子弑简公。孔子沐浴而朝，告于哀公曰："陈恒弑其君，请讨之。"
公曰："告夫三子。"
孔子曰："以吾从大夫之后，不敢不告也。君曰'告夫三子'者！"
之三子告，不可。
孔子曰："以吾从大夫之后，不敢不告也。"
陈成子不仅杀了宰予，不久后也杀了齐简公。
孔子来见鲁哀公，请求出兵征讨，自然不能说是为学生报仇，理由只能是"以臣弑君"，人共讨之。

但是鲁哀公推给了三桓，三桓则直接回绝了。孔子只得悻悻而归。

次年，陈成子彻底掌握了齐国朝政，而鲁国则主动遣使与其交好。出使的，正是子服景伯与子贡。

如此，宰予与子贡这两位言语课代表的立场便是对立的，历史的真相也就更加扑朔迷离了。

但是孟子认为宰予、子贡、有若是"造圣运动"最有力的三大推手，如此，宰予就不可能死在孔子前面，还有版本说宰予死于孔子逝后二十多年。

我倒愿意相信，孔子斋沐三天，请兵攻齐，确实是为了宰予，为自己心爱的学生复仇。

因为这样，才是孔老夫子的古道热肠，爱憎分明。

也唯有这样，哪怕宰予的仇最终未报，能得老师为自己素服三天，请求发兵，也会觉得欣慰，瞑目于九泉了！

陈成子弑简公发生于鲁哀公十四年（公元前481年），同年，颜回过世，孔子哀恸过度，号哭"天丧予"。这个"予"是指我，但又何尝不可解作"宰予"呢？

次年，子路死于卫，孔子益发哀伤，从此不吃肉酱；

再一年（公元前479年），孔子卒。

# 子张：言忠信，行笃敬

（一）

《列子》中，孔子曾列举了四位贤徒胜于己处：颜回之仁，子贡之辩，仲由之勇，子张之庄。

竟将子张与颜回、子贡、子路三大旗帜相提并论！

然而前三人形象突出，性格鲜明，子张虽然是"四科十哲"中的文学课代表，在《论语》中出现的次数不少，但其形象却始终含糊，仿佛只是一个名字而已。

子张，就是颛孙师（公元前503年—？），字子张，陈国人，比孔子小了近半个世纪。孔子予他一字定评"庄"，但同时又说"师能庄而不能同"，说他为人正直但不够随和。

他的第一次出现，是在孔子困于陈蔡时，子张随行在侧，曾问如何才能畅行无阻。因此我怀疑子张正是在孔子周游列国经过陈蔡之际收的弟子。

彼时子张只有十五岁，遇到这样大的场面未免心旌动摇，可能是在陈绝粮的困境刺激了他，也是老师淡定自信的态度震撼了他，因此才会顶礼膜拜，并请教行于天下之道。

孔子回复了六字真言："言忠信，行笃敬。"并且说若能做到言语忠实诚信，行为忠厚恭敬，即使到南蛮北狄之地，也一样行得通。反之，哪怕在自己最熟悉的家乡城郊，也是行不通的。

《卫灵公15.6》

子张问行，子曰："言忠信，行笃敬，虽蛮貊之邦，行矣。言不忠信，行不笃敬，虽州里，行乎哉？立则见其参于前也，在舆则见其倚于衡也，夫然后行。"子张书诸绅。

蛮貊（mò），指南北少数民族。

古代居住于中原的人自称华夏，四方部落则称为东夷、西戎、南蛮、北狄，泛指未开化地区与人群；州里与之相对，指近处的城区，文明开化之地。

参：排列，显现。衡：车辕前面的横木。

彼时可能正在驾车，所以孔子顺口打比方说，要常思忠信，行走在世间时，就像看到这六个字整齐地排列在眼前；坐在车舆之中，就好像看到忠敬之事倚在衡轭之上。思兹念兹，时刻谨记，能做到这点，自然条条大路通罗马，世上没有什么事能阻碍你前进的脚步。什么匡人之围啊，什么在陈绝粮啊，都是纸老虎，只要言忠信，行笃敬，总会守得云开见月明的。

这六个字如此重要，子张必须记住啊，不能真的写在衡轭上，就写在身上吧。当时人在旅途，没有笔墨，于是子张抄起自己的腰带，便恭敬地把这话记在了衣带之上。

可惜带子短，不然子张应该趁机再跟老师要个签名的。

绅，是贵族系在腰间的大带。这从侧面证明了子张的身份，可能是帮助孔子脱困的贵族，趁机拜入了师门。

而这个将重要的事记在衣带上的做法也被后世继承了下来，遂有汉末的"衣带诏"事件。

子张跟随孔子的时候还不足十五岁，但他善问好学，每次都能问对问题，又知道铭记深思，孔子很多的道理都是由他记录阐发的。

想想看，大多弟子平时听老师讲道理，都是记在心里的，过后可能会忘记，也有可能记得道理却不记得原话，比如曾参就闹过"丧欲速贫，死欲速朽"这样断章取义的笑话；但是子张勤记笔记，条件不允许时连腰带也被用来当备忘录，这就难怪孔子过世后，众弟子整理语录时，子张从师虽晚，出现的频率却极高了。正所谓"好记性不如烂笔头"，真是好学生的黄金法宝。

态度庄重谨慎，又喜欢思考，这样的学生谁不爱？

因此孔子很少骂他，对他提出的问题总能给予详细解释，又是做对比又是打比方的，不厌其烦。

比如子张学干禄，孔子给的建议是"多闻阙疑，慎言其余"（《为政 2.18》）；子张问善人之道，孔子回答"不践迹，亦不入于室"（《先进 11.20》）；子张问仁，孔子答以"恭、宽、信、敏、惠"（《阳货 17.6》）；子张问政，孔子回答"居之无倦，行之以忠"（《颜渊 12.14》）。甚至孔子见师冕，每走一步都细心提醒"阶也""席也"，也是子张在旁侍立，过后悄悄问："与师言之道与？"

《礼记·仲尼燕居》中说："仲尼燕居，子张子贡子游侍。"

《孔子家语》还记载了孔子卜筮的故事，也是子张在发问："老师卜得'贲'卦，这明明是吉卦，为什么还会愀然不乐？"

可见，孔子晚年时，子张陪侍在侧的时间很多，尤其《论语》最后两节更是集中记录了子张的言行，可惜始终形象不明，仿佛只是一支行走的录音笔，倒是一直坚持到了最后。

《史记·儒林列传》载："自孔子卒后，七十子之徒散游诸侯……子张居陈，澹台子羽居楚，子夏居西河，子贡终于齐。"

《礼记·檀弓上》还有一段关于子张临终前的记载："子张病，召申祥而语之曰：'君子曰终，小人曰死，吾今日其庶几乎？'"

申祥是子张的儿子，这是子张临终前对儿子说的话。说君子大去叫作"终"，小人离世才叫"死"，我今天差不多该走了。

孔子的丧事仪帷，是由公西赤设计的，依据的是夏礼；而子张的丧事，则是公明仪设计的，依据殷代的士礼。

《韩非子》将孔子后学分为儒家八派，"子张氏之儒"高居榜首。

（二）

《先进 11.16》

子贡曰："师与商也孰贤？"

子曰："师过也，商也不及。"

曰："然则师愈与？"

子曰："过犹不及。"

两个人在对话，却牵涉了四个人。这是孔子在和弟子端木赐八卦。子贡问老师："子张和子夏两位师弟，哪个更优秀呢？"

孔子没有正面回答谁更好，却说了两个人都"不够好"的地方：颛孙师（字子张）的言行常常有些过头，而卜商（字子夏）则稍显不足。

子贡问："那么是不是颛孙师比较好一点呢？"

不知为什么，子贡特别纠结于谁更好的问题，急于要一个答案。这使我怀疑，子贡这位亦仕亦商的能人，大概有某项工作急需一位助手，想在两位师弟中选择一个，因为拿不定主意，就来请教老师。偏偏孔子秉行中庸之道，说来说去都没有个准确答案，却产生了一个成语："过犹不及。"

这意思是说，冒进做得过头了，就跟做得不够一样，都是不合适的。

除了"庄"字考语与"师过也"之外，孔子还曾说过"柴也愚，参也鲁，师也辟，由也喭"（《先进 11.18》）。

这是将他与高柴、曾参、子路并提了，说高柴迂腐，曾参迟钝，子路莽撞，而子张偏激。辟，是偏的意思，同癖，言其夸大。

大多注释版本将"庄而不同"解释为庄重，认为子张过于古板严肃，不懂得与人相处。然而一个人又端庄又偏激又过分，似乎非常矛盾，但是将这个"过"与"辟"与"庄而不同"相结合，则可看出子张的性格是有点激烈的，言行往往过头。

而且，孔子每每回答学生问题时，多半是针对问话人的个性特点，所以从孔老师回答子张的问题中，我们也可以反推其性格。比如"子张问明"一节：

《颜渊 12.6》

子张问明。子曰："浸润之谮，肤受之愬，不行焉，可谓明也已矣。浸润之谮，肤受之愬，不行焉，可谓远也已矣。"

谮（zèn），逸言诬陷、中伤；愬（sù），同诉，控诉、诽谤、诬告。

子张问怎样做人做事才算得上是明智。孔子说，像水慢慢渗透浸润那样暗中诬陷，逸言中伤，像贴近肌肤感受刺痛那样近身挑拨，不断诽谤，如果这样的事在你那里行不通，就可谓明智，可以远离中伤，不让小人得逞了。

这答案显然不是"明"的唯一标准，而只能是有的放矢，是针对子张的缺点而特别提出的。莫非，子张有点冲动而且耳根子软，因此可能会听信逸言挑拨，失于考察而冒进？

所谓"三人成虎"，为官者最怕偏听偏信，失察妄动。而偏执，即为"辟"。所以孔子劝诫子张，要远离小人，辨别真相，控制情绪，唯德是崇。

《颜渊 12.10》

子张问崇德辨惑。子曰："主忠信，徙义，崇德也。爱之欲其生，恶之欲其死；既欲其生，又欲其死，是惑也。'诚不以富，亦只以异。'"

这两段话可以对看。子张问明，孔子没有正面回答什么是明，却告诉他怎么做才能避免不明；子张问崇德、辨惑，是从正反两方面来提问，孔子便也从正反两方面来回答。

以忠信为主，见有义事则徙意从之，谓之崇德之法。对于这点，正直刚毅的子张应该是可以做到的。

但是同时引发的副作用，便是容易冲动，是非不明，所以要辨惑。

正义感太强，爱憎过于分明，有时候也是一种缺陷。爱恨强烈，欲生欲死，为人之惑。如能内敛克制，即是辨惑。

朱熹注："人情于亲戚骨肉，未有不欲其生者；仇雠怨毒，未有不欲其死者。

寿考之祝,偕亡之誓,于古有之,岂可概指为惑?此说恐非也。爱之欲其生,恶之欲其死,言爱恶反复无常。"可为一家之言。

最后两句"诚不以富,亦只以异"出自《诗经·小雅》,原为怨妇控诉丈夫见异思迁,说你抛弃我不是因为新人家境富有过我,而不过是你变了心。

所有分手的理由都是借口,真正的原因只有一个:爱得不够。

爱情,往往是年轻人最大的惑。"由爱故生忧,由爱故生怖。若离于爱者,无忧亦无怖。"离于爱者,即可辨惑。

正义是优点,然而过强,就如同爱之执念,往往情深不寿,爱重则伤,容易走偏。这便是子张"庄而不同",既"僻"且"过"的根源。

所以"庄",亦可解作固执,一条道走到黑,不大容易听进去不同意见。

之后,樊迟也有一次类似的问题,只是在崇德辨惑之余还多了一条修慝:

《颜渊 12.21》
樊迟从游于舞雩之下,曰:"敢问崇德,修慝,辨惑。"
子曰:"善哉问!先事后得,非崇德与?攻其恶,无攻人之恶,非修慝与?一朝之忿,忘其身,以及其亲,非惑与?"

慝(tè),将恶藏匿于心。修慝,治而去之。专攻己恶,则己恶无所藏匿。

孔子说:"先付出努力,而后得到收获,这不就是崇德吗?对自己的过错毫不留情地攻击惩治,却不挑剔攻击别人的错处,这不就是修慝吗?不因为一时之怒而忘记自身的安危与亲人的挂念,理智冷静地对待得失悲喜,这就不是辨惑吗?"

孔子回答子张与樊迟的问题略有不同,但都强调了一条,就是不要冲动任性,遇事当严以律己,宽以待人。

所以,什么是明呢?有个现成的词语回答你:兼听则明!

(三)

《颜渊 12.20》
子张问:"士何如斯可谓之达矣?"
子曰:"何哉,尔所谓达者?"
子张对曰:"在邦必闻,在家必闻。"
子曰:"是闻也,非达也。夫达也者,质直而好义,察言而观色,虑以下人。在邦必达,在家必达。夫闻也者,色取仁而行违,居之不疑。在邦必闻,在家必闻。"

前面说过，春秋时的国，指诸侯国；家，指士大夫之家。

所以皇侃注释："在邦，谓仕诸侯也；在家，谓仕卿大夫也。"

子张的理想不小，希望名动天下，无论仕诸侯或是卿大夫，必使声誉远闻，以为之达。

但是孔子纠正他说，那只是闻，不是达。

闻，只是达的名声；达，才是闻的实绩。世上之人，为名者众，务实者寡，若只追求闻名家邦，则未免忽略了敦实归真。

接着，孔子详细讲解了达与闻的区别：所谓达，应当正直好义，体察民情，观人容色，审于接物，卑以待人，是谓内主忠信，所行合宜，德修于己而人信之，则所行自无阻碍，所行必达。

所谓闻，则重视表象，追名务虚，假仁者之色，行佞人之违，居其伪而不自疑。所以有实者不必有名，有名者未必有实，子张求达，须自省究竟求的是达还是闻，是名还是实。

这番话，足以令子张汗流浃背的了。

《尧曰20.2》

子张问于孔子曰："何如斯可以从政矣？"

子曰："尊五美，屏四恶，斯可以从政矣。"

子张曰："何谓五美？"

子曰："君子惠而不费，劳而不怨，欲而不贪，泰而不骄，威而不猛。"

子张曰："何谓惠而不费？"

子曰："因民之所利而利之，斯不亦惠而不费乎？择可劳而劳之，又谁怨？欲仁而得仁，又焉贪？君子无众寡，无小大，无敢慢，斯不亦泰而不骄乎？君子正其衣冠，尊其瞻视，俨然人望而畏之，斯不亦威而不猛乎？"

子张曰："何谓四恶？"

子曰："不教而杀谓之虐；不戒视成谓之暴；慢令致期谓之贼；犹之与人也，出纳之吝谓之有司。"

五美者：惠而不费，劳而不怨，欲而不贪，泰而不骄，威而不猛。

让百姓们去做对他们有利的事，合理分配工作，让他们即使劳作也不会抱怨，按劳取酬，求仁得仁，自然没有贪念；身为管理者，对百姓一视同仁，无论对方贫富贵贱，都端庄公正而不怠慢他们；身为君子当正衣冠，和心神，目不斜视，让人见了就生起敬畏之心，威严而不凶猛，这就是君子五美。

与此相反，身为管理者，对百姓不经教化便加以杀戮叫作虐；不加告诫便苛求成功叫作暴；不加监督而突然限期叫作贼；该给的报酬却出手吝啬，叫作吝。这样的官儿，可就真对不起头上的乌纱帽了。

所谓"当官不为民做主，不如回家卖红薯"。孔老夫子这段话，即使是对于为官者，真是最佳格言啊。

这段话出现在全书的倒数第二段，一则充分见出孔学的核心正是君子之教，是当官的学问；二则也由此可见，对于《论语》的整编，子张应是出了大力气的，收尾工作很可能便是由他完成，因此言行大多集中于最后两章中。

尤其《论语》第十九章，集中记述了五位孔门弟子的格言，没有一句是孔子本人的。子张放在了最前面，之后是子夏、子游、曾参和子贡。

子张的语气像极了孔子，因此也有人说是接闻于老师。无论转述也好，自创也好，子张确是发扬了孔儒精神：

《子张 19.1》

子张曰："士见危致命，见得思义，祭思敬，丧思哀，其可已矣。"

这句话的意思是说，作为一个"士"，临到危难的时候，不惜献出生命；看到利益的时候，首先要考虑应不应该得到。祭礼要认真严肃，守孝当真诚悲哀，这才可以够得上"士"的标准。

《子张 19.2》

子张曰："执德不弘，信道不笃，焉能为有？焉能为亡？"

子张说，履行道德却不能宏大，相信道义却不务厚至，这样子怎么能算有，又怎么能算无？

这是反诘的语气，因此有人认为是子张针对某些同门安于小成而言，说他们道义狭隘，拘于小德而不求宏阔，不能为损益，不足为轻重，于事无补，与草木何异？

不知道子张有没有做过官，但他既问干禄，又问从政，且是贵族之后，大概是曾经出仕的，只是未见记载。

历史上提到的更多是子张在学问上的成就，既然位列八儒第一，可见声名响亮，终于闻达。

# 子夏：素以为绚兮

（一）

孔子死后，子张与子夏、子游一起推举酷似孔子的有若坐上太师椅，"欲以所事孔子事之"（《孟子·滕文公上》）。虽然不久以失败告终，但也可以看出他们对老师的想念，实在不愿意相信老师真的不在了。

而在这场偶像代言的行为艺术中，只有曾参是坚定的反对派。

或许正是因为这个缘故，第十九章里同时记录了子张、子夏、子游和曾参的言论，包括他们的互相拆台：

《子张 19.3》
子夏之门人问交于子张。子张曰："子夏云何？"
对曰："子夏曰：'可者与之，其不可者拒之。'"
子张曰："异乎吾所闻：君子尊贤而容众，嘉善而矜不能。我之大贤与，于人何所不容？我之不贤与，人将拒我，如之何其拒人也？"
孔子曾经拿子夏与子张比较，说："师过也，商也不及。"
师，就是颛孙师，字子张；商，就是卜商，字子夏。他们两人做事刚好相反，一个容易超过，一个总是差一点，大哥莫要笑二哥，半斤八两，过犹不及。

但是哥俩儿却偏偏要比一下。

因为两个人很熟，所以他们的门人也常有交集，而子夏的门人向子张请教时也毫无顾忌。

这门人请教子张关于交朋友的事。子张先问："你们卜老师是怎么说的？"
门人答："师父说可以交往的人就跟他相处，不可交的人就直接拒绝了他。"
简单说，就是微信设了拒加好友，值得的人才通过申请。
子张便说："这和我所听说过的道理不同。君子应当尊重贤能，宽容众生，称赞好人而怜悯不够优秀的人。我自己难道是大贤大善的完人吗？我本是凡人，又为什么不能容纳别人的平庸呢？我不是恶人，但也总有人并不接受我，如此，我又何必拒绝别人？"

估计门人听了师叔的回答一定很凌乱，两位老师大相径庭，该听谁的呢？

"异乎吾所闻"，这不同于我听说过的道理。那么我又是从哪里听说的呢？

自然是孔子处。可见孔子对子夏和子张分别教导过交友之道，却给了不同的答案：因为子夏往往不及，有点和稀泥，所以孔子教导他要懂得拒绝，学会说不，"可者与之，其不可者拒之"。

而子张呢，庄而不同，往往过激，所以孔子提醒他要"尊贤而容众"，尽量放宽怀抱，有容人之量。

所以究竟应该"与之拒之"还是"无所不容"，没有一定之论，在乎个人心性而已。即如孔子，虽称"泛爱众，而亲仁"，却也有不能接受之辈，故道"仁者能好人能恶人"。

可惜的是，子张与子夏都不具备孔子"因材施教"的能力，只知道死记老师教诲并以之传人，却不懂得灵活变通，允执厥中，遂使儒学分裂八派，各自走上"过之"或"不及"的偏锋。

此前子夏问政时，孔子曾给了一大堆告诫：不要求快冒进，不要在意小利，越是急功近利越难成功，贪小便宜吃大亏，在乎眼前小利，很难干成大事。

《子路 13.17》
子夏为莒父宰，问政。子曰："无欲速，无见小利。欲速则不达，见小利则大事不成。"

弟子问政，孔子总是对症下药，各针其弊。但子夏做莒父的邑宰时前来问政，孔子却不说应该做到哪些要求，而只强调别犯什么错误。这就让人怀疑，子夏会不会是一个目光短浅急功近利的性子？

这样的人，做事往往只在乎结果，而对过程含混放过，也就是"不及"。后世的豆腐渣工程，便多半是因为"欲速则不达，见小利而事不成"。

对于这样的子夏，孔子当然要多方告诫，教导他见贤思齐，多与能人交朋友，而要学会对不贤者说"不"了。

好在，孔子也曾预言："吾死之后，则商也日益，赐也日损。""商也好与贤己者处，赐也好说不若己者。"（《孔子家语·六本第十五》）

子夏喜欢和比自己强的人交朋友，可以不断学习，因此孔子断定自己死后，子夏还是会继续进步的。

## （二）

子夏（公元前507年—公元前400年），姬姓，卜氏，名商。这名字取得很有学问，夏与商俱是古国名，所以卜商字子夏，名与字是相对的。

孔子为自己的人生注释的第一个标签就是"好学"，而众弟子中，首肯颜渊最像自己，也最为好学。

然而实际上，孔门诸贤八儒，岂无好学者？比如子夏，就是每天进步一点点的学习标兵，且说：每天知道一些从前未知的新鲜知识，每个月复习所得，不让自己忘记，这样才算是好学。顾亭林《日知录》的书名，便出于此典。

《子张19.5》

子夏曰："日知其所亡，月无忘其所能，可谓好学也已矣。"

《子张19.13》

子夏曰："仕而优则学，学而优则仕。"

因为总有新的知识要学习，所以做官的人如果做得不错，有了余闲，还是要继续学习，而不能把出仕当成终点。而对于学生来说，学习是首要任务，只有学有所成，力有优裕，才可出仕。比如颜回，学了一辈子都觉得难以望老师之项背，自然没有精力出仕了。

现代人多将"优"误作"优秀"，然而古注释中则多解为"优裕"，是有余力而为之。

在封建社会中，贵族子弟世袭为官，出仕是水到渠成的事，所以往往先出仕后就学，比如南宫之属，所以这句"仕而优则学"是为世族子弟所设；但是对于寒门子弟来说，往往学有所成也未必得仕，所以子路一旦得势，便迫不及待地让小弟高柴出任邑宰，但是孔子觉得学业未成而仕，子路的帮忙是"贼夫人之子"，好心办坏事。

虽然最重要的"学而优则仕"这句儒家格言是子夏说出来的，但子夏出仕也是讲原则的。

他和颜渊一样，好学而家贫，《说苑·杂言》称其"甚短于财"，《荀子》也说"子夏家贫，衣若悬鹑"，这反而造就了他清高孤傲和坚强勇敢的性格，曾道："诸侯之骄我者，吾不为臣；大夫之骄我者，吾不复见。"

对于好学与立志，他更在意的是求仁。

《子张 19.6》

子夏曰:"博学而笃志,切问而近思,仁在其中矣。"

能做到学识渊博,志向坚实,诚恳提问,认真思考,从我做起,从小处着眼,若有未达之事,当急切问询,思考当下,这也是仁的修行。

反之,则泛问远思,大而无成,劳而无功。既没有立定志向笃学切问,也没有从我做起切问近思的自觉,注定是水中望月,空谈无当。所以要先立志,然后好学,学有所成方谈成就。

子夏是文学课代表,对于文字的修饰是非常讲究的,对于《诗》与《春秋》的删订传经上起到了举足轻重的作用。

关于如何为文,夫子曾说过:"言之不文,行之不远。"又道是:"辞达而已矣。"做文章是必须讲究文采的,没有好的文采修辞,文字的流传就不会久远。但是一味讲究文采华丽,空洞雕琢,却也是为文大忌,文字最重要的任务是表达,所有的修辞都是为了传情达意,当以表达明确为上,是谓"辞达"。

子夏得到了夫子的精髓,反推出"小人之过也必文",并且因此衍生了一个成语叫作"文过饰非"。

《卫灵公 15.41》

子曰:"辞达而已矣。"

《子张 19.8》

子夏曰:"小人之过也必文。"

辞,是言辞,也是文辞。

达,是清楚明白的表达。

说话作文,把意思说明白是头等要事,其余都是装饰。

所以说话作文的基本规则,是"辞达而已矣",而最大弊病,就是词不达意。

"小人之过也必文",原意是小人有了过错,不肯自省,却用各种借口砌词掩饰。放在文学修养上,则与"辞达"形成鲜明对比,用绕圈子说话的"文"来掩盖真相,以至于不"达",所以过于矫饰的文字为君子不取。

作文需要一定的修辞技巧,但是讲究得过了,就会文饰其过,不言情实。所以一篇词语堆砌修辞华丽的文章,非但不是好文,反而失了格局,未免小人心性。

(三)

孔子对于子夏的"不及"给过很多告诫,希望他格局放大点,眼光放远点,

态度放硬点。故而子夏在第十九章中的言论多谈及"小道"与"大德",时刻以师父的提醒为戒:

《子张 19.4》
子夏曰:"虽小道,必有可观者焉,致远恐泥,是以君子不为也。"
《子张 19.7》
子夏曰:"百工居肆以成其事,君子学以致其道。"

即使是末梢别门的特殊技艺,也一定有可取之处,但若是执着于钻研这些小技艺,就会误入歧途,走火入魔,又或玩物丧志,因小失大,妨碍从事远大的事业,所以君子不做这些事。

《朱注》说:"小道,如农圃医卜之属。"这些小道,也有大的价值,有其可观之处。只是对于怀抱天下,志在大济苍生的君子来说,政治是关系到整个社会、国家的大事,所以不为小道所拘泥。

不过也有很多注释者反对朱熹关于小道的解释,认为舜耕于历山,伊尹耕于莘野,后稷播种百谷,公刘教民耕稼,何可称为小道?圣人为之,君子何以不为?故而小道当指奇淫技巧,工匠百事。

这是与子夏的另一句语录"百工居肆以成其事"相照应。百工者,巧师也,指各行各业的工匠;肆,铺子,商店,工作的场所;居其肆,不但指要在他们工作的场所,更指工作中常用的器具,所谓"工欲善其事,必先利其器",所以居其肆方能成其事。

这是个比喻句,说各行各业的工匠在合宜的工厂完成他们的工作,正如君子应该努力循正道学习而成就自己的事业。

"百工"与"君子"相对,前者为小道,必有可观而致远恐泥;后者为大道,学以致用而兼济天下。

比如宋徽宗,琴棋书画"诸事皆能,独不能为君耳!"可谓小道有精,大道有亏。而北宋最贤明的皇帝莫过于宋仁宗,却是恰恰相反,"百事不会,却会做官家",这便是人君之道。

说完大道与小道,再说大德与小德:

《子张 19.11》
子夏曰:"大德不逾闲,小德出入可也。"

这是继承了孔子不拘小节的中庸做法,说的是大原则大方向不可越界,小节有点出入是可以的。

但是子夏说归说，本人却是个特别注重细节的人，教学也很在意洒扫应对进退这些小节，因此师弟子游说他："子夏的学生们，打扫庭院、接待客人、进退威仪这些小礼是可以的，但这都是细枝末节，最根本的先王之道却没能深学，这怎么行呢？"

《子张 19.12》

子游曰："子夏之门人小子，当洒扫应对进退，则可矣，抑末也。本之则无，如之何？"

子夏闻之，曰："噫！言游过矣，君子之道，孰先传焉？孰后倦焉？譬诸草木，区以别矣。君子之道，焉可诬也？有始有卒者，其惟圣人乎！"

且说子夏听到了子游的评价，当自然不满意，辩解说："噫！言游这话说得太过了，简直比颛孙师还过！君子的学问，哪一种先教，哪一种后教，各人有各人的教学方法。好比草木生长，各有类别。君子之道，怎么可以轻易曲解枉断呢？怎么能用你的标准来判断格式化别人的教学？细枝末节怎么了？能够将小节持之以恒，积少成多，由微入渐的，那也可谓圣人了。"

子夏的学问在汉代影响极大，而洒扫应对也成为诸多儒馆初学要务，"一屋不扫，何以扫天下"的理论，就是建立在子夏学说基础上的。

且不评价两人的理论孰高孰低，关于大节小节，大德小德，《四书反身录》说得最好："论人与自处不同，观人当观其大节，大节苟可取，小差在所略。自处则大德固不可逾闲，小德亦岂可出入？一有出入，便是心放；细行不谨，终累大德，为山九仞，功亏一篑，是自弃也。"诚可谓子夏知己！

（四）

上面说的是子夏与子张、子游的交集，他和曾参的关系也是很好的，虽然《论语》中未见二人交集，《礼记》中却有记载，说子夏儿子过世时，曾参前往吊唁。

子夏老年丧子，伤心得眼睛都哭瞎了。曾子去慰问他，却没有提他儿子过世的事有多么不幸，而是说："我听说朋友丧失了视力，应该为他难过地哭一场。"说完就哭了。

曾参哭，子夏当然更要跟着哭，说："天啊！我犯了什么错，会落得如此下场。我这一生规行矩步，清白无辜，这太不公平了！"

曾子听了，怒道："卜商！你怎么能算清白无辜呢？我和你都在洙、泗之间跟着老师学习，如今年纪大了，你就回到了西河地区，没有极力宣扬老师，倒让西河居民把你看得比我们的老师还英明，此罪一；你的双亲过世，也没见你有多么伤心重礼节，让当地居民引为榜样，此罪二；如今死了儿子，你就哭瞎了眼睛，这是把儿子看得比老子还重要，此罪三！你怎么能算是没有罪过呢？"

子夏听得汗流浃背，抛开手杖下拜说："我错了！我错了！我离群独居的时间太久了！"

（五）

虽然曾参斥骂子夏未尽全力发扬孔子之学，但实际上子夏修习儒经，对于《诗》与《春秋》的辑述都起到了巨大的作用。

有说法"诗书礼乐定自孔子，发明章句始于子夏"，又有说"《诗》《易》俱传自子夏""《春秋》属商""文章传，性与天道亦传，是则子夏之功大矣"。可谓全面继承了孔子之学。

这让我们不禁想起子夏与孔子关于论诗的那段著名对话：

《八佾3.8》

子夏问曰："'巧笑倩兮，美目盼兮，素以为绚兮。'何谓也？"

子曰："绘事后素。"

曰："礼后乎？"

子曰："起予者商也！始可与言《诗》已矣。"

子夏问老师："《诗》说：'美丽的笑容倩丽迷人，漂亮的眼睛顾盼生辉，素净的布上颜色绚丽。'这是什么意思呢？"

孔子说："这就好比绘画一样，要先把绢布矾得素白，然后才能在上面涂绘彩色。"

子夏立刻反应过来，并更深一步阐述说："学礼要放在仁义后边，以道德修养为基础，是这样吗？"

孔子大喜，觉得弟子的领悟比自己的引导还更进一步，夸赞说："商的见解对我也很有启发呀，这是一个可以好好谈诗的人啊。"

这段话有点难以理解，无论是"素以为绚"还是"绘事后素"的解释都有争议，而从"巧笑倩兮"怎么就过渡到"礼后乎"了，更让人觉得孔子师徒仿佛论经，充满机锋，不足为外人道。

关于"绘事后素"，东汉郑玄注作："绘画，文也。凡绘画先布众色，然后以素分布其间，以成其文。"就是先绘画再用素色来装饰。

但这似乎不符合绘画流程，所以亦有人解作"描绘后还要彰显本色之美"。

朱熹则注："绘事，绘画之事也。后素，后于素也。"也就是先素后绘。

《考工记》上说："'绘画之事后素功'，谓先以粉地为质，而后施五采，犹人有美质，然后可加文饰。"意思是先要有良好质地，才能够锦上添花。

或者说，若没有纯素的质地，是无法画出绚丽的图画的。

日本花道中以白色为美，比如山茶与牡丹都是妍丽之花，然而茶会插瓶时却只选小朵、色白者，只限于一枝蓓蕾，并且一定要含露。因为他们相信，"无色之白，最为清丽，同时具有最多之色"。

或许，以此来解释"素以为绚"更加确切吧？

总之，子夏由此感悟，进一步发挥说："所以含蓄才是最根本的德行。所有礼仪之类的事都是末节后事。礼要以仁义打底子，仁为内心，礼为外壳。"

没有诚意的恭敬，就如同没有真心的感情一样，有害无益，徒具其表，正所谓"恭而无礼则劳"：

《泰伯8.2》

子曰："恭而无礼则劳，慎而无礼则葸，勇而无礼则乱，直而无礼则绞。君子笃于亲，则民兴于仁；故旧不遗，则民不偷。"

葸（xǐ），畏惧的样子，成语"畏葸不前"便用此意。

绞，急切，矫枉过正，就是拧巴。

偷，是取巧，偷懒耍滑的意思。民不偷，就是诚实，真性情。

这段话的意思是说，礼是一种分寸，一种节制。倘若没有礼的约束，一味恭敬是徒劳的，一味谨慎是怯懦的，一味勇猛是鲁莽的，一味率真是刺耳的。所以即便是恭慎勇直这样的美德，也都要有礼的节制在内。

这说的是礼，接下来两句则说的是仁。君子忠于亲人，敦爱自己的父母兄弟，民众才会亲善近仁；为上者珍惜友情不弃故旧，滴水之恩涌泉相报，百姓才会重情感恩，不至于见利忘义人情淡薄。

所以恭敬也罢，谨慎也罢，勇敢也罢，率真也罢，都要用"礼"来打底子，这就是"礼后乎"。而与之相反的行径，则是巧言令色，缺乏诚意。

这虽然是一段讨论诗与礼的对话，却让我仿佛看到了子夏的微笑。

从这段对话中可以看出，子夏读书是很善于思考的，不懂就问，讨论之余还能举一反三，得出自己独到的见解，连孔子也觉得与他对话是受益的，难怪会把《诗》的编订工作交给他辅助。

孔子逝后，子夏也做起了夫子，讲学西河，教出了如魏文侯、段干木、李克、公羊子高、高行子、田子方、吴起、禽滑厘等一大批名流，堪称"儒法互用"的启动者，故称"为王者师"。

他后来活了一百多岁，公元前400年终于西河。

只是，想到他晚年失明，纵然长寿，应该过得也是颇为伤感的吧。

更令人感慨的是，孔子一生强调秩序，讲究勤王，希望恢复周礼。然而周朝王室尊严的彻底丧失，恰恰是在他的徒孙魏文侯的手上。

魏斯本是晋国魏氏正卿，师事子夏，并以西河同学李克（又名李悝）为相，吴起为将，在七雄中率先变法，改革政治，发展经济，成为商鞅变法的先驱者。

魏国迅速崛起，于公元前403年与赵、韩一起瓜分了晋国，胁迫周威烈王封其为诸侯，史称"三家分晋"，东周也从春秋正式步入战国时代。

彼时子夏还活着，看到自己的学生华丽丽地从卿大夫变身为诸侯，会是什么心情呢？

但不管怎么说，子夏因此成了历史上第一个享有国师名号的士人，真正实现了他的劝学口号："学而优则仕"！

## 一本正经的"南方夫子"言偃

孔子曾说过:"吾门有偃,吾道其南。"意思是我门下有了言偃,我的学说才得以在南方传播。

所以,言偃有了一个美号叫作"南方夫子"。

言偃(公元前506年—公元前443年),姓言,名偃,字子游,吴地常熟人,是孔门十哲的文学课代表,也是七十二贤中唯一的南方弟子。

子游口才好,文采也好。他与子夏同为文学课代表,排名还在子夏前面,自然是不服子夏的。

非但不服子夏,对子张似乎也颇不以为然:

《子张 19.15》

子游曰:"吾友张也为难能也,然而未仁。"

这话亦褒亦贬,说我的朋友子张啊,也算是很难得的人才了,但是够不上"仁"的境界。

要命的是,曾参也说过类似的话,而且紧挨着子游的评价:

《子张 19.16》

曾子曰:"堂堂乎张也,难与并为仁矣。"

堂堂,夸大之意。

这话有讥讽之意,说子张还真是仪表堂堂啊,只是我很难和他一起修习仁的正道。

难怪孔子要说"师也辟""庄而不同",这子张在师兄弟中还真不受待见哩!不过,难得大家也都肯承认他的出色,夸一句"难能""堂堂",也算不错了!

这三个互相看不惯的人,就连对于丧事的态度也是各执己见:子张认为"祭思敬，丧思哀"，祭祀时态度要尊敬庄重，治丧时则哀而不伤；而子游更干脆，直言"丧致乎哀而止"，认为致丧只要表达出适合的哀痛即可，不可过度；曾子则做出了相对中庸的说法：

《子张 19.14》
　　子游曰："丧致乎哀而止。"
《子张 19.17》
　　曾子曰："吾闻诸夫子，人未有自致者也，必也亲丧乎！"
　　这是曾参转述孔子的话：人们通常很难充分表达自己的情感，一定要在至亲死亡的时候才会如此。
　　孔子主张"乐而不淫，哀而不伤"，特别在意伤感的节制，所以孔鲤过了母亲周年还在哭祭，他便不满地称之为"其甚矣"；子路为姐姐服孝超过期限，他也劝诫有违圣道。
　　弟子们记着老师的谆谆教诲，所以会强调致哀有度，当孔子为了颜渊之死而哭天抢地的时候，众门人便劝之曰："子恸矣。"觉得老师哀伤太过，越过了师生的分寸。
　　但是孔子是视颜渊如子甚至宠爱超过伯鱼的，所以用曾参的话就可以解释了：这是至亲之丧啊。
　　虽然有资料说子游任武城宰是在孔子任大司寇期间所委任，但是如果子游的生卒年份为真，那么孔子去鲁时，子游只有十二岁，显然不可能成为邑宰。所以，这很可能是发生在孔子晚年的故事。
　　有一次，孔子巡游武城考察学生的业绩，听到城中有弦歌之声，不由失笑，调侃说："蛮野荒村还搞得这么正大隆重的，这也太杀鸡用牛刀了。"
　　此时孔子年逾古稀，已经到了"从心所欲不逾矩"的境界了，所以说话显得有点随意，但是子游不高兴了：

《阳货 17.4》
　　子之武城，闻弦歌之声。夫子莞尔而笑，曰："割鸡焉用牛刀？"
　　子游对曰："昔者偃也闻诸夫子曰：'君子学道则爱人，小人学道则易使也。'"
　　子曰："二三子，偃之言是也。前言戏之耳。"
　　这是孔子在整部《论语》中的唯一一次莞尔，发笑的时机很特别，竟是在听到弦歌之声时，不是因为弦歌之美欣然得乐，却是因为小题大做而诡异一笑。
　　这可真伤弟子的心啊。子游原本还以为自己推行夫子之道，卓有成效，能够得到老师的夸奖呢，谁知老师居然这样说，难免郁闷。

不过子游是个又迂又直的鲁男子，并没有因为老师的哂笑觉得惶愧，而是理直气壮地反驳："老师您以前不是说过吗，为官者学习礼乐就会懂得宽政爱民，为民者学习礼乐就会懂得廉耻安居。难道小地方的官民就不需要礼乐文明了吗？农村人就不跳广场舞，不扭秧歌了吗？我以礼乐教化民众，您怎么倒说我小题大作呢？"

大道理讲得一套一套的，弄得孔子无言以对，倒也没有强辩，立刻改口说："子游说得对，我刚才是在开玩笑啊。"

这个小故事让我们看到了一个非常人性化的孔子，也看到了一个严肃倔强的子游。会记录在此，或是因为对子游来说，就算是得夫子一哂，或是莞尔调侃，也是此生最美好的记忆吧？

也正是在这次武城考察中，言偃将子羽推荐给了孔子：

《雍也6.14》

子游为武城宰。子曰："女得人焉耳乎？"

曰："有澹台灭明者，行不由径，非公事，未尝至于偃之室也。"

孔子刚刚被弟子怼了一通，有点下不来台，只好尬笑着道歉。寒暄数句后，为了表示对弟子的政务很关心，便又问起了人才问题："你在武城这地方寻到出色的人才了吗？"

从前面孔子对武城的轻视可知，他心底里颇不以此穷乡僻壤为然，问这句话不过是客气一下，没话找话。

但是子游是个一板一眼的人，拿着鸡毛当令箭，真就煞有介事地回答："有啊，有个叫澹台灭明的家伙，做事端庄，为人正直，非公事从不到我的邑宰办公室来聊天攀附关系，堪称德才兼备。"

"行不由径"，是说走路从不走小路，贪捷径，指行必正，无欲速不达之过。

"非公事未尝至于偃之室"，形容子羽的端庄自持，无枉己徇人之私，甚至有点古板木讷。

显然子游是投其所好，照着老师以往评价贤才的标准来举荐的。

但是孔子不过是随口找了个由头转移话题，并没放在心上，所以即使收了澹台子羽做入籍弟子，也没拿他当心腹；而子羽又是个举止庄重的人，轻易不肯亲近别人，在武城不会走子游的后门，来到孔子学堂自然也不太会主动登门套近乎，和老师的关系一直很疏远，尚未登堂入室便分道扬镳了，在《论语》中的记述也非常少。

但子羽是个勤奋爱思考的人，融会贯通，自成一派。离开孔子后自己也开始办学授课，名望颇高，很多学子都慕名求教，他的名声在诸侯间也渐渐传开了。

孔子听闻后十分后悔，知道自己错失明珠，因此发出了"以貌取人，失之子羽"的感慨。

而子游能够举荐子羽，大抵是因为他们是同一类人吧。

南方夫子，无愧师门！

# 孔子选婿

## （一）

《公冶长 5.1》

子谓公冶长："可妻也。虽在缧绁之中，非其罪也。"以其子妻之。

因为这段话，我们才知道孔子除了伯鱼这个独生儿子之外，还有一个女儿。翻遍古籍，关于这女儿只此一句，还是沾了女婿的光。

而这女婿，还是个犯人。

缧绁（léi xiè），古时捆绑犯人的绳索。引申为监狱。

妻，在这里当动词讲，许给他一个妻子。"聘则为妻奔则妾"，所以"可妻也"就是可以把女儿嫁给他，"妻之"就是正式地举行一个下聘仪式，许配妻子。

孔子评价公冶长说："可以把女儿嫁给他呀。虽然他被下了大狱，但这不是他的罪过（他是冤枉的）。"于是把自己的女儿嫁给了他。

"其子"，他的孩子。女子也可写作"子"。既然是妻子，自然是女儿了。

这里面有三个疑点：

公冶长为什么下狱？

孔子怎么知道他是冤枉的？

为什么要在这个时候嫁女？难道三千弟子中就选不出一个比公冶长更合适的女婿了，非要让女儿嫁个坐牢的人，女儿愿意吗？

首先，我们来介绍一下公冶长。

公冶长（约公元前519年—公元前470年），又写作公冶苌，字子长，或者子芝。

正史中关于他的介绍非常少，倒是许多注疏野史中提到过他的轶事。其最大的传奇特征是精通鸟语。

比如《论释》所说，公冶长走在鲁卫两国交界时，听到鸟儿们争相招呼往清溪吃死人肉。刚好见到一个老婆婆坐在路边哭，说儿子前日出行，现在还没回来，不知是生是死。

公冶长便指点老婆婆往清溪去看看，结果发现一具尸体，正是婆婆的儿子。

老婆婆立刻报了官，众人想当然地认为：若不是公冶长杀人，如何得知？便将他逮捕了。

公冶长山呼冤枉，说是鸟儿告诉自己的，可是这样的话谁会信呢？于是拘押狱中六十天。

还有个版本是说，公冶长听到鸟儿对他说："公冶长，公冶长，南山有头羊。你吃肉，我吃肠。"

公冶长去了南山，果然看到一头死羊，就拖回家吃掉了，可是居然忘了把羊肠子留给鸟儿。鸟儿便生气了，于是故意指点他去了死人的地方，害他坐了牢。

两个故事的结尾，都是说公冶长在狱中时又多次听鸟语报告新闻，转述狱主，屡次验证后，狱主终于相信了公冶长确实懂鸟语，便把他放了。

这是故事，在现实中，我怀疑是孔子保释了他，而所以要将女儿嫁给他，或许是因为只有近亲才可以出具作保；又或是将他保出后，担心公冶长遭人白眼，为了力证他的清白，干脆把女儿做为安慰奖，等于无声的宣告：公冶长若非诚信之人，我会选他做女婿吗？

后来，公冶长倒也没有辜负老丈人的期许，一生治学，在孔子死后继承其遗志，教学育人，成为著名文士。

（二）

《公冶长 5.2》
子谓南容："邦有道，不废；邦无道，免于刑戮。"以其兄之子妻之。

《先进 11.6》
南容三复"白圭"，孔子以其兄之子妻之。

孔子选婿的标准已经很奇特了，选侄女婿的理由也很直接，称赞弟子南容说："这孩子会念诗，又懂得中庸之道，挺不错的。"就把侄女儿嫁给了他。

于是，通过这段话，我们又得知孔子和自己唯一的哥哥孟皮还是有来往的，并且能做得了侄女的主。很可能孔子一直在照顾哥哥一家的生活，孝悌为主，虽然在"孝"上孔子是没什么机会了，但是"悌"这一点还是做得很好的。

白圭，指《诗经·大雅·抑之》的诗句："白圭之玷，尚可磨也；斯言之玷，不可为也。"意思是白玉上的污点还可以磨掉，言论中有毛病，就无法挽回了。这是告诫人们要谨慎自己的言语。可见南容是个谨言慎行的人。

孔安国注解说："南容读诗至此，三反覆之。是其心慎言也。"

三复白圭，就是反复地念《白圭》这首诗，这就打动了孔子，将侄女嫁了他。

这时候再想想子路吧，因为孔子夸他"衣敝缊袍，与衣狐貉者立"，并引诗称赞"不忮不求，何用不臧？"子路便反复吟诵，却被老师嘲笑说："念两遍得了，用得着天天念吗？"

都是反复念同一首诗，人和人的差别咋就那么大呢？

孔子嫁侄女给南容的理由还有一个，就是南容的为人中庸，处事圆滑，能做到"邦有道不废，邦无道免于刑戮"。

意思是国家太平的时候，以南容的才华绝对不会被荒废，必能出人头地有所作为；到了动荡混乱的时候，以南容的心智又非常善于自处，规避危险，绝不会招来杀身之祸。

也就是说，把侄女儿托付给这样一个男人，放心！

这也难怪，女儿已经嫁给犯人了，可不能让侄女婿也入了狱，那孔子不成了典狱长？

《论语》中对于"邦有道"与"无道"的选择有过多次讨论，孔子一向主张"邦有道，则知；邦无道，则愚""天下有道则见，无道则隐""邦有道则仕，邦无道则卷而怀之"。

而做到这一切的最重要品格，是"危行言孙"。

这几点，南容都可以做到，无疑是最佳的良人之选。跟着他，侄女儿的幸福安稳生活就可以保障啦。

尤其还有人说，南容就是南宫适。

关于孔子对南宫适的赞许，后文《宪问》中还有一处：

《宪问14.5》

南宫适问于孔子曰："羿善射，奡（ào）荡舟，俱不得其死然。禹、稷躬稼而有天下。"

夫子不答。南宫适出，子曰："君子哉若人！尚德哉若人！"

南宫适向老师汇报读书心得："后羿擅长射箭，连天上的太阳都能射下来，后来却被臣子寒浞所杀。但是寒浞的儿子奡以力大著称，能在陆地行舟，却也被少康所杀。两位能人都不能死得其所。大禹、后稷只是踏踏实实地治水耕种，却能拥有天下，成为圣人。"

孔子当时并没说什么，等到南宫退出，却赞赏说："这是个君子啊，真正懂得崇尚德行，又懂得守身的道理。"

这段描写与"三复白圭"是统一的。

倘若南容就是南宫，则为孟孙氏一族，当然是"君子"，而且是身份与才德上的双料君子。为什么笃定说南容"邦有道不废"，就是因为他毕业后可以顺理成章地出仕。这身家地位比起穷小子公冶长就更加不可同日而语了。

把女儿许配给坐过牢的人，当然是下嫁；把侄女儿嫁给身份显赫又才华横溢的君子，可谓高攀。

孔夫子之先人后己，可见一斑。

第三部分

孔子这样说

# 君子是这样炼成的

（一）

整部《论语》堪称是一部君子书。孔子的理想是恢复西周的君子国，孔子的教育就是将学生们都培养成德才兼备的君子。

诚如《易经》最重要的乾坤两卦系辞所说："天行健，君子以自强不息。""地势坤，君子以厚德载物。"

"天、地、人"合为三才，这个"人"，当是君子。

君子之德，便是孔子哲学的核心。在古代，君子有两重含义，一指"君之子"，也就是血统上生来的贵族，而"小人"则是没有身份的平民；二指通过后天的学习修养成为卿大夫，或者具有像卿大夫那样的能力与风度，并进一步引申成为有道德有修养的人，而小人则是没有知识的乡野之人。

君子学六艺、重道德、求干禄，但是"学而优则仕"只是实现理想的手段，并非终极目的。君子之道，在于修身、齐家、治国、平天下。

然而，什么样的修为才可以配得上"君子"的称呼呢？

如同每每弟子们问仁问智，孔子总是针对不同人有不同的回答一样，关于什么是君子这个话题，他也有着多番解释。比如，回答司马牛是"不忧不惧"，回答子贡是"先行其言，而后从之"。回答子路就详细了，不但强调"君子义以为上。君子有勇而无义为乱，小人有勇而无义为盗""君子固穷，小人穷斯滥矣"，并且将君子分为"修己以敬""修己以安人""修己以安百姓"三个层次，然而到了第三层，是尧舜也很难达到的，已经不是君子，是圣人了。

《宪问14.42》
子路问君子，子曰："修己以敬。"
曰："如斯而已乎？"
曰："修己以安人。"
曰："如斯而已乎？"
曰："修己以安百姓。修己以安百姓，尧舜其犹病诸！"

孔子说修行的次第，乃是修己以敬，己善之后方去安人，最后才是安百姓，但是没人能做到。

修，指修炼，学习，通过自身努力实现理想的过程。修己，就是自己不间断地学习和进步。

敬，是敬畏之心，端庄态度。敬是一个有修为的知识分子正直处事安身立命的风范，越博学，越谦逊，就是因为有了敬畏之心。

爱人，首先是爱自己身边的人；安人，自然也是指先让周围的人安顿。

为父母的应该通过自己的努力让子女生活平安，夫妻应当通过管理自己齐心合力使家庭安稳，身为员工每个人都应该做好自己的本分使公司平安运转，管理者应当正己正人来使下属有安全感……

由此及彼，宛如涟漪。能力越大，责任越强。作为最高统治阶层，要做的自然是修己以安民，使所有的百姓都安乐。但这是连至圣先贤们都做不到的事情。

因为人实在太多了，如何能让所有的人都受益，都平安呢？连天帝都做不到。

但是，能否因为做不到就不做了呢？

当然不能，我们还是要尽自己最大的努力，来使最多的人安乐。

我在导演赖声川的话剧课堂上听到一句话，和话剧表演完全无关，却让我觉得整个课程都是为了这句话而来的。那就是："目的越是利他的，效果会越好。"

很多时候，我都会为了往左走还是往右走而犹疑，但是有了这条明确指示外，以后的选择就会多了个清晰的考量：怎么做，才会更加利他？

当然，利他的前提是修己。修习知识和道德，也包括保护自己的健康与利益，割肉饲鹰之类的事不能轻易去做，因为鹰的命是命，自己的肉身也是命，用佛身来换取一只鹰，肯定不划算。

极端的利他，是不符合儒家的中庸之道的。

所以《孝经》说："身体发肤，受之父母，不敢毁伤，孝之始也。"

如果伤害自己而去救助别人，那要先想一下，即使自己愿意舍身为人，但是自己的父母亲人会不会伤心难过呢？他们所受的伤害又如何来弥补？所以伤害自己，不就是伤害父母亲人吗？伤害自己的亲人去救助无血缘的他人，这能算是明智正直的行为吗？

所以"利他"，也是有比较的。是在保证自己利益的前提下让受益者更多，是利益的最大化，有点像西方人最喜欢说的"分享"，分享知识，分享财富，分享能力，分享快乐！

既然是分享，就没有绝对的平均，也不可能无远弗届天下大同，更无法让所有人都无忧无怨，所以是"修己以安百姓，尧舜其犹病诸"。

但是我们可以想办法让尽量多的人得到益处。

孔子创办私塾，有教无类，让尽可能多的人只要愿意交学费就可以前来就学，开创了儒学文明，改变了整个华夏民族的文化符号，所以他会被后世尊为圣人。

无论为教、为政、还是为商，重要的不是你的身份地位，而是你在你的位置上，有没有利人利己，实现"我为人人、人人为我"的利益最大化。

正如佛教所云："一切众生，皆有佛性，皆是佛子，皆可成佛。"

同样的，所有世人，无论贵贱，修为君子，皆可成圣。

## （二）

《颜渊12.15》

子曰："君子博学于文，约之以礼，亦可以弗畔矣夫。"

颜渊曾经赞美老师："博我以文，约我以礼。"是一个意思。

孔子教授学生的君子之道，主要分为学问和礼法两个方面，不但要以知识来武装学生的头脑，更要用道德来规范学生的行为。一个博文约礼才德兼备的弟子，也就不大可能离经叛道，做出什么出格的行为了。

而道德与学问之间，孔子又将道德置于前项，主张"行有余力，则以学文"。文指诗书礼乐，而质是道德行为。

一个人要先把道德修好了，行为落实了，守信正直，然后才去加强文化学习。如果只有行为没有文化，就粗野浅薄了。但是如果言过其实，口头上说得天花乱坠，道德上却不能言行如一，便成了空架子。

只有言行一致，德才兼备，理论与实践相结合，才能成为一个真正的贵族，也才适合出仕为官，治理一方。

这就是"文质彬彬，然后君子"。彬彬，就是配合协调、相等并重的意思。

《雍也6.18》

子曰："质胜文则野，文胜质则史。文质彬彬，然后君子。"

质，指直奔效果的实际行为；文，指装饰行为的礼仪规范。

如果只注重结果但不讲礼仪，就显得粗野，跟原始人一样了。这就好比野人和文明人都要吃饭，但是野人吃饱了就好，文明人就要求"食不厌精，脍不厌细"，不仅食物的色香味俱全，连就餐环境和进餐礼仪也有种种讲究。

但是如果讲究的繁文缛节太多，形式大于内容，就太酸文假醋了，这便是"文胜质则史"。所以文和质是要齐头并进，允正执中，才称得上彬彬君子。

《颜渊 12.8》

棘子成曰："君子质而已矣，何以文为？"

子贡曰："惜乎，夫子之说君子也！驷不及舌。文犹质也，质犹文也。虎豹之鞟犹犬羊之鞟。"

驷（sì），四匹马；鞟（kuò），去了毛的兽皮。

卫国大夫棘子成说："君子有美好的德行品质就行啦，要文采做什么呢？"

子贡说："夫子您这样谈论君子，可真是让人遗憾呀。一言既出，驷马难追，您说话可得谨慎呀。文采如同本质，本质也如同文采，二者是同等重要的。假如去掉虎豹和犬羊的皮毛，那这两者的实质就没有多大的区别了。"

子贡无愧最佳辩手，这个比喻，真是很漂亮。

有句话叫作"皮之不存，毛将焉附？"子贡的话则是反用了这句，如果只有皮，没有毛，那么虎豹羊狗又有什么区别呢？君子小人又有什么区别呢？君子之高贵于小人，不正是因为他有文化有修养吗？

我们常说"透过现象看本质"，本质要看，但也总得先有个表象啊。这就是"文质彬彬"。

《卫灵公 15.18》

子曰："君子义以为质，礼以行之，孙以出之，信以成之。君子哉！"

孙，就是"逊"。这一段，在"然后君子"前面又加了更多的要求：首先是君子的行为要符合大义，依据礼仪，还要用谦逊的举止来表达，以诚信的行为来完成。

君子养成，还真是让人高山仰止啊。

此前的"君子三无"——无忧、无惑、无惧，已经让人望而止步，连孔子都说"我无能焉"；修己以安民，更是"尧舜其犹病诸"；如今加了这四条行为守则，更是让人咋舌；然而这样还不够，成为君子，还得具有"九思"：

《季氏 16.10》

孔子曰："君子有九思：视思明，听思聪，色思温，貌思恭，言思忠，事思敬，疑思问，忿思难，见得思义。"

君子很忙，有九件事要用心思考：

看事情要透彻明确，思考个中因果，不能有丝毫模糊；用心倾听，要思考辨别真伪，不能够含混；脸色要温和，不可以显得严厉难看；容貌要谦虚恭敬有礼，不可骄傲、轻忽他人；言语要忠厚诚恳，没有虚假；做事要认真负责有敬畏之心，

333

不可以懈怠懒惰；有疑惑要想办法求教，不可以得过且过；生气的时候要想到后果，不可以意气用事；在利益面前要思考是否合乎义理，不能见利忘义。

这九种思考，几乎包括了一个人言谈举止的各个方面，具备温、良、恭、俭、让、忠、孝、仁、义、礼、智等所有美德，这样的君子，去哪里找呢？

简直让人怀疑，这世上还有没有君子了。

还真有，曾被孔子明确称赞为君子的人，《论语》中列举了四位。

## （三）

《公冶长5.16》

子谓子产："有君子之道四焉：其行己也恭，其事上也敬，其养民也惠，其使民也义。"

子产，名公孙侨，郑国卿大夫。相郑二十二年，有贤名。故而孔夫子盛赞他是良相君子，称他有四德：

恭，是谦恭；敬，是谨恪。这两条说的是为人德行，是品格上的君子原则。待人要谦逊，非常注意收敛自己的态度；对上司要尊敬，谨言慎行。这才是君子的风度；惠，是予民以恩德实利；义，是治民以明规正法。这两条说的是为上者管理为下者，是地位上的君子守则。

四德合在一起，就是"笃恭而天下平"，是"君子修己以敬"，是谓君子之道。

《卫灵公15.7》

子曰："直哉史鱼！邦有道如矢，邦无道如矢。君子哉蘧伯玉！邦有道则仕，邦无道则可卷而怀之。"

史鱼和蘧伯玉都是卫国人。史鱼做大夫时，曾多次向卫灵公推荐蘧伯玉，但卫灵公却不肯委其重任。史鱼病重，对儿子说："我在卫做官，却不能进荐贤德，这是身为臣子的过失啊！生前无法正君，死后也是不肖之臣。所以，我死后不能在正堂停灵，放在卧室就好了。"

古人对丧葬礼仪是看得最重的。史鱼去世后，卫灵公前来吊丧，见棺木停灵于卧室，不禁大惊。史鱼的儿子遂将史鱼遗言相告。卫灵公羞惭至极，遂重用蘧伯玉，并下令将史鱼的尸体按礼仪安放在正堂。

从这个故事可以看出史鱼的为人正直，孔子评价他就像一支箭那样直，而且无论什么情况下都保持着"矢"的精神。国家有道，他的言行像箭一样直；国家无道，他的言行还是像箭一样直。

蘧伯玉就不一样了，国家有道就出来做官，国家无道就收敛锋芒，把自己的主张藏在心里，做个老好人。

《淮南子》记载，蘧伯玉为相时，子贡往观之，问舅舅："何以治国？"蘧伯玉答："以弗治治之。"

这与老子"无为而治"的主张异曲同工。

孔子是一直修行君子之道的，他虽然对史鱼和蘧伯玉都很敬重，却明显更认同蘧伯玉的做法。所以只称赞史鱼正直，却将君子的名号给了伯玉。

蘧伯玉生于公元前585年，卒于公元前484年，和老子是同时代人，同样是一位年逾百岁的老寿星。而这正是由他审时度势进退得宜的美德所决定的。

孔子对于聪明人如何在"邦有道"和"邦无道"时做出理性选择非常看重，甚至因为学生南宫适也能做到这一点，便把侄女嫁给了他。

而南宫，也是他曾赞为君子的：

《宪问14.5》

南宫适问于孔子曰："羿善射，奡（ào）荡舟，俱不得其死然。禹、稷躬稼而有天下。"

夫子不答。南宫适出。子曰："君子哉若人！尚德哉若人！"

南宫论及尧舜之道，不但说到躬身自爱，还论及无为而治，这正是圣贤至德。因此孔子由衷赞叹："南宫懂得欣赏真正的美德，的确是个君子啊！"

除南宫外，宓子贱是另一个得到过孔老师"君子"称号的学生，

《公冶长5.3》

子谓子贱："君子哉若人！鲁无君子者，斯焉取斯？"

宓子贱自称"任力者故劳，任人者故逸"，知人善用，鸣琴而治，所行的正是尧舜之道，因此孔子高度赞扬说："这是个真君子呀！"

这里的君子，指的是身份地位上的君子，夸奖子贱是个明智合格的领导者。

说了这么多，到底一个普通人该如何成为君子呢？

《孔子家语·五仪解》云："所谓君子者，言必忠信而心不怨，仁义在身而色无伐，思虑通明而辞不专；笃行信道，自强不息，油然若将可越而终不可及者。"

既然"终不可及"，又如何能言尽其意。应劭《风俗通义》中曾道"君子百行"，其实又何止百行？

三德也罢，九思也罢，君子之道，始于足下，永无止境！

# 被误读的中庸之道

（一）

《雍也 6.29》
子曰："中庸之为德也，甚至矣乎！民鲜久矣。"
中，就是无过无不及；庸，就是平常，合适。中庸合起来，就是刚刚好。
中庸之道，说起来容易做起来难，所以被孔子奉为君子立世为人的大标准，并说中庸这种德行至善至美，已经到了最高境界，但是一般人多半不能实行这种道理，即使偶然在某一时某一事上做得到，也很难长久维持。
因为不能坚持，便也难被接受。因此，在世俗的理解中，往往忽略了"合适"而取中"平庸"，错误地将中庸理解成无所作为。

比如子贡曾经问老师："颛孙师和卜商谁更好。"
孔子答："师过也，商也不及。"并且说，"过犹不及。"
意思是冒进做得过头了，和做得不够一样，都是不合适的。
常常有人觉得，既然做过了和做不足都不好，两相比较权其轻，那还不如少做一点呢。这其实是错误的。
做得不够，并不是不做，而是在做足本分工作后有所瞻顾，缺乏创新与冲劲罢了。但是做得过了，也容易出错。
所以要做得刚刚好才是最难得的。
这就是中庸之道。

有一次，孔子带学生们参观鲁桓公庙，看到有个奇怪的东西斜在那里，问了庙祝才知道是"宥坐之器"。
孔子博闻广记，遍览群书，虽然没见过这东西，但是听到名称却知道它就是那个安放在国君座位右侧的一个器皿，专门用来提醒国君中正之术的。
于是他就对学生讲解说："这个宥坐是用来盛水的，没有水的时候是倾斜的，盛到一半就会端正起来，但若是超过一半，却又会满则倾覆。"

说着，他便让大家往里面灌水，果然宥坐器慢慢正立了起来。孔子说："再装。"宥坐器倾斜起来，里面的水都倒出来了。

孔子趁机给弟子们喂鸡汤："注意了，这就是万物之理：满则溢，骄则败。"

子路知道记笔记的时间到了，一边画重点一边问："老师，我们如何能让自己的人生完满而不倾覆呢？"

孔子答："聪明睿智，守之以愚；功被天下，守之以让；勇力振世，守之以怯；富有四海，守之以谦。"（《荀子·宥坐》）这就是损之又损之道。

"聪明睿智，守之以愚"，就是大智若愚，就是装傻、藏拙，这是孔子见老子时得到的最重要的警示；

"功被天下，守之以让"，周公便是如此，所以成为孔子终身偶像；

"勇力振世，守之以怯"，子路够勇了吧，他知道该于何时怯以自守吗？他不知道，所以害死了自己；

"富有四海，守之以谦"，子贡够富有了吧？他有谦虚的美德来让自己的财富愈加扩张吗？他有，所以赢得天下美名。

损就是减损，显然孔夫子此时已经深谙减损之道，再不是初访洛邑时的那个张扬犀利的年轻才子，而学会了不断为人生做减法。

损之又损，不断减损到最后，就是无为。所以《道德经》四十八章有云："为学日益，为道者日损。损之又损之，以至于无为，无为而无不为。"

儒家的中庸到了终点竟是道家的无为。

这是老子给孔子的影响，最初和最终，画了一个圆。

所以中庸，并不是庸庸碌碌，模棱两可，而是中正持重，不偏不倚。没有多一点，也没有少一点，这就是合适。

然而，水多或者水少都是常事，倾注得刚刚好，还要一直保持在那个刚刚好，才是最难的。所以中庸才是最高道德标准，需要儒士们修炼终生而后得。

（二）

《孔子家语·曲礼》中说，子路的姐姐去世了，丧期已过，子路还穿着丧服不肯脱下。孔子说："你该除服回归正常生活了。"

子路说："我的兄弟姐妹少，我不忍心啊。"

孔子说："谁会忍心呢？但是万事有个分寸，过了这个度就不好了。对于守丧的礼仪尺度，先王都是有规制的，应该依制而行才是。"

这便是孔子劝诫子路,即便是守礼服丧这件事,也不能做得太过,过犹不及。

这句话原文作"先王制礼,过之者俯而就之,不至者企而及之"。

这堪称是执政者治律的大原则:任何法令和标准,都应当是适度的,道德标准高的人随便迁就些便能做好,而道德标准低的人稍微努力点就能达标。

标准定得太高或太低,都会失去效用。这便是中庸。

子路是追随孔子最久的弟子之一,几乎是孔门中的大师兄,却也有违中庸之道,多半是做得过了。他的急率、冒进,被孔子耳提面命骂了一辈子也没能改好,始终拿捏不好"刚刚好"的尺度,最终落得个结缨而死的下场。便是做得太多。

同样,做得太少,想得太多,也不是件好事。

有个被误读的成语"三思而后行",后人断章取义当成座右铭,但是孔子对这种犹豫多思其实是不赞成的。

《公冶长5.20》
季文子三思而后行。子闻之,曰:"再,斯可矣。"

三思而后行的人并不是孔子或者孔门贤徒,而是鲁国的卿大夫季文子。他做每一件事,都要想了又想,至少思考三次才行动。

而孔子的态度是,想两次就行了。

显然,孔子对季文子这种犹豫多思的性情是不屑的,觉得他想太多。

事实上,在生活中做每件事之前都要想了又想的人,最后多半什么事都做不成。哪怕只是看一场电影,也要再三思考:值得看吗?会不会浪费时间?有没有必要?票价是不是贵了?过些天网上会看到的吧?如果看,有什么好处?不看,会损失什么?

这样想了又想,再好的电影也不必看了。

但是人生的快乐,就在于时不时要来一场说走就走的旅行,这样子瞻前顾后,还有什么行动力可言?

我喜欢旅行,身边总有很多人不停对我说:太羡慕你了,下次再出行请一定带上我。但是真到我出发的时候,他们一定会说想一想,而想的结果则一定是:这次没时间,下次吧,下次一定跟你走。

但我知道,他们会这样"等下次",一直等到下辈子。

所以做事要动脑子,要有思辨取舍而后行动,但是想得太多,就没有必要了。

如果以后再有人拿"三思而后行"这句被误读的格言劝诫你时,你可以对他笑笑说:"子曰,你想多了!"

## （三）

孔子讲忠孝，但是反对愚忠愚孝，讲诚信，也同样反对愚信。

在他的游历中，便有一次失信的"黑历史"。

《孔子家语·困誓》中记载了一则轶事：孔子周游列国时，不知第几次出走又回到卫国的途中，经过蒲郡。正值公叔氏据蒲叛卫，自然要阻挡孔子通过，便围困住孔子师徒并逼着他们立誓不去卫国，才让孔子离开。

公叔氏会这么做，既是忌惮孔子名望，不肯轻易杀贤，也是相信孔子乃诚信之人，必重盟誓。

孔子被迫与公叔氏订立盟誓。但是一解困，立即便投了卫国，且将公叔氏的谋划告知卫国君，且劝其出兵讨伐。

这是赤裸裸的出尔反尔，背信弃义。因此连子贡都感到惊诧，不禁问："盟可负乎？"

孔子答："要我以盟，非义也。"

同一句话，在《史记·孔子世家》中的记载则是："要盟也，神不听。"

意思是说，因为收到要挟而被迫订立的盟誓，是不义的，连神都不会看重，自然不须守信。

古代没有法律，所有的条约签订都是以盟誓的形式。比如阳虎想要达成"陪臣执国命"的权势，就要挟迫季氏幼主盟誓，之后又召集鲁定公和"三桓"一起盟誓，这就等于法律效应了。

但是纪录从来都是用来打破的，盟誓也一样。

《诗经·小雅·巧言》中说："君子屡盟，乱是用长。君子信盗，乱是用暴。"意思是说君子经常订立新盟，但是盟约越多，祸乱也会越多。如果不是有坏事发生，又哪里需要订盟呢？君子相信了盗贼，祸乱就会因此暴涨。

孔子虽重然诺，却通权变，讲究圆融，虽然在被胁迫的情况下签订盟约，却不会傻乎乎的什么承诺都要一味死守，须得辨别正邪，择善固执。讲信用，也要分对象。

一根筋走偏门的北宋大儒程颢是无法理解圣人的这种中庸之道的，因此曾对孔子背盟提出异议："蒲人要盟事，知者所不为，况圣人乎？果要之，止不之卫可也。盟而背之，若再遇蒲人，其将何辞以对？"

程颢觉得，孔夫子明明说过："人而无信，不知其可也。大车无輗（ní），小车无軏（yuè），其何以行之哉？"又怎么能失信背盟呢？订了盟就该遵守，既然被要挟，那就不去卫国好了，为什么要食言呢？如果以后再遇到蒲人，圣人可有何颜面以对？

这个理论实在迂腐，阴谋叛国的人都有脸胁迫别人，被胁迫的人倒反而没脸见人了？所谓以其人之道还治其人之身，对于叛国小人，有何诚信可守？

程先生读了一辈子《论语》，却不能理解圣人真意，非要把道理往极端里讲，把事情往偏激里做，思考维度单一，偏又拘于形式，遂有"饿死事小，失节事大"这种完全违背圣人之言更违背人伦之道的偏激语录，却偏成一代大儒，影响科举制度八百年，当真误人子弟，害人匪浅。

从孔子与叶公辩法即可看出，孔老夫子对于法律自有一套中庸之道，守信不违心，非常懂得权变的道理，不但讲究"无过无不及"，还要做到"无可不无可"：

《里仁 4.10》
子曰："君子之于天下也，无适也，无莫也，义之与比。"

对于天下之事，君子并没有一定要这样做的道理，一定不那样做的规矩，只是努力恰当合适，符合道义就行了。

简单说，就是与世推移，因时制宜。

这就是"无可无不可"。

与之相反的，是必须这样，必须那样，"言必信，行必果，硁硁然小人哉"。

这也是一句经常被断章取义的语录，人们常常念叨着"言必信，行必果"，以为这才是圣人教训，却忽略了后半句的"硁硁然小人哉"。

并不是说小人才守信，而是说过于认死理，一根筋，死抱着承诺不放，反而是一种格局太小、拘泥浅薄的行径。比如那个抱柱而亡的尾生，便是如此。

所以孔子主张：君子守信却不固执。并且提出"四毋"之戒：

《卫灵公 15.37》
子曰："君子贞而不谅。"
《子罕 9.4》
子绝四：毋意，毋必，毋固，毋我。

贞，指固守正道，忠于信仰；谅，诚实。

贞而不谅，就是说大义不变，小处则不必拘泥。孟子进一步将这句话阐发为：

"大人者，言不必信，行不必果，惟义所在。"（《孟子·离娄上》）

至于孔子杜绝的"四毋"，朱熹的注解是：意，私意也；必，期必也；固，执滞也；我，私己也。

后世专家则多以"意"为"臆"，测度之意；必，是武断；固是固执；我是主观。

不会无根据地凭空臆测，不会拘泥成法武断地下结论，不固执己见死心眼，不以我为尊主观妄议，这就是"四毋"守则，简单说就是别钻牛角尖，要懂得圆融变通。

朱熹将意解为私意，是为了伸张他的天理流行之说；正如陆王学说解为意念，以无意不起念来强经就我。

所以无论程朱理学也好，陆王心学也好，都是一边打着《论语》的旗号张门立派，一边曲解圣意来推广自己的另类主张。这本身，便是做得过了。

难怪孔夫子要说，中庸是君子的最高境界，真正懂得的人实在太少了。

## （四）

《论语》中虽然早已提出了"中庸"的理论，但是似乎没有太受到重视，远不及"礼""仁""孝"等大义旗帜鲜明。

直到孔子的孙子孔伋著《中庸》，这一理论才被高度重视起来。

《中庸》全文不足五千字，开篇即道："天命之谓性，率性之谓道，修道之谓教。"

天赋予人的禀赋叫本性，遵循本性处世叫正道，修习正道使一切事物合理发展叫作教化。

这是第一次正面回答了"天命"与"道"的关系。

但是问题又来了：率性为道，但是天性是善的还是恶的呢？

子思的弟子孟轲是主张"人之初，性本善"的，那么按照天赋的善良禀性去修习大道，自然便是正道；可是同为儒家的荀卿却与孟子唱反调，提出性恶论，那样还如何依照本性去修道呢？

好在子思还提出了一个"诚"的观点，把诚看作世界本体，将至诚视为人生最高境界。

这有点类似孔子评论《诗》的一言以蔽之，曰"思无邪"。

无邪，便是诚吧？

《中庸》记录了孔子的一句格言："好学近乎知，力行近乎仁，知耻近乎勇。"

事物都有两面，可以从一面推知另一面，以好学求智，力行为仁，知耻得勇，这也是一种中庸的境界。

而孔子，正是那个好学不倦，身体力行，知耻慎独的知者，因此大智大勇，是为圣人。

《列子》中讲了一则故事，记述了孔子师徒关于诸优秀学生代表特点的对话，不知是真是伪：

子夏问孔子曰："颜回之为人奚若？"

子曰："回之仁贤于丘也。"

曰："子贡之为人奚若？"

子曰："赐之辩贤于丘也。"

曰："子路之为人奚若？"

子曰："由之勇贤于丘也。"

曰："子张之为人奚若？"

子曰："师之庄贤于丘也。"

子夏避席而问曰："然则四子者何为事夫子？"

曰："居！吾语汝。夫回能仁而不能反，赐能辩而不能讷，由能勇而不能怯，师能庄而不能同。兼四子之有以易吾，吾弗许也。此其所以事吾而不贰也。"

子夏一一向老师询问各位师兄的长处，孔子以己为例，一一细说："颜回比我贤德，子贡比我口才好，子路比我勇敢，子张比我能干。"

子夏不解："如果是这样的话，那么四位师兄为什么要跟随老师学习并事之如父呢？"

孔子笑答："坐下来，听我跟你说：颜回贤德，但不会通融；子贡善辩，但不懂藏拙；子路勇敢，却不知守怯；子张庄重，但不够随和。他们四人各有优点，但是把他们的长处合起来交换我的长处，我也是不干的。这就是他们拜我为师且忠心跟随的原因。"

孔子一一列举弟子的优点，却并没有明说自己的最大优点是什么，依我说，就是在学问上经天纬地，在行为上贯通圆融，他能综合众弟子的优点，而不会在任何一方面过于突出，不会像颜回那么木讷，子贡那么尖锐，子路那么莽撞，子张那么古板，所以他才说，四贤徒的优点加起来跟他换，他也是不要的，因为他早已融会贯通，冶炼一炉，打造了一柄重剑无锋。

这才是众弟子"此其所以事吾而不贰也"的根本原因，也才是孔子无往不利的中庸之道！

# 孔圣人的学习方法

（一）

提到学习方法，人们最熟悉的一句话就应该是"学而时习之"了。但我却认为这说的不是学习，而是学成之后的出仕。是指孔门弟子的从政之路。

但孔子作为天下儒生的老师，世上最刻苦好学的人，必然是有着全套的学习方法的。让我们从《论语》中一窥究竟：

《季氏 16.9》

孔子曰："生而知之者，上也；学而知之者，次也；困而学之，又其次也；困而不学，民斯为下矣。"

首先，孔子将人之学分成了四种，第一种是生而知之的圣人；其次为学而知之，即通过学习来获得知识；第三种是遇到问题阻碍了才不得不学；最下等的人是遇到问题也绝不学习，听之任之，得过且过。

这段话在《中庸》中也有记述："或生而知之，或学而知之，或困而知之，及其知之，一也。"意思是不论什么情况下去学习都好，只要开始吸取知识，那都不算晚。承认自己的无知，才能有不断的求知。这世上最怕的就是强不知以为知，或者以无知为荣，"困而不学"。

求知的前提是谦逊，孔子谦逊地承认自己并非"生而知之"者，只能算第二种人，"学而知之"。好学是他最大的印记，他再三强调说我非圣贤，只不过因为热爱古典文化，孜孜不倦地求学，才得来如今的知识而已。

《述而 7.20》

子曰："我非生而知之者，好古，敏以求之者也。"

"敏"在这里不当作敏捷、聪敏解，而与"求"相连，努力探索的意思。

天才是有的，但是不经过后天的努力，天资也只是锁在柜中的宝物，随着日月而徒然消散。

正如牛顿所说："天才是长久的耐苦。"无论孔子是否天才，他的努力是无时或止的。随时随地地观察、学习、思考，除了书本之外，多闻多见，多问多记，都是孔子的老师。

"好学近乎智"，没有谁是天定的圣人，也没有人是生来的智者，智慧与愚蠢的分水岭，便是好学。

"温故而知新，可以为师矣。"这既是学习方法，也是教师守则。学习不能死记硬背，而是在温习旧功课的基础上领悟新道理；老师也不能总是照本宣科生搬硬套，要融汇古今，推陈出新，启发教学，才是一个好老师。

所以，也有将"故"解释为"古"的。《礼记》中"博物通人，知今温古，考前代之宪章，参当时之得失。"是一样的意思。

孔子做鲁国司寇时，第一次进入太庙准备祭事，每件事都要问人。就有人说闲话了："谁说孔丘知礼？明明是鲁国人，来到太庙后却什么都不知道，事事都要问人。"有人把这话传给了孔子，孔子淡定一笑："这就是礼啊！"

孔子周游列国，每到一处便知其风化，陈亢不明白夫子何以得之，子贡答："夫子温良恭俭让以得之。"因为孔子恭敬的态度好学的精神才让他善于观察思考，每事发问，而人们也愿意回答他，知无不言啊。

《述而7.28》

子曰："盖有不知而作之者，我无是也。多闻，择其善者而从之；多见，而识之。知之次也。"

对于这段话，历代释本有两种解释。一是认为"知之次也"是相对于"生而知之者"说的，说我的学习方式是多听多看，博闻广见，之后是选择好的来接受和学习，记在心里，温故知新，这是仅次于"生而知之"的圣人，可谓贤人。

换言之，我不是天生的圣人，但确实是一位后天的智者。

另一种解释，则将这段话联系"述而不作"来解释，认为是讽刺那些不作调查就盲目著述凭空造作的人，说我不是这种人啊，我必须听见看见才能获得知识，表明孔子重视实践，反对空谈。

如此，这段话就说了三件事：

第一件是解释自己学识的得来，也是告诫学生们应有的学习态度，要多看多想，选择好的去学习。

第二件事则是对学问本身的判定。说看得多了，默而识之，得到的知识是第二等的。这仍是一种自谦，强调"我非生而知之者，好古，敏以求之者也。"

第三件则是孔子对自己教学的表白：这世上有很多人不懂装懂，凭空编造，信口雌黄，我不会那样做。也就是说，我教给你们的，都是真才实学。也就是"默而识之，学而不厌，诲人不倦，何有于我哉"。

而不论如何理解，关于一"闻"、二"择"、三"从"、四"识"的学习次序，却是孔子认定了的。

（二）

多见多闻，肯定是最基本的知识来源。前面《圣人无常师》一章中，详细说明了孔子有意无意地拜师，周游列国，广见博闻。然而见闻之际，更重要的是学会辨别是非对错，有所选择。

关于这第二个法门的"择善"，孔子也有过很多次论述：

《述而 7.22》
子曰："三人行，必有我师焉。择其善者而从之，其不善者而改之。"

孔子认为无事不可学，无时不可学，无人不可学。

三，和九一样，在古汉语中都代指多数。这句话的意思是说，众人同行，皆可为师。我当选择他们比我优秀的地方，向他们学习；鉴别其中错误的行为，以此为鉴，改正自己的错误。

这段话本来不难理解，但是看到宋儒朱熹的注解，我直接凌乱了。朱熹注："三人同行，其一我也。彼二人一善一恶，则我从其善而改其恶焉，是二人者皆我师也。"

这算是脑筋急转弯吗？这是注经还是抬杠？孔子说三人行，难道就真的只是三个人，而且各司其职：一个是孔子本人，一个是善者，一个是不善者。你当是排话剧分角色哪？

年龚尧在自家书房挂了副对子："不敬师尊，天诛地灭；误人子弟，男盗女娼。"

后来这对子挂到了很多私塾的门口，对学生和老师同时提出警告。朱熹这样乱解经典，还被指定为八百年科举试的统一教材与标准答案，算不算误人子弟？

所以，尽信书不如无书。读《论语》固然要参考各代名家注释，但不必执着一家，偏信一词，最重要的是融会贯通，深入思考，得出自己的感悟。

所以第三步是"从"，也就是向贤者学习，第四步是"识"，就是要分辨是非，记忆领悟。

这便催生了一个成语，就是"见贤思齐"：

《里仁 4.17》

子曰："见贤思齐焉，见不贤而内自省也。"

这段话同样可以作为对"三人行"的理解：身在人群，看到贤能的人，选择他的长处学习，向他看齐；看见言行失当的人，就要反省自己是否有和他一样的错误，注意改正。也就是"择其善者而从之，其不善者而改之"，所以这两段话说的是一个意思。

孔子认为自省是非常难得的美德，甚至曾经很偏激地说过"吾未见能见其过而内自讼者也。"（《公冶长 5.27》）所以他非常注重批评与自我批评，也如是要求弟子。

对于老师的教诲，曾参心领神会，并进一步细化为"日三省吾身"，还对反省的内容也做了规定："为人谋而不忠乎？与朋友交而不信乎？传不习乎？"

曾参的做法有点刻板，但确实不失为一个好办法。每个人都可以给自己立几条规矩，然后每天三省，看看自己做到了没有。持之以恒，坚持必得胜利。

要注意的是，自古以来这个"善"与"贤"都被解释成为善良、贤能，而"不善""不贤"自然就成了不善良、不贤德的人。

但是如果一个人做了不善良不贤德的事，如孔子这样道德高尚的人还要自我反省是否有过和他同样的错误，未免就过于小心了。因为差距太大，不用反思也可以知道自己再怎么也不会有这般不善不贤的劣迹。

所以，这里的"贤"与"善"，应该是正确适当的行为，就是好人好事。而"好"是没有绝对标准的，会因时因地而敷衍成各种行为，比如有人看到美景会高兴得手舞足蹈，有人则会欣喜地流下眼泪来，静静欣赏，物我合一。

而你在同行队伍中，内心会更欣赏哪一种人呢？如果你觉得某人的表现令你震动向往，那就向他学习；如果觉得有些行为让你觉得不恰当，那就要自我反省，会不会也有过类似的令人不快的行为。

比如你参加了一个异国旅游团，有人在古迹上刻字"某某到此一游"，有人在公开场合大声喧哗，此种不贤不善，你肯定是不会做的，何须自省？但有的人因为不小心贪图美景迷了路，以至于错过集合时间，让全团人坐在车上等他，那你就会暗自提醒自己注意时间，千万别做这个迟到的人。

这个迟到的人，从结果看肯定是做错了，但谈不上不善不贤之人，因为他也不是存心的。可是他的行为结果，仍然足以令你"内自省也"。

因此说，孔子所说的贤与善，并不是德行上的绝对"正确"，而应该是相对言行的"适当"。也就是中庸之道。

换言之，三人行，有贤与不贤，善与不善，而我当中庸而行。

（三）

只是读万卷书，行万里路，识万个人，把大脑变成一个行走的百度，仍然是不能成为圣人的。

孔子之所以为孔子，或者说孔子最在意的学习能力，是深入地思考与逻辑推演，也就是举一反三。

《卫灵公15.3》
子曰："赐也，女以予为多学而识之者与？"
对曰："然。非与？"
曰："非也，予一以贯之。"
这是一段典型的情境教学。
孔子问："你觉得我是一个博学多知而且记忆力超强的人吗？"
子贡说："是啊是啊。不然呢？"
孔子回答："不是的，我只是善于融会贯通罢了。"

学习最主要的技能，莫过于"一以贯之"，也就是"举一隅而以三隅反"，用一个基本理念和结构来统率贯穿所有的知识，形成统一完善的知识体系。子贡是可以做到这一点的，所以孔子称赞他"告诸往而知来者"，是个好学生。

孔子虽然"诲人不倦"，但是对于不能举一反三，或是不能学以致用的学生，也是不耐烦教的。而他自己最看重的学习能力，便是思考与推演，由此及彼，融会贯通。

孔夫子"一以贯之"的"一"是什么？我以为，"君子之道"便是孔子儒家学说的"一"，余则"仁义礼智信"也好，"诗书礼乐射御"也好，都是围绕着这个"君子之道"而贯之的分枝而已。

如果我们每个人都能确定自己的基本理念，依照孔夫子的学习方式自我要求，不耻下问，敏而好学，融会贯通，一以贯之，建立自己的知识体系。那么纵非圣人智者，亦不远矣！

# 和学霸交朋友

（一）

《季氏 16.4》

子曰："益者三友，损者三友。友直，友谅，友多闻，益矣。友便辟，友善柔，友便佞，损矣。"

这是孔圣人提点我们的交友之道。

夫子告诫我们，交朋友要选三种人：正直的人，诚信的人，知识广博的人。与这样的人做朋友，是有益的；反之，则称为损友。

损友也有三种：谄媚逢迎的人，表面奉承而背后诽谤人的人，善于花言巧语的人。

说来说去，好像大多标准都落在了言语上。也就是好朋友应该正直敢言，见多识广，才能给朋友以好的影响。不能为了投其所好，就巧言令色，谄媚逢迎。

《里仁 4.26》

子游曰："事君数，斯辱矣；朋友数，斯疏矣。"

这句语录不是孔子本人说的，而是他的学生言偃（字子游）说的，但是既然能够记在《论语》中，可见已被孔门弟子承认。

这句话的翻译有两个版本，一是说服侍君主太亲密琐碎，事事参与，反而会招来羞辱；与朋友相交太频烦琐碎，事事干涉，反而会遭到疏远。二是说侍奉君主频数谏阻，就会自取其辱；结交朋友频数劝告，就会导致疏远。

自古以来，直言善谏都被视为忠臣，而善于纳谏的君主自然是明君。最有名的例子莫过于唐太宗与魏徵了。魏徵直言不讳，逢疏必谏，有记录说某年中魏徵一年便上谏两百多件事，李世民竟然全盘接纳。

可是倘若唐太宗没有那么虚心纳谏怎么办？如果魏徵谏一次太宗驳一次，那魏徵会怎么样呢？

有个传播很广的故事说，有一天李世民正在玩鹰，忽然听说魏徵来了，怕他又会劝诫自己玩物丧志，忙把鹰藏在了袖子里。魏徵其实早已看见了，却假装不知道，故意拱着两手跟皇上说东扯西，一直啰唆个没完，竟然把鹰活活给闷死了。

魏徵这样子喜欢"友直友谅友多闻"的角色扮演，李世民也不是每次都愿意配合的。有一天被顶撞得狠了，下朝来到后宫，怒冲冲地说："我早晚杀了那个乡巴佬！"长孙皇后赶紧问："谁得罪陛下了？"李世民说："魏徵老儿，竟敢在朝堂上顶撞我！"

皇后听了，立刻退到里间，换上正式的朝服，然后走出来行个大礼。李世民惊讶地问："皇后这是做什么？"长孙皇后说："自古以来，只有圣明君主，才会得遇忠谏之臣。魏徵正直敢言，是因为陛下的开明，我怎么能不大礼朝贺呢？"

太宗听了，转怒为喜，再也不生魏徵的气了。

看看，魏徵善谏的美名，可不是他一个人挣下来的，得需要多少大佬来成全。首先是唐太宗足够英明，虚怀纳谏，一旦唐太宗顶不住了，还要有个长孙皇后来收尾善后。想想看，倘若没有长孙皇后的朝服进谏会怎么样？唐太宗也许不至于真的杀了魏徵，可是一番折辱是少不了的。

这就是"事君数，斯辱矣"。君臣之道如此，朋友之交亦如此。

《卫灵公 15.8》

子曰："可与言而不与之言，失人；不可与言而与之言，失言。知者不失人，亦不失言。"

这段话的意思是：对待朋友，可以同他说的话却不同他说，也就是明知该劝却毫无作为，是不够朋友的，违背友情之道；但是不便同他说的话却一定要说，那就是说错了话。有智慧的人，应该既不失为友之道，又不至言语暴力。

那怎么才算是"知者"也就是聪明人，怎样才能不说错话呢？这个尺度如何界定？

大概喜欢"方人"的子贡也和我有一样的烦恼，所以向老师请教交友之道，孔子是这样回答的：

《颜渊 12.23》

子贡问友。子曰："忠告而善道之，不可则止，毋自辱焉。"

对朋友，是有责任有义务要忠于友谊，对他提出忠诚劝告，给他正确引导的。但如果他不听，也要适可而止，不可自取其辱。

换言之，注意方式方法和分寸，恪守中庸之道。

朋友间的根本纽带是信任，是志同道合。所以忠诚告诫才不会辜负了这份信任，但过分干涉就逾矩了。人与人之间是应该有距离有尺度的，越了界，就失礼了，也就是自己的错。

己所不欲,勿施于人。己所欲,也勿强施于人。这才是对友谊的尊重。千万不可打着"我是为你好"的旗号絮叨一些朋友不爱听的话,那不但伤害了朋友的自尊,也有损自己的德行。

不仅对朋友,就连对君主也是如此。

《季氏16.6》

孔子曰:"侍于君子有三愆:言未及之而言谓之躁,言及之而不言谓之隐,未见颜色而言谓之瞽。"

说话要懂得看脸色,别想说就说,只顾自己过嘴瘾,完全不管别人愿不愿听,听不听得进,惹出一地鸡毛还反过来诉委屈说"我是为你好",这就是庸人自扰了。

所以宋丞相赵普说"半部《论语》治天下"。

总之,《论语》真是可以读一辈子的书,熟读深思,至少可以帮助我们学会怎样做人和交朋友,亦足矣。

## (二)

鲁迅先生曾在《杂忆》中写道:"孔老先生说过:'毋友不如己者。'这样的势利眼睛,现在的世界上还多得很。"这句话原文见于《论语》第一章:

《学而1.8》

子曰:"君子不重则不威,学则不固。主忠信。无友不如己者。过则勿惮改。"

大意是说,君子应该言行稳重,否则便没有威严,学习知识也不坚实。谋事必忠,对人诚信,不跟不如自己的人交朋友,有了过错不要害怕改正。

重,端庄,自重,有信心。君子自重自信,自然给了别人信任感与威慑力,所谓"法相庄严",重则威。一个轻浮的人,做学问也是不扎实的,而一个不诚实的人,又怎么能让人信任尊重呢?

所以君子要庄重,守信,诚实,有错则改。这些都不难理解,这段话的歧义在于"无友不如己者",大多解释是说"无"就是"毋","友"是动词,与人交朋友。鲁迅就是受了这种影响。

《吕氏春秋》中考证说:"周公旦曰:不如吾者,吾不与处,累我者也;与吾齐者,吾不与处,无益我者也。"也就是说交朋友不能找那些不如自己的人,不然无益而有损,也太累了。

但是苏东坡早早就对这种论调抬杠说："世之陋者乐以不己若者为友，则自足而日损，故以此戒之……如必胜己而后友，则胜己者亦必不吾友矣。"

如果每个人都只肯跟胜过自己的人交朋友，那么胜过自己的人还看不上"我"呢，岂非每个人都很孤独？

所以又有人站出来说："如己者"不是"胜己者"，只注重同类，不计较高低。换言之，就是交朋友一定要志同道合，你我如一。

但是即便解释作"胜己者"，我觉得也没什么不对，因为物以类聚，人以群分，交朋友就是要注意素质的，要选择价值观相当的，只不过人各有长短，朋友之间大抵相当，再彼此取长补短，方是相处之道。

连孔圣人都承认学生中有很多比自己强的，"回之仁贤于丘""赐之辩贤于丘""由之勇贤于丘""师之庄贤于丘"，认可学生的优势因材施教，教学互长，才能亦师亦友亦父子，相亲相爱一辈子。

所以，择友而交不是势利眼，而是知己知彼，从善如流。

南怀瑾认为"无"便是"无"，因为后文中还有"毋必""毋意"的诫语，所以"无"与"毋"不必通用。"无友不如己"，就是没有朋友不如自己的，每个人都比自己强，因为每个人的身上总是有优点也有缺点，不要只看到人家的缺点，要多看优点。所以这段话前半句是说自己持重，后半句是说尊重别人。

这也是一家之言。并且把交朋友的范围拓展得更宽了，果然以此心待人交友，四海之内皆兄弟也！

然而同时，人以群分，又确实不能一视同仁。

孔子把人分为"上智、中人、下愚"三种，认为中人还可以跟他讲讲上层的道理，使其进步；但是下愚者不可救药，再对他高谈阔论引经据典就是对牛弹琴徒费口舌了，也就别跟他浪费时间了。

《雍也 6.21》
子曰："中人以上，可以语上也；中人以下，不可以语上也。"

《阳货 17.8》
子曰："由也，女闻六言六蔽矣乎？"
对曰："未也。"
"居！吾语女。好仁不好学，其蔽也愚；好知不好学，其蔽也荡；好信不好学，其蔽也贼；好直不好学，其蔽也绞；好勇不好学，其蔽也乱；好刚不好学，其蔽也狂。"

有句话叫"常与同好争高下，不和傻瓜论短长"，对于一个蒙昧不学之人，无论他做什么都无法成为一个君子，也都不可交。

孔子对子路"六言六蔽"的告诫，完全可以看作劝世人向学的理由，言是字，蔽是错，这是六字真言与六种禁忌：满口仁义而不喜欢学习，那是愚昧；喜欢耍小聪明却不学习，那是放纵轻浮；讲究诚信但没有知识，会失于狭隘；主张正直但没有知识，失于急躁莽撞；主张勇敢而没有学问，容易闯祸；主张刚强而没有学问，失于狂妄。

总之，学文化是一切美德的基础，没有学问打底子，所有的仁智信直刚勇都是空的，优点也变成了缺点。

做朋友，就要找"学霸"！

（三）

交朋友需要缘分，更需要维持。见到好朋友有缺失，理当劝诫，诫之不听就当噤口；同样的，明知朋友的性格缺陷或者说心理雷区，就要适当规避不去挑战，不要轻易考验友情，不提出对方做不到的要求，如此，才是交友之道。

有一次孔子出门，天阴欲雨，但是孔子没有带伞。他的门人便说："不如向商借一把伞吧。"

卜商就是孔子的学生子夏，别说借了，就是让他送老师一把伞也是应该的。但是孔子深知子夏家贫，因此便有些俭啬，这是缺点，却不是什么了不起的品德过失，所以孔子并不打算去触碰，而是淡然说："与人交往，要推扬其优点，避开其缺点，才能长久交往下去。商那么惜财的人，向他借伞一定会让他为难，还是算了吧。"

这可真是一位智慧宽容的老人啊！

子路是坚持朋友要有通财之义的，而子夏却是连一把伞都不舍得借给自己的老师，但是对这两个学生，孔子一样喜爱，所以学生们对他也一样爱戴。

究其原因，是大家最根本的做人宗旨是相同的，那就是道义价值观。

能够真正结交一位志同道合的好朋友有多么难。

孔子无比感慨地叹息："可以一起学习知识的，不一定就可以建立一样的志向；可以一同修道立下高远志向的，又不一定可以一起共事；难得一同做事了，又不一定能够有商有量通权达变。"

《子罕9.30》

子曰："可与共学，未可与适道；可与适道，未可与立；可与立，未可与权。'唐棣之华，偏其反而。岂不尔思，室是远而。'"子曰："未之思也，夫何远之有？"

这段话说了朋友结缘的四个阶段，也是学习的四个阶段：学、道、立、权。

通过学习，渐渐明道，而后立志，正道明志心意坚定，才可以说到权衡通融，以不变应万变。

不妨以大学同学的友情来打个比方：因为大学里的学习已经分了专业科系，能够同学的，应该有着同样的爱好，等待同样的前途才是。但是不一定，现在的学校毕业不包分配了，大学生毕业后难得找到专业对口的工作，所以毕业后还能坚持自己在学校期间立下的志趣，学有所用的人很少。因此，同窗之人想要成为同道中人是很不容易的。即使不变初衷，但在实现正道的过程中各有境遇，真能立身行道是很难的；而能并肩共事的伙伴，在守道中还能互相商量，识时务，通权变，顺势而为，相辅相成，共同进退，就更难了。

当下有句话："不忘初心，砥砺前行。"正可以形容这种境界：真正的好朋友，一定要有着共同的价值观，并在瞬息万变的世间与时俱进又维持初衷，始终共同前行，这才能做到友谊地久天长。

曾子是孔子的高才生，对孔子的精神领会得特别深刻，总结得也很到位：

《颜渊12.24》

曾子曰："君子以文会友，以友辅仁。"

交朋友最重要的条件是什么？

曾子答得极为简单：以文会友。这个文，包括了学问文章，思想品行。

交朋友的意义何在？

曾子的答案同样干脆：以友辅仁。

仁是孔子文化的核心精神，也是修为的最高境界。交朋友，是为了帮助自己修炼仁心，达到这个最高境界。

所以，志同道合，携手并进，才是最好的交友之道。

而《孔子家语·儒行解第五》中，则对儒者交友之道是这样总结的："儒有合志同方，营道同术；并立则乐，相下不厌。久别则闻流言不信，义同而进，不同而退。其交友如此者。"这段话强调的，正是儒者交友应当志趣相合，方向一致。朋友之间地位相当自然和悦，便是身份贵贱相差也不会心生厌弃，即便久不相见，听到对方的流言也不会相信，因为他们信仰的道义是相同的。志向相同才能进一步交往，志向不同则会退避疏远。

志趣信仰才是交友的第一准则，其余诸如金钱地位贵贱高低都是浮云。

"无友不如己者"，做不了学霸，还交什么朋友！

## 巧言令色，说话之道

（一）

孔子学堂设有言辞科，很在乎弟子的口才。比如子贡、宰予，都是这方面的高手。

但是另一面，孔子又很不喜欢人家太过口齿伶俐，花言巧语，觉得一个人舌头跑在行动前面，便很不容易修习仁的操守。

《学而1.3》

子曰："巧言令色，鲜矣仁！"

这句话很短，却很著名。而且在《阳货17.17》重复出现了一次，并且紧接着给了另一句关于巧言利口的评判：覆邦家者。

《阳货17.18》

子曰："恶紫之夺朱也，恶郑声之乱雅乐也，恶利口之覆邦家者。"

巧言，好听的言语；令色，好看的颜色。这里指能说会道，善于辞令，胁肩谄笑，用花言巧语和媚态奴颜去讨好别人。

孔子说这样的人就少有仁心了。鲜，就是少的意思。同《论语》第二条的"其为人也孝弟，而好犯上者，鲜矣"是一个用法。

孝悌是仁之本，能够孝敬长辈友爱兄弟的人，很少有犯上作乱背离仁义的；而巧言令色则恰恰相反，这样的人只在意表面功夫，说一套做一套，阳奉阴违，很少有真正仁义的。

有如刺眼的紫色会抢了大红的正色，淫靡的郑声会扰乱了雅乐的典丽，巧舌善辩滔滔不绝之人，往往心思灵活，性情浮躁，多言生事，严重者会干扰政治，颠覆国家。

因为，对于巧言令色，孔子非但不喜，简直是厌恶，以之为耻。

《公冶长5.25》

子曰："巧言，令色，足恭，左丘明耻之，丘亦耻之。匿怨而友其人，左丘明耻之，丘亦耻之。"

巧言，令色，足恭，匿怨而友其人，孔子对这四种行为都表示不耻，且说写《左传》的史家左丘明也是如此。

巧言是花言巧语，令色是奉承讨好的脸色，足恭是做足的恭敬，匿怨是明明心怀怨憎，却要藏起来做出友好的样子与人相处，也就是假恭敬假客气——这四种行径的共同之处，都是不真诚，似乎算不得什么大错。

但是孔子却给予了非常严厉的判定：耻！

要知道，"耻"在儒家字典里，可是个非常重的字眼呢。

儒家明明是提倡"居处恭，执事敬"，"温良恭俭让"，"恭宽信敏惠"的，为什么做足了恭敬反而是错的呢？

因为恭敬是发自内心的尊重，有礼，端正，但是如果做得过了，则变成了一种刻意，是扭曲而缺乏诚意的，背离初心，另有目的。

正如同"匿怨而友其人"，这是现代职场最寻常的相处模式了，哪怕心里恨得怒浪滔天，表面上也是春风和煦，推杯换盏，好得交头匆颈一般。

现代人管这叫懂事，成熟，然而孔子却以之为耻，因为这也是背离初心的。如果每天说着没诚意的花言巧语，摆出没诚意的笑脸迎人，做足没诚意的胁肩恭敬，还要交往一大群没诚意的江湖朋友，长此以往，你还知道你是谁吗？

对于这样的言行，孔子称其为"佞"。

其实，佞（nìng）的本意是有才智，巧语善辩，并没有贬义。

比如有人评价冉雍"仁而不佞"，就将仁与佞并用，说他够仁德，但无口才。孔子听了很不乐意，为弟子辩解说："为什么要在乎巧言呢？以利舌巧辩与人应答，往往会得罪人。冉雍够不够得上仁我不知道，但是德行俱佳，能力上乘，无需口才，也'可使南面'。"说多错多，会说话不一定是什么好事儿。

《公冶长5.5》

或曰："雍也仁而不佞。"

子曰："焉用佞？御人以口给，屡憎于人。不知其仁，焉用佞？"

《卫灵公15.27》

子曰："巧言乱德，小不忍则乱大谋。"

喜欢花言巧语，就会扰乱了德行的评判，一点点小委屈都忍耐不了，就会扰乱大的部署。如此看来，倒是沉稳木讷的好。

而"巧言"与"不忍"这两条缺点，正好都可以卡到子路身上，他是既能言善辩又冲动好胜，最缺乏忍耐的一个人。在陈绝粮，是他第一个跳起来问："君子亦有穷乎？"气得孔子骂他"小人穷斯滥矣"；得意之时，又是他积极地派了年少的子羔做费宰，孔子认为子羔还小，学业未成，使之从政，适以害之。子路辩解说："有了治下的百姓，有了可发挥作用的土地，机会难得，为什么还要读死书然后等着有机会发挥所学呢？这不是瞎耽误工夫嘛！"

气得孔子脸色发白，骂他"是故恶夫佞者"。

如此，便实实在在把一个"佞"的帽子扣在了子路头上。

《先进 11.25》
子路使子羔为费宰，子曰："贼夫人之子。"
子路曰："有民人焉，有社稷焉，何必读书然后为学。"
子曰："是故恶夫佞者。"

（二）

巧言令色的反面是讷。

比如木头一样的颜渊，孔子就不止一次用怜惜的口吻说起他的"讷"。但又称，这才是君子之行。

因为君子就应当"食无求饱，居无求安，敏于事而慎于言"，与此类似的语录，还有很多：

《里仁 4.24》
子曰："君子欲讷于言，而敏于行。"
《为政 2.13》
子贡问君子。子曰："先行其言而后从之。"
《子路 13.27》
子曰："刚，毅，木，讷，近仁。"

讷，难言，语迟。君子言之有物，言之必行，所以言从迟而行欲疾。

而在言与行之间，显然孔子更注重行。有了行动，言语只是修饰表白，是助力；但是有言语却无行为，便是小人行径。

刚毅，是坚强果决的意思，无欲则刚，坚定为毅；木讷，指质朴迟钝，拙于表达。

刚毅者必不能令色，木讷者必不为巧言，所以"巧言令色，鲜矣仁"。这是两句截然相反的判词。

孔子几乎是充满怜爱地说："一个人不爱说话却行为刚毅的老实人，就很接近仁的境界啦。"

这是夸谁呢？

颜回是被老师公开评价"三月不违仁"的学生榜样，德行科另外两位优秀生冉雍和闵子骞也都不爱说话。颜渊是"不违如愚"，闵损则是"不言，言必有中"。

老师偏爱老实人，所以能说会道的宰予和子路就经常不受待见，一开口便挨骂，言语科的子贡在德行科的颜回面前总是矮一头。

尤其子贡的口才是师兄弟中最好的，但也最容易惹上祸从口出的麻烦。所以孔子提醒他："赐啊，你是不是闲大了？"

《宪问 14.29》
子贡方人。子曰："赐也贤乎哉？ 夫我则不暇。"

方人，就是言人之过，计较短长。也就是背后说坏话。

大概子贡在评论别人时措辞刻薄了些，于是孔子说："赐呀！你自己就做得很好，够得上完美了吗？这样关注别人干吗？我就没有这些闲工夫。"

有一次，孔子与子贡讨论自己生平所恶之事有四件，其中两件都与说话有关，大概也是对子贡婉转的提醒：

《阳货 17.24》
子贡曰："君子亦有恶乎？"

子曰："有恶。恶称人之恶者，恶居下流而讪上者，恶勇而无礼者，恶果敢而窒者。"

曰："赐也亦有恶乎？""恶徼以为知者，恶不孙以为勇者，恶讦以为直者。"

孔子说："我痛恨四种人。憎恶讲别人坏话的人，憎恶身居下位而毁谤上司的人，憎恶勇敢却不懂礼制的人，憎恶专断而执拗的人。"

子贡点头说："我也有三种最厌恶的人，抄袭别人而冒称聪明的人，不谦逊而冒称勇敢的人，当面攻击别人而自以为爽直的人。"

此前子贡还因为"方人"的前科被师父讥讽，如今却说自己最恨当面攻击，这有个专属名词叫"面折"。难道，刻薄的话不能当面说，背后说坏话就可以了？

不过，子贡口才一流，想来即使指责别人也是很委婉且讲究辞令的吧？但这毕竟是一种卖弄聪明，所以孔子还是会严肃批评的。

而孔子对子贡在说话方面最重要的提醒，还是强调行动力，不说则已，说了就要做到：

《为政 2.13》
子贡问君子，子曰："先行其言而后从之。"
《里仁 4.22》
子曰："古者言之不出，耻躬之不逮也。"
《宪问 14.20》
子曰："其言之不怍，则为之也难。"
《宪问 14.27》
子曰："君子耻其言而过其行。"

这四段话的意思差不多，都是强调行动远高过喊口号。先做，做完了再说。

孔子好古，觉得古代的月亮都比今天的圆，更认为古人比今人讲信用，不会轻易许诺，唯恐说了做不到。

耻，是引以为耻；躬，身体，指亲自；逮，做到。

孔子说，如果一个人总是大言不惭，不自量力，是很难做成事的。君子应当慎言笃行，最忌言过其实。倘若说的比做的好，理当以之为耻。

怍（zuò），惭愧。如果一个人成天大言不惭，那做事肯定不怎么样，多半不会实践自己的许诺。而言过其行，是君子最引以为耻的事。

一番话，真令人汗流浃背，悚然自省。

（三）

《季氏 16.8》
子曰："君子有三畏：畏天命，畏大人，畏圣人之言。小人不知天命而不畏也，狎大人，侮圣人之言。"
《尧曰 20.3》
孔子曰："不知命，无以为君子也；不知礼，无以立也；不知言，无以知人也。"

这两段话也是可以对看的。

君子对待三件事要特别谨慎，心怀敬畏，这便是：天命，大人，圣人之言。

大人，指官长或德高望重者，比自己年长、辈分高或是职位高、名望高的人，尊称大人；圣人，则指尧舜先贤，圣人之言，是圣人的典训，包括《诗》《书》《礼》诸书。

不知道敬畏天命，就不能称之为君子；不懂得礼仪伦常，就没办法立身做人；不能优雅地表达自己的意图，也不能准确领会别人的言语，不具备交流的能力，就没办法与人相知。

联系之前孔子说的"不学诗，无以言；不学礼，无以立"，可见语言和礼仪是立世之本，而天命犹在二者之前。

同时，君子不但有三畏，还有三愆：

《季氏 16.6》

孔子曰："侍于君子有三愆：言未及之而言谓之躁，言及之而不言谓之隐，未见颜色而言谓之瞽。"

愆（qiān），指过错；躁，不安静，浮躁；隐，匿不尽情实也；瞽，盲目。

这是孔子对于说话的三条戒律：事君之时，在思虑不周时就急着说话，这是急躁之过；考虑周详却该说不说，含含糊糊，言不尽意，这是隐瞒之过；说话时不看大人脸色，不管对方爱不爱听，不分场合地点地大放厥词——你瞎啊！

所以，虽不能一味花言巧语，胁肩谄骨，但是基本的察言观色审时度势还是要有的，不然很容易犯忌。

在适当的时候说适当的话，真是一门学问。

那什么样的话才是好话呢？

《子罕 9.24》

子曰："法语之言，能无从乎？改之为贵。巽与之言，能无说乎？绎之为贵。说而不绎，从而不改，吾未如之何也已矣。"

法语，就是正言，格言，经典语录。这样的话，能不听从吗？但是只是背诵记录是没用的，得照着做，按照法语来规正自己。

巽，通逊，指恭顺谨敬之言，好听的话。顺耳的话，能不让人愉悦吗？但是光是欣然听讲还不行，还要认真反省自己是不是真的做到了，更要推敲思考这话背后的真义。

如果听到顺耳的话不去深思推敲，听到正确的真理不去听从照做，这样的人就真拿他没办法了。

综上所述，"巧言令色""道听途说"都是不该说的话，君子说话理当"言必有中""言行合一"，如果这两条都很难做到的话，那么至少可以做到最基本的一条："辞达而已矣。"

## 理想就是照镜子

（一）

《公冶长 5.26》
颜渊、季路侍。子曰："盍各言尔志？"
子路曰："愿车马衣裘，与朋友共，敝之而无憾。"
颜渊曰："愿无伐善，无施劳。"
子路曰："愿闻子之志。"
子曰："老者安之，朋友信之，少者怀之。"
这段话照字面翻译是这样的：
颜渊、子路陪着孔子。孔子说："何不各自说说你们的志向呢？"
子路说："我想做个有钱人，然后将我的车马衣裘都拿出来与朋友共用，用坏了也不觉得遗憾。"敝，就是破旧，坏了。
可见，子路是个非常大方的人，在生活中，这种人的朋友一定不少，他很喜欢交朋友，更愿意对朋友好，朋友就是他的江湖。
颜渊说："我愿意努力做好自己，即使有所成就，也不会自我夸耀，更不会役使别人。"
颜回是孔子最心爱的学生，也是弟子中德行最完善的，几乎是唯一一个达到孔子所说"仁"的境界的人，所以颜回后世被称为"颜子"。他的理想，是圣人的操守。他是他自己的江湖。
最后，学生说："希望听到夫子的志向。"
孔子说："我希望老年人都安度晚年，朋友们都信任我，少年人都感怀我。"
故事就到这里结束了。
《论语》每段都是这样，孔夫子发了话，那就是总结性发言了，就是圣人语录，无可置疑。
可以想象，子路与颜回当时是以无比崇拜的眼光看着自己的老师的，老师就是不一样，这才是真正的大气，胸怀天下，高山仰止。

这段话听上去好像没毛病，孔子展示了他一贯的宏大胸襟，为后世做表率。可是细想想，似乎不是那么回事儿。

举个例子：

三个人在喝酒聊天，互相说："讲讲自己最想做什么吧？"

一个人答："我想买辆车。"

另一个答："我想娶个美女做老婆。"

这俩人问第三个："你呢？有啥想法。"

此人一端酒杯："世界和平！"

——你会不会很想打他？还能不能好好聊天了？

世界和平，听上去这理想够伟大够无私，可是和你有关系吗？

"修己以安百姓，尧舜其犹病诸"，这样的大志，连先贤至圣都没有做到，你能做得到吗？

做不到的事儿拿来讲，这不叫聊天，叫抬杠。

你说得都对，都是真理，但也是废话。

孔圣人是这样教学生的吗？如果是这样的话，那么前面隔不远处提到的子路"惟恐是闻"的行为我就理解了。

《公冶长 5.14》

子路有闻，未之能行，惟恐是闻。

子路听到孔子讲道理，但在还未能实践之前，很怕听到新的道理。

因为这些道理说得虽好听却不可能做到啊，所以子路最害怕听道理了，老师一讲话他就想跑。

不跑不行啊，车马衣裘全都拿出来了，可是老师不满意，说这些只能帮助到寥寥无几的少数朋友，而我要的是天下大同，所有老人得安居，所有少年俱感怀。你让子路怎么办？

当然，注释上不是这么理解的。

大儒们解释说，子路的"惟恐是闻"代表了他谦虚上进又讲求实践的美德，如果没把老师教的东西执行到位，就不想去学习新知识。

这有点像孔子学琴，明明老师说他已经过关了，可以学新曲子了，但他觉得还不深入，还要继续体悟。直到他在琴曲中感受到了周文王垂拱而治的光辉形象，这才终于领悟琴曲《文王操》的真谛，开始学习下一支曲子。

子路在"未之能行"前害怕听到新道理，不是偷懒，更不是厌学，而是谦虚谨慎。

可如果老师说的道理无可实践，那子路岂不是永远都不用往下学习了？

世界和平，天下大同，这让一个普通人如何实践？

所以，不论历代大儒们说得怎样天花乱坠，冠冕堂皇，我认为孔夫子的这句"老者安之，朋友信之，少者怀之"，或可以换一种更接地气的理解方式。

这段话，并不是用来衡量天下人的，而只是对自己的期许。就像"吾十有五而志于学"的规划一样，并不是要求天下所有人都必须"三十而立，四十不惑"，而只是讲述自己的人生履历。

所以这段话是对自己的期望，孔子善祝善祷，说我希望能够做到孝义自重，讲信用，给老人以安全感，给朋友以信任感，一言一行值得晚辈敬爱。

这一年孔子的岁数不小了，父母高堂早已不在，但是族中乡里还是会有很多老人的。所以他这里谈到的不是孝顺自己的长辈，也不是让天下老人得到安养，而只是让认识自己的老者看到他就很安心，正如同认识他的朋友都会信任他，见到他的小孩子都很尊重他一样。

因为孔子此时已经不是普通人，而是名师、贤人，甚至被弟子说成是圣人。他已经不能只为自己而活，而要为了大众的信仰和崇拜而活，要维护自己的"人设"，并以此来影响世界。

所以，"安之""信之""怀之"，指的是状态，而非行为。是长辈、同辈、晚辈这三种人群对自己的态度，而并不是自己非要完成什么任务。

（二）

为我的理解辅助证明的，是子贡与老师的两次对话：

《雍也6.30》

子贡曰："如有博施于民而能济众，何如？可谓仁乎？"

子曰："何事于仁，必也圣乎！尧、舜其犹病诸！夫仁者，己欲立而立人，己欲达而达人。能近取譬，可谓仁之方也已。"

子贡问："如果能遍施恩惠于百姓，使所有民众得到救济，可以算仁吧？"

子贡非常有钱，也乐善好施，所以他会有这样问话的资格。他满心以为会得到老师的夸奖，不料老师却夸得过头了："这岂止是仁，都可以称圣了。连古代至圣尧舜都很难做到呢。"

显然，孔子这是正话反说。但他也并不想打击学生的善心，而是认真解说，所谓仁，是说自己要先站起来，然后帮助别人站起来；自己想发达进步，也帮助别人发达进步。能从小事近处做起，便可谓是求仁得仁的方法道路了。

所以，"能近取譬"，脚踏实地，才是孔夫子的仁心仁术。夫子好口才，却忌空谈，清醒地认识到"博施于民"是连尧舜圣贤也很为难的，所以他在谈理想时，又怎么一张口就希望自己能广济于众，老少安乐呢？

《子路13.20》
子贡问曰："何如斯可谓之士矣？"
子曰："行己有耻，使于四方，不辱君命，可谓士矣。"
曰："敢问其次？"
曰："宗族称孝焉，乡党称弟焉。"
曰："敢问其次？"
曰："言必信，行必果，硁硁然小人哉！抑亦可以为次矣。"
曰："今之从政者何如？"
子曰："噫！斗筲之人，何足算也？"

这段话里，充分表达了孔子对于当今从政者的不屑，和对于"士"的标准。

子贡问："怎么样做才能算作一个合格的士？"

针对子贡是个国际商人，见的大世面多，所以孔子定的标准也有点高："所作所为符合道义，知耻自律，出使四方端庄有礼，不辱君命。"

子贡觉得难度有点大，请教有没有稍微低点的标准。

孔子便说："宗族之人都称赞你的孝行，乡党邻居都夸奖你友爱。"

子贡觉得人生在世，有人说好有人说坏，人人都夸奖还是挺难的。便又问："如果再降低一格标准，有没有更具体的指导呢？"

孔子说："说出的话一定要守信，做出的事一定要担当，这是器小之人讲究的德行，但也可以算作士的一个标准。"

这里的"小人"并非贬义，孔子也不是说君子言不必有信，行不必重果，而是说能做到这两样是很好的，但是不问实际情况地过分强调结果也没必要。

子贡便想了想当今从政者，思量一下他们有没有做到这些要求。以之问师父："如今的当权者做得怎么样呢？"

不料孔子将手一摆，非常不屑地说："唉，那帮子斗筲之徒，见识短浅，何足道哉？"

斗筲（dǒu shāo），容器，形容器量小，目光浅。孔子认为当权者既没眼光也没水平，连器小都算不上，根本称不上一个"士"，却偏偏占据着诸侯大夫的位子，所以对现实非常失望。

这段对话中的"宗族称孝焉,乡党称弟焉",其实就是孔子所说的"老者安之,朋友信之,少者怀之"。

所以,他说的只是身边认识的这些人,当他走在街道上,见到他的老人都会对他展开安详的笑容,小孩子会向他行礼,朋友们都友好信任,这就是他为自己设定的人生境界。

子路只想到朋友们,颜回愿意做好自己,孔子是他们的老师,想得要多一些,综合二人的理想并进一步说,希望做好自己,达到周围人长幼感怀的结果,这就非常实际而接地气,且令人感动的。

因为我们知道,孔子是可以做到的,他希望自己的弟子也努力做到。

## (三)

孔子的教学是启发式的,讨论式的,共享式的,常常把讲堂弄得像一座沙龙,大家各抒己见。《论语》中孔子和弟子们谈论理想的描述不止一次,最著名的就是曾点关于"浴乎沂,风乎舞雩,咏而归"的高论。

《先进11.26》
子路、曾晳、冉有、公西华侍坐。子曰:"以吾一日长乎尔,毋吾以也。居则曰:'不吾知也!'如或知尔,则何以哉?"

子路率尔对曰:"千乘之国,摄乎大国之间,加之以师旅,因之以饥馑;由也为之,比及三年,可使有勇,且知方也。"

夫子哂之。"求,尔何如?"

对曰:"方六七十,如五六十,求也为之,比及三年,可使足民。如其礼乐,以俟君子。"

"赤,尔何如?"

对曰:"非曰能之,愿学焉。宗庙之事,如会同,端章甫,愿为小相焉。"

"点,尔何如?"

鼓瑟希,铿尔,舍瑟而作,对曰:"异乎三子者之撰。"

子曰:"何伤乎?亦各言其志也。"

曰:"莫春者,春服既成,冠者五六人,童子六七人,浴乎沂,风乎舞雩,咏而归。"

夫子喟然叹曰:"吾与点也。"

三子者出,曾晳后。曾晳曰:"夫三子者之言何如?"

子曰:"亦各言其志也已矣。"

曰:"夫子何哂由也?"

曰:"为国以礼。其言不让,是故哂之。"

"唯求则非邦也与?"

"安见方六七十如五六十而非邦也者?"

"唯赤则非邦也与?"

"宗庙会同,非诸侯而何?赤也为之小,孰能为之大!"

这段"各言其志"被称为是《论语》中最美的一段文字。

起因大概是一次课后小组讨论,留下的都是孔老师最心爱的几个核心骨干,是问答,也是聊天。和今天的上课方式一样,孔老师向学生们提出了一个问题,然后挨个点名回答。

问:"虽然我比你们年长几岁,但不要顾虑我是老师,大家随便聊聊吧。你们平常总是说:'没有人了解我啊。'如果有人了解你,赏识你,给你机会,那你们要做些什么事呢?"

这里的"不吾知也"不是知音难求,而是指不被赏识,怀才不遇。这问的是如果天时地利人和皆得其利,也就是如我所欲为所欲为,那么大家想做些什么。于是诸弟子就畅所欲言了。

第一个发言的又是子路,着急忙慌地站起来便说,他的理想是管理一个千乘之国,哪怕外忧内困,兵疲民寡,只要自己有权力,只需三年便可以使国民富足,百姓勇直。

这理想为国为民,堪称远大。然而孔子却不置可否,只微微一笑,转而问冉有:"你怎么想?"

冉有,又叫冉求,就是冉家三贤的老三,向来滑头,能察言观色,此时看到老师的脸色明显是不以为然的,知道大师兄有点自夸,便比照着"千乘之国"的标准降了一格,说若让我管理一个方圆六七十里——想了想,看着老师脸色再降一格——或者五六十里的地方吧,不能再少了,再少就不值得出仕了。让我管理这样一个地方三年,让百姓衣食无忧是没问题的,至于礼乐之事,大概我的能力还不够,就等待君子来治理教化了。

冉有说完再看老师一眼,心想这态度够谦虚了吧?可是孔子仍未表态,又问公西赤。

公西赤,字子华,又叫公西华。他看着老师的脸色,回答越发小心了,压根不敢再提治理国家的事儿,只说:"我不敢说自己能做到什么,只是愿意学习并努力做好一个小小辅相,在祭祀宗庙或接待外宾时,穿着礼服礼帽进退得时,把襄礼这件事儿干好就行了。"

相礼可是师父的老本行,公西华想我跟您学习了这么久,只干回您二三十岁的勾当,这答案够谨慎委婉接地气了吧。

但是孔子仍然不表态,又问正在弹琴的曾皙:"你也说说看吧。"

曾点,字皙,是曾参的父亲。孔子上课时,曾皙为什么会坐在一边鼓瑟呢?是他音乐课没学好,这会儿在补课,还是说孔子上课时,学生要轮值奏乐?不得而知。总之曾点听到老师问话,铿锵一声停下奏乐,放下瑟端正回答说:"我的想法和他们三个都不一样。"

可见,曾皙鼓瑟时一直在旁听老师和师兄弟们的对话,心中暗暗思量,早有成竹,所以才会开口便与众不同。

孔子鼓励说:"没关系,不过是各人谈谈自己的志向罢了。"

于是曾点就用充满激情的朗诵腔描述了一幅春游图:"我的理想:暮春季节,春装新成,风和日丽,莺飞草长,我们呼朋唤友,大约五六个青年,带着六七个小童,在沂水河里游泳,在舞雩祭坛下乘凉聊天,然后一起唱着歌儿回家。"然后向诸位一鞠躬:"这,就是我的理想。"

孔子欣然点头:"说得太好了,我也想和你一起。"

一起干什么呢?自然是参与到那群河边游泳挥洒欢乐的少年中去,唱着歌儿一起回家。

但是,"想和你一起吹吹风",真的就是孔子的理想吗?说好的"吾从周"呢?为君子者不应当兼济天下,传承大统吗?

其实,孔老夫子这是被曾点描绘的画面带偏了,这说的根本不是理想,而是孔子向往的一个场景,生活的一个片段,甚至回忆中的一个镜头而已。

他想去往的也不是沂水河边,而是青春时代。

但是孔子这回答还是让曾点受宠若惊了,自己都不敢相信怎么就中了头彩。于是等同学们离去后,便私下问老师:"三位师兄弟说得怎么样啊?"

孔子说:"不过是各言其志罢了。"

曾点问:"那老师为什么要笑子路呢?"

孔子说:"治理国家讲究的是礼让,子路却不懂谦让,所以我笑了。"

"那冉有讲的不算是治理国家吗?"

"管理六七十里的地盘,当然也算是从政了。"

"那公孙赤讲的不算治理国家了吧?"

"祭祀宗庙,会见外宾,不是朝聘政务是什么?公孙西说只做个小司仪,那什么算大事?"

换言之，孔子教学的目的，虽然是为了让学生们有能力从政，但是当学生们急不可待地想象着自己一从政就坐上诸侯大夫之位时，孔子是不认同的。

这段语录在《论语》中是相当长的一段，也是非常经典的一段，同时是争议极大的一段。

争议在于：孔子为什么哂笑子路而赞同曾点？曾点说的不是从政而是散淡，抓住这一刻的快乐回归自然，这难道就是孔子的理想吗？难道孔子一生的志向不是从政，不是治国，不是感动天下吗？

孔子自己就曾说过的："苟有用我者，期月而已可也，三年有成。"

可见三年有成是孔子挂在嘴边上的话，跟随他最久的子路耳濡目染都习惯了，所以轮到自己说话时一张嘴就也是"给我三年的话"。

但是，也正因为孔子自己这样说，这样想，却未能这样完成，当听到冒失的子路也大大咧咧说着这样的话时，才不禁一哂。

《曲礼》有云："侍于君子，不顾望而对，非礼也。"

孔子的问题是问大家的，作为弟子，合乎礼仪的做法应当是先顾望左右，见无人回应方才施礼而答。而子路稍不顾望，率尔而对，若有所争，是不懂礼让。而他理想的征战，更是空中楼阁，距离现实甚远，因此孔子在"钗于奁内待时飞"的当下困境中不予置评。免得给予弟子们太多的赞赏，让他们飘飘然又空落落，更容易对现实不满。

但是另一面，众弟子还真不是信口开河，因为子路和冉有后来的确相继做了季氏的家宰，公西赤也确实做过外交官，他们各自说起的，确实是自己擅长的事情和努力的方向。

后来，孔子在一次回答孟武伯询问时，分别给予了三人极大的肯定和明确的定位，正是各遂其志：

《公冶长 5.8》

孟武伯问："子路仁乎？"子曰："不知也。"又问。子曰："由也，千乘之国，可使治其赋也，不知其仁也。"

"求也何如？"子曰："求也，千室之邑，百乘之家，可使为之宰也，不知其仁也。"

"赤也何如？"子曰："赤也，束带立于朝，可使与宾客言也，不知其仁也。"

这段话刚刚好对应了上面除了曾皙以外另三个人的理想。

孟武伯显然是来向孔子讨帮手的，但是口气特别大，上来就问你的弟子们有谁达到了"仁"的境界呢？

孔子说:"子路足以有能力在一个千乘之国为宰,管理赋收;冉有可以在小一点的城邑为宰,公西华则最适合冕服束带,进退有度地与外宾交际,是最合格的外交官。至于他们够不够得上仁,我不知道。"

孔子并不是不知道,这句"不知其仁也"包含了两层意思,一是真觉得三位弟子能力出色,出仕入朝绰绰有余,但是仁心修炼还未臻上乘;二是讽刺孟武伯想太多了,不过是找个宰臣来管理一方,还想要求一位尧舜圣贤不成?真是仁德完备的贤人,孟武伯用得起吗?

当面哂笑了弟子的轻狂,背后却大力推荐合适的机会,努力帮助他们各自完成理想,孔子真是一位视弟子胜亲子的好老师啊!

这段对话里独独没有提到曾皙。

所以我猜测关于暮春沂水的谈话发生时间较早,至少是在孔子出任大司寇前。不仅因为从各弟子的谈话中看出他们尚未出仕,还因为座上有曾点而无曾参。

孔子虽然盛赞"吾与点也",但曾点的确不是孔门中出色的学生,没有能力出仕,也只适合泡泡温泉吹吹风,过散淡闲人的日子就好。

但这又有什么不好?前途暂且不明,理想难以实现时,磨刀霍霍卧薪尝胆固然励志,却也活得太憋屈抑郁。何不暂时放下那些为国为民的大志愿,大道理,穿上春衫,唱着歌儿,且陪夫子一起吹吹风呢?

所以孔子一边说着"吾与点也",一边却"喟然叹曰"。喟就是叹气,为什么赞同一个人却要叹气呢?因为孔子一面觉得跑到河边吹吹风的生活很美,一边又感慨曾皙没出息,而子路等纵有高志亦难实现吧。

所以他是为了弟子叹息,也为了自己的玉在匣中而叹息。

清代才子金圣叹出生的时候,其祖父正在厅中焦急等待,走到一幅孔子画像前时,忽然听到画中的圣人叹了口气。正在惊愕,喜婆报说生了位公子。于是,祖父就为孙子取名金喟,字圣叹。

金圣叹长大后,才比天高,命比纸薄,因为抗粮案死于冤狱,不得善终。

所以这个喟也好,叹也好,蕴含的意义太多了,亦喜亦忧,有莫测之感。

但也有另一种说法,金圣叹原名金采,字若采。他虽才高八斗,却文风狂狷,惊世骇俗,因为作文怪诞而被黜落。后复应试,虽中榜首,却绝意仕进,遂自名金圣叹,取意曾点的田园自由之志。

金圣叹自幼学佛,劝人向善,既推崇佛道二家的自由放任,又不失儒生本色,期待有用于世。但对现实失望后,却无意仕宦,只以读书著述为乐。他一生主要成就在于文学批评,竟将古代经典《庄子》《离骚》《史记》与《杜诗》《水浒》

《西厢》并称"六才子书",又曾节评《国语》《国策》《左传》,却偏偏没有评点过《论语》,实为憾事,果然可喟可叹。

(四)

《孔子家语》第八章《致思》中,再次写到了孔子询问众弟子的志向。

这次是在北游农山之时,子路、子贡、颜渊侍侧。孔子环望群山,喟然而叹"于斯致思,无所不至矣。二三子各言尔志,吾将择焉。"

许是山野给了孔子灵感与兴致,让他觉得在这样的地方集中精神思考问题,一定会想得更加通澈明达,因为让弟子各言其志。这就好比修行之人每每到了山清水秀之处,便想好好打个坐,接收天地灵气一般,所谓"得江山之助"。

毫无意外地,又是子路第一个发言,他希望能够统率三军,征伐疆土,攘地千里,至于子贡和颜渊,就追随他一起作战好了。

孔子给子路的一字定评是"勇也"。

接着子贡说话了,他深知自己的口才辨给,外交能力强大,所以希望可以出使齐楚各国,陈说推论,平定战乱,让子路之勇无从表现。所以,子路和颜渊,就跟着他好了。

孔子非常信任赏识弟子的口才,遂赞:"辩哉!"

三思而后言的颜回注定是最后一个开口的,而且还要"退而不对",在孔子再三催促下方才说:"回愿得明王圣主辅相之,敷其五教,导之以礼乐,使民城郭不修,沟池不越,铸剑戟以为农器,放牛马于原薮,室家无离旷之思,千岁无战斗之患。则由无所施其通,而赐无所用其辩矣。"

原来,颜回的理想是辅佐明君,布化礼教,使民众不需要修城挖河,刀枪入库,夫妻团聚。如此,子路不需要带兵伐战,子贡不需要游说齐楚,大家各安其室,天下太平。

得,一文一武两位师兄全"歇菜"了。原来最厉害的是老实巴交的颜回。

子路不服,让老师做出抉择评判,孔子说:"不伤财,不害民,不繁词,则颜氏之子有矣。"

不消耗财物,不危害民众,不浪费太多的词语,这样的仁义想法只有颜回才会有啊。

然而,这样的理想固然美好,能够实现吗?

就算颜回真的有机会辅佐明君,就算真的将国家治理得礼乐安详,那么能使民生稳定,是否也能让外敌不侵呢?那是不是只得一位明君辅之,只教导一国之众礼乐还不够，还须得做多国的辅臣，或者干脆得到一位像周武王那样的明主，先把四野八荒打服了，天下共主，然后才能有机会做周公辅之以安天下呢？

那样，就还是得让子路先去打一架，再让子贡去说服各国重用颜回，然后才轮得到颜渊出场礼教。

所以，不是两位师兄的能耐没有机会施展，而恰恰是乱世之中，无论武功还是辩才都算得上傍身之技，反而是颜渊的理想最难实现，因为前提是先有理想国，才有颜大国师的用武之地，这就成了先有鸡还是先有蛋的哲学命题了。

所以孔子只说这样的话只有颜回说得出，却最终也没有评价谁高谁低。

事实上，我们知道子路确曾带兵上阵，至少在堕三都的时候是出过力立过功的；而子贡也确实游走各国，在外交和贸易上都取得了辉煌成绩，并且凭一己之力而改变了天下格局。

而颜渊呢？心性高洁，志向远大，但也只能说说罢了，既然理想国从未出现，他的能耐也就始终用不上。

所以，孔子和他的弟子们关于理想的诸次讨论，给我最大的启示就是，理想不应该是不切实际遥不可及的空中楼阁，而是立足于真实的自己，并给自己制定了一个目标或者说制约，是自己通过努力可以达到的那个美好桃源。

换言之，理想就像照镜子，看到的还是自己，但是你会对着镜子认真地整理自己，希望自己更好一些。你不能只是坐在那里空想，而要付出一点一滴的努力，每天进步一点点，直到有一天对着镜子里的人欣然微笑，说："就是这样，这就是我理想的样子。"

## 有一种病叫固执

《宪问14.32》

微生亩谓孔子曰:"丘,何为是栖栖者与?无乃为佞乎?"

孔子曰:"非敢为佞也,疾固也。"

古书典籍里对这段话的解释,多半是说孔子疾恶如仇,誓与顽固势力做斗争。疾是痛恨的意思,而固是固执。

微生亩问孔子:"孔丘啊,你整天这样忙忙碌碌,滔滔不绝地做什么呀,这就是要嘴皮子花言巧语吗?"

"栖栖",出自《诗·小雅·六月》:"六月栖栖,戎车既饬。"意为忙碌不安的样子。

"佞"最早当作才智巧言讲,却很少用来夸人。《广雅》中说:"佞,巧也。"这还只是中性的;《韩诗外传》则说:"佞,谄也。"就是明明白白的贬义词了。《盐铁论·刺议》甚至说:"以邪导人谓之佞。"所以有"佞臣"一词。

和"佞"相组合的,多半不是什么好话,诸如"奸佞""谄佞""佞巧""佞道""佞色""佞舌",都充满鄙薄意味。

微生亩对孔子说的这句话,显然不是在夸他。

所以有人说这微生亩大概是个顽固而粗鲁没教养的人,所以会对孔子直呼其名,出言不逊。因为古人称呼对方通常尊称其身份,或者称其字。

所以孔子也很不客气地反唇相讥:"我不是逞能善辩花言巧语,而只是讨厌那些顽固不化的人。"

大多论语批注里都是这样的解释,乃至高中语文试卷翻译的标准答案也将"疾固"解作"讨厌那种顽固不化的人"。

还有的更进一步,将孔子描画为一位斗士,语言应当更犀利,遂将这句话解释作:"我不敢显示有才智,只是想尽快改变那些鄙陋的人。"

这都是因为先假设微生亩是恶意挑衅,再认定孔子"礼恭而言直",遂使得微生亩自讨没趣。

但我有另一种猜测，也许这其实是一次非常平和的对话。

古时直呼其名是长辈或君师的特权，比如孔子经常对自己的弟子呼名而非字。很可能这微生亩是一位有名望的长者，所以对孔子说话才会直言讽劝，不太客气。他不能理解孔子周游列国却一无所获的行为，甚至觉得同情，所以才会说："你一天到晚栖栖惶惶舌辩滔滔的，到底是为了什么呀？值得吗？"

对于这样一位长者，孔子的态度是谦恭的，所以不会硬顶，只以一种自嘲的口吻谦逊而坚定地表白说："我不是巧舌善辩，只是病得太重啊。"

"疾"就是病，"固"是坚固，也通"痼"。这就是字面本身的意思，没有必要做更扭曲的解释。

疾固，就是痼疾，我病得太重，百折不悔，死而后已，就是这么简单。

这句略带自嘲又不卑不亢的"疾固也"，既表现出了孔子对于长者的谦恭，也表现出了自己对于理想的坚持，承认固执是一种病，这没什么丢脸的，反而很符合孔丘一贯温良谦让的态度。

这也就是《中庸》所说的："诚之者，择善而固执之者也。"

孔子是知其不可为而为之的，这是一种信念。尽管很多人不理解，他也仍会坚持理想，执着追求。

"天下有道，丘不与易也。"如果天下太平，我又何必多事？所以这般忙碌奔波，不就是因为大道不行，世风日下，有志之人，无法袖手旁观，故而才奔走疾呼，舌辩滔滔吗？非佞也，疾固也。

正因为这种坚持的信念，才让孔子无惧霜寒险阻，当孔子与众弟子困于陈蔡时，众弟子因为断粮都生了病，站都站不起来，连追随他最久的子路都有了怨言，发牢骚说："君子亦有穷乎？"

孔子却坚定地回答："君子固穷。"

这个"穷"，不只是饥饿贫穷，更指穷途末路郁郁不得志的困境；这个"固"，便是固执，坚守，是"疾固也"。

真君子并不是一生都不会遇到困境，但是君子与小人的区别就在于，面对困境时，君子依然坚持理想，不改其志；小人却会失了方寸，背离规矩。

孔子的君子之风，在风和日丽时自然彬彬有礼，在疾风雷电前依然从容不迫，这才是固执。不然，又有什么好坚持的？

"岁寒，然后知松柏之后凋也。"这才是途穷节乃现的君子之风。

不知道子路听了这段话，有没有羞愧到汗出如浆。一不小心就戴上了"小人"的帽子，大概是很委屈的吧？

还是这个子路，曾经有一段与石门守卫的对话，我每次读到都会很感动，这从侧面描写了孔子的痼疾之深。

《宪问 14.38》
子路宿于石门。晨门曰："奚自？"子路曰："自孔氏。"曰："是知其不可为而为之者与？"

子路不知为什么会睡在石门这个地方的城门外，大约是迟到了来不及进城，又或是来得太早城门未开，他就在城门边接着打个盹。总之把守城门的守卫照例问话说："从哪来的？干什么？"

有趣的是子路既没有回答自己来自何地，也没有说进城所为何事，却答非所问道："我是孔夫子的学生。"

难得的是守门人不但知道孔子是谁，更是对其行为特质一言以蔽之："是那个明知道做不到，也坚持要做的人吗？"

这段对话让我莫名感动的，一是子路对于老师的信任，那种身为孔子门人的骄傲，让他觉得孔门弟子就是他的来处，就是他的出身，就是他的事业，再没有比这更重要的自我简介了。

二是守门人对孔子的形容。这时候的孔夫子已经名气很大了，即便还没做到"远者来，近者说"，也是远近闻名。更重要的是，他的主张大约也已传遍天下，连守门小吏都深知其远大高深，难以实现，却又不得不佩服孔夫子为了坚持信念而周游列国传道教化的德行，因此一说起孔氏，就问是不是那个为了理想而百折不悔的人。

这正是孔子自喻的"疾固"呀。孔子病得这样重，但他甘之如饴，至死不悔。

所以在《论语》开篇，孔子已经宣称："人不知而不愠，不亦君子乎？"

君子有病，名曰固执！

# 七弟子问"仁"

## （一）

"仁"是孔门文化的核心思想，然而对于"什么是仁"这个问题，孔子却没有给过一个标准答案，而是面对不同的学生来问，就会说些不同的解释和要求。

这颇有点像佛家的"对一说"。佛祖讲法之际，舌灿莲花，直指人心，有问有答，因问生答。所以佛家的修行本来是不立文字，修心见性的。

可是佛祖涅槃后，后世弟子再无法亲聆佛训，不能就心中疑惑与佛祖对言，也无法产生随机的觉悟，便只能聚集在一起，共同追忆佛祖从前的教诲，并编成"三藏"：法藏，律藏与经藏。

孔子的《论语》，同样是孔子生前与弟子在不同情况下的对话。同样的道理，面对不同的人，在不同的场合遇到，或是针对不同时期的外力影响，孔子会有不同的解说方式。这一句话，针对的是这一个"我"，而非众弟子；那一个答案，对着的是"他"，如果不知具体情况而强作解释，只有大相径庭，越走越远。

这是《论语》也好，佛经也好，最难理解依从的地方。盲目跟从圣典，不如没有圣典。读经之人，不能死读强解，必须融会贯通，悉心求之，才能接近真相，得到忠于自己的那个答案。

比如莽撞的子路与犹豫的冉有先后来问行动力的事，孔子阻止了子路冒进，却对冉有说："闻斯行之。"

那么到底该不该立即行动呢？就必须通读孔子对于言行的所有理论，再针对自己的情况，寻求一个最适合自己的答案。

换言之，我们不仅要学习经典，更要了解自己。

而孔子最伟大的地方，就在于他不仅善于内省，钻研宇宙，他更善于观察，了解每个弟子的特点，并针对他们的性格能力做出不同的引导。

当讨论"仁"的大道理时，孔子同样因材施教，见一个弟子，说一套理论：

《颜渊 12.1》
颜渊问仁。子曰："克己复礼为仁，一日克己复礼，天下归仁焉。为仁由己，而由人乎哉？"

颜渊曰："请问其目？"

子曰："非礼勿视，非礼勿听，非礼勿言，非礼勿动。"

颜渊曰："回虽不敏，请事斯语矣。"

第一个问"仁"的是孔子最心爱的高徒颜渊。他是德行课代表，也是距离"仁"的境界最近的人，孔子对他寄予了极大期望，满心以为颜渊可以继承自己衣钵的。所以当颜渊来问仁的时候，孔子解答得极为详细而精妙：克己复礼为仁。

克，约束、制服。人们最大的敌人是自己，想要达到仁的境界，首先是克服自己本能的欲望，约束自己所有的行动，使其符合礼的要求。

"富与贵，是人之所欲也；不以其道得之，不处也。""枨也欲，焉得刚？""吾未见好德如好色者也。"……

孔老夫子多次叹息人欲之重，而克己，便是先约身正德，克服这些私欲，回到天理之节。

这种礼，是自内而外的，先修心性道德，后施于行止。一旦做到"克己复礼"，天下的一切就归于仁的境界了。

这个说法有点唯心主义，相当于天人合一，我心即宇宙。我是这样一个真正达到仁心仁德的圣人，天地万灵自然会照拂于我，顺我心意。

孔子向来有这种自信，所以每当发生祸乱时，都淡定地自问"于我何惧哉"，只要我从无行差踏错，上天亦必不会错待于我。

但是这境界有点太玄妙高深了，就连闻一知十的颜渊都有点摸不着头脑，于是再问纲目，也就是法门。

孔子遂具体地从外化的行为上解说什么是"克己"，既然无法一下清楚解释该做什么才达到仁，那就先从"礼"的角度说明不该做什么，也就是不合于礼的事不看、不听、不说、不做。

从这句话引申出来的词"非礼"已经被用滥了，其实原意的范围要广得多，指一切不合礼宜的行为语言。

有句话说，真正的自由不是你想干什么就干什么，那样世界就乱了，而是你不想做什么就可以不做什么，随心所欲。

孔子这番话听上去容易，做起来难。套用上面这句话说的就是，最大的克制不是让你做什么你就去做什么，而是不让你做的事坚决不做。

好奇心使人总忍不住偷窥偷听，八卦心使人常常说错话，随时随地约束自己，不说一点不该说的话，不做任何不该做的事，那是多么艰难啊。所以孔子虽然设立语言科，却更偏爱"讷于言"的学生。

倘若问仁的是子路，孔子是绝对不会跟他说这番话的，但是颜渊本身就是修为很高的人，对于他来说，"克己复礼"是可以达到的目标，非礼四勿是明确的禁令。而颜渊也完全领会得到，因此欣然说："我虽然不聪明，但也有点明白了，我是会照着老师的话去做的。"那么颜渊做到了没有呢？我们知道，孔子曾经赞许他"其心三月不违仁"，应该做得相当不错了。

（二）

《颜渊12.2》

仲弓问仁。子曰："出门如见大宾，使民如承大祭。己所不欲，勿施于人。在邦无怨，在家无怨。"

仲弓曰："雍虽不敏，请事斯语矣。"

仲弓，就是冉雍，孔子曾赞他"可使南面"，和颜渊一样，也是德行课代表。

他出仕很早，做过季氏家臣。所以当他来问仁的时候，孔子的回答方式就与在家读书的颜回不同了，而将重点放在"出门"与"使民"上：走出去就好像要去见贵客一样温和端庄，小心翼翼；管理民众就像将要举行祭祀大典般谨慎庄重，绝无轻慢。自己不喜欢的事情，不会强加在别人身上；无论在邦为诸侯，还是在家为大夫，都要尽职尽责，无尤无怨。

前面对颜渊，说的多是克己自律；此处对仲弓，则重在宽人容众。

所以仲弓所闻虽与颜渊不同，回答却是一样的："弟子虽然不聪慧，但是一定会依照老师的赐教努力去做的。"

这句"某虽不敏，请事斯语"是弟子聆训后回答老师的标准答案，不论做不做得到，身为弟子最好把这八个字记住了，至少态度是好的，或可博老师一笑。

接下来，司马牛也来问仁了，孔子又有了另一番答案：

《颜渊12.3》

司马牛问仁。子曰："仁者，其言也讱。"

曰："其言也讱，斯谓之仁已乎？"

子曰："为之难，言之得无讱乎？"

讱是形声字，虽偏僻，却好记。意思从言，指言语迟钝；读音从刃，钝的意思。其言也讱，指出言缓慢谨慎。

《史记》说司马牛"多言而躁"，所以孔子会针对他的性格故意强调要出言谨慎，话到嘴边留三分。这和"君子欲讷于言"是一个道理。

司马牛表示怀疑："说话慢点，就可以叫作仁了吗？"

孔老师当然不能这样简单定义，但是觉得跟司马牛说太多也没用，便淡淡说："你先做到这条就行了。刚说完要其言也讱，你就又发问了，你到底能不能做到少说慢说啊？"

第十二章开篇接连三段语录集中讨论了"仁"的定义，而这三段可以说是最简单粗暴的了。显然老夫子对于司马牛的多话实在有点不耐烦。

有人说樊迟问仁的时候，孔子只回答了两个字"爱人"，岂不是更简单吗？

可是请记住，孔子回答樊迟关于仁道可是有三次：

《雍也 6.22》

樊迟问知，子曰："务民之义，敬鬼神而远之，可谓知矣。"

问仁，曰："仁者先难而后获，可谓仁矣。"

《子路 13.19》

樊迟问仁。子曰："居处恭，执事敬，与人忠。虽之夷狄，不可弃也。"

《颜渊 12.22》

樊迟问仁。子曰："爱人。"

问知。子曰："知人。"

樊迟未达。子曰："举直错诸枉，能使枉者直。"

樊迟退，见子夏曰："乡也，吾见于夫子而问知，子曰'举直错诸枉，能使枉者直'，何谓也？"

子夏曰："富哉言乎！舜有天下，选于众，举皋陶，不仁者远矣。汤有天下，选于众，举伊尹，不仁者远矣。"

樊迟曾经为孔子驾车，和孔子相处的机会比较多，所以问题也多，连种田种菜这样的事情也拿来问老师，气得夫子大骂他"小人哉"。

但是孔老师的习惯是越亲近谁越要骂谁的，所以回答樊迟的问题竭心尽意，不厌其烦。

樊迟的问题有两个核心，一是智，二是仁。

作为一个领导者，怎样做才叫作智慧？怎样做才叫作仁德？

这问题就比问稼学圃更合老师的意了，于是孔子认真回答："作为服务于民的人，要敬鬼神而远之，所谓天道远，人道迩，爱民为先，这样做就是智慧。"

樊迟点头，便又问仁。孔子说："仁德重在执行力，遇到困难要身先士卒，对于利益则要先济让别人，不与民争利，这样做就是仁了。""孟之反不伐"深得孔子赞许,就是因为这个道理。

"先难而后获"与孔子回答樊迟何谓崇德时所说的"先事后得"是一个意思,为所当为而不计功,则德日积而不自知矣。

有趣的是,不论樊迟问什么,孔子总能绕到"先事后得""先难后获"上,是否可以反过来推测,樊迟大概有点目光短浅,只看眼前,注重现实小利呢?

像对颜渊和仲弓一样,除了大方向外,孔子对樊迟如何为仁还有更详细的要求,细数了几条行为准则:平时言行恭敬诚恳,做事尽心尽责,待人忠厚诚实,即使到了未开化的野蛮地区,或是对待未受教育的野蛮之人,也不会放弃修养,依然彬彬有礼,温良恭让,也就是前面说过的"出门如见大宾,使民如承大祭"。

仁就是爱人,知就是知人。一切理论都是关于人的理论。

以人为本,向来是儒家精神的核心。

(三)

《宪问 14.1》

宪问耻。子曰:"邦有道,谷。邦无道,谷,耻也。"

"克、伐、怨、欲不行焉,可以为仁矣?"

子曰:"可以为难矣,仁则吾不知也。"

原宪先问耻后问仁,这同样是"不做什么、该做什么"的辩证之语。于是,孔子对于耻给予了明确解释,却说"仁,则吾不知也"。

这是因为原宪自己已经预先设定了答案:战胜一切的傲慢、抱怨、贪心等缺点,是否可以称仁?

孔子的答案从来都是因人而异,对原宪这个上纲上线的高标准设定,只觉无言以对,因为以原宪的孤高偏执,根本做不到所谓克伐怨欲,那讨论起来又有什么意义呢?

此前颜渊问仁,孔子答"一日克己复礼,天下归仁"。颜渊是孔子盛赞"三月不违仁"的德行代表,能真正做到哪怕一天的克己复礼,也是很高的境界了。更何况原宪声言要彻底根除欲望,斩断情绪。故而孔子回答"可以为难矣"。

这就好比子贡好善乐施,曾问"如有博施于民而能济众,何如?可谓仁乎?"

孔子答:"何事于仁,必也圣乎。尧、舜其犹病诸。"连尧舜圣贤都做不到的事,凡夫俗子却拿来往自己身上套,这有意义吗?

做不到的事,说也无益,不如先说说不该做的事还实在些。

孔子坚持的原则是"己欲立而立人,己欲达而达人",从小事做起,从近处做起，脚踏实地而避免空谈，这才是修仁之术。

《雍也 6.30》

子贡曰："如有博施于民而能济众，何如？可谓仁乎？"

子曰："何事于仁，必也圣乎！尧、舜其犹病诸。夫仁者，己欲立而立人，己欲达而达人。能近取譬，可谓仁之方也已。"

《卫灵公 15.10》

子贡问为仁，子曰："工欲善其事，必先利其器。居是邦也，事其大夫之贤者，友其士之仁者。"

子贡是个国际商人，遍谒诸侯同席而坐，所以孔子对他说仁时，重点便是如何事贤待友。

"工欲善其事，必先利其器"是打比方，说工匠们想要做好一件活计，得先选好趁手的工具。

而对子贡来说，他要做的事是走四方，拜诸侯，这工具就是人脉。所以孔子说，每到一个国家，得先和该国精英交朋友，要与那些有贤名的大夫、有仁义的士人搞好关系，这才能建立自己的仁名。

《阳货 17.6》

子张问仁于孔子。孔子曰："能行五者于天下，为仁矣。"

"请问之。"

曰："恭，宽，信，敏，惠。恭则不侮，宽则得众，信则人任焉，敏则有功，惠则足以使人。"

这次孔子给予的答案很具体，要求也更高，有五条原则：恭是恭敬，自敬者，人亦敬之，不见侮慢；宽是宽慈，待下宽和，则得民心；信，是诚信，说话要诚实，说到做到，才会让人信任；敏有两种解释，一作敏捷迅疾，坐言起行，二作举事敏审，明察秋毫，事半功倍；惠是施恩于民，则民忘劳，从其所使。

所以这五条，说的还是为官之道。

子张还是无法准确领会，于是干脆用案例说话，举出了子文与陈文子这两位贤人的典故来求索"仁"的境界：

《公冶长 5.19》

子张问曰："令尹子文三仕为令尹，无喜色；三已之，无愠色。旧令尹之政，必以告新令尹。何如？"

子曰："忠矣！"

曰："仁矣乎？"

曰："未知。焉得仁？"

"崔子弑齐君，陈文子有马十乘，弃而违之，至于他邦，则曰：'犹吾大夫崔子也。'违之。之一邦，则又曰：'犹吾大夫崔子也。'违之。何如？"

子曰："清矣。"

曰："仁矣乎？"

曰："未知。焉得仁？"

子张说："令尹子文几次做到楚国宰相，执宰时未见得有多高兴，罢相时也不觉得有什么怨恨，还会非常周到地将一切政事清楚交代给新任宰相。这人算得上仁吗？"

孔子认为，此人称得上一个"忠"字，至于"仁"，那倒说不好。

子张又问："齐国大夫崔杼杀了君主齐庄公，独揽朝政，陈文子不愿意为其民，舍弃万贯家财，远走他乡。但是到了异乡后，发现执政者也是个暴君，跟崔子是一丘之貉。陈文子于是再次出走。这样的人，算得上仁吗？"

孔子说："此人称得上清高，至于仁，还不好说。"

可见，孔子对于这个"仁"字，真是不肯轻许。因为"仁"不是某种单一的美德，而是综合品质。

因此，颜渊问仁，仲弓问仁，子贡问仁，原宪问仁，子张问仁，司马牛问仁，樊迟问仁，七个人问仁，却得到了不止七种答案。

那么究竟仁是什么呢？

孔子曰："仁则吾不知也。"

# 孔曰成仁

《论语·子罕》开篇说:"子罕言利与仁与命。"

对于这句话有两种解释,一是就字面说,孔子很少谈论利、仁、命这三件事;然而实际上,孔子讨论仁的次数很多,所以有人重新断句,认为这句话应该读作"子罕言利,与仁与命。"

与,是赞同。意思是说孔子很少谈及利益,赞成仁道与天命。富贵在天,生死有命,何必孜孜以求,不若修仁以立,而且还明确地说"当仁不让于师"。坚持仁之原理,连老师的话都可以不理。这就是西方人常说的:"吾爱吾师,吾更爱真理。"

不过,若是坚持第一种说法,其实也说得通,因为孔子虽然多次谈论仁的话题,但除了说过颜渊"三月不违仁"之外,就很少肯定过谁够得上仁的标准。

就连四门十哲的德行课代表冉雍,孔子亦说"不知其仁"(《公冶长5.5》)。孟武伯问他仲由、冉求、公西赤够得上仁吗?孔子说:"由也,千乘之国,可使治其赋也,不知其仁也。""求也,千室之邑,百乘之家,可使为之宰也,不知其仁也。""赤也,束带立于朝,可使与宾客言也,不知其仁也。"(《公冶长5.8》)

楚国的令尹子文,齐国的陈文子,都是当时著名人物。子张问老师这两位的言行可称得上仁人,孔子却只肯定他们的忠与清,至于仁,则说:"未知。焉得仁?"(《公冶长5.19》)

孔子推为仁的,都是古人,比如我们前面讨论过的管仲"如其仁",伯夷、叔齐"求仁而得仁",还有微子、箕子、比干等"三仁"。

仁人比圣人低,比君子高,所以君子之道,自然立仁为本。

除了面对弟子问仁时给予的不同答案外,孔子还曾多次论仁,其中《论语》第四章《里仁》讨论得最为集中:

《里仁4.1》
子曰:"里仁为美。择不处仁,焉得知?"

里，是居户集中的最小单位，乡里之意。自古以来对这句话的解释多为应该选择仁善的人做邻居，并以"择"为"宅"，以"知"为"智"，解作如果没有住在仁人智者中间，如何让自己进步呢？"孟母三迁"的故事便是秉持这一原则而诞生的。

不过南怀瑾先生认为"里仁"是比喻，指自己的心安住于仁道之中，以仁为处所，活在仁的境界里。如果学问修养没有达到处在仁的境界，怎么能得道呢？

接着孔子又从反面说明，一个不仁的人，是不可以长时间安于贫困的，久困则惹是生非，也不可以长时间耽于享乐，长乐则骄纵放肆，总之不管苦乐都会让他浮躁无聊，成为他作孽的理由。

但仁者不是这样，无论贫贱还是富贵，居于仁境的人都会安之若素，有智慧的人，自然会从这种安仁之境中得到提升。

《里仁 4.2》

子曰："不仁者不可以久处约，不可以长处乐。仁者安仁，知者利仁。"

约，是俭的意思，这里指困窘。人无仁义，心无定所，无论困境还是乐境都不会让他真正安逸。

由此类推，一个陷于困境便暴躁不安，或者处于乐境便得意忘形的人，都不是仁德之人。真正的智者，当知天乐命，甘苦自得。

这两句连起来读，都是说的仁与智的关系。

《里仁 4.3》

子曰："唯仁者能好人，能恶人。"

《里仁 4.4》

子曰："苟志于仁矣，无恶也。"

仁者爱人，但也不是泛爱，而是能辨好恶，亲贤远佞。

这上下两句话要放在一起才好理解。仁者也有情绪，也有好恶，可以爱人，也会厌恶别人。若是立志于仁义之道的推广处世，就不会有厌恶之心了。

苏辙《论语拾遗》也说："能好能恶，犹有恶也。无所不爱，则无所恶矣。"

《里仁 4.5》

子曰："富与贵，是人之所欲也；不以其道得之，不处也。贫与贱，是人之所恶也；不以其道得之，不去也。君子去仁，恶乎成名？君子无终食之间违仁，造次必于是，颠沛必于是。"

富贵是每个人都想要的，贫贱是每个人都厌恶的，但若是不以正当途径获得富贵，君子是不会接受的；反之，因为坚守正道而使君子被迫处于贫贱的境遇，君子也是不会逃避的。

君子若是离开了仁德的准则，还怎么成就他的名声？君子时刻遵守仁德之规，哪怕一顿饭的工夫也不能离开，在最匆忙仓促的时候也要与仁德同在，在最颠沛流离的时候也仍然如故，绝不会因为处境困窘就丢弃了德行。

这就是"仁者安仁"的道理。

《里仁 4.6》

子曰："我未见好仁者，恶不仁者。好仁者，无以尚之；恶不仁者，其为仁矣，不使不仁者加乎其身。有能一日用其力于仁矣乎？我未见力不足者。盖有之矣，我未之见也。"

这段话有点难以理解。我的理解仍是秉承上文"志于仁矣无恶"的精神，以为世上并没有一个真正喜欢仁的人会讨厌不仁的人。因为喜好仁道，无以复加，没有什么会干扰他，也没有什么能诱惑他；而痛恨不仁的人，是一种负面心理，那么这个仁者，岂不是让不仁的力量加诸己身，影响了自己吗？

所以说，人啊，能做到哪怕一天之内将全部心力用于仁道，不做任何错事不动任何欲念吗？也许有，我没见过。

"我未见力不足者"插在中间，很多专家都解释为"只要立志，没有说因力量小而达不到仁的境界"（南怀瑾），但这就成了肯定句，而且接连两句"未之见"就等于说我没见过对于仁道心有余力不足的人，也就是说到处都是"能一日用其力于仁"的人。岂不矛盾？

所以我的理解是中间应该有句号，说我未见过能终日尽仁者，到底是力量不足啊。也许确有那样的仁人，只是我没见到。

正因如此，才会有"一日克己复礼，天下归仁焉"。

《里仁 4.7》

子曰："人之过也，各于其党。观过，斯知仁矣。"

党和里一样，都是居住单位，既可指乡党，也包含了朋友的意思。

孔子说，一个人的过错往往与他的出身环境交往群体有关。所以要观察别人的过错，来反省自己的品行，可以正身立人。

这与"三人行，必有我师"是相反相成的意思，人人可以为师，人人可以为鉴。一日三省，何谓力不足者？

但也有正相反的解释，党是类别的意思，说一个人犯的过错，要看他具体的情况。皇侃说："犹如耕夫不能耕，乃是其失，若不能书，则非耕夫之失也。"

如此，观过知仁，就变成了一个褒义词，是说察看一个人所犯过错的性质，就可以了解他的为人，"仁"当成"人"讲。

汉书以子路为例，说子路的姐姐死了，他服丧逾期不除，孔子以为失礼。子路说："我没有兄弟，只有一个姐姐，因为伤感怀念她而不忍除去。"这虽然是一种错失，但发心在仁，故曰观过知仁。

又如张岱任职未满，因为老母年已八十，他去官还养，上司要制裁他。宋孝武帝说："观过可以知仁，不须案也。"

这是汉儒对《论语》的解释。但是"观过知仁"这个成语却这样流传了下来。

《宪问14.4》

子曰："有德者必有言，有言者不必有德。仁者必有勇，勇者不必有仁。"

有德行的人一定有好的言语，有好言语的人却不一定有好德行，往往是巧言令色，非为真心。有仁义的人必定有担当的勇气，有勇气的人却不一定会有仁心，往往可能是匹夫之勇，鲁莽冲动。

仁者知穷通，顺天命，故能临危不惧，视死如生，方有杀身成仁之勇。

《卫灵公15.9》

子曰："志士仁人，无求生以害仁，有杀身以成仁。"

孔子是非常惜命的，既注重养生之道，亦强调惜身避祸，"危邦不入，乱邦不居"。但是另一面，他又勇武忠信，固守善道，强调在性命与道义之间，道义为上。仁人志士，不会为了求生而有损自己的仁义之道，只会为了守义而无畏牺牲。自古至今为道义献身的勇士，莫不以此为号。

崖山一役，南宋灭亡，陆秀夫背着八岁的少帝赵昺蹈海自沉，三十万军民随之赴海，宁做宋朝鬼，不做蒙古奴。抗元将军文天祥陷于敌手，誓死不降，被斩于燕南城门，面南跪拜，从容就义。人们为他收殓时，在他的衣襟里找到了一篇遗言：

孔曰成仁，孟曰取义；唯其义尽，所以仁至。读圣贤书，所学何事？而今而后，庶几无愧！

读圣贤书者，焉可不知仁？

# 孔子不许人做的那些好事

（一）

《里仁 4.16》

子曰："君子喻于义，小人喻于利。"

这句话的意思是，君子懂得的是道义，小人懂得的是利益。亦可以解释为：君子可以用道义来约束，小人可以用利益来引导。

这里的君子既可以指血统高贵的士大夫，也可以指道德高尚的真君子，因为并不是所有的贵族都拥有道义；小人，既可以指地位低下的小老百姓，也可以指人格卑下的无德之人，只会追求蝇头小利，也只有利益能打动他们。

贵族毕竟是少数，穷人才是大多数，高度的道德标准也是建立在足够的经济基础之上的，对于普罗大众，如果利益可以导人向善，又有什么不可以呢？

孔子是讲求仁心道义的，可是并不赞同只顾助人为乐的滥好人，甚至常常会阻止学生做好事。

比如鲁国的法律规定，向诸侯赎回良妾家臣的人，可以从国库领取赏金。但是子贡这么有钱又仁义，当然不会在乎那些赏钱，所以帮人赎妾，却谢绝求赏。

孔子听说了，非常不赞同，叹息说："子贡这件事可是做错了呀。"

众人不解，我们从小就听说拾金不昧是好孩子，居功不夸是真仁人，子贡师兄做好事不求赏，视金钱如粪土，多好的榜样啊，老师怎么倒说他的不是呢？

孔子郑重解释道："圣人树立榜样，是为了移风易俗，引起效仿。所有的教化，要让百姓能够跟随学习，而不能只适合自己，只有他做得到而别人做不到，这样的榜样是无效的。鲁国富人少穷人多，如果子贡赎人领赏，名利双收，就会给百姓带来极好的榜样，大家就会争着去做好事；子贡赎了人却不肯领赏，那么大家一边赞扬他大爱无私，一边却会引起负面效应，似乎领了赏的就是不廉无义，那么谁还肯去拿钱赎人呢？"

一个有序的社会应当讲究劳有所得，这个得，便是利益。连孔子都说过，如果富贵有道可循，早就扬着鞭子赶着车儿奔驰前往了；若是不义之财，则视若虚空，不为所动，"不义而富且贵，于我如浮云"。所以君子爱财，取之有道，能以正当手段获得赏金,能用奖赏来引导人向善,这是一件大好事啊!

而子贡却拒绝了这笔奖金,那么往深里想,不就是拒绝了"以义获利"的正当善举吗?这种行为貌似无私,却没有可推广性,影响必定是负面的,因为既不能约小人以义,又不能喻小人以利,那谁还肯向别国赎人呢?

果然,孔子一语言中,因为子贡这个榜样的力量,让有钱人顿觉为难起来:赎人领赏吧,是谓不廉,反受冷眼;不领赏吧,哪有那么多做好事不留名的人,又哪来那么多闲钱做好事?

于是从此之后,鲁国再也没有慈善家肯向诸侯赎人了。

子贡无私的带头作用,反而是把别人做好事的路堵绝了,这就叫好心办了坏事。

## (二)

与子贡刚好相反的一个故事,是说子路有一次救了一个落水者,那人为了表示感谢送了他一头牛,子路收下了。有同学觉得子路贪财,面对这样的情况,不是有标准答案,应该回答"不用谢,这是我应该做的"才对吗?

然而孔子却夸奖子路说:"子路接受谢礼很对啊,这下,鲁国就会有更多人以此为榜样,勇于救人了。"

所谓赏罚分明,做了好事名利双收,才更能激励人们勇于做好事;如果为了彰显自己的道德高度,而忽视了人性的平均基础,反而会搅乱了社会风气。

所谓榜样,应该比众人高,但只高那么一点点,让众人通过效仿可以达到的一个境界;倘若榜样的形象过于高大,道德高度让人仰不可及,就反会令人敬而远之,榜样行为变得尴尬,成为阻碍普通民众善行的高山仰止了。

人之初,性本善。但是这善心善行需要启发,不能盲目喊口号,若能使善行彰显的同时还予人以物质奖赏,也就是在满足人们高层次的精神需要的同时,满足了低层次的物质需求,才更能激发人们行善的欲望。

因此,子路受牛,才会成为人人仰慕的真英雄,才会被孔子树为助人为乐的真榜样。

不过,子路也有做好事被老师阻止的时候。

那是在子路任蒲邑宰时,因怕暴雨将至,引起水患,遂组织民众修建水渠,且怜恤民众劳苦,私自加钱命人赠予每个民丁一箪食一壶浆。

浆水,又名酸浆,是先秦时期中下阶层的常用饮品,其做法是将粟米煮熟后放在冷水里,加入各种蔬菜、水果,浸泡发酵,味变酸后饮下,有开胃止渴去暑之效，有点像今天的酸梅汤。

在民工们修筑劳苦之际，哪怕只是一箪食一壶浆，也是极大的补给。这本是挺好的主意，然而孔子却特地派人劝阻，而且派去劝阻子路的，恰恰是曾经的反面典型子贡。

子路很是不满，风风火火地来见孔子说："老师一直教我要怀仁行义，如今我让民众修建沟渠以备无患。可是民丁饿乏，为何不许我赠予箪食壶浆？"

孔子说："你既然知道民众在挨饿，为什么不禀告国君，请朝廷开仓赈粮，却要私下施恩，这不是彰显国君无德而你私德美好吗？虽然是好心，但伤害了国家体统，所以我必须阻止你，不然必招大祸。"

孔子的这番话乍一听有些不近情理，顾及君威而忽视百姓，但是细一想，这正是为官之道，中庸之则啊。

民众饿乏也并不是完全没有吃的，少那一箪食一壶浆亦无生命之忧，事情并没有紧急到子路需要立时三刻独断行权的时候，所以规章法度才是首先要考虑的大事。

正确的流程是，先为民请命，向朝廷奏请君主施恩，这才是一个臣子敬上体下所应该做的。否则，一味慈心仁政，彰显自己，就会功高盖主，贻祸无穷。

南宋诗人陆游任江西提举时，颇得百姓爱戴。淳熙七年，江西暴雨成灾，陆游上奏折向朝廷告急，请求同意开仓放粮，一边打开常平仓救济灾民，这其实完全可以理解。

子路做蒲邑宰，距离卫都毕竟不远，送信往返等待朝廷回复最多也就几天时间，何况民众只是修渠防洪，水灾尚未发生。而陆游面临的情况则是灾民成群，江西到杭州距离也远，要是按兵不动地等待朝廷回复再开仓，不知要多饿死多少人，很可能引发暴乱。

即便如此，给事中赵汝愚还是以"不自检饬，所为多越于规矩"为名弹劾了陆游，责其"擅权"，直接导致陆游辞官，闲居山阴五年整，用他自己的两句诗来形容便是："志士凄凉闲处老，名花零落雨中看。"

而赵汝愚，正是南宋大儒朱熹的提拔人，好伙伴，因为高举理学旗帜而一同遭遇了"庆元党禁"，又在韩侂胄死后一起被追谥加封，享尽身后殊荣。

朱熹理学无疑是对孔子儒学的曲解，几乎到了理极则谬的地步。

但也不难看出，孔子阻诫子路的理由何等重要，与子路修渠防洪其实是一样的道理，都是防患于未然。只不过，一个防的是天灾，一个防的是人祸。

孔夫子的眼光，超前了一千多年！

所以，现代人总喜欢说初心。初心是好的，行事似乎也是好的，但结果却不一定是好的。

孔子讲仁心，仁道，更在乎的是求仁得仁的结果。这个结果是利他的，效果才会更好。

真正的大仁义，大善举，是做事不能只站在自己的立场上，甚至不能只考虑道义，而要首先想到让更多人受益，让国家安定，法制圣明，这才是儒士应该坚守的正道！

## 富贵于我如浮云

（一）

《述而 7.16》

子曰："饭蔬食，饮水，曲肱而枕之，乐亦在其中矣。不义而富且贵，于我如浮云。"

这便是孔子对于物质生活和精神生活的评价标准：吃粗粮，喝白水，枕臂而眠，自得其乐。不义之财，视如浮云。

"饭"是名词动用，当吃饭讲，吃的乃是粗粮，谓之"蔬食"；喝的是白水，因为没汤，也没酒。

"肱"是手臂，有人说"曲肱而枕之"的意思是孔夫子穷得连枕头都没有，所以要弯起手臂枕着睡觉。这未免有点胶柱鼓瑟，枕臂而眠只是一种自得其乐的姿态，不一定非要强调有没有枕头。

虽然《乡党》中对于饮食有着那么烦琐细致的描写，但是孔子只是讲究礼仪，却并不奢望奢华。也正因为对快乐有着这样的理解，所以孔子最爱的学生是颜回，因为颜回的快乐比他还要简单，"一箪食，一瓢饮，在陋巷，人不堪其忧，回也不改其乐"。于是，世间就有了一个成语或者说一种美德，叫作"孔颜之乐"。

君子固穷，是因为胸中自有大乾坤，仁德之乐早已将心中充满。孔夫子的这段话，重在说明淡薄名利："过着这样简单的生活我就很满足了，采取不义手段去争取富贵什么的，对我来说不过是浮云罢了，岂会执念？"

说这番话是有前提的，孔子并不是在故作清高，强调自己不爱钱，而只是说，不愿意以不义之举获取富贵。

并且，如果为了争取富贵要做让自己为难的事，那也是不要的。

《述而 7.12》

子曰："富而可求也，虽执鞭之士，吾亦为之。如不可求，从吾所好。"

孔子说，如果求取富贵有一定之路，我也会挥着鞭子驾着车子就冲过去了。但是没有这样一个地方，那我还是做我自己喜欢做擅长做的事好了，才不要为了可能的富贵而盲目追求，急功近利。

再说白点："如果富贵有家门，我早就哭着喊着跑去了，可惜不认识富贵的家在哪啊。所以，还是老实在自个家里宅着，安守我的本分罢了。"

看，孔老夫子从不矫情地假装蔑视富贵，而只是强调见利思义，不强求不义之财罢了。

对于"执鞭之士"，自古以来的解释都大同小异，说是财富若以正道求得，就算是执鞭这样的贱职，我也会心甘情愿地去做。

但是车夫在古代不是低贱职业，属于"家臣"，至少也是位"士"才能担任。孔子没有理由特地把车夫这个行业提出来作为贱役的代表，而且孔子三岁丧父，幼时家贫，自称"吾少也贱，故多能鄙事"，做过的贱役多着呢，车夫算什么？

而且，"书、数、礼、乐、射、御"为君子六艺，是孔子教授的课程之一。孔子本人是很擅长驾车的，且爱车，出门时有时自己驾车，有时弟子代劳。

《韩诗外传》记录了孔子对于御术的一段理论，强调对好的车夫而言，可以御马驾车都觉得是一种享受，所谓"颜无父之御也"，且引用《诗》中"执辔如组，两骖如舞"来赞美，又怎么可能鄙薄车夫？

事实上，孔子正是因为喜欢车子，才喜欢以驾车这件事来开自己玩笑的，当达巷党人感慨他"博学而无所成名"，好高骛远却没什么实用性时，他便自嘲说："我擅长什么呢？至少还会赶车射箭吧。要不我就去当车夫吧。"

因此，"执鞭之士"在这里不当解释作"挥着鞭子赶车的人"，而只能是挥鞭赶车急趋而往这件事。

但是富贵之途，并不是你驱车前往就可以到达的，所以孔子选择"从吾所好"，守善正道。

《子罕9.2》
达巷党人曰："大哉孔子！博学而无所成名。"
子闻之，谓门弟子曰："吾何执？执御乎？执射乎？吾执御矣。"

（二）

没有人不喜欢富且贵。孔夫子也从不掩饰自己对于富贵与权势的渴望，只是一再强调：君子爱财，取之有道！

《里仁4.5》
子曰："富与贵，是人之所欲也；不以其道得之，不处也。贫与贱，是人之所恶也；不以其道得之，不去也。君子去仁，恶乎成名？君子无终食之间违仁，造次必于是，颠沛必于是。"

富贵是每个人都想要的，但要以正当的手段获得；贫贱人人厌恶，不过也要以正当的方式去除。君子安贫乐道，越是颠沛流离，艰难窘迫就越要抱持仁德。

所以孔子在子路摇摆时警告他："君子固穷，小人穷斯滥矣。"君子在贫困的境地更要坚守原则，而小人则是口头上说得道义凛然，一受到挫折就失乎所以，弃道叛节了。所以，"岁寒，然后知松柏之后凋也"。

宋末诗人文天祥用自己的生命为这种精神做出了诠释，并给了一句最经典的总结："时穷节乃见，一一垂丹青。"

那么，君子固穷是身处贫困时应有的态度，居于富贵者又当如何呢？

《孔子家语》中有一段非常经典的富贵论：

以富贵而下人，何人不尊；以富贵而爱人，何人不亲。发言不逆，可谓知言矣；言而众响之，可谓知时矣。是故以富而能富人者，欲贫不可得也；以贵而能贵人者，欲贱不可得也；以达而能达人者，欲穷不可得也。

富贵是一种资本。贫贱之人待人有礼，只能得到一片点头之交，而不会有太多的赞誉；但是身居高位既富且贵者若是能够礼下爱人，却会备受尊重，人人愿意亲近。

所以说，当物质丰富了，精神上的愉悦也可以加倍。

富贵是人生在世本能的追求，是一种原动力的拥有欲。君子也罢，小人也罢，对富贵的热衷是一样的，只是追求的方式和对待的态度不一样。

处于贫困而不改其乐，居于富贵而不忘仁义，这才是君子之德。

如果为富不仁，那么财富转眼便是浮云，而若为富以礼，乐意分享，以自己富贵来帮助众人一起致富发家，提供机遇让更多人发达进步，这样的人，就是想变穷也是不大容易的。

陶朱公范蠡作为天下首富，曾经三散家财，却又转瞬致富，就是因为在达时积攒了丰厚的人脉，所以即便散尽家财，也仍然随时可以东山再起。

所以，德行才是最大的财富。不骄傲，才能谦逊包容；不吝啬，才有同情慈悲。富贵者最大的美德不是只做表面功夫摆摆笑脸，做出一副谦谦君子的模样，还要有悲悯之心，身体力行去帮助别人，这个帮助也不只是乐善好施，而是授人以渔，举荐贤能，这样才能连结更多的力量，形成富贵朋友圈，你好我好大家好。

人以群分，如果拥有了一大群德行靠谱的富贵好友，那么就算有一天你栽了，也只是一时之难，很快会复起，因为你的朋友会帮你。看这道理多简单！

后世奉陶朱公为"文财神",人们焚香膜拜,希望像他那样有钱。但在成为巨富之前,我们何不先学学他的德行?

比陶朱公更早发财的预测商机小达人子贡,有一次与老师讨论关于贫与富与德行的话题。在孔子的门生中,也只有子贡最配得上谈论这个话题,因为他是真正的富人。

《学而1.15》
子贡曰:"贫而无谄,富而无骄,何如?"
子曰:"可也。未若贫而乐,富而好礼者也。"
子贡曰:"《诗》云:'如切如磋,如琢如磨。'其斯之谓与?"
子曰:"赐也,始可与言《诗》已矣,告诸往而知来者。"

让一个穷人谈论自己的金钱观,就好像让青蛙谈论海洋一样,他以为自己见过水,但其实并不真正知道水可以多么浩大;穷人对钱也有了解,但是不会真正明白金钱的意义。

而子贡,不仅坐拥海岛,且是一个冷静的水手,所以他会身处其中又置身其外地思考贫富与礼义的关系,问出"贫而无谄,富而无骄,何如"这样的问题。

贫穷而不谄媚,富贵而不骄傲,怎么样?

孔子说,已经很不错了,但不如"贫而乐,富而好礼者也"。身处贫穷,不只是要做到不对金钱折节谄媚,卑微急切,更要做到安乐自如。因为不谄媚只是克制欲望维持礼仪,但是发自内心地坚持信仰,安乐自足,才是真正的德行与品格。

同样的,居身富贵不只是做到不骄傲怠慢,炫富欺贫,那只是表面的自我约束,而并非出自本身的德行。那么本身的德行是什么呢?是骨子里的好礼善道,不断提高自己的学问修养并以此为真正的富有。

学无止境,好礼者永保不足之心,自然"无骄",哪里还需要特意去做呢?

所以,贫穷而依然安乐,富贵而不忘谦逊,"无谄"与"无骄"都是基本的道德和表面上的纪律,好礼乐道才是内心的修养。

不做什么,是下线;要怎样做,才是上标。

之前,孔子便曾说过"贫而无怨难,富而无骄易",再加上这一段,可以将对待贫富的态度分为三层境界:

第一层是贫而无谄,富而无骄;第二层是贫而乐,富而好礼;第三层是如切如磋,如琢如磨,温润如玉。

"一箪食,一瓢饮,在陋巷,人不堪其忧,回也不改其乐。"所以颜回是"贫而乐"的代表,子贡是"富而好礼"的代表,这段对话,清楚地界明了为贫与居富者不同的道德标准，而他们的终极目标，是成为"君子"。

（三）

除了子贡这样多才又多金的遥不可及的完人偶像之外，《论语》中还提到过一个富有的君子，是卫国的公子荆，被孔子评价为"善居室"，就是理财小能手。

《子路13.8》
子谓卫公子荆善居室。始有，曰："苟合矣。"少有，曰："苟完矣。"富有，曰："苟美矣。"

苟，粗略之意；合，聚也；完，备也。

公子荆善于理财，更善的是他对待财产的态度。当他积蓄了一点小钱后，便很开心地说："差不多已经够用了。"钱财累积到更多时，又说："差不多很完备了，可以满足我的要求了。"越不拿钱当回事儿，钱却越是打着滚儿地朝他涌来，于是他说："大概完美就是这样子的吧。"

看过太多永无餍足的人，钱越多便越不快乐，因为他觉得可以更多，又或是觉得钱财没有买来他想象的境界。而且如果钱财有损失固然是大灾难，便是赚得少了也只当吃亏，简直没有满足的时候。

而像公子荆这样的，无论钱多钱少都让他很满足，仿佛有意外之喜，快乐也就来得格外扎实。

衣食无虞还有积蓄，真的挺完美了。

所以，人生在世，首先是努力，其次是感恩，感恩之余再继续努力，而不论努力的结果是多是少，都要知足，这便是最佳的理财态度。

## 忠恕之道：己所不欲，勿施于人

《里仁 4.15》
子曰："参乎！吾道一以贯之。"
曾子曰："唯。"
子出，门人问曰："何谓也？"
曾子曰："夫子之道，忠恕而已矣。"

孔子问："曾参呀，我的学说可以用一个关键词来贯穿吗？"曾参毫不犹豫地答："可以的。"

但不知为什么，孔子却没有继续问下去便出门了。众弟子便追问曾参："师兄说夫子之道一以贯之，那是什么呢？"

曾参笃定地抛出两个字："忠恕！"

宋儒追捧曾参，便以此句为据，认为曾参独得孔子不传之秘。这段对话，便有如禅宗五祖夜传衣钵，菩提祖师扣猴头而三更授法一般，孔学尽传曾参。

但事实上，颜回、子贡、子路、子游诸人，又岂是不传孔子衣钵之人？

不过是孔子因材施教罢了。

"参也鲁"，鲁即忠；参至孝，孝必恕。所以曾参对师门绝学的最大体悟，便是"忠恕而已矣"；到了颜回，却是"博我以文，约我以礼"；对子贡，可能就是"贫而乐，富而好礼"了。

礼，又何尝不是孔子的"一以贯之"呢？

此前，孔子对子贡说过，你以为我是博学而识之者吗？"非也，予一以贯之。"（《卫灵公 15.3》）这个"一"又是什么呢？肯定不能解作"忠恕"二字吧？

所以说，道乃天地至理，法门三千，子弟们由哪一条路径入道，各在根基。曾参以忠恕入道，颜回以安贫入道，子贡以好礼入道，殊途同归，各得衣钵，又何必斤斤争论这个"一"是什么呢？

之前我们将孔子的儒学体系归纳了很多个关键词，比如君子之道，中庸之道，仁义之道，礼乐之道。

这都没有错，因为都是站在不同角度上对儒学提出的总结。

而曾参给出的词是"忠恕"，这应该归于"仁"的学问，并未将"礼乐"包含在内，所以硬要追究孔子的学问是不是用这两个字就能总结全面是没必要的，形同胶柱鼓瑟，未免拘泥。

忠，是忠于君主，忠于家庭，也忠于朋友；恕，是宽恕朋友，宽恕自己，也宽恕敌人。所以忠是向上的，恕是向下的。

《说文解字》中讲："忠，敬也，尽心曰忠。"并不是站在那里什么都不做，恭敬地说忠就是忠的，必要竭诚尽责地做些事出来，才能表示忠心。

所以人们说"尽忠"，可见"忠"是无极限的，是有风险的，动辄就会走到极端里去，来个杀身成仁什么的，才叫作忠。至不济，也得不时做出慈善义勇的行为来，才能尽忠。

但是"恕"就没有那么用力了，只要"己所不欲，勿施于人"就好。

《卫灵公 15.24》
子贡问曰："有一言而可以终身行之者乎？"
子曰："其'恕'乎！己所不欲，勿施于人。"

到了这里，"忠"被丢了，只剩下"恕"。

这并不是"恕"比"忠"更重要，而是"恕"是君子最后的底线。

每时每刻每件事都要讲忠心是不容易的，但是自己不愿意的事情不强迫别人去做，却可以持之以恒，终生坚守。

换言之，忠是主动的，恕是被动的。忠是要做什么，而恕是不做什么。

对于为政者来说，不施暴，不苛政，不强迫民意，便是恕；对于普通人来说，当你做不到主动帮人的时候，至少可以不害人，这就是恕。

《荀子·法行》载："孔子曰：'君子有三恕：有君不能事，有臣而求其使，非恕也；有亲不能报，有子而求其孝，非恕也；有兄不能敬，有弟而求其听令，非恕也。士明于此三恕，则可以端身矣。'"

这段话是说，君子为人，作为臣子必须效忠君主，如果做不到，那也别指望属下忠于自己；作为人子必须孝顺父母，否则也别想让子女敬重自己；如果当弟弟的不能尊重哥哥，那也别指望比自己更小的弟妹听从自己。读书人明白了这三种恕道，便可以身心端正地不愧为人了。

这就是最基本的"己所不欲，勿施于人"。

这八个字说起来容易，做起来难。子贡请教老师关于恕的解释后闻一知二，许愿说:"我不想把不合理的事加在别人身上,也不愿别人把不合理的事加在我身上。"

孔子叹息:"赐呀,这不是你可以做得到的。"

《公冶长5.12》
子贡曰:"我不欲人之加诸我也,吾亦欲无加诸人。"
子曰:"赐也,非尔所及也。"

这句"非尔所及",有两个可能:一是说这理想太远大了,不是子贡的个人意愿可以左右的;二是说子贡啊,你太自视太高了,以你的性格,其实既做不到谦逊宽容,不强求于人,也做不到无欲则刚,不让任何事物羁绊于己。

人生在世,岂能从心所欲?能够要求自己做到恕道已经很难了,还要影响世界,推广仁道,想让别人不能强加于己,就更加难了。

因为一个人只要有欲求,就会被外物所牵绊,所制约,就必然会做一些自己不愿意做的事,这也是"人之加诸我"。子贡不是隐士,他既要求财又要求仕,活在人群中,又怎能不为人羁绊?

但孔子是主张出仕的,所以这并不是否定子贡,只是陈述一个事实罢了。

人有足够的胸襟与慈悲,方能"己所不欲,勿施于人";更要有足够的坚韧与原则,才能不为任何外务所累,八风吹不动,心如明镜台。

这句格言是如此重要,在《论语》中出现了不止一次,而且在孔子答冉雍中,明确地界定了"恕"属于"仁"的范畴:

《颜渊12.2》
仲弓问仁。子曰:"出门如见大宾,使民如承大祭。己所不欲,勿施于人。在邦无怨,在家无怨。"
仲弓曰:"雍虽不敏,请事斯语矣。"

仲弓,就是那位"可使南面"的冉家老二冉雍。季桓子曾使其为宰,遂引发了这场谈话。

这并不是冉雍跟着孔子学了这么半辈子还不知道什么是仁,而是希望临行前,有所针对地请求老师再给画画重点,授点为官秘籍。

孔子不负所望,果然给了三条锦囊妙计:

"出门如见大宾,使民如承大祭":出门时端庄有礼,好像去见贵宾,役使民众时郑重沉稳,好像承担重大祀典;

"己所不欲,勿施于人":这是友待同僚管理百姓的方式,是体贴的心意;

"在邦无怨，在家无怨"：在邦国做事没有抱怨，在卿大夫的封地做事也无抱怨。这是克己复礼，不躁不怨。

这已经不只是仁，更是礼，是君子举轻若重的态度，也是为官三诫。所以仲弓问的不是仁，而是"仁政"。

为官者能做到这三条，即使不能锐意进取，至少不结怨，不冒进，不犯险，不会做下让对手攻击让百姓受害让自己后悔的错事。

因此仲弓立刻领悟了，感激涕零地说："我虽然不聪明，请让我照这些话去努力做吧。"

孔门弟子的学习说到底是为了从政，儒术的根本是统治哲学。然而孔子一生经历多舛，广闻博见，看尽民间疾苦，所以他提出的理论虽是帮助统治阶级安定秩序，管理民众，却又是踏踏实实站在民众的立场上去思考、去发声的，而所有考量的出发点，便是八个字"己所不欲，勿施于人"。

果然天下执政者都能做到这八个字，则万民有福矣。

从孔子嘱咐冉雍何以为宰的谈话，也可以看出，"忠恕"二字的确足以贯穿孔子之道，而当不能尽忠的时候，我们还有恕可以守。

"忠"是积极的，"恕"是消极的；

"忠"是动态的，"恕"是静态的；

"忠"是冲锋的箭矢，"恕"是守卫的盾牌；

"忠"是和善，"恕"是体贴；

"忠"是标杆，"恕"是底线。

## 知者乐水，仁者乐山

孔子以诗立教，当然是个诗人。

虽然我们只看到孔子说话常引用《诗》，却没见过他作诗，《论语》中记载了几首他唱过的歌，也不知道是不是他的原创。

但是很多时候，孔子的话，就是最华美的诗的语言。

《子罕 9.28》
子曰："岁寒，然后知松柏之后凋也。"
《为政 2.1》
子曰："为政以德，譬如北辰，居其所而众星共之。"
《子罕 9.17》
子在川上曰："逝者如斯夫，不舍昼夜。"

后来，这句"子在川上曰：'逝者如斯夫'"一字不改地入了毛泽东词作《水调歌头》。

彼时，他从武昌横渡长江，游至汉口，看着正在修建的长江大桥和滔滔江水，诗意大发而无可名状，这句圣人语录涌上心头，世间再没有别句话可以代替，唯有原文嵌入。

实在是将江水比作时间的譬喻太过经典了，千百年来不知道被多少诗人一再模仿，无法超越。

只是不知道，孔子说这句话的时候是对着何处的流水在浩叹："流逝的岁月啊，就像这水一样，日夜不停地淌过去，不能挽留。"

这是岁月之叹，所谓"时不我待"，孔子彼时的心中是充满迷茫的。他带着学生们背井离乡，游走列国，几经艰难，却仍然找不到前去的方向。

如今曲阜城东南的尼山，相传为孔子出生地的孔子洞旁，有人建了座观川亭，碑刻说："相传孔子之在川上，盖在此云。"但这只是附会之言，难以取信。

不过，据说此亭下面是悬崖，确实有河流湍急，颇有气势。

曲阜为洙水、泗水分流之地，孔子在这里著书讲学，删定礼乐，必然是多得山川之助的。

《雍也6.23》
子曰："知者乐水，仁者乐山。知者动，仁者静。知者乐，仁者寿。"
对于游山玩水这件事，普通人见山是山，见水是水，想上山打虎下海摸鱼了，带上腿脚和眼睛就好；而孔子却总是身体和灵魂一起在路上，能从山水之美洞悉宇宙真理，更能发出警世恒言，唤醒山川河谷里千年沉睡的灵魂。

仁者乐山，才会对着山谷幽兰援琴而坐，将心中寂寞弹成一曲《猗兰操》；知者乐水，才会有"逝者如斯夫，不舍昼夜"的千古一叹。

而无论知者还是仁者，都是人中翘楚，这两者并不矛盾，完全可以合而为一。智者亦仁，仁者多智，山水自娱，相得益彰。

没有人说喜欢水就不能喜欢山，而是说山与水，你的心性会更亲近哪一种。或者说，某一时某一境，你更喜欢爬山还是游水。

海边的人都会常说一句话："上山易，下海难。"

因为山是静的，一步一个脚印，逢山开路，遇虎上树，再艰难的处境也有所凭借。但水是动的，千变万化，波澜诡谲，身处茫茫大海中，四望无垠，那种绝望无助的感觉是极为恐惧的。

在山里迷了路，可以辨别北斗七星，可以跟着溪流走向下游，可以采薇充饥，野果山泉，都可相助。但在水里翻了船，那还有什么办法呢？除了想方设法尽快找到陆地，没有第二种选择。

伯夷、叔齐是仁者，所以归隐首阳山了；对着屈原唱《沧浪歌》的渔父是知者，所以"莞尔而笑，鼓枻而去"。

《孟子》说："孔子登东山而小鲁，登泰山而小天下。"站得越高，视野越广，心胸越阔大。孔子在登上山顶时充满了睥睨天下的豪情，而在面对水流时则充满了人生的思考。

《孔子家语》中，子贡曾经问过孔子："君子所见大水必观焉，何也？"

孔子一口气回答了关于水的九条美德：

"以其不息，且遍与诸生而不为也，夫水似乎德"，水奔流不息，滋润万物而不觉得自己有什么功劳，这就是德行。

"其流也，则卑下倨邑必循其理，此似义"，水在低下弯曲的地方流动，曲直必定遵循道路之理，这就像义；

"浩浩乎无屈尽之期，此似道；"水浩浩荡荡地流淌而无穷尽之时，这是道；

"流行赴百仞之嵠而不惧，此似勇；"水经过百仞深的山谷而无所畏惧，这是勇；

"至量必平之，此似法；"用水来测量器物必然是平的，这是法；

"盛而不求概，此似正；"水盈满时不需要用什么东西去刮平，这是正；

"绰约微达，此似察；"水柔弱透明，最细微之处也能到达，这是明察；

"发源必东，此似志；"水从发源地出来一定向东流去，这是志；

"以出以入，万物就此化絜，此似善化也。"水流出流进，一切东西经过水的洗涤而变得洁净，就像它是善于教化的；

"水之德有若此，是故君子见必观焉。"水有这么多美德，自为君子所爱，每遇必赏，观之有感了。

这一小段水德说，足以把水的美好与君子之德讲得尽了。让人恨不得立刻登上高山，俯瞰大水，静思圣贤之语，感悟山水之德。

不仅如此，水还随和宽容，随方就圆，冷则成冰，热则成气，腾而为云，落而为雪，变化无穷，而又万变不离其宗。

所以不仅儒家喜欢观水，道祖老子也曾盛赞：

"上善若水，水善利万物而不争，处众人之所恶，故几于道。"

"江海所以能为百谷王者，以其善下之。"

"天下莫柔弱于水，而攻坚强者莫之能胜，以其无以易之。"

同样是水，儒家看到了不息，道家看到了柔弱，而后世的儒生也罢，隐士也罢，莫不喜流连山水，癖耽烟霞，悟道者更是从见山是山、见水是水中渐渐修习为见山不是山、见水不是水，然后再回归依然是山、水依然是水的化境。

如此，凡夫俗子的我们登高眺远临山观水时，看到的又是什么呢？

# 跋：我们为什么读论语

（一）

孔子的前半生就是一部奋斗史，从私生子到卿大夫，位极人臣，宰执天下，风光无限；后半生则是一部流亡史，周游列国十四年，最终叶落归根，著书立说，泽被千秋。

非常励志，而且独一无二。

他一生礼敬周公，却终不能实现礼乐文明的政治理想，离死亡越近，距离周公之治的理想就越远，因此才会在晚年发出"久矣吾不复梦见周公"之叹。

虽然做不成周公，却不妨以周公礼乐来教化子弟，并在教学互长中重新删订修编周朝留下来的各种典籍文献，即《诗》《书》《礼》《乐》《易》，加上《春秋》，合称六经。

所以儒学，最初是被称为"周孔之教"的。

孔子死后，弟子们有的做官，有的任教，仕儒结合，将老师删订的教材奉为"六经"，子贡更是一手发起造圣运动，将孔子推上了圣坛。

但在战国时期，百家争鸣，儒家只是百花之一，并不能一枝独秀。

秦始皇一统六国后，对暗中批评他的儒生私学恨之入骨，认为他们以古非今，诽谤朝政，动摇根本，于是采纳李斯的建议，下令焚毁诗书，凡谈论者处死，并于咸阳坑杀儒生数百人，史称"焚书坑儒"。

孔家后人担心儒家学说从此失传，遂在家中以装修为掩护，将《尚书》《孝经》《论语》《礼记》等藏在了家中的墙壁里，并用泥土封死，这就是著名的"孔壁藏书"。

好在盛极一时的大秦朝只维持了十四年就灭亡了，不然还不知道儒生们会被屠戮成什么样子。

不过也难说，因为暴力得政权者总是痛恨儒家的温良恭俭让的，但是坐稳了龙椅之后，却又多半希望借助儒家思想来管理国民，礼乐升平。

儒家的正统地位由汉建立，但是在汉代建朝之始，刘邦对儒家也是颇不以为然的。

楚汉相争时，项羽捉了刘邦的父亲相威胁，说你若不降，我便杀了你爹剁成肉酱炖汤，刘邦却好整以暇地说："咱俩是拜把子兄弟，我爹就是你爹，你要烹肉，分我一杯羹就好。"

这便是"分一杯羹"故事的由来，与儒家以孝治天下的思想可谓背道而驰。

不过也可见剁肉酱这事的历史真是源远流长，从商一直延续到楚；商纣王杀了周文王长子伯邑考，做成肉酱逼着周昌吃下去；子路被人剁成肉酱，孔子得知后终生不食此物；而项羽要将刘父炖成肉羹，刘邦倒有风度说一起分享。

这样的刘邦，又怎么会把儒家学说放在眼里？

他甚至讨厌儒冠参拜的宾客，取下他们的帽子来撒尿，还说："为天下安用腐儒？"

谋臣叔孙通，就是因为刘邦讨厌儒服，而特地改了服饰法令，弄出一套不伦不类的叔孙通礼法来。

而刘邦之所以会让叔孙通定立礼法，则是因为在他做了一段时间皇帝后，就对儒家的态度改变了。因为庆功宴上，那些跟着他打天下的武将功臣们粗鲁不文，污言秽语，还拔了刀来乱砍梁柱，全不知礼。

刘邦这才发现粗豪率性并不是什么好事，没文化，真可怕，虽可从马上得天下，但无法在马上治天下。武力可使民服，文治才使民顺。文武并用，方可长治久安。

于是，刘邦便让叔孙通为自己度身定制了一套山寨版简化礼仪，还请来一群儒生和大臣一起上朝，按礼仪参拜刘邦。

因为儒生的介入，使得整个朝仪庄严礼肃，弄得武将们也不敢轻慢懈怠了。刘邦不由长叹："吾乃今日知为皇帝之贵也。"从此食髓知味，这才对礼法重视了起来，还在路过山东时特地拜祭了孔庙，行了大礼。

刘邦虽然开始重视儒礼，孔子的地位却仍未被抬至高高在上的圣贤地位。

在汉武帝时，鲁恭王还想霸占孔子故居建花园，带着奴仆来拆屋时，发现了"孔壁藏书"。这件事令朝野上下为之震动，关于孔门儒学的讨论也被推向了风口浪尖。

董仲舒更是提出了"罢黜百家，独尊儒术"的纲领，这才将儒学正式捧成了治统的最高法宝。

《论语》只是附在六经之后的"传"或"记"，这时也被抬到了与"经"相同的地位，并在几世繁衍后组成了新团"十三经"。

而孔子地位的改变就更令人咋舌了。

先是司马迁修《史记》，将孔子以钦定圣人的身份编入三十世家中，视之为王侯贵族；

接着王充在《论衡》中说："孔子不王，素王之业在于《春秋》。"为孔子一生不得意作出解释，说他本来可以称王，之所以布衣辞官，是为了以学说为天下立法，所以称之为"素王"。

素王不是王，但其功绩足与帝王公卿相媲美。所以汉平帝封了孔子为"褒成宣尼公"，封田修府，香火永继——为一个死去六百多年的夫子封爵，也不知道汉平帝心中作何想法。不过秦始皇都能封禅泰山，汉平帝追封圣人好像也没什么错。

再后来，历代皇帝都有事没事地给孔子加个封号，唐皇帝李世民似乎喜欢套近乎，所以干脆封了孔子为"先师""太师"，不但有爵位，还有官位。

隔了几辈到了李隆基，觉得孔老太师辛苦这么多年也该升官了，于是加封为"文宣王"，终于和孔子景仰的周文王、周武王同一"职称"了。

再后来到了宋朝，宋真宗学秦始皇封禅泰山，又学汉高祖拜谒孔庙，更学唐太宗为孔子封王，"至圣文宣王"——既是圣，又是王，天上人间，唯我独尊。

文人们也因此掀起注经风潮，将"我注六经"发展为"六经注我"，衍生出儒家的不同派系，并因为各家的讨论而将孟子的地位越抬越高。

继北宋"道学六先生"后，南宋的朱熹在程颐、程颢两兄弟的"洛学"基础上进一步发展，对儒家学说改头换面重新包装，形成了"程朱理学"，又将孔子及其弟子的语录《论语》，孔子的弟子曾参所作《大学》，孔子的孙子孔伋（字子思）所作的《中庸》，以及子思的再传弟子孟子所作的《孟子》，并称为"四书"。

这就是儒家宝典的"四书五经"，后代科举取士的必读教材。

儒学，彻底成了儒教，"周孔之学"也变成了"孔孟之道"，关于儒学的讨论也变成了"王道"与"霸道"，"理学"与"心学"的争论。

接着，元朝皇帝在一统江山后先是对文人定下"九儒十丐"的打压政策，后来为了笼络汉人，又重新抬高孔子地位，觉得只是加封"大成至圣文宣王"还不够，又封孔子的子孙为"衍圣公"，世袭罔替。

这个封赏是最实惠的，简直让后代皇帝再也无法为孔子及其子孙加封晋爵，总不能让孔子的后人也都称王吧。于是只能不断号召各地建孔庙，做公祭。

清朝皇帝还把公主嫁给了曲阜衍圣公，让孔府后人成为皇亲国戚。

孔子纠结了一生的血统、身份，在后代已经完全不再是问题了。

他一辈子都以恢复周室礼乐为己任，却最终也未能成功，但是"有意栽花花不发，无心插柳柳成荫"，从政未能如愿，倒是教书这件事，让他无意间成了"万世师表"。不但他自己超越偶像周公封了王，与文武相媲肩，子孙后代也都追上了周公成为世代衍圣公。

孔子梦不梦见周公已经无所谓了，周公早就沦落成了一个解梦算命的。

但这并不是孔子喜闻乐见的，倘若孔子还活着，看到今天的辉煌，是会高兴还是惶然呢？会不会像骂子路那样说一句"贼夫人之子""吾谁欺，欺天乎"？

他老人家中庸圆融，一直坚持做好一个"人"的本分而非"神"的刻板。

孔子比佛祖释迦牟尼小十四岁，他并不想被神化，一直扮演着一个循循善诱的好老师，当释迦族的王子在菩提树下打坐七七四十九天悟道成佛的时候，他则老老实实待在杏树林中给学生讲礼乐，这一讲，就讲了两千五百年。

两千五百年啊，经历了二十五个世纪，多少战争炮火、天灾人祸，仍然没有失声，直到今天我们还在反复吟读，还在背诵，还在讨论，这是一件多么伟大的事情！

（二）

孔子的前半生就是一部奋斗史，从私生子到卿大夫，位极人臣，宰执天下，风光无限；后半生则是一部流亡史，周游列国十四年，最终叶落归根，著书立说，泽被千秋。

非常励志，而且独一无二。

我读孔子时经历了三个阶段，青少年时期懵懂的认知不算，不惑之年后因为教授诗词的缘故，怀着敬畏之心重读《论语》，是将这位修《诗》以为教学之本的祖师爷奉为神祇的。但在纵读孔子生平，横读百家言论之后，便渐渐腹诽起来，觉得孔夫子也没有想象中那样高明。

看到孔子周游列国而四处碰壁时，我会生出如晏子评价儒家理论好高骛远的感慨，会和陈亢等人一样觉得孔子尚不如子贡贤能，会同子路般质疑君子如何会落得如丧家狗般狼狈，会对孔子陈母棺于五父之衢的行为艺术、急吼吼待价而沽的心态、任大司寇七天即下令诛杀少正卯的历史悬案、请求伐陈的好战等等言行不以为然，从而觉得圣人不过如此的轻视心态。

而且《论语》很难读，支离破碎，没头没尾。一句话里有一个字的解释不同，整个句子的意义就会走向两极，常常以子之矛攻子之盾，怎么说都有理。

然而再三地深读下去，我却再次肃然起敬，并对自己的肤浅与功利悚然而惊。只有深读，才会渐渐理解孔子秉持着中庸之道立世为人，坚持着君子之道的道德标准，推广着礼乐之道的政治理想，是一件多么伟大而常人不可及的事。

而就因为孔子实在太高明了，高到常人非但不可及，甚至不可窥，不可理喻，才会像子贡所说的，因为望不见孔子墙垣而生起妄议之心。

人心总是功利的，每以成败论英雄。因为孔子并不像管仲那样位极人臣，像子贡那样富可敌国，遂使我们觉得他不够成功。

但是即便以最功利的立场出发，让我们想象一下：在礼崩乐坏战火纷飞的春秋乱世，孔子带着众弟子周游列国，到任何一个国家都有国君以礼相迎，只要他愿意稍微降低标准或是使用权谋，甚至很可能取而代之。这已经是很成功了。

但他却始终秉持君子之道，谦恭有礼，循循善诱，身处逆境也不会气馁抱怨，遇到多么不公平的待遇也不改其志，大敌当前仍弦歌不绝，却又小心翼翼地规避一切灾祸，正如他自己所说的："不逆诈，不亿不信，抑亦先觉者，是贤乎！"

他温和地信任着所有人，宽容地对待一切处境，同时警醒地预见所有危险，这不是圣人是什么？

哪怕用现代人最物化的标准来衡量，孔子一生颠沛流离，遇险无数，又殚精竭虑，恨不得将全人类文明礼乐的责任都担于一身，却能安稳地活到七十三岁，也已经是凡人不可想象的了。

历来研读孔子的人，往往会走上两条路，一条是视孔子为神明，把他所有的格言都口号化，为他一切不寻常的行为修砌最伟大的说明词；另一条则是调侃地质疑，即使不是批判，却也嬉笑怒骂挥洒自如地解析孔子所有矛盾的言行，得出"不过尔尔"的结论。

这两种心理"病"，我都有过，并在阅读过程中不定期"发作"。整理这部关于孔子与《论语》的读书笔记时，我并没有试图抹去这些痕迹，或强行使其归一。因为这就是凡人读孔子时会有的最平常的心理，我愿意记下来与读者一同分享，希望读者朋友们和我一起，先立定了"孔子也只是个普通人"的命题，再带着敬畏之心翻开典籍，细读孔老师的生平与成就，并以平常心来感受他的不平凡之处。

这样，或许我们可以更加心平气和、心悦诚服地感受一个真实而亲切的孔子，因为认识到他血肉凡胎的一面，而更能理解他的孤独，接受他的理论，仰望他的信念，践行他的准则，从而做一个更好的自己。

如此，当我们合上这本书的时候，就可以对自己说："我好像更博学了！"

图书在版编目（CIP）数据

原来你是这样的孔子 / 西岭雪著. —— 北京：中国致公出版社，2025.6
ISBN 978-7-5145-1995-2

Ⅰ.①原… Ⅱ.①西… Ⅲ.①孔丘（前551-前479）-传记 Ⅳ.①B822.2

中国版本图书馆CIP数据核字(2022)第085356号

**原来你是这样的孔子 / 西岭雪著**
YUANLAI NI SHI ZHEYANG DE KONGZI

| 出　　版 | 中国致公出版社 |
|---|---|
| | （北京市朝阳区八里庄西里100号住邦2000大厦1号楼西区21层） |
| 出　　品 | 知音动漫图书 |
| | （武汉市东湖路179号） |
| 发　　行 | 中国致公出版社（010-66121708） |
| 出 品 人 | 王应鲲 |
| 责任编辑 | 李　舟　方　莹 |
| 责任校对 | 魏志军 |
| 装帧设计 | 方　茜 |
| 责任印制 | 翟锡麟 |
| 印　　刷 | 长沙鸿发印务实业有限公司 |
| 版　　次 | 2025年6月第1版 |
| 印　　次 | 2025年6月第1次印刷 |
| 开　　本 | 960 mm×640 mm　1/16 |
| 印　　张 | 26.5 |
| 字　　数 | 490千字 |
| 书　　号 | ISBN 978-7-5145-1995-2 |
| 定　　价 | 56.00元 |

版权所有，盗版必究（举报电话：027-68890807）
（如发现印装质量问题，请寄本公司调换，电话：027-68890807）